Faszination kompakte Objekte

Max Camenzind

Faszination kompakte Objekte

Eine Einführung in die Physik der Weißen Zwerge, Neutronensterne und Schwarzen Löcher

2. Auflage

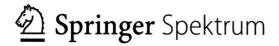 Springer Spektrum

Max Camenzind, i.R.
Zentrum für Astronomie
Universität Heidelberg
Neckargemünd, Baden-Württemberg
Deutschland

ISBN 978-3-662-62881-2   ISBN 978-3-662-62882-9   (eBook)
https://doi.org/10.1007/978-3-662-62882-9

Die Deutsche Nationalbibliothek verzeichnet diese Publikation in der Deutschen Nationalbibliografie;
detaillierte bibliografische Daten sind im Internet über http://dnb.d-nb.de abrufbar.

Originalausgabe erschienen bei CamKosmo Verlag, Neckargemünd, 2014

Verantwortlich im Verlag: Margit Maly
Springer Spektrum ist ein Imprint der eingetragenen Gesellschaft Springer-Verlag GmbH, DE und ist
ein Teil von Springer Nature.
Die Anschrift der Gesellschaft ist: Heidelberger Platz 3, 14197 Berlin, Germany

Vorwort

Weiße Zwerge, Neutronensterne und Schwarze Löcher sind die langlebigsten Objekte des Universums. In 100 Mrd. Jahren wird die Milchstraße nur noch aus diesen Objekten bestehen, zusammen mit kühlen Braunen Zwergen und Planeten. Diese kompakten Objekte sind die Reste der Entwicklung massearmer und massereicher Sterne. Die Materie hat sich so weit entwickelt, dass Fusionsprozesse nicht mehr weiter ablaufen können. Massearme Sterne enden unspektakulär als Weiße Zwerge, massereiche sehr spektakulär in einer Supernova und lassen Neutronensterne oder Schwarze Löcher zurück. Unsere Milchstraße enthält heute etwa 300 Mrd. normale Sterne, einige Milliarden Weiße Zwerge, 100 Mio. Neutronensterne und etwa eine Million Schwarze Löcher, neben vielen Braunen Zwergen, Planeten und Asteroiden. Zusätzlich sitzt im Zentrum der Milchstraße ein supermassereiches Schwarzes Loch von vier Millionen Sonnenmassen, das nur über die Gravitation im Außenraum nachgewiesen werden kann – die Mitglieder des Sternhaufens im Zentrum der Galaxis laufen auf elliptischen Bahnen wie von unsichtbarer Hand gelenkt um ein dunkles gravitatives Zentrum.

Während in Weißen Zwergen und Neutronensternen der Quantendruck der Fermionen (Elektronen, Neutronen oder Quarks) der Gravitation die Stirn bietet, spielt Materie überhaupt keine Rolle im Konzept der Schwarzen Löcher – Schwarze Löcher sind reine Geometrie und damit etwas völlig Neuartiges in der Astrophysik. Aussagen wie *extrem hohe Dichte in Schwarzen Löchern* sind völliger Unsinn und zeugen von großem Unverständnis der Sachlage – es sei denn, es ist damit die Vakuumdichte gemeint. Seit der ersten Konstruktion einer Schwarz-Loch-Lösung durch Karl Schwarzschild im Jahre 1916 hat sich in den Grundlagen der Physik viel verändert. Wir wissen heute, dass etwa das Vakuum einer nichtabelschen Eichtheorie wie das der Quantenchromodynamik sehr komplex aussehen kann – Vakuum bedeutet nicht Nichts, sondern den energetischen Grundzustand eines Quantenfeldes – und das kann ziemlich kompliziert ausfallen. Das Innere eines Schwarzen Lochs ist Vakuum nach Definition – doch welches Vakuum ist gemeint?

In diesem Buch wird die Sicht eines Physikers auf die Physik der kompakten Objekte entwickelt. Der Autor hat über 20 Jahre lang in Vorlesungen an der Universität in Heidelberg und an der Technischen Universität in Darmstadt diese Sicht entwickelt und immer wieder verbessert. In den letzten 25 Jahren hat sich die Physik dieser Objekte rasant entwickelt – und doch sind viele Fragen nach wie vor offen: Welche Kräfte herrschen zwischen den Neutronen im Innern von Neutronensternen? Wie funktioniert ein Radiopulsar wirklich? Was spielt sich im Innern eines Schwarzen Lochs wirklich ab? Warum haben Neutronensterne genau die Massen, die wir beobachten? Werden die Gravitationswellen sich genau so verhalten, wie wir dies erwarten?

Kompakte Objekte spielen in der Theorie der Gravitation eine zentrale Rolle. Wir wissen heute, dass sich Gravitation im Sonnensystem genauso verhält, wie Einstein dies vorhergesagt hat. Doch Gravitation ist in der Nähe eines Neutronensterns oder eines Schwarzen Lochs viel stärker. Kompakte Objekte ermöglichen daher eingehende Tests am Verhalten der Gravitation im starken Limes. Man darf dabei nicht vergessen, dass schon die Chandrasekhar-Grenzmasse bei Weißen Zwergen kein Newton'sches Konzept ist, sondern nur aus der Einstein'schen Gravitation folgt. Von besonderem Interesse sind in diesem Falle enge Doppelsternsysteme, die nur aus kompakten Objekten bestehen. Pulsare eignen sich besonders zur Diagnostik der Gravitation in diesen Systemen. Sie führten bereits zum Nachweis der Existenz von Gravitationswellen, die nun auch mit Laserinterferometern detektiert werden können. advLIGO, advVirgo, GEO600 und KAGRA stehen vor der endgültigen Vollendung ihres Ausbaus und werden in einigen Jahren neue Messungen liefern.

Aus den erwähnten Gründen nimmt die moderne Gravitation eine zentrale Rolle im Verständnis der kompakten Objekte ein. Wir vermitteln in diesem Buch auch die notwendigen Grundlagen zu ihrem Verständnis, ohne auf die algorithmischen Aspekte allzu tief einzugehen. Aber schon ein Neutronenstern ist ein relativistisches Objekt, das ohne Einstein nicht verstanden werden kann. Ein Neutronenstern definiert sich durch seine Raum-Zeit, und das hydrostatische Gleichgewicht enthält bereits wesentliche Korrekturen aus der Einstein-Theorie. Obwohl dies schon seit 1939 bekannt ist, ist die Berechnung der Struktur eines Neutronensterns nach wie vor recht komplex. Raum und Zeit bilden eine neue Einheit, die Raum-Zeit, deren Grundlagen auf Bernhard Riemann und Hermann Minkowski zurückgehen. Auch die Spezielle Relativität geht in fast allen Betrachtungen ein, und sei dies nur über den Compton- oder Doppler-Effekt. Ein Schwarzes Loch ist erst recht nur durch die Raum-Zeit zu verstehen – jegliche Newton'sche Annäherung verbietet sich! Auch Gravitationswellen sind Raum-Zeit, allerdings eine besonders einfache – Gravitationswellen stellen Gezeitenwellen dar, die sich mit Lichtgeschwindigkeit im Universum ausbreiten. Allerdings sind ihre Amplituden so gering, dass sie sich fast nicht nachweisen lassen.

Trotz dieser Fortschritte bleiben viele Fragen offen, auf die vielleicht erst das nächste Jahrhundert eine Antwort geben kann, wenn überhaupt. Die Ausführungen in diesem Buch werden von Einstein's Worten geleitet: *Gleichungen sind wichtiger für mich, weil die Politik für die Gegenwart ist, aber eine Gleichung ist etwas für die Ewigkeit.*

Heidelberg   Max Camenzind
im November 2020

Inhaltsverzeichnis

Meilensteine in der Erforschung der kompakten Objekte

1

Inhaltsverzeichnis

▶   Kompakte Objekte besitzen zum einen eine sehr hohe Dichte, und zum anderen sind sie durch die Tatsache charakterisiert, dass keine nuklearen Reaktionen mehr in ihrem Inneren stattfinden können. Aus diesem Grund können sie im Unterschied zu gewöhnlichen Sternen der Gravitation nicht mehr mit dem Druck des thermischen Gases widerstehen. In den Weißen Zwergen bzw. Neutronensternen wird der Gravitation der Quantendruck eines Elektronengases bzw. einer Neutronenflüssigkeit entgegengesetzt. Ein solches Gas besteht aus Elektronen bzw. Neutronen, die auf ihr niedrigstes Energieniveau zusammengepresst wurden. Durch die daraus resultierende hohe Bewegungsenergie der Fermionen wird der sogenannte Quantendruck erzeugt. Der Radius eines Quantendrucksterns ist umgekehrt proportional zur Kubikwurzel seiner Masse. Das bedeutet, dass der Radius im Unterschied zu normalen Sternen mit

---

Elektronisches Zusatzmaterial Die elektronische Version dieses Kapitels enthält Zusatzmaterial, das berechtigten Benutzern zur Verfügung steht. https://doi.org/10.1007/978-3-662-62882-9_1.

wachsender Masse abnimmt. Im Unterschied dazu sind Schwarze Löcher keine Sterne – sie bestehen nur aus Geometrie. Das Schwarze Loch wird durch seine Raum-Zeit definiert. An der Front des Ersten Weltkriegs fand Karl Schwarzschild die erste exakte Lösung für Gleichungen, die für die Theorie Schwarzer Löcher wichtig wurden. Es ist eine knappe, einfache Formel, die Karl Schwarzschild in einem Brief an Albert Einstein vorlegt. Der Mathematiker Roy Kerr erkannte fast 50 Jahre später, dass es auch rotierende Schwarze Löcher geben könnte, lange bevor sie entdeckt wurden.

Das Entscheidungskriterium für die Entwicklung eines Sterns in seiner Endphase, in der der nukleare Brennstoff verbraucht ist, ist seine in diesem Endstadium nach eventuellen Supernova-Explosionen oder harmloseren Prozessen übrig gebliebene Masse. Liegt sie unterhalb der Chandrasekhar-Grenzmasse von ca. 1,4 Sonnenmassen, so wird der Stern zu einem Weißen Zwerg (Abb. 1.1). Diese Masse ging erstmals 1930 aus analytischen Berechnungen der Eigenschaften eines entarteten Elektronengases aus Quantenmechanik und Spezieller Relativitätstheorie durch den Inder Chandrasekhar 1930 hervor. Die 1934 von ihm für zehn repräsentative Weiße Zwerge durchgeführten numerischen Berechnungen an einer Braunschweiger-Rechenmaschine im Cambridger Institut von Arthur Eddington bestätigten diese Massengrenze. Liegt die Masse zwischen der Chandrasekhar-Masse und der Oppenheimer-Volkov-Masse, so wird ein Neutronenstern entstehen. Eine solche Massenobergrenze für Neutronensterne ergab sich erstmals in Form eines Massenbereichs aus Berechnungen von weichen bzw. harten Kernkraftmodellen bei Iteration der allgemein-relativistischen Gleichung des hydrostatischen Gleichgewichts zwischen Gravitationsdruck und Neutro-

Abb. 1.1 Ein Weißer Zwerg (rechts) hat die Ausdehnung unserer Erde (links), enthält jedoch im Schnitt 0,6 Sonnenmassen. Damit beträgt die mittlere Dichte etwa eine Tonne pro Kubikzentimeter. Seine Masse ist auf 1,4 Sonnenmassen begrenzt. Sirius B hat eine Masse von 1,02 Sonnenmassen und einen Radius von nur 6000 km. Seine Oberfläche ist jedoch 25.900 Grad Kelvin heiß und ist gerade mal 120 Mio. Jahre alt, im Vergleich zu unserer Sonne also sehr jung. (Grafik: © Camenzind)

nengasdruck. Diese Berechnungen wurden erstmals 1939 in den USA analytisch und numerisch unter Zuhilfenahme einer Marchant-Rechenmaschine von Oppenheimer, Volkov und Tolman durchgeführt. Die Massenobergrenze für Neutronensterne liegt heute zwischen ca. 2,0 und 2,2 Sonnenmassen. In der Tat sind bis heute keine Neutronensterne mit Massen über 2,0 Sonnenmassen gefunden worden.

1.1 1915 Einstein – Gravitation ist Geometrie der Raum-Zeit

Der griechische Philosoph Aristoteles beschrieb in der Antike die Schwere im Rahmen seiner Kosmologie, in der alle sublunaren Elemente (Erde, Wasser, Luft, Feuer) und die daraus bestehenden Körper zum Mittelpunkt der Welt streben. Diese Vorstellung war 2000 Jahre lang das physikalische Hauptargument für das geozentrische Weltbild. Anfang des 17. Jahrhunderts beschrieb Galileo Galilei den freien Fall eines Körpers als gleichmäßig beschleunigte Bewegung, die unabhängig von seiner Masse oder sonstigen Beschaffenheit ist. Dies war die Geburt des Schwachen Äquivalenzprinzips.

Gravitation ist die wahrscheinlich älteste bekannte Kraft und zugleich die rätselhafteste. Gravitation hält uns auf der Erdoberfläche, verleiht uns Schwere und sorgt auch dafür, dass die Himmelskörper auf ihren Bahnen bleiben. Die Gravitation ist viel schwächer als die übrigen Kräfte (elektromagnetische, Kern- und schwache Kraft). Da sie aber immer anziehend ist und nicht abgeschirmt werden kann, ist sie die einzige Kraft, die ungehindert über große Entfernungen wirken kann. So ist die schwache Gravitation die wichtigste Kraft zur Erklärung von Vorgängen im gesamten Universum.

Das Newton'sche Gravitationsgesetz ist eines der grundlegenden Gesetze der klassischen Physik. Es wurde von Isaac Newton 1687 in seinem Werk *Philosophiae Naturalis Principia Mathematica* formuliert. Damit gelang Newton im Rahmen der von ihm geschaffenen Newton'schen Mechanik die erste gemeinsame Erklärung für die Schwerkraft auf der Erde, für den Mondumlauf um die Erde und für die Planetenbewegung um die Sonne. Die Newton'sche Gravitationstheorie erklärt diese und weitere mit der Gravitation zusammenhängenden Phänomene wie die Gezeiten auf der Erde und Bahnstörungen der Planeten mit großer Genauigkeit. Verbleibende Unstimmigkeiten, vor allem bei der Periheldrehung des Merkur, wurden erst Anfang des 20. Jahrhunderts durch die von Albert Einstein entwickelte Allgemeine Relativitätstheorie erklärt (Einstein 1915). Diese weitaus umfassendere Theorie enthält das Newton'sche Gravitationsgesetz als denjenigen Grenzfall, der nur für hinreichend kleine Massendichten und Geschwindigkeiten gilt (Bührke 2015).

Während die Struktur eines Weißen Zwerges noch mit der Newton'schen Theorie hochgerechnet werden kann, scheitert die Frage der Stabilität bereits. Die Chandrasekhar-Grenzmasse kann newtonsch nicht mehr verstanden werden. Bei Neutronensternen ist es jedoch völlig evident, dass ein Newton'sches hydrostatisches Gleichgewicht nichts erklären kann – ein Neutronenstern ist bereits ein relativistischer Stern. Ein Neutronenstern ist über seine Raum-Zeit festgelegt (Abb. 1.2). Ein Schwarzes Loch definiert sich nur über die Raum-Zeit, jegliche Newton'sche Faselei ist nur irreführend. Nur in der Formulierung von Einstein gibt es Gravita-

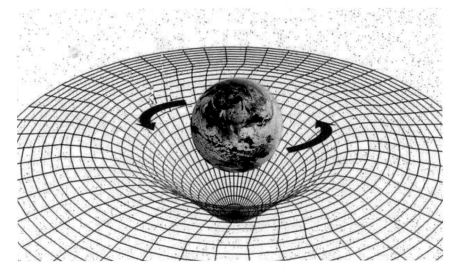

Abb. 1.2 Die Raum-Zeit ist eine vierdimensionale Fläche, hier als zweidimensionale Fläche dargestellt, deren Krümmung durch die Erde erzeugt wird. Ohne Materie ist die Raum-Zeit flach (Minkowski), Materie krümmt die flache Raum-Zeit, und Satelliten bewegen sich auf Geodäten in dieser Raum-Zeit. Eine Raum-Zeit wird durch ein krummliniges Koordinatennetz aufgespannt, das geradlinig in der flachen Raum-Zeit ausfallen würde. (Grafik: © Camenzind)

tionswellen, die etwa von engen Doppelsternen abgestrahlt werden und damit zu einem Schrumpfen der Bahnen führen. Innerhalb von einigen 100 Mio. Jahren verschmelzen die beiden Neutronensterne zu einem Schwarzen Loch und erzeugen einen kurzen Gammablitz und heftige Gezeitenbeben, die sich als Gravitationswellen mit Lichtgeschwindigkeit im Universum ausbreiten.

1.2   1930 – Chandrasekhar und die Weißen Zwerge

Im Jahre 1930 gelang es dem indischen Physiker Subrahmanyan Chandrasekhar die Stabilität der Weißen Zwerge auf den Quantendruck der Elektronen zurückzuführen und so eine Massenobergrenze herzuleiten. Obwohl man in seinen Berechnungen keinen Fehler finden konnte, war die damalige astronomische Fachwelt, allen voran Sir Arthur Eddington, bestrebt, diese Ergebnisse ad absurdum zu führen. Man wollte der unweigerlichen Folge, dem Gravitationskollaps, bei Überschreitung einer solchen Grenzmasse aus dem Weg gehen und war versucht, andere Gesetze zu finden, die einen derartigen Kollaps verhinderten. Obwohl viele Kollegen wussten, dass Chandra recht hatte, getraute sich keiner, öffentlich gegen den einflussreichen Eddington Stellung zu nehmen. Anhand unzähliger Quellen, darunter Chandras berührende Briefe an seinen Vater in Indien, erzählt Arthur Miller die Geschichte des brillanten, aber empfindlichen und nachtragenden Wissenschaftlers, Chandrasekhar starb 1995 unzufrieden mit sich und der Welt, obwohl er zwölf Jahre zuvor den Nobelpreis erhalten hatte (Miller 2007). Die grobe fachliche und persönliche Abweisung, die er durch sein Idol Eddington und andere Kollegen der Astronomie grundlos erfahren musste, trieben den damals noch sehr jungen Forscher in die Resignation, und er wandte sich für lange Zeit von der Entwicklung der Weißen Zwerge ab. Erst viele Jahre später, vor allem aber nach dem Tod von Eddington, fing man allmählich an, seine Ergebnisse zu akzeptieren und brachte ihm die verdiente Anerkennung entgegen. Er erhielt im Jahre 1983 den Nobelpreis für Physik für *seine theoretischen Studien der physikalischen Prozesse, die für die Struktur und Entwicklung der Sterne von Bedeutung sind.*

Der Nobelpreis von 1983 wurde aufgeteilt zwischen Subramanyan Chandrasekhar (Nobelpreis 1983) *for his theoretical studies of the physical processes of importance to the structure and evolution of the stars* und William Alfred Fowler *for his theoretical and experimental studies of the nuclear reactions of importance in the formation of the chemical elements in the universe.*

Weiße Zwerge können nicht nur in der Sonnenumgebung nachgewiesen werden. Sirius B ist in einer Distanz von 8,6 Lichtjahren der nächste Weiße Zwerg. Als Partner von Sirius A umkreist er diesen in 50 Jahren einmal. Sirius B ist kein typischer Weißer Zwerg – er ist noch sehr jung und damit noch sehr heiß, seine Oberflächentemperatur beträgt 25.900 Grad Kelvin (Abb. 1.1). Seine Masse ist mit 1,0 Sonnenmassen auch eher untypisch, die typische Masse eines Weißen Zwerges liegt bei 0,6 Sonnenmassen und die typische Temperatur eher im Bereich von 4000 bis 8000 Grad Kelvin. Diese kühlen Weißen Zwerge können nur im nahen Infrarot gesucht werden, da das Maximum der Strahlung bei etwa einem Mikrometer liegt (Abb. 1.5). Sirius B ist eben erst in einem massereichen Sternsystem geboren worden. In einem Abstand bis

Abb. 1.3 Der Kugelsternhaufen Messier M4 steht im Sternbild Skorpion. Er ist mit 7000 Lichtjahren Entfernung der nächstgelegene Kugelsternhaufen. Der Kugelsternhaufen M4 war auch das Ziel einer Studie mithilfe des Hubble-Weltraumteleskops, das eine Vielzahl an Weißen Zwergen entdeckt hat. M4 ist so alt, dass sich alle Sterne mit mindestens 80 % Sonnemasse bereits zu Roten Riesen entwickelt haben, gefolgt von einem Kollaps zu einem Weißen Zwerg. (Bild: HST/NASA, mit freundlicher Genehmigung von © NASA. All Rights Reserved)

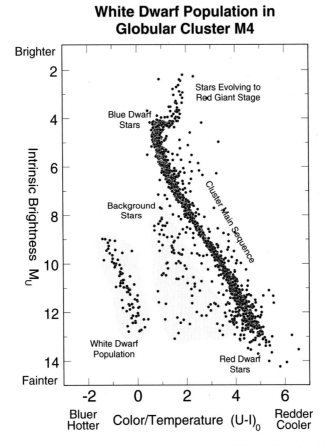

Abb. 1.4 Weiße Zwerge im Kugelsternhaufen Messier 4 bilden neben der Hauptreihe eine eigene Sequenz im Farben-Helligkeits-Diagramm (Daten des Weltraumteleskops Hubble). (Grafik: HST/NASA, mit freundlicher Genehmigung von © NASA)

zu 25 Parsec finden sich heute an die 130 Weiße Zwerge. Bis zu einem Abstand von 100 Parsec müssten sich also etwa 10.000 Weiße Zwerge finden lassen. In der Tat sind im Sloan Digital Sky Survey, der eigentlich auf der Nordhalbkugel Galaxien suchte, 20.000 Weiße Zwerge spektroskopisch gefunden worden (Kleinman et al. 2013).

Weiße Zwerge existieren nicht nur in der galaktischen Ebene, sondern auch in Kugelsternhaufen (Abb. 1.4). Da Kugelsternhaufen sehr alte Objekte sind, etwa 12 Mrd. Jahre alt, müssen sich dort alle Sterne mit einer ursprünglichen Masse von mehr als einer Sonnenmasse bereits zu Weißen Zwergen entwickelt haben. Infolge der großen Distanz ist es jedoch schwierig, diese Objekte nachzuweisen. Es ist jedoch mit dem Hubble-Weltraumteleskop gelungen, in den nächstgelegenen Kugelstern-haufen diese Objekte aufzuspüren (Abb. 1.3). Sie zeigen sich als schwacher Ast im Farben-Helligkeits-Diagramm des Kugelsternhaufens Messier 4 (Abb. 1.4).

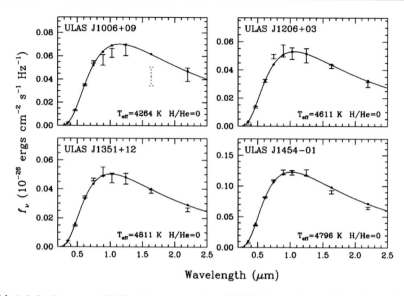

Wavelength (μm)

Abb. 1.5 Spektren von 4 Weißen Zwergen aus dem UKIRT Infrarot-Survey, die am besten durch eine Helium-Atmosphäre gefittet werden. Die typischen Temperaturen liegen im Bereich von gut 4000 Grad Kelvin. Dies entspricht einem Alter von knapp einer Milliarde Jahren. (Grafik aus (Legett et al. 2011), mit freundlicher Genehmigung von © Astrophysical Journal)

1.3   1967 – Neutronensterne als Pulsare

Wir gehen davon aus, dass sich bis ca. acht bis zehn Sonnenmassen Weiße Zwerge bilden. Oberhalb dieser Grenze kollabieren die Sterne zunächst zu Neutronensternen. Wenn die Sterne noch massereicher ausfallen, wird die Wahrscheinlichkeit, dass sich Schwarze Löcher bilden, immer höher. Die Grenze liegt heute bei etwa 25 Sonnenmassen als Ausgangsmasse der Sterne.

Ein Neutronenstern ist eine sehr kompakte Kugel. Ungefähr die eineinhalbfache Masse der Sonne befindet sich in einem Volumenbereich von der Größe einer Großstadt, beispielsweise München mit einem Durchmesser von 20 bis 25 km. Es handelt sich also um einen unheimlich komprimierten, dicken Atomkern, in dem sich die Nukleonen im Inneren auf Dichten wie in einem Atomkern annähern. Die Oberfläche des Neutronensterns ist vermutlich extrem glatt – einfach weil die Gravitation so stark ist, dass dort jeder Versuch, einen Berg zu bilden, sofort verhindert wird. Wenn überhaupt, gibt es nur Submillimeterstrukturen auf der Oberfläche.

Ein Neutronenstern besteht also nicht wie ein gewöhnlicher Stern aus Atomen, sondern nur aus Neutronen und Quarks. Diese Teilchen treten gewöhnlich nur als Bestandteile eines Atomkerns auf, da sie ungebunden instabil sind und nach kurzer Zeit zerfallen. Nachdem die elektrisch neutralen Neutronen im Jahr 1932 von Chadwick entdeckt wurden, stellten die Forscher Walter Baade und Fritz Zwicky zwei Jahre später die Hypothese auf, dass es Neutronensterne geben müsse – und vermuteten bereits damals, dass sie in Supernovae entstehen (Yakovlev et al. 2013; Abb. 1.6).

Abb. 1.6 Walter Baade und Fritz Zwicky postulieren die Existenz von Neutronensternen, wie in diesem Cartoon in der Los Angeles Times vom 19. Januar 1934 berichtet. Der Text besagt: *Kosmische Strahlung wird durch explodierende Sterne verursacht, die eine Helligkeit von 100 Mio. Sonnen erreichen und von einem Durchmesser von 100 Mio. Meilen zu kleinen Kugeln von 14 Meilen Dicke schrumpfen, so die Aussage des Schweizer Physikers Prof. Fritz Zwicky.* (Reproduktion mit Genehmigung von The Associated Press, Copyright 1934)

Baade und Zwicky 1933: *With all reserve we advance the view that supernovae represent the transitions from ordinary stars into neutron stars, which in their final stages consist of extremely close packed neutrons.*

Bis zur Entdeckung des ersten Neutronensterns dauerte es allerdings noch weitere 30 Jahre: Erst 1967 entdeckten Astronomen das exotische Objekt erstmals in der Mitte des Krebsnebels im Sternbild Stier (Abb. 1.7 und Abb. 1.8). Die Geschichte beginnt Ende September 1967, als die 24-jährige Astronomiestudentin Jocelyn Bell mit einem neuen Radioteleskop Signale empfängt, die sich im Abstand von exakt 1,33730109 s wiederholen (Nobelpreis 1974). Sie und ihr Doktorvater Antony Hewish nennen die Quelle scherzhaft Little Green Man und denken an Zeichen einer außerirdischen Zivilisation. Zumindest scheint das für Hewish die naheliegendste Erklärung für die rasche Folge von Radiopulsen aus dem Sternbild Füchschen zu sein. Bald jedoch schließen Hewish und Bell Aliens als Ursache aus. Die Forscher kommen schließlich auf die richtige Erklärung: Es handelt sich um ein kompaktes

Abb. 1.7 Der Krebsnebel ist sowohl ein Supernovaüberrest als auch ein Pulsarwindnebel im Sternbild Stier und wird im Messier-Katalog als M 1 sowie im New General Catalogue als NGC 1952 geführt. Der nebelartige Überrest wurde 1731 von John Bevis sowie, davon unabhängig, von Charles Messier am 28. August 1758 entdeckt. Im sichtbaren Licht ist der Krebsnebel als ovaler Körper zu sehen, der aus breiten Filamenten besteht. Diese Hülle ist rund 6 Bogenminuten lang und 4 Bogenminuten breit und umgibt die diffuse blaue Region im Zentrum des Nebels. (Bild: HST/NASA, mit freundlicher Genehmigung von © NASA)

Objekt, einen Neutronenstern, der extrem schnell rotiert (Abb. 1.9). Er besitzt einen Durchmesser von etwa 20 km, beinhaltet aber etwa die Masse unserer Sonne. Damit sind Neutronensterne die am stärksten verdichteten Himmelskörper: Ein Stück Materie von der Größe eines Stücks Würfelzucker würde auf der Erde rund eine Milliarde Tonnen wiegen.

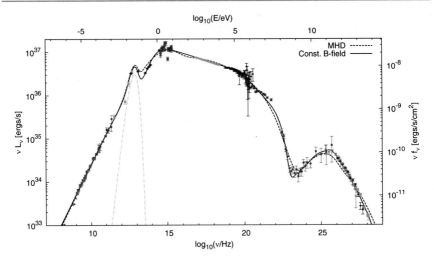

Abb. 1.8 Das Spektrum des Krebsnebels. Der Pulsar im Krebsnebel war einer der ersten Neutronensterne, die 1968 als Radiopulsare identifiziert wurden. Dieser Pulsar emittiert in allen Bereichen des elektromagnetischen Spektrums, von Radiowellen bis TeV-Energien. Der Nebel selbst emittiert ebenfalls in allen Bereichen des elektromagnetischen Spektrums. (Grafik: © Camenzind)

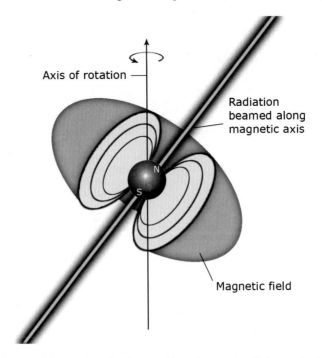

Abb. 1.9 Stark magnetisierte rotierende Neutronensterne bauen einen Pulsarmechanismus auf. Dadurch entsteht ein Leuchtturmeffekt, der es erlaubt, die Rotationsperiode und die Abbremsung des Pulsars sehr genau zu bestimmen. (Grafik: © Camenzind)

Der erste Physiker, der gleich nach ihrer Entdeckung hinter Pulsaren rotierende Neutronensterne vermutete, war Thomas Gold 1968/69.[1] Eine Fachkonferenz lehnte jedoch zunächst seinen entsprechenden Vortrag als zu absurd ab und erachtete dies noch nicht einmal als diskussionswürdig. Thomas Gold schreibt (Gold 1989): *Shortly after the discovery of pulsars I wished to present an interpretation of what pulsars were, at this first pulsar conference: namely that they were rotating neutron stars. The chief organiser of this conference said to me, Tommy, if I allow for that crazy an interpretation, there is no limit to what I would have to allow. I was not allowed five minutes floor time, although I in fact spoke from the floor. A few months later, this same organiser started a paper with the sentence: It is now generally considered that pulsars are rotating neutron stars.* Kurze Zeit später wurde seine Meinung jedoch bestätigt.

Was die Astronomen vor Thomas Gold übersehen hatten: Ein Neutronenstern kann von einem starken Magnetfeld umgeben sein, das – ähnlich wie jenes der Erde – im Wesentlichen eine bipolare Struktur besitzt (Abb. 1.9). Entlang der Magnetfeldachse senden diese Körper innerhalb eines engen Kegels Strahlung aus. Wenn Rotations- und Magnetfeldachse zueinander geneigt sind, streift der Strahl wie bei einem Leuchtturm durchs All. Trifft er dabei zufällig auf die Erde, so registriert man kurze Pulse, deren Frequenz der Rotationsfrequenz des Himmelskörpers entspricht. Neutronensterne, die sich auf diese Weise bemerkbar machen, heißen deshalb Pulsare, obschon sie nicht pulsieren, sondern rotieren.

Dabei fällt auf, dass die meisten Pulsare extrem genau ticken. Die Regelmäßigkeit, mit der die Pulse auf der Erde ankommen, kann durchaus die Präzision von Atomuhren übertreffen. Das macht Pulsare zu den Himmelskörpern, die am besten geeignet sind, um an ihnen Einsteins Allgemeine Relativitätstheorie zu testen (Abb. 1.10).

Seit 1968 sind viele weitere Neutronensterne beobachtet worden. Meist strahlen diese im Röntgenbereich des elektromagnetischen Spektrums besonders stark. Alternativ können Forscher die Neutronensterne im Radiospektrum aufspüren, da sie meist extrem schnell rotieren und dabei periodische Radiopulse in Richtung Erde senden. Bislang wurden in unserem Milchstraßensystem und der näheren Umgebung über 2500 Neutronensterne nachgewiesen. Wollen Forscher wissen, wie genau Neutronensterne entstehen, kommen sie mit Beobachtungen kaum weiter. Zum einen verhindert das die extrem kurze Zeitskala. Der Kollaps des stellaren Kerns zum Neutronenstern erfolgt im Bruchteil einer Sekunde, nachdem der Kern über Jahrmillionen stabil war. Die Bildung des Neutronensterns erfolgt dann über den Zeitraum einer weiteren Sekunde. Das ist also ungefähr die Zeit, welche die Entstehung des Neutronensterns erfordert. Danach ist der Neutronenstern ein Objekt, das innerhalb des Zentrums der Supernovaexplosion übrig bleibt. Dieses Objekt kühlt erst einmal

---

[1]Thomas Gold (1920–2004) war ein US-amerikanischer Astrophysiker österreichischer Herkunft, der wie Fred Hoyle durch unorthodoxe Meinungen auf den verschiedensten Gebieten bekannt wurde. Seine Arbeitsgebiete waren Astrophysik und Radioastronomie.

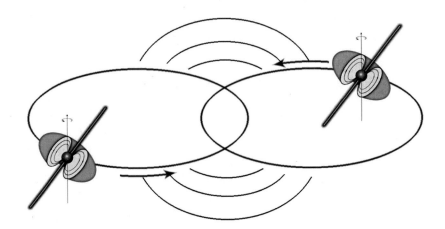

Abb. 1.10 Bewegt sich ein Pulsar in einem Doppelsternsystem, dann kann die Bewegung des Neutronensterns sehr genau ermittelt werden. Ist der Partnerstern selbst auch ein Pulsar, dann ergibt dies die interessantesten Konstellationen. Solche Systeme werden mit der Zeit enger, da sie Gravitationswellen abstrahlen. Nach einigen 100 Mio. Jahren fallen sie zusammen und bilden ein Schwarzes Loch. (Grafik: © Camenzind)

über eine weitere Minute mit intensiver Neutrinoabstrahlung ab, um danach weiter abzukühlen und über Jahrmilliarden auszukühlen.

Als Albert Einstein Ende 1915 seine Allgemeine Relativitätstheorie vollendet hatte, war die Gravitation keine Kraft mehr, sondern eine geometrische Eigenschaft von Zeit und Raum (Einstein 2015). Himmelskörper krümmen den Raum um sich herum, ähnlich wie Kugeln ein gespanntes Tuch eindellen. Gerät ein anderer Körper in ein solches Gebiet, so weicht er vom geraden Weg ab und folgt der Krümmung. Dasselbe gilt für Licht. Zudem verläuft die Zeit nahe an einem Stern langsamer als im freien, ebenen Raum.

Bisher hat Einsteins Theorie sämtliche Prüfungen bestanden. Sehr genaue Tests gestalten sich allerdings schwierig, weil die Effekte verhältnismäßig schwach ausfallen. In unserem Sonnensystem wurde die Allgemeine Relativitätstheorie auf unterschiedliche Weise überprüft, doch gerade in Bereichen starker Gravitation ist sie bislang nur sehr selten auf die Probe gestellt worden. Pulsare bieten dafür als kompakteste bekannte Himmelskörper einzigartige Möglichkeiten. Nur Schwarze Löcher könnten sie noch toppen.

Für solche Tests benötigen die Astronomen Pulsare in Doppelsternsystemen (Abb. 1.10). Rund jeder Zehnte von ihnen besitzt einen Begleiter, doch nicht alle solche Systeme sind geeignet. Die meisten Doppelsternsysteme bestehen aus einem Pulsar und einem Weißen Zwerg. Da ein Weißer Zwerg bei Weitem nicht so kompakt ist wie ein Neutronenstern, erzeugt er auch keine sehr starke Raumkrümmung. Am besten eignen sich daher Systeme aus einem Pulsar und einem weiteren Neutronenstern. Hiervon sind heute etwa zehn Systeme bekannt.

Den absoluten Favoriten entdeckten Astronomen mit dem Parkes-Radioteleskop in Australien im Jahr 2003: das erste und bisher einzige System, das aus zwei Pulsaren besteht. Es ist ein Glücksfall, denn die beiden Pulsare verhalten sich nicht nur wie zwei extrem genau gehende Uhren, sondern sie besitzen zufällig auch noch einige besonders günstige Eigenschaften. Beide Sterne haben ungefähr die gleiche Masse von 1,3 Sonnenmassen. Der eine von ihnen benötigt für eine Umdrehung um die eigene Achse 23 ms, der andere 2,8 s. Ihr gegenseitiger Abstand von 900.000 km ist vergleichbar zum Sonnenradius. Die beiden Pulsare umkreisen sich in nicht einmal zweieinhalb Stunden mit einer Geschwindigkeit von rund 300 km pro Sekunde. Durch das Abstrahlen von Gravitationswellen verlieren die beiden Sterne einen Teil ihrer Bahnenergie. Als Folge davon nähern sie sich einander auf einer spiralförmigen Bahn langsam an. Der Orbit verkleinert sich auf diese Weise um jährlich 7,12 mm, mit einer Unsicherheit von neun Nanometern. Diese unglaubliche Präzision führt zu der Vorhersage, dass die beiden Sterne in 85 Mio. Jahren zusammenfallen und in einem gigantischen Feuerball miteinander verschmelzen werden, der einen kurzen Gammablitz erzeugen wird. Alternative Gravitationstheorien haben keine Chance, solchen unglaublich präzisen Messungen zu widerstehen.

Solche Gravitationswellen entstehen auch von zwei verschmelzenden supermassereichen Schwarzen Löchern, wie sie in den Zentren von Galaxien existieren. Im jungen Universum, als die Sternsysteme noch näher beisammen waren, sollte es häufiger zu Kollisionen und dem Verschmelzen Schwarzer Löcher gekommen sein. Nähert sich eine Gravitationswelle der Erde, so verzerrt sie den Raum in der Umgebung des Sonnensystems und verändert die Abstände zwischen den ankommenden Pulsarsignalen. Aufgrund einer besonderen Eigenart dieser Wellen wird die Entfernung in der einen Richtung verkürzt und in der Richtung senkrecht dazu vergrößert. Das äußert sich in einer Änderung der Ankunftszeiten der Pulsarsignale, die am Himmel korreliert ist: Während die Signale aus der einen Richtung früher eintreffen als im Normalfall, kommen die Signale aus einem um 90 Grad versetzten Himmelsbereich später an.

1.4   1963 – Schwarze Löcher sind reine Geometrie

Schwarze Löcher sind keine Sterne – Schwarze Löcher stellen den Grundzustand der Gravitation dar und bestehen nur aus Geometrie. Schwarze Löcher sind reine Geometrie und damit die einfachsten Objekte des Universums, das ja selbst auch nur Geometrie ist. Schwarze Löcher haben nichts mit der Newton'schen Gravitation zu tun, obschon dies häufig so in der Literatur zu finden ist. Sie resultieren allein als Lösung der Einstein'schen Feldgleichungen und benötigen keine Materie zu ihrer Konstruktion. Allerdings entstehen sie im Kollaps massereicher Sterne – wo bleibt also die Materie? Das ist eines der größten Rätsel, die uns Einstein hinterlassen hat – er selbst glaubte ja nicht an die Existenz dieser Objekte, die er nur für reine mathematische Konstrukte hielt. Einstein konnte auch nicht mehr erleben, wie Roy Kerr 1963 die allgemeine Lösung für rotierende Schwarze Löcher gefunden hat (Abb. 1.11).

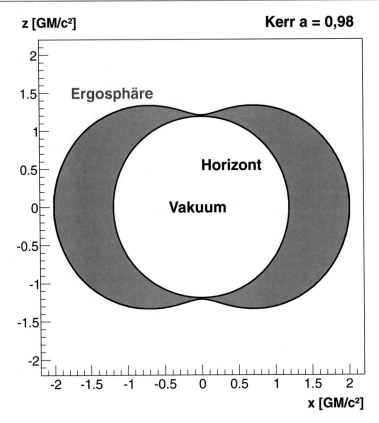

Abb. 1.11 Ein Schwarzes Loch ist eine globale Vakuum-Lösung der Einstein'schen Feldgleichungen, die durch einen Ereignishorizont begrenzt wird, der das Innere vor Abstrahlung schützt, und eine Ergosphäre, die sich torusförmig um den Horizont legt (schattiertes Gebiet). In der Ergosphäre wird jeder Beobachter durch die Rotation des Raumes mitgeschleppt. Der Horizont selbst rotiert starr wie eine Seifenblase. Das Loch besitzt eine Masse und einen Drehimpuls, wodurch es eindeutig definiert ist. Schwarze Löcher sind absolut stabil und können nicht zerstört werden, jedoch durchaus mit der Zeit wachsen. (Grafik: © Camenzind)

1.4.1   Schwarze Löcher in der Astronomie

Die Entdeckung der Lösung für das rotierende Schwarze Loch (Kerr 1963) ist eine lange Geschichte (Teukolsky 2015). Heute ist es ganz klar, dass es im Universum nur so von Schwarzen Löchern wimmelt. Neutronensterne können nur bis zu einer Masse von zwei Sonnenmassen existieren. Wird Materie auf diese Objekte geladen, so kollabieren sie innerhalb von Millisekunden auf ein Schwarzes Loch, das von einem Ereignishorizont umgeben ist (Abb. 1.11). In der Milchstraße entstehen sie allerdings selten – nur etwa alle 10.000 Jahre, während Neutronensterne etwa alle 100 Jahre gebildet werden. Schwarze Löcher sind nur dann sichtbar, wenn sie von einer Akkretionsscheibe umgeben sind (Abb. 1.12). Anfang der 1970er-Jahre brach mit Uhuru eine neue Ära der beobachtenden Astronomie an. Denn der Satellit

Abb. 1.12 Schwarzes Loch und Akkretionsscheibe. Schwarze Löcher können nur beobachtet werden, wenn sie Materie akkretieren. Vom Partnerstern strömt Gas in Richtung des Schwarzen Lochs und bildet eine Art Scheibe um das Loch herum. Material, das sich innerhalb der Scheibe bewegt, wird durch Reibung so weit aufgeheizt, dass es schließlich auch Röntgenstrahlung aussendet und Jets erzeugt. (Grafik: NASA/GSFC/CI LAB, mit freundlicher Genehmigung von © NASA)

musterte das Weltall im Bereich der extrem kurzwelligen Röntgenstrahlung. Uhuru entdeckte Hunderte von Quellen, meist Neutronensterne. Aber darunter war auch ein besonderes Objekt im Sternbild Schwan. Es erhielt die Bezeichnung Cygnus X-1, das erste stellare Schwarze Loch in einem Doppelsternsystem. Die Schwerkraft des Schwarzen Lochs zieht die Materie des Hauptsterns an. Diese sammelt sich in einer sogenannten Akkretionsscheibe um das Massenmonster, strudelt mit hoher Geschwindigkeit um es herum, erhitzt sich aufgrund der Reibung auf einige Millionen Grad – und sendet Röntgenstrahlung aus, bevor sie in dem Raum-Zeit-Schlund des Schwarzen Lochs verschwindet.

Der Supernovaüberrest W49B im Sternbild Adler ist eine der hellsten Quellen im Röntgenlicht und im Gammabereich. Die Supernova leuchtete vor rund 1000 Jahren auf und ist rund 26.000 Lichtjahre von uns entfernt. Laura Lopez vom MIT-Kavli Institut in Cambridge und ihre Kollegen haben das Weltraumteleskop Chandra benutzt, um sich W49B genauer anzusehen. W49B ist ein Supernovaüberrest, der nach der Explosion eines massereichen Sterns übrig blieb. Bei einer Supernova wird die Hülle des ehemaligen Sterns ins All geschleudert, und die Strahlung des Sterns beeinflusst dieses Material. Man bekommt dadurch oft ziemlich beeindruckende und wilde Formen. W49B ist da keine Ausnahme. Der Nebel befindet sich knapp 26.000 Lichtjahre von uns entfernt (Abb. 1.13).

Auffällig an W49B ist seine unsymmetrische Form, die Gestalt der Explosionswolke erinnert an ein Fass. Die Astronomen führen dies auf eine unsymmetrische Sternexplosion zurück, bei der Materie in der Nähe der Rotationspole des Sterns mit hoher Geschwindigkeit ausgeworfen wurde. Dabei brachen sogenannte Jets aus dem

Abb. 1.13 W49B ist ein Supernovaüberrest eines massereichen Sterns, der ein Schwarzes Loch hinterlassen hat. Das Bild von W49B ist aus verschiedenen Daten zusammengesetzt. Blau und Grün: Chandra. Violett ist die Radiostrahlung, die W49B abgibt und Gelb/Orange ist das Infrarotlicht. Die ganze bunte Wolke ist ca. 60 Lichtjahre groß. (Bild: X-ray: NASA/CXC/MIT (Lopez 2013); Infrared: Palomar; Radio: NSF/NRAO/VLA)

Sterninneren in Polnähe hervor und sorgten so für die längliche Form des Supernovaüberrests.

Die Forscher gehen von einer Kernkollapssupernova des Typs Ic aus, bei der ein Stern mit der 25-fachen Masse der Sonne sein Ende fand. Dies bedeutet, dass der Vorgängerstern im Laufe seiner Entwicklung seine äußeren Hüllen aus Wasserstoff und Helium bereits an seine Umgebung abgestoßen hatte. Somit lassen sich in den Spektren eines solchen Supernovaüberrests keine Linien von Wasserstoff und Helium nachweisen. Durch das Abstoßen der äußeren Schichten lag der heiße Kern aus schwereren Elementen frei, in dem weitere Fusionsprozesse abliefen. Schließlich ging der nukleare Brennstoff im Kern des Sterns zur Neige. Damit endete die Energieproduktion, die bislang dem endgültigen Kollaps des Sterns entgegenwirkte, sodass das Sterninnere unter dem Druck der Eigengravitation schlagartig zusammenbrach. Durch die dabei erzeugten Stoßwellen wurden die darüber liegenden Schichten verdichtet und weggesprengt, die heute den Supernovaüberrest bilden.

Mit Chandra konnten die Astronomen um Lopez auch die Verteilung verschiedener chemischer Elemente in W49B kartieren (Abb. 1.14). Es zeigte sich, dass

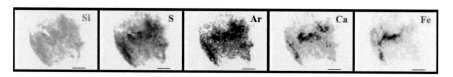

Abb. 1.14 Das Bild von W49B ist aus verschiedenen Daten zusammengesetzt. (Bild: NASA/CXC/MIT (Lopez 2013) mit freundlicher Genehmigung von © NASA)

Elemente wie Silizium, Schwefel und Argon sich relativ homogen über die Explosionswolke verteilen, wohingegen Eisen nur in einer Hälfte der Wolke zu finden ist. Dies weist ebenfalls auf besondere Vorgänge bei der Explosion hin. Abb. 1.13 ist ein Komposit aus Aufnahmen im Röntgenlicht, Radiowellen und nahem Infrarot. Dabei wird die Röntgenstrahlung in blauen und grünen Farbtönen wiedergegeben, die Radiowellen in Rosa und Infrarot in Gelb.

In den Messdaten von Chandra suchten die Forscher auch nach einem Sternüberrest im Inneren der Explosionswolke. Sie fanden keine Hinweise auf einen Neutronenstern oder Pulsar. Gäbe es im Inneren von W49B einen Neutronenstern, so müsste er wesentlich leuchtschwächer als alle bekannten Objekte dieser Art sein. Bei einem angenommenen Alter von 1000 Jahren würde er zwei bis vier Größenklassen schwächer leuchten, als es die Modellrechnungen vorhersagen. Daher vermuten die Astronomen, dass sich im Inneren von W49B ein Schwarzes Loch befindet, von dem keine Strahlung ausgeht. Dies wäre dann das jüngste Schwarze Loch in der Milchstraße.

US-Astronomen haben dieses bisher jüngste Schwarze Loch in unserer kosmischen Nachbarschaft gefunden – mit einem Alter von gerade einmal 30 Jahren. Das hat die Auswertung der Daten des Röntgenteleskops Chandra ergeben. Die Forscher glauben, dass es sich bei dem Schwarzen Loch um den Überrest der Supernova SN 1979C in der Galaxie M100 handelt, die rund 50 Mio. Lichtjahre von der Erde entfernt ist. Genau genommen ist das Schwerkraftmonster jetzt also 50 Mio. plus 30 Jahre alt. 2005 berichteten Astronomen über die seltsame Supernova: Ihr Nachglühen wurde im Röntgenlicht einfach nicht schwächer; selbst nach mehr als 25 Jahren wollte die Sternenleiche nicht verblassen. Das brachte die Forscher auf die Idee, dass es sich bei dem Objekt um ein Schwarzes Loch handeln könnte, das entweder durch umliegendes Material oder von der Supernova selbst gefüttert wird.

1.4.2 2015 – Wenn zwei Schwarze Löcher verschmelzen

Es war einmal vor langer Zeit in einem weit entfernten Sternhaufen, als zwei überraschend schwere Schwarze Löcher miteinander verschmolzen und eine regelrechte Flut an Energie freisetzten, die das Gewebe der Raum-Zeit selbst verbog. Im September 2015 haben Messinstrumente auf der Erde die sanften Schwingungen dieser entfernten kosmischen Katastrophe aufgefangen (Abbott et al. 2016) und damit zum ersten Mal in der Geschichte Gravitationswellen direkt gemessen. Insgesamt öffnen die Messungen, die alle vom Laser Interferometer Gravitational-Wave Observatory (aLIGO) gemacht wurden, ein neues Fenster zu unserem Kosmos. Das Entscheidende dabei ist, dass die Wellen auch Informationen über ihre entlegenen Ursprünge mit sich tragen. Die Ergebnisse stellen einige Vorstellungen darüber infrage, wie Schwarze Löcher entstehen, wo sie existieren und wie sie letztendlich in so gewaltsame und tödliche Tänze miteinander verwickelt werden. Bis Anfang 2020 sind von LIGO und Virgo über 50 solcher Ereignisse registriert worden. Das ist allerdings nur die Spitze des Eisberges; wenn die Detektoren noch empfindlicher werden, können bis zu einigen solcher Ereignisse pro Tag detektiert werden. Das ist ein absoluter Meilenstein in der Geschichte der kompakten Objekte, von dem selbst Einstein nie träumen konnte.

Das Ereignis geschah drei Milliarden Lichtjahre von der Erde entfernt. Zwei Schwarze Löcher waren kollidiert und zu einem größeren Loch verschmolzen, 50-mal massereicher als unsere Sonne (Abb. 1.15). Der Prozess war so gewaltig, dass sie Dellen in die Raum-Zeit schlug, die den Raum förmlich zusammengestaucht haben.

Abb. 1.15 Bevor zwei Schwarze Löcher zu einem neuen Schwarzen Loch verschmelzen, wird enorm viel Energie in Form von Gravitationswellen abgestrahlt. Diese Wellen haben eine Frequenz, die das Doppelte von der Umlaufsfrequenz des binären Schwarz-Loch-Systems beträgt. Im Falle von stellaren Schwarzen Löchern liegt diese bei etwa 30 Hz und kann mit Laser-Interferometern nachgewiesen werden. Im September 2015 hatte das Laser-Interferometer LIGO in den USA erstmals Gravitationswellen von zwei verschmelzenden Schwarzen Löchern registriert und damit die Allgemeine Relativitätstheorie von Albert Einstein erneut bestätigt. (Grafik: Computersimulation von SXS)

Diese Stauchungen haben sich dann als Welle mit Lichtgeschwindigkeit durchs Universum fortgepflanzt – als Gravitationswellen, wie sie Einstein bereits 1916 postuliert hatte.

1.4.3   2019 – Das erste Bild eines Schwarzen Lochs

Aufgrund der großen Anziehungskraft von Schwarzen Löchern kann ihnen selbst Licht nicht entkommen. Das macht eine direkte Fotografie unmöglich. Doch mit dem Event Horizon Telescope EHT – einem Zusammenschluss von acht Radioteleskopen – ist nun erstmals die Fotografie eines Schwarzen Lochs gelungen. Wie die beteiligten Wissenschaftler auf sechs Pressekonferenzen 2019 zeitgleich berichteten, gelang ihnen nun erstmals eine Aufnahme des Schattens eines Schwarzen Lochs. Dieser Schatten entsteht durch die Strahlung des verzerrten Lichts, wenn es unwiderruflich im Schwarzen Loch verschwindet.

Das abgebildete Schwarze Loch liegt im Zentrum der rund 55 Mio. Lichtjahre von der Erde entfernten Galaxie Messier 87, die sich im Virgo-Galaxienhaufen befindet (Abb. 1.16). Wie die historischen Aufnahmen zeigen, hat dieses Schwarze Loch einen Radius von knapp 20 Mrd. km. Das entspricht ungefähr der dreifachen Entfernung

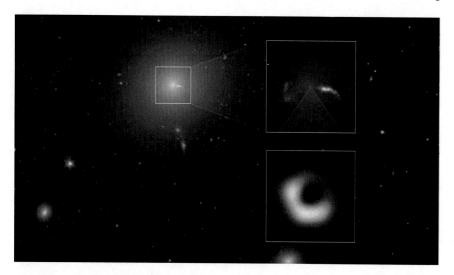

Abb. 1.16 Die helle elliptische Galaxie Messier 87 (M87) enthält das sehr massereiche Schwarze Loch auf dem historischen ersten Bild eines Schwarzen Lochs, das vom Event Horizon Telescope auf dem Planeten Erde aufgenommen wurde. M87 ist eine Riesenellipse im etwa 55 Mio. Lichtjahre entfernten Virgo-Galaxienhaufen. Die große Galaxie wurde auf diesem Infrarotbild des Weltraumteleskops Spitzer in blauen Farbtönen gerendert. Der Einschub rechts unten zeigt das historische Bild des Schwarzen Lochs, das sich im Zentrum der riesigen Galaxie und der relativistischen Jets befindet. Das sehr massereiche Schwarze Loch ist im Spitzer-Bild völlig unaufgelöst, es ist von einfallender Materie umgeben und liefert die gewaltige Energie, welche die relativistischen Jets aus dem Zentrum der aktiven Galaxie M87 treibt. (Image Credit: NASA, JPL-Caltech, Event Horizon Telescope Collaboration)

von der Sonne bis zum Neptun, dem äußersten Planeten unseres Sonnensystems. Aus dem Galaxienkern von Messier 87 schießt mit hoher Geschwindigkeit ein stark gebündelter Materiestrahl (sog. Jet), der mindestens 5000 Lichtjahre ins All hinausreicht. Das nun aufgenommene Bild zeigt heiße Materie, die sich ringförmig um das supermassereiche Schwarze Loch angesammelt hat (Abb. 7.22). Tatsächlich befindet sich ein großer Teil der leuchtenden Materie von uns aus gesehen sogar hinter dem Schwarzen Loch. Denn diese supermassereichen Objekte krümmen die Raum-Zeit stark und lenken damit auch Licht ab. Anhand der Lichtablenkung ließ sich außerdem die Masse des Schwarzen Loches abschätzen: Mit 6,5 Mrd. Sonnenmassen ist es mehr als tausendfach schwerer als das Schwarze Loch im Zentrum der Milchstraße. Diese Masse ist in Einklang mit kinematischen Massenbestimmungen.

Erst der Zusammenschluss von acht Radioteleskopen wie ALMA und APEX in Chile sowie Observatorien in Europa, Hawaii, Mexiko und sogar am Südpol ermöglichte die Aufnahme (Abb. 7.23). Die mehr als 200 beteiligten Astronomen von 13 Instituten kombinierten die Signale aller acht Teleskope und stimmten sie dazu mithilfe von Atomuhren exakt aufeinander ab. Auf diese Weise entstand ein virtuelles Teleskop, dessen Auflösung einer zweimillionenfachen Vergrößerung entspricht – ausreichend, um einen Tennisball auf dem Mond ausfindig zu machen.

1.5 2017 – Gammablitze und Kilonova

Bei Gammablitzen (kurz GRB) handelt sich um die größten bekannten Explosionen im Universum; so hell, dass wir sie noch in fernen Galaxien sehen können, und so mächtig, dass dort in wenigen Sekunden die Energie frei wird, die unsere Sonne in ein paar Millionen Jahren freisetzt. Es gibt zwei verschiedene Arten von Gammablitzen (Abb. 1.18 und 1.19). Manche leuchten ein paar Minuten lang (sogenannte lange Bursts) und manche nur Bruchteile von Sekunden (kurze Bursts).

Die langen Blitze entstehen beim Kollaps gigantischer Riesensterne, in einer sogenannten Hypernova. Bei den kurzen Gammablitzen war man sich bis jetzt noch nicht wirklich sicher, wodurch sie entstehen. Wissenschaftler aus Großbritannien, den USA und Dänemark haben nun aber eine Beobachtung gemacht, die das Rätsel lösen könnte. Und auch zur Gefahr, die Gammablitze für die Erde darstellen, gibt es neue Erkenntnisse.

Wegen ihrer kurzen Dauer und hohen Leuchtkraft und wegen des geringen räumlichen Auflösungsvermögens der ersten Satellitenteleskope (wie Vela-Satelliten) konnte man die Gammablitze lange Zeit weder bekannten (sichtbaren) Quellen zuordnen noch glaubhafte Vermutungen zu ihren Ursachen anstellen. Zuerst wurden die Quellen der Blitze innerhalb unserer Milchstraße vermutet, weil Ereignisse derartiger Helligkeit bei weiterer Entfernung physikalisch nicht erklärbar schienen. Aus ihrer gleichförmigen Verteilung über den gesamten Himmel (Abb. 1.20) konnte man jedoch schließen, dass es sich um extragalaktische Ereignisse handelt. Andernfalls müssten sie sich in der Ebene der Milchstraße, in der sich die meisten Sterne

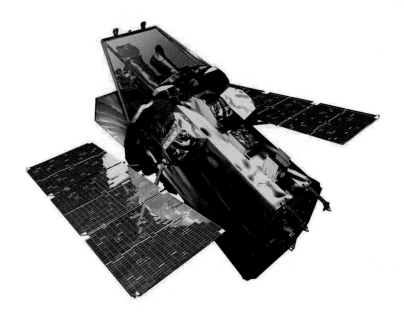

Abb. 1.17 Swift, auch Swift Gamma Ray Explorer, ist ein Forschungssatellit der NASA mit britischer und italienischer Beteiligung, der Gammablitze detektiert und untersucht. Swift wurde am 20. November 2004 von Cape Canaveral mit einer Rakete des Typs Delta II 7320-10C gestartet und befindet sich in einem kreisförmigen Orbit ca. 600 km über der Erdoberfläche mit einer Bahnneigung von 20,6 Grad. Ziel von Swift ist eine schnellstmögliche und genaue Lokalisierung kurzlebiger Gammablitze. Damit sollen weitere Beobachtungen noch während des Nachleuchtens des Gammablitzes auf das richtige Objekt gelenkt werden können. (Grafik: Swift/NASA (Swift 2020), mit freundlicher Genehmigung von © NASA)

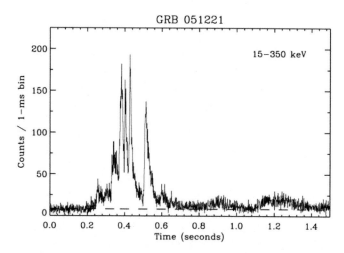

Abb. 1.18 Kurzer Gammablitz. Kurze Gammablitze weisen eine Dauer von weniger als 2 s auf. Das optische Nachleuchten dieser GRBs ist wesentlich kürzer als das der langen GRBs. (Daten: Swift/NASA (Swift 2020), mit freundlicher Genehmigung von © NASA)

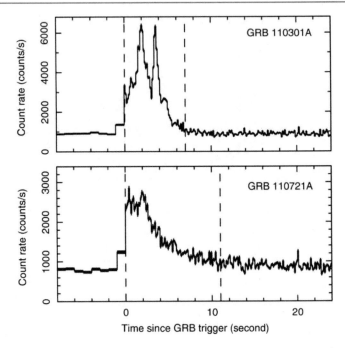

Abb. 1.19 Lange Gammablitze. Die Dauer von langen Gammablitzen beträgt wenige Sekunden bis maximal einige Minuten. Gammablitze setzen in wenigen Sekunden mehr Energie frei als die Sonne in Milliarden von Jahren. (Daten: Swift/NASA (Swift 2020), mit freundlicher Genehmigung von © NASA)

der Milchstraße befinden, häufen oder, falls sie zum Halo der Milchstraße gehörten, in Richtung des galaktischen Zentrums.

2017 – Wenn Neutronensterne verschmelzen

Ein wesentlicher Fortschritt gelang durch sehr rasche Lokalisierung der Gammablitze, um andere Teleskope automatisch auf diese Himmelsposition zu richten (Abb. 1.17). Mithilfe des Röntgensatelliten BeppoSAX konnte 1997 erstmals das **Nachglühen von Gammablitzen** im Röntgenbereich beobachtet werden. Aufgrund der wesentlich exakteren Positionsbestimmung in der Röntgenastronomie konnte man gezielte Nachbeobachtungen auch im UV- und sichtbaren Licht machen und sie bekannten Quellen zuordnen (Abb. 1.21). Man fand an den Stellen der Gammablitze weit entfernte Galaxien und konnte so direkt nachweisen, dass Gammablitze extragalaktischen Ursprungs sind.

Kurze Gammablitze leuchten nur Sekundenbruchteile am Himmel auf. Man vermutete, dass sie bei der Kollision zweier extrem kompakter Objekte entstehen, also entweder beim Zusammenstoß von zwei Neutronensternen oder bei der Kollision von einem Neutronenstern und einem Schwarzen Loch. Das passiert nur in den vergleichsweise dicht besiedelten Planetensystemen, aber nicht im interstellaren Raum. Die Verursacher der SGRBs sind jedoch Teil eines Systems. Sie waren früher einmal zwei Sterne eines Doppelsternsystems und kollabierten, als sie ihren Brennstoff ver-

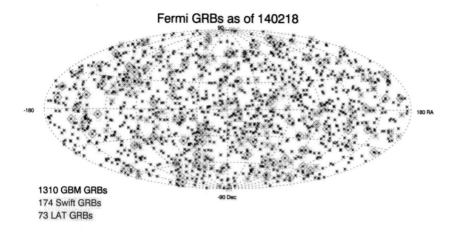

Abb. 1.20 GBM/LAT Burst-Positionen am Himmel mit SWIFT-Korrelation. GBM triggert etwa 240 GRBs pro Jahr, davon sind 40–45 kurze Bursts. Etwa die Hälfte der GBM-Bursts fallen in das Gesichtsfeld von LAT. Davon detektiert LAT 10 %, vor allem die helleren GBM-Bursts. Das Swift Burst Alert Telescope BAT hat im Vergleich zu GBM ein kleineres Gesichtsfeld, ist jedoch beträchtlich empfindlicher. GBM und Swift BAT sehen dadurch etwa 30 GRBs gleichzeitig pro Jahr. Zusätzlich detektiert Swift noch Fermi-GRBs, wenn das Swift X-Ray Telescope XRT in der Richtung der Fermi LAT GRBs ausgerichtet ist, um das optische Nachglühen zu erfassen. (Grafik: Fermi-LAT and GBM Collaborations (Fermi 2020), mit freundlicher Genehmigung von © NASA)

braucht hatten, zu Neutronensternen, bzw. Schwarzen Löchern, die sich nun ebenso umkreisen wie vorher die Sterne. Im Laufe der Zeit verlieren sie aber durch die Abstrahlung von Gravitationswellen Energie und kommen sich immer näher. Am Ende stoßen sie zusammen, verschmelzen und erzeugen dabei den gewaltigen Gammablitz. So weit zumindest die Hypothese.

Aber man kann es herausfinden. Die verschmelzenden Neutronensterne erzeugen nämlich nicht nur einen kurzen Gammablitz, sondern sollten bei einer Kollision auch jede Menge schwere und radioaktive Elemente ins All schleudern. Diese Materiewolke umgibt die verschmelzenden Sterne, und die zerfallenden radioaktiven Elemente geben Energie ab. Die Wolke leuchtet also einerseits, blockiert aber auch andererseits das Nachglühen des Gammablitzes. Am Ende erwartet man nach der Kollision zweier Neutronensterne ein schwaches Nachglühen im Infrarotbereich. Das schwach bezieht sich hier aber nur auf den Vergleich mit dem Gammablitz selbst; es ist immer noch deutlich heller als eine normale Nova, wenn auch ein wenig schwächer als eine typische Supernova. Die Astronomen haben dieses Phänomen **Kilonova** getauft und 2013 zum ersten Mal bei einem Gammablitz beobachtet (Abb. 1.21).

Der endgültige Beweis zwischen Kilonova und Gammaburst wurde dann 2017 erbracht. Am 17. August 2017 wurde ein Gravitationswellenereignis GW 170817 durch die beiden LIGO-Detektoren zusammen mit dem Virgo-Detektor registriert (Metzger 2017). 1,7 s später registrierte das Fermi Gamma-ray Space Telescope den Gammablitz GRB 170817A, und beide Beobachtungen konnten mit einem optischen Transient in der Galaxie NGC 4993 in Verbindung gebracht werden. Die Kilonova

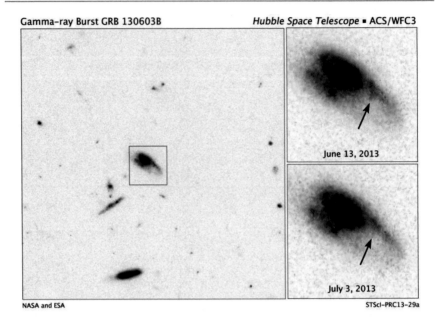

Abb. 1.21 Es handelt sich hier um den GRB 130603B, der am 3. Juni 2013 in einer weit entfernten Galaxie stattfand. Das Swift-Weltraumteleskop registrierte den Blitz und alarmierte die Wissenschaftler, die sofort diverse andere Teleskope in Position brachten, um sich auf die Suche nach dem Leuchten der Kilonova zu machen. 3 bis 11 Tage nach dem Gammablitz erreicht die Kilonova den Höhepunkt ihrer Helligkeit. Hubble war tatsächlich in der Lage, das Nachglühen der Explosion in der fernen Galaxien auszumachen und das, was man beobachten konnte, entsprach in etwa dem, was man erwartet hatte. Es scheint sich tatsächlich um eine Kilonova zu handeln. (Bild: HST/NASA, mit freundlicher Genehmigung von © NASA)

konnte im optischen, infraroten, ultravioletten, Röntgen- und Radiobereich beobachtet werden. Aus der Lichtkurve und der Entfernung zu der S0-Galaxie konnte eine Leuchtkraft von 3×10^{34} W abgeleitet werden. Der Farbindex wandelte sich innerhalb weniger Tage von Blau nach Rot, und nach einer Woche emittierte die Kilonova die meiste elektromagnetische Strahlung nur noch im Bereich des Infraroten.

Wenn es um gigantische Explosionen im Weltall geht, dann stellt sich natürlich die Frage, ob das auch für uns auf der Erde irgendwie gefährlich werden kann (Domainko 2011). Natürlich kann eine so große Menge an Energie, die in so kurzer Zeit freigesetzt wird, der Erde großen Schaden zufügen oder sie auch ganz zerstören. Aber nur dann, wenn der GRB in unmittelbarer Sonnennähe stattfindet, womit nicht zu rechnen ist. In unserer näheren kosmischen Nachbarschaft gibt es keine Riesensterne, die zum GRB werden können. Die Sterne bewegen sich allerdings durch die Milchstraße, und im Laufe der Jahrmillionen kann sich die Situation durchaus ändern. Wenn die Erde von einem Gammablitz getroffen wird, leidet vor allem die Atmosphäre unseres Planeten. Die starke Strahlung zerstört die Ozonschicht, und wenn dann die UV-Strahlung der Sonne ungefiltert auf die Erdoberfläche trifft, hilft auch der stärkste Sonnenschutzfaktor nicht mehr.

Eventuell ist sogar eines der größten Massenaussterben der Erdgeschichte durch einen Gammablitz in unserer Milchstraße ausgelöst worden. Beispielsweise wird über ein Ereignis vor 443 Mio. Jahren (Ende des Ordoviziums) spekuliert. Infolge eines ordovizischen Gammablitzes wäre die UV-Strahlung der Sonne nach Zerstörung der Ozonschicht ungehindert in die obersten Wasserschichten der Urozeane eingedrungen. Dort könnten Organismen, die nahe der Wasseroberfläche lebten, abgetötet worden sein (Landlebewesen gab es noch nicht). Als Indiz für ein solches Szenario wird angeführt, dass am Ende des Ordoviziums viele nahe der Wasseroberfläche lebende Trilobiten ausgestorben sind.

Wissenschaftler wurden beauftragt herauszufinden, welche Konsequenzen der Treffer eines in der Nähe (ca. 500–3000 Lichtjahre) entstehenden Gammablitzes auf die Erde hätte (Piran und Jimenez 2014). Die Untersuchung sollte auch helfen, Massenaussterben auf der Erde zu klären und die Wahrscheinlichkeit von extraterrestrischem Leben einschätzen zu können. Im Ergebnis vermuten Wissenschaftler, dass ein Gammablitz, der in der Nähe unseres Sonnensystems entsteht und die Erde trifft, ein Massensterben auf dem gesamten Planeten auslösen könnte. Die zu erwartende schwere Schädigung der Ozonschicht würde die globale Nahrungsmittelversorgung zusammenbrechen lassen, sowie zu langanhaltenden Veränderungen des Klimas und der Atmosphäre führen. Das würde ein Massenaussterben auf der Erde bewirken und die Weltbevölkerung auf beispielsweise 10 % ihres jetzigen Wertes schrumpfen lassen. Gammablitze jenseits von 3000 Lichtjahren stellen nach der Studie jedoch keine Gefahr dar.

1.6   Zusammenfassung

Die Einteilung der Objekte mit ansteigender Kompaktheit ist Weißer Zwerg, Neutronenstern und Schwarzes Loch. Kompakte Objekte (CO) gehen im Rahmen der Sternentwicklung aus normalen Sternen hervor. Die Masse des Vorläufersterns entscheidet darüber, welcher CO-Typ als stabile, kompakte Endkonfiguration im Gravitationskollaps der Sternrestmaterie gebildet wird. Die Grundlagen zum Verständnis der Physik der kompakten Objekte wurden vor über 100 Jahren durch Albert Einstein gelegt. Einstein selbst vermochte allerdings nicht alle Konsequenzen seiner Theorie vorherzusehen. Mit den Schwarzen Löchern tat er sich sehr schwer, nur die Existenz von Gravitationswellen hat er vorhergesagt, hielt sie aber für nicht nachweisbar. Doch genau dies ist mit den Laser-Interferometern LIGO und Virgo seit 2015 möglich geworden. Sie registrierten bis Anfang 2020 über 50 Verschmelzungen von Schwarzen Löchern und Neutronensternen.

Literatur

Einstein A (1916) Die Grundlage der Allgemeinen Relativitätstheorie. Annalen der Physik 354:769–822

Bührke T (2015) Die Geschichte einer Formel – Einsteins Jahrhundertwerk. dtv, München

Abbott BP et al (2016) Observation of gravitational waves from a binary black hole merger. Phys Rev Lett 116:061102; arXiv:1602.03840

Domainko WF (2011) Occurrence of potentially hazardous GRBs launched in globular clusters. arXiv:1112.1792

Gold T (1989) New ideas in science. J Sci Explor 3(2):103–112

Kerr R (1963) Gravitational field of a spinning mass as an example of algebraically special metrics. Phys Rev Lett 11:237

Kleinman SJ et al (2013) SDSS DR7 White Dwarf Catalog. ApJS 204:5 arXiv:1212.1222

Legett SK et al (2011) Cool white dwarfs found in the UKIRT infrared sky survey. ApJ 735:62

Lopez LA et al (2013) The Galactic Supernova Remnant W49B likely originates from a Jet-driven. Core-collapse explosion. arXiv:1301.0618

Metzger BD (2017) Kilonovae. Living reviews in relativity. 20(3). arxiv:1610.09381

Miller A (2007) Der Krieg der Astronomen: Wie die Schwarzen Löcher das Licht der Welt erblickten. DVA Verlag

Nobelpreis in Physik 1974. http://www.nobelprize.org/prizes/physics/1974/summary

Nobelpreis in Physik 1983. http://www.nobelprize.org/prizes/physics/1983/summary

Nobelpreis in Physik 1993. https://www.nobelprize.org/prizes/physics/1993/summary

Nobelpreis in Physik 2017. https://www.nobelprize.org/prizes/physics/2017/weiss/lecture

Piran Tsvi, Jimenez R (2014) Possible role of gamma ray bursts on life extinction in the universe. Phys Rev Lett 113, 231102. arXiv:1409.2506 [astro-ph.HE]

Teukolsky SA (2015) The Kerr metric. Class. Quantum gravity 32 124006. arXiv:1410.2130

Yakovlev DG, Haensel P, Gordon Baym G, Pethick, CJ (2013) Lev Landau and the conception of neutron stars. arXiv:1210.0682

The Event Horizon Telescope Collaboration (2019) First M87 Event Horizon Telescope Results. I. The Shadow of the Supermassive Black Hole. Astrophys J Lett 875(1). arXiv:1906.11238

Fermi. https://fermi.gsfc.nasa.gov

Swift. https://swift.gsfc.nasa.gov

Die Sterne der Milchstraße

2

Inhaltsverzeichnis

▶   Die meisten Objekte, die man am Nachthimmel sehen kann, sind Sterne (Abb. 2.1): Einige Tausend sind mit bloßem Auge zu erkennen. Die Sonne ist ein typisches Beispiel für einen Stern – eine hauptsächlich aus Wasserstoff- und Heliumgas bestehende heiße Gaskugel. Die Gravitation

---

Elektronisches Zusatzmaterial Die elektronische Version dieses Kapitels enthält Zusatzmaterial, das berechtigten Benutzern zur Verfügung steht. https://doi.org/10.1007/978-3-662-62882-9_2.

© Springer-Verlag GmbH Deutschland, ein Teil von Springer Nature 2021
M. Camenzind, *Faszination kompakte Objekte*,
https://doi.org/10.1007/978-3-662-62882-9_2

Abb. 2.1 Die Milchstraße enthält etwa 300 Mrd. Sterne. Um die galaktische Scheibe, die sich teilweise hinter Gas- und Staubwolken verbirgt, erstreckt sich ein sphärischer Halo aus alten Sternen und Sternhaufen. Die ESA-Sonde Gaia ist dabei, die Sterne der Milchstraße neu zu vermessen. (Bild: ESA/ATG medialab; background: ESO/S. Brunier, mit freundlicher Genehmigung von © ESO)

sorgt dafür, dass die Materie nicht in den Weltraum verdampft. Der Druck, der durch die hohe Temperatur und die hohe Dichte entsteht, hält die Kugel davon ab, zusammenzuschrumpfen. Im Zentrum des Sterns sind Temperatur und Druck hoch genug, Kernfusionsreaktionen aufrechtzuerhalten. Die so erzeugte Energie arbeitet sich an die Oberfläche und wird von dort in den Weltraum abgestrahlt. Wenn der Brennstoff für diese Reaktion aufgebraucht ist, verändert sich die Struktur des Sterns. Der Prozess, der durch Kernfusion aus leichteren Elementen immer schwerere erzeugt und die innere Struktur des Sterns anpasst, um Gravitationskraft und Druck auszugleichen, heißt Sternentwicklung.

Die Farbe eines Sterns gibt Auskunft über seine Temperatur, und diese Temperatur hängt von einer Kombination aus seiner Masse und der Entwicklungsphase ab, in der er sich befindet. Es ist im Allgemeinen auch möglich, die Leuchtkraft, d. h. die Energie, die er als Licht und Wärme abstrahlt, aus der Distanz abzuleiten. Distanzmessungen an Sternen sind deshalb eine fundamentale Aufgabe der Astronomie.

2.1   Sterne in der Beobachtung

Alle Informationen über Sterne müssen aus ihrer elektromagnetischen Strahlung gewonnen werden. Diese umfasst alle Bereiche von der Radio-, Infrarot-, sichtbaren (Licht), Ultraviolett-, bis hin zur Röngten- und Gammastrahlung. Zustandsgrößen der Sterne sind Helligkeit, Distanz, Leuchtkraft, Farbe, Spektraltyp, Masse, Radius, Dichte, Schwerebeschleunigung, Temperatur, Rotation, Magnetfeld und chemische Zusammensetzung. Einige dieser Zustandsgrößen lassen sich direkt beobachten, andere müssen erst errechnet werden.

2.1.1 Distanz der Sterne

Als Parallaxe (griech. Vertauschung, Abweichung) bezeichnet man die scheinbare Änderung der Position eines Objektes, wenn der Beobachter seine Position verschiebt. Die Parallaxe wird heute zur Entfernungsmessung der Sterne in der Galaxis eingesetzt. Als Basislinie dient der Durchmesser der Erdbahn. Der Umlauf der Erde ändert die scheinbaren Sternpositionen in Form einer kleinen Ellipse, deren Form vom Winkel abhängt, um den der Stern von der Ekliptik (Ebene der Erdbahn) absteht. Die Parallaxe ist der Winkel, unter dem der Radius der Erdbahn vom Stern aus erscheint. Beträgt die Parallaxe eine Bogensekunde, so entspricht das einer Entfernung von 3,26 Lichtjahren. Diese Entfernung wird auch als **Parsec** (pc, parallax arcsecond) bezeichnet. Da 1 Radian = $180/\pi \times 60 \times 60 = 206.265$, ergibt dies

$$\boxed{1\,\textbf{Parsec} = 206.265\,\textbf{AE} \simeq 3{,}08 \times 10^{16}\,\textbf{m}\,.} \qquad (2.1)$$

Die Astronomen verwenden zudem die Einheiten 1 kpc = 1000 pc, 1 Mpc = 1000 kpc und 1 Gpc = 1000 Mpc (für kosmische Distanzen). Dabei ist eine Astronomische Einheit wie folgt definiert: 1 AE = 149.597.870,700 km.

Die Parallaxe ist selbst bei nahen Fixsternen so klein, dass man sie lange nicht messen konnte. Dies wurde von den Vertetern des geozentrischen Modells lange als wichtigstes wissenschaftliches Argument gegen das neue heliozentrische Weltbild ins Feld geführt. Auf der Suche nach der Parallaxe wurde zunächst ein völlig anderer Effekt, die **Aberration** entdeckt. Erst 1838 gelang Friedrich Wilhelm Bessel die Parallaxenmessung: Er wählte den Schnellläufer (Stern mit großer jährlicher Eigenbewegung) 61 Cygni aus und konnte die halbjährliche Winkeländerung nach längeren Analysen zu 0,3" (0,0002 Grad) bestimmen. Selbst beim sonnennächsten Stern Proxima Centauri (nur vier Lichtjahre entfernt) beträgt die Parallaxe nur 0,772". In den 1990er-Jahren gelangen mit dem europäischen Astrometriesatelliten **HIPPARCOS** genaue Parallaxenmessungen für 118.000 Sterne. Gaia, sein Nachfolger, begann Ende 2013 damit, noch 40-mal genauere Messungen an etwa einer Milliarde Sternen durchzuführen.

Beispiel
Ein Stern in einer Entfernung von 50 pc weist eine Parallaxe von $\pi = 1/50 = 0{,}02$ Bogensekunden auf.

▶ $\Rightarrow$ Vertiefung 2.1: Wie werden Distanzen von Sternen gemessen?

2.1.2 Die Hipparcos-Mission – 120.000 erlesene Sterne

Hipparcos (High Precision Parallax Collecting Satellite) war ein Satellit für Zwecke der Astrometrie. Er wurde nach dem griechischen Astronomen Hipparch von Nicea benannt, der die Veränderlichkeit der Sternörter entdeckte. Hipparcos wurde am 8. August 1989 zusammen mit dem deutschen Fernsehsatelliten TV-SAT 2 an Bord einer Ariane 44LP gestartet. Der Satellit erreichte planmäßig die vorgesehene Geostationäre Transferbahn (Geostationary Transfer Orbit, GTO), in der sein Abstand von der Erde zwischen 223 und 35.652 km variierte. Allerdings zündete der MARGE-II-Apogäumsmotor von Hipparcos nicht, und der Satellit verblieb in seiner GTO-Umlaufbahn, anstatt wie vorgesehen eine geostationäre Umlaufbahn zu erreichen, von der aus Messungen wechselseitiger Winkelabstände von etwa 120.000 Sternen mit bis dahin unerreichter Präzision hätten vorgenommen werden sollen.

Mithilfe eines aus diesem Anlass entwickelten neuen Beobachtungsprogramms, für das freilich eine längere Messphase nötig war als ursprünglich vorgesehen, gelang es, den Satelliten seine Messungen von der ungünstigeren Umlaufbahn des GTO aus vornehmen zu lassen. Zuvor wurde die Umlaufbahn mithilfe der eigentlich nur für kleinere Kurskorrekturen vorgesehenen Hydrazinkorrekturtriebwerke leicht vergrößert, sodass der Satellit die Erde nunmehr im Abstand von zwischen 526 und 35.900 km Höhe umkreiste. Diese Korrektur war notwendig, da Reibungseffekte der Restatmosphäre in den erdnäheren Regionen der Bahn den Satelliten sonst zu stark gebremst hätten. Auf diese Weise konnten bis zum Betriebsende im Juni 1993 Messungen vorgenommen werden, welche die ursprünglich gesteckten Ziele sogar übertrafen.

Für die genaue Bestimmung der Sternpositionen war in Hipparcos ein Spiegelteleskop mit 29 cm Spiegeldurchmesser und 1,4 m Brennweite eingebaut; mithilfe eines zusätzlichen Spiegels wurden gleichzeitig zwei Himmelsregionen im Abstand von 58 Grad abgebildet. In der Brennebene wurde ein Gitter (8,2 μm Linienabstand; entspricht 1,2 Bogensekunden) platziert, durch das bei der langsamen Drehung des Satelliten die Sternhelligkeit periodisch moduliert wurde; das durchgelassene Licht wurde gemessen. Für die Messungen des Hauptkatalogs wurde eine *image dissector tube,* eine Spezialform eines Photomultipliers mit einstellbarem Blickfeld verwendet; damit wurde jeweils nur ein Stern erfasst, andere Sterne, deren Licht auch auf das Gitter fiel, konnten ausgeblendet werden. Aus der Helligkeitsmodulation konnten die Sternpositionen zueinander in Drehrichtung bestimmt werden; für die Positionsdaten waren komplexe Ausgleichungsrechnungen und der Anschluss an Positionsdaten erdgebundener Observatorien notwendig.

Insgesamt bestimmte der Satellit über eine Million Sternörter, 118.000 davon mit Koordinaten und Bewegungen in einer Winkelgenauigkeit von einigen Millisekunden. Die Hipparcos-Daten (300 Gigabyte) gaben schon im Jahr der Publikation Stoff für Hunderte von Aufsätzen von mehr als 1000 Astronomen.

Das primäre Ergebnis sind also Positionen der gemessenen Sterne, die zu mehreren Messzeitpunkten (Epochen) bestimmt wurden. Aus zeitlich weit auseinander liegenden Epochen wurden Eigenbewegungen abgeleitet, aus Positionen im Abstand von halben Jahren die Parallaxen und damit die Entfernungen der Sterne (Abb. 2.2).

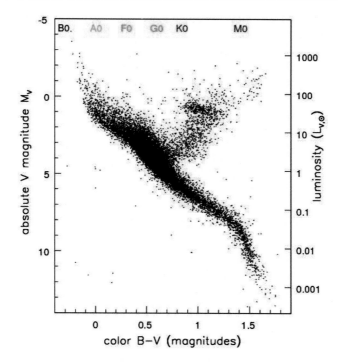

Abb. 2.2 Hertzsprung-Russell-Diagramm ($B-V$, M_V) für 41.704 Einzelsterne aus dem Hipparcos-Katalog. Zu sehen sind die Hauptreihe der sonnennahen Sterne (von rechts unten nach links oben) und der rote Riesenast. (Daten: Hipparcos/ESA, mit freundlicher Genehmigung von © ESA)

Zum Auffinden der Kandidatensterne benötigte Hipparcos bereits so genaue Positionen, dass umfangreiche Vorarbeiten mit irdischen Teleskopen nötig waren.

Hipparcos war für die Astrometrie ein bedeutender Meilenstein, Die Positionen am Himmel, Parallaxen und Eigenbewegungen von 118.000 Sternen wurden mit einer zuvor unerreichten Präzision von etwa 0,001 Bogensekunden (Millibogensekunden) gemessen; sie sind im **Hipparcos-Katalog** verzeichnet (Abb. 2.2). Darüber hinaus vermaß ein zweites Instrument an Bord über eine Million Sterne mit immer noch beachtlichen 0,02 Bogensekunden Genauigkeit, die sich nun im **Tycho-Katalog** finden. Diese beiden Kataloge sind die beste Realisation des neuen Referenzkoordinatensystems am Himmel, ICRF genannt. Sie erlauben nun auch Hobbyastronomen, mit Teleskop und Digitalkamera genau und halbautomatisch jedes Himmelsobjekt einzumessen.

2.1.3   Vermessung der Galaxis mit Gaia – 1,7 Mrd. Sterne und Quasare

Gaia ist eine astronomische Weltraummission der Europäischen Weltraumagentur ESA, mit der ungefähr ein Prozent der Sterne unserer Milchstraße astrometrisch, fotometrisch und spektroskopisch mit höchster Präzision vermessen werden soll. Gaia baut auf der europäischen Tradition der Erstellung von präzisen Sternkarten auf, die mit der Hipparcos-Mission der ESA in den 1980er-Jahren in exemplarischer Weise demonstriert wurde. Während jene Mission 100.000 Sterne mit hoher Präzision und über eine Million Sterne mit geringerer Genauigkeit katalogisierte, wird Gaia knapp zwei Milliarden Sterne und Quasare mit bisher unerreichter Genauigkeit kartografisch erfassen.

Der Name des Astrometrieweltraumsonde Gaia leitet sich ab von dem Akronym für **Globales Astrometrisches Interferometer für die Astrophysik.** Das kennzeichnet die ursprünglich für dieses Teleskop geplante Technik der optischen Interferometrie. Inzwischen hat sich jedoch das Messprinzip geändert, sodass das Akronym nicht mehr zutrifft. Trotzdem bleibt es bei dem Namen Gaia, um die Kontinuität in dem Projekt zu gewährleisten.

Das Experiment

Die Weltraumsonde Gaia wurde am 19.12.2013 mit einer Sojus-Fregat-Rakete vom europäischen Raumfahrtbahnhof Kourou in Französisch-Guayana gestartet (Abb. 2.3). Nach dem Start benötigte Gaia einige Monate, um ungefähr 1,5 Mio. km von der Erde entfernt den Stationierungsort beim Lagrange-Punkt L2 zu erreichen. Von dort wird sie dann über einen Zeitraum von fünf Jahren das Weltall abscannen. Ziel ist die Erstellung einer Phasenraumkarte der Milchstraße (Bastian 2013).

Die Weltraumsonde Gaia rotiert um ihre Achse und scannt damit den Himmel ab (Prusti 2016). Daten werden kontinuierlich ausgelesen, wenn das Teleskop Großkreise abscannt. Die CCD-Elektroden werden im selben Takt getimed wie die Scan-Rate von 60 Bogensekunden pro Sekunde. Gleichzeitig präzediert die Sonde um die Achse Erde-Sonne mit einer Rate von 63 Tagen (Abb. 2.4).

Diese Anforderungen sind sehr genau ausgearbeitet und getestet worden (Tab. 2.1). Für eine Spinrate von 60 Bogensekunden pro Sekunde und den Aspektwinkel von 45 Grad zur Sonne entspricht die Präzessionsrate in fünf Jahren Betrieb 29 Umdrehungen der Spinachse um die Sonnenrichtung. Dies ergibt eine Präzessionsdauer von 63 Tagen. Im Schnitt wird damit jedes Objekt etwa 70-mal in den Gesichtsfeldern der beiden Teleskope erfasst.

Die Kosten der ESA für die Mission einschließlich Start, Bodenkontrolle und Nutzlast belaufen sich auf ungefähr 700 Mio. Euro. Die Kosten für die wissenschaftliche Datenreduktion (die von den Mitgliedsländern der ESA aufgebracht werden müssen) werden auf etwa 120 Mio. Euro geschätzt. Die Bodenkontrolle und alle wissenschaftlichen Operationen werden vom Europäischen Raumflugkontrollzentrum (ESOC) in Darmstadt unter Verwendung der spanischen Bodenstation in Cebreros ausgeführt.

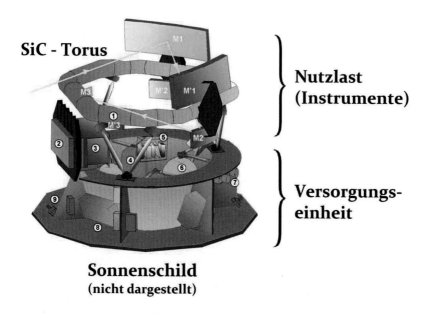

SiC - Torus

Nutzlast (Instrumente)

Versorgungs-einheit

Sonnenschild
(nicht dargestellt)

Abb. 2.3 Grafische Darstellung der Gaia-Weltraumsonde. Das Modul hat einen Durchmesser von drei Metern und enthält als wesentliches Element eine hexagonale optische Bank aus SiC (oben), die alle sechs Spiegel trägt. Diese Struktur sitzt auf einem Servicemodul – die zwölfseitige Struktur im unteren Teil. Dieses Modul beherbergt zwei Sterntracker (unten rechts zu sehen), das Kommunikationssubsystem, den Zentralcomputer, sowie Datenhandlingssysteme und Energieversorgung. Über dem elektrischen Servicemodul befindet sich die thermische Abschirmung (eine Art Zelt). Darüber befindet sich die Antenne. Im untersten Teil findet man die Sonnenabschirmung sowie die sechs Sonnenpanele zur Energiegewinnung. (Grafik: Wikipedia/Gaia (Raumsonde))

Gaia trägt drei wissenschaftliche Hauptinstrumente, die gemeinsam von einem Teleskop mit zwei weit voneinander getrennten Gesichtsfeldern am Himmel versorgt werden (Abb. 2.5). Das Teleskop hat keinen kreisförmigen, sondern einen rechteckigen Primärspiegel der Größe $1,45 \times 0,5$ m. Alle Instrumente schauen auf die gleichen um 106,5 Grad getrennten Himmelsabschnitte.

- **Astrometrie:** Ein Feld von 76 CCD-Detektoren wird die Himmelsobjekte erfassen (Abb. 2.6). Das Detektorfeld wird während der Gaia-Mission die Sternpositionen und die Sternbewegungen am Himmel mit hoher Präzision erfassen.
- **Fotometrie:** 14 zusätzliche CCD-Detektoren werden Helligkeit und Farbe in einem breiten Wellenlängenbereich messen.
- **Spektroskopie:** Das Radialgeschwindigkeitsspektrometer (RVS) benutzt dasselbe kombinierte Gesichtsfeld wie das astrometrische und das fotometrische Instrument. Es arbeitet mit 12 CCD-Detektoren, deren spektroskopische Informationen die Ableitung der Sternbewegungen entlang der Sichtlinie erlauben. Zusammen mit dem Fotometer wird es auch eine genaue Klassifikation vieler der beobachteten Objekte erlauben.

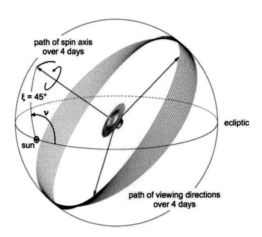

Abb. 2.4 Die Sonde rotiert mit 60 Bogensekunden pro Sekunde, dies entspricht sechs Stunden Scandauer für einen Großkreis am Himmel. Der Spin präzediert langsam in 63 Tagen um die Sonnenrichtung, sodass der Winkel von 45 Grad zwischen Sonne und Spinachse konstant gehalten wird. Der Basiswinkel zwischen den beiden Gesichtsfeldern beträgt 106,5 Grad. (Grafik: Gaia/ESA/Prusti, mit freundlicher Genehmigung von © ESA)

Tab. 2.1 Vollständigkeit, Empfindlichkeit und Genauigkeit: ein Vergleich Hipparcos – Gaia

Parameter	Hipparcos	Gaia
Untere Helligkeitsgrenze	12 mag	21 mag
Vollständigkeit	7,3–9,0 mag	20 mag
Obere Helligkeitsgrenze	0 mag	3 mag
Anzahl Messobjekte	120.000	26 Mio. bis $V = 15$ mag
		250 Mio. bis $V = 18$ mag
		1000 Mio. bis $V = 20$ mag
Effektive Reichweite	1 kpc	100 kpc, incl. LMC und SMC
Quasare	–	bis zu 1 Mio.
Galaxien	–	1 Mio.–10 Mio.
Genauigkeit	1 mas	7 μas bei $V = 10$ mag
		10–25 μas bei $V = 15$ mag
		300 μas bei $V = 20$ mag
Fotometrie	2 Farben (B, V)	Spektrofotometrie $V \leq 20$
Radialgeschwindigkeiten	–	15 km/s bis $V = 15$ mag
Beobachtungsprogramm	Ausgewählte Sterne	Vollständig, ohne Vorauswahl

Erste Kataloge von Gaia

Am Ende der Mission wird Gaia Positionen (Koordinaten), Parallaxen (als Entfernungsindikatoren) und jährliche Eigenbewegungen von ungefähr zwei Milliarden Sternen bestimmen. Für die hellsten 100 Mio. Sterne wird die **Messgenauigkeit 20 Mikrobogensekunden** oder besser betragen. Für die schwächeren Sterne wird die

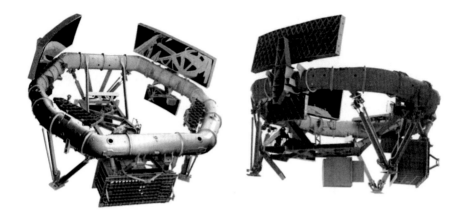

Abb. 2.5 Das Gaia-Teleskop. Das optische Teleskop besteht aus sechs Reflektoren (M1–M6), zwei sind gemeinsam (M5, M6), montiert auf dem SiC-Torus. Die Eingangsöffnung ist $1,45 \times 0,5\,\text{m}^2$, und die Fokallänge beträgt 35 m. Beide Hauptspiegel M1 und M2 haben einen gemeinsamen Fokus. (Bild: EADS Astrium, mit freundlicher Genehmigung von © EADS Astrium)

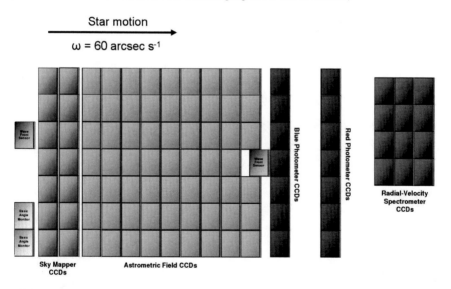

Abb. 2.6 Die beiden Gesichtsfelder von Gaia sind etwa $1,4 \times 0,7$ Quadratgrad groß, überdecken am Himmel also etwa die vierfache Fläche der Sonnen- bzw. Vollmondscheibe. Erfasst werden sie von einem Feld von insgesamt 106 CCD-Detektoren mit einer Auflösung von je 4500×1966 Pixel. Zusammen haben die Kameras der Sonde damit rund eine Milliarde Pixel. Ein Feld von 62 dieser CCD-Detektoren in einem 7×9-Raster wird die Himmelsobjekte registrieren. 14 CCD-Detektoren in zwei Reihen messen Helligkeit und Farben in einem breiten Wellenlängenbereich. Das Radialgeschwindigkeitsspektrometer benutzt dasselbe kombinierte Gesichtsfeld wie das astrometrische und das fotometrische Instrument. Es arbeitet mit zwölf CCD-Detektoren, die Ca-II-Linienspektren der Sterne aufnehmen. (Bild: Gaia/ESA)

Genauigkeit niedriger, aber immer noch unübertroffen sein. Sogar für die schwächsten Sterne wird die Genauigkeit besser als eine Millibogensekunde sein. Der erste Sternkatalog Gaia DR1 beruhte auf den ersten 14 Monaten der Beobachtungszeit. Anfangs wurde mit einer vorbereiteten Objektliste, der Initial Gaia Source List (IGSL), gearbeitet, die aus verschiedenen bereits bestehenden Katalogen zusammengestellt wurde. Bei einem Teil von Gaia DR1 wurden Daten des Tycho-2-Katalogs und des Hipparcos-Katalogs mit Gaia-Messungen kombiniert.

Die Daten von DR2 basieren ausschließlich auf den Beobachtungen Gaias aus 22 Monaten Beobachtungszeit vom 25. Juli 2014 bis 23. Mai 2016 (Abb. 2.7). Die anfänglichen Objektlisten und die Ergebnisse von TGAS wurden in DR2 nicht weiter verwendet. Für die Kalibration der Magnituden wurde der Gaia Spectrophotometric Standard Star Catalog (SPSS) verwendet, der in dieser Funktion während der gesamten Mission beibehalten wird. Für Gaia DR2 wurden 51 Mrd. registrierte Objekte und 520 Mrd. astrometrische Messungen vom Astrometrischen Feld sowie 102 Mrd. niedrig aufgelöste Spektren der beiden Fotometer ausgewertet.

Gaia DR2 enthält insbesondere (Abb. 2.7 und 2.8)

- 1.692.919.135 Objekte mit G-Band-Magnitude insgesamt,
- 1.381.964.755 Objekte mit Daten des blauen Fotometers (BP),
- 1.383.551.713 Daten des roten Fotometers (RP),
- 1.331.909.727 Objekte mit fünf Parametern, Magnitude von $G = 21$ bis $G = 3$ mag (Position, G Magnitude, Parallaxe, Eigenbewegung und Radialgeschwindigkeit),
- 7.224.631 Objekte mit Radialgeschwindigkeit (sechs Parameter),

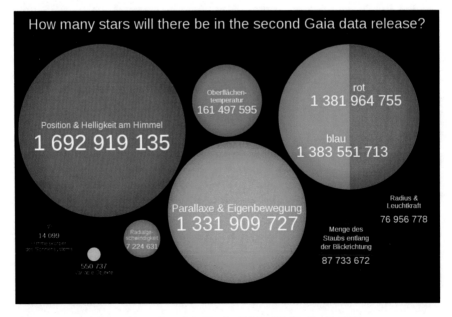

Abb. 2.7 1,7 Mrd. Sterne im zweiten Gaia-Katalog DR2. (Grafik: Quelle ESA)

Abb. 2.8 Der Himmel mit Gaia – Gaia-Karte der Sterne mit Farben. Jeder helle Punkt entspricht einem Katalogeintrag, die Farbe entspricht den Daten der Fotometer. (Grafik: Quelle ESA)

- 556.869 weit entfernte aktive Galaxien, sogenannte Quasare (Objekte des ICRF3),
- 76.956.778 Sterne mit Radius R und Leuchtkraft L.

Zum Zeitpunkt der Veröffentlichung von Gaia-DR2 waren bereits alle Rohdaten von 34 Monaten Beobachtungszeit für den Gaia DR3-Katalog gesammelt. Der Gaia-DR3-Katalog sollte ursprünglich insgesamt in der ersten Hälfte des Jahres 2021 herauskommen. Es wurde absehbar, dass die Teile von DR3 zu unterschiedlichen Zeiten veröffentlichungsreif sind. Gaia-DR4 soll die Ergebnisse der nominalen Missionsdauer mit den Beobachtungsdaten bis 15. Juli 2019 enthalten. Die Veröffentlichung der während der nominellen Missionsdauer gewonnenen Daten wird frühestens gegen Ende des Jahres 2024 erwartet.

▶ ⇒ Vertiefung 2.2: Welche Sternparameter kann Gaia messen?

▶ ⇒ Vertiefung 2.3: Warum sieht Gaia keine Neutronensterne?

2.1.4   Die Leuchtkraft der Sterne

Aus den gemessenen Helligkeiten lässt sich mittels der Parallaxe die Leuchtkraft der Sterne bestimmen. Als Einheit dient hier die Sonnenleuchtkraft $L_\odot = 3{,}853 \times 10^{26}$ Watt, entsprechend einer bolometrischen Helligkeit von $M_{\text{bol}} = 4{,}72$ mag. Leuchtkraft und bolometrische Helligkeit eines Sterns hängen deshalb wie folgt zusammen:

$$M_{\text{bol}} = 4{,}72 - 2{,}5 \log(L/L_\odot). \tag{2.2}$$

2.1.5   Temperatur und Farben der Sterne

Das Spektrum der Sterne entspricht grob dem eines Schwarzen Körpers bei der absoluten Temperatur T, welche mit der Kirchhoff-Planck-Funktion gegeben ist. Ein Stern mit Radius R hat eine Oberfläche von $4\pi R^2$, seine Leuchtkraft wäre als exakter Schwarzer Körper

$$L = 4\pi R^2 \sigma_{SB} T^4. \tag{2.3}$$

Wegen der Abweichungen der stellaren Spektren von dem (idealisierten) Spektrum eines Schwarzen Körpers definiert man die **Effektivtemperatur** T_{eff} des Sterns als diejenige Temperatur eines Schwarzen Körpers, der bei gleichgroßer Oberfläche dieselbe Leuchtkraft hat wie der Stern (Abb. 2.9). Die Effektivtemperatur ist eine wichtige Richtgröße; sie ist repräsentativ für die Temperatur des Materials an der

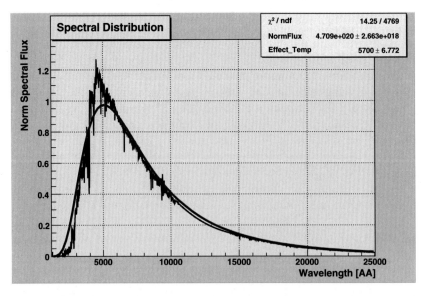

Abb. 2.9 Stellares Spektrum und Effektivtemperatur eines G2-Sterns. Das Spektrum eines G2-Sterns (Wellenlänge in Angstrom) wird mit einer Planck-Funktion gefittet, sodass das Integral unter den Kurven identisch ist. (Grafik: © Camenzind)

Sternoberfläche. Je höher T_{eff}, zu desto kürzeren Wellenlängen ist das Maximum des Strahlungsstroms des Sterns verschoben. Die Effektivtemperatur der Sonne beträgt 5770 Grad Kelvin. Astronomische Objekte können sich nicht nur in ihrer Helligkeit, sondern auch in ihrer Farbe unterscheiden. Eine genauere Betrachtung der hellsten Sterne im Orion zeigt uns Sterne unterschiedlicher **Farbe**. Auch in der Farbfotografie vom Sternbild Orion sind die Farben der vom Auge sichtbaren Sterne erkennbar.

2.1.6 Stellare Radien

Unmittelbar messen können wir den Radius nur bei unserem nächsten Stern, der Sonne. Aus ihrem scheinbaren Winkeldurchmesser von einem halben Grad und bei ihrer Entfernung von ca. 150 Mio. km erhält man für ihren Durchmesser einen Wert von ca. 1,39 Mio. km. Dies definiert den Sonnenradius zu $R_\odot = 696.342$ km.

Überriesen haben Radien von einigen Hundert Sonnenradien; selbst die nächsten erscheinen unter einem Winkel von weniger als 0,"1 (IK Tau 0,"063, R Dor 0,"057). Diese lassen sich in neuerer Zeit interferometrisch (Michelson'sches Stellar-Interferometer, Speckle-Interferometrie) mit größeren Teleskopen oder mit speziellen Interferometern (PTI) bestimmen. Andere direkte Methoden zur Bestimmung der Radien sind Okkultationen (Bedeckungen durch den Mond) sowie die Auswertung der Lichtkurve bei Bedeckungsveränderlichen.

2.1.7 Stellare Massen

Stellare Massen M lassen sich in visuellen Doppelsternsystemen (mit Massen M_1 und M_2) bestimmen. Aus dem 3. Kepler'schen Gesetz folgt aus der Umlaufzeit T und der großen Halbachse der Umlaufbahn a die Gesamtmasse $M = M_1 + M_2$. Die Bewegung der Sterne in einem Doppelsternsystem kann zu messbaren Fluktuationen der Radialgeschwindigkeiten führen (spektroskopische Doppelsterne). Dabei ist die Inklination i (Winkel der Sehlinie mit der Senkrechten auf die Bahnebene) unbekannt. Der Zusammenhang zwischen Radial- und Bahngeschwindigkeit ist aber gegeben mit $v_r = v_{Bahn} \sin i$. Sind beide Sterne etwa gleich hell, so lassen sich die Radialgeschwindigkeiten beider Komponenten separat und ihre Distanzen zum gemeinsamen Schwerpunkt bis auf einen Faktor $\sin i$ ermitteln. Man erhält direkt das Verhältnis der Komponentenmassen

$$\frac{M_2}{M_1} = \frac{a_1 \sin i}{a_2 \sin i} = \frac{v_{1,Bahn} \sin i}{v_{2,Bahn} \sin i}. \qquad (2.4)$$

Die große Halbachse $a = a_1 + a_2$ kennt man hingegen nur bis auf einen Faktor $\sin i$. Aus dem 3. Kepler'schen Gesetz folgen schließlich die Massen bis auf einen Faktor $\sin^3 i$. Meistens ist der eine Stern zu schwach für ein Spektrum (d. h., er ist wesentlich schwächer als sein Begleiter). Dann erhält man nur eine Radialgeschwindigkeitskurve und eine Amplitude v_1. Zusammen mit dem 3. Kepler'schen Gesetz erhält man dann die sogenannte **Massenfunktion**

$$\frac{(M_2 \sin i)^3}{(M_1 + M_2)^2} = \frac{T \, v_1^3}{2\pi G}. \tag{2.5}$$

Dies ergibt nur noch eine gewisse statistische Aussage über die Massen des Systems, falls z. B. die Inklinationswinkel i gleichmäßig verteilt sind.

Nur im seltenen Fall eines nahen visuellen Doppelsterns ist dieser auch spektroskopisch messbar, sodass man alle Parameter des Systems ableiten kann. Etwa 60 % aller Sterne befinden sich in Mehrfachsystemen. Zurzeit sind aufgrund der Ergebnisse der Hipparcos-Mission die Massen von ca. 16.000 Sternen mit guter Präzision bekannt. Die Parameter der Hauptreihensterne finden sich in Tab. 2.2.

▶   ⇒ Vertiefung 2.4: Wie kann ich die Massen von Sirius A+B messen?

2.1.8 Chemische Zusammensetzung

Die chemische Zusammensetzung in der Sternatmosphäre erhält man aus einer genauen Analyse von Sternspektren, bei welcher Stärken und Profile von Absorptionslinien analysiert und mit Modellatmosphären verglichen werden. Häufigkeiten

Tab. 2.2 Absolute Helligkeiten, Farbindizes, Effektivtemperatur, Radien und Massen der Hauptreihensterne. (Daten nach Abriss der Astronomie (Voigt 2012))

Stern Spektraltyp	M_V mag	$B - V$ mag	B.C. mag	M_{bol} mag	T_{eff} [K]	Radius [$R_\odot$]	Masse [$M_\odot$]
O5	−5,6	−0,32	−4,15	−9,8	42.267	14,8	64,56
O7	−5,2	−0,32	−3,65	−8,8	36.980	12,0	38,90
B0	−4,0	−0,30	−2,95	−7,0	31.470	7,2	19,95
B3	−1,7	−0,20	−1,85	−3,6	19.320	4,1	6,91
B7	−0,2	−0,12	−0,80	−1,0	12.800	2,8	3,38
A0	0,8	+0,00	−0,25	0,7	9600	2,3	2,24
A5	1,9	+0,14	+0,02	1,9	8400	1,7	1,82
F0	2,8	+0,31	+0,02	2,9	7300	1,4	1,44
F5	3,6	+0,43	−0,02	3,6	6500	1,3	1,20
G0	4,4	+0,59	−0,05	4,4	5950	1,1	1,04
G2	4,7	+0,63	−0,07	4,6	5795	1,0	1,00
G8	5,6	+0,74	−0,13	5,5	5250	0,8	0,91
K0	6,0	+0,82	−0,19	5,8	5050	0,7	0,85
K5	7,3	+1,15	−0,62	6,7	4395	0,6	0,65
M0	8,9	+1,41	−1,17	7,5	3800	0,58	0,55
M5	13,5	+1,61	−2,55	11,0	2800	0,20	0,14
M8	–	–	–		2400	0,08	0,08

werden dabei relativ zu Wasserstoff – dem häufigsten Element – genannt. Chemische Häufigkeiten werden in Teilchenzahlenhäufigkeiten und in Massenhäufigkeiten angegeben. Letztere werden mitunter traditionell als Zahlentripel (X, Y, Z) in Bruchteilen von eins angegeben; dabei ist X die Häufigkeit von Wasserstoff, Y die von Helium und Z die aller höheren Elemente (häufig als Metalle bezeichnet). Bezüglich der chemischen Zusammensetzung ergibt sich folgendes Bild:

- Die meisten Sterne und Nebel der Scheibenkomponente in der solaren Umgebung haben eine einheitliche Zusammensetzung ($X = 0,70$; $Y = 0,28$; $Z = 0,02$) mit Abweichungen von Z von 0,004 ... 0,04.
- Sterne der sphärischen Komponente der Milchstraße in der näheren Umgebung haben Metallizitäten (Werte für Z), die den solaren Wert um eine bis drei Größenordnungen unterschreiten, ohne große Abweichungen in der relativen Verteilung. Der Heliumanteil ($Y \simeq 0,25 \pm 0,03$) ist etwa solar.
- Die chemische Zusammensetzung ist schwach abhängig vom Ort in der Milchstraße, stark abhängig von der Kinematik und vermutlich abhängig vom Alter.
- Die Sterne der Halokomponente der Milchstraße scheinen alle sehr alt zu sein, während Sterne der Scheibenkomponente sehr jung bis mittelalt sind. Damit scheinen die Häufigkeiten im Halo die ursprüngliche Verteilung im Kosmos widerzuspiegeln. Die Zunahme der Metalle bei jüngeren Sternen ist durch die chemische Evolution der Milchstraße zu erklären.
- Einige Sterne zeigen Anomalien in ihren Häufigkeiten, welche man auf Strukturen in ihren Atmosphären während gewisser Phasen der Sternentwicklung zurückführt (z. B. heliumreiche/-arme Sterne, kohlenstoffreiche Sterne).

2.2 Das Hertzsprung-Russell-Diagramm der Sterne

Die Entfernung eines Sterns wurde zum ersten Mal 1838 von Bessel bestimmt. Von diesem nahen Stern hatte er im Vergleich mit den Sternen im Hintergrund eine jährliche parallaktische Bewegung festgestellt. Am Anfang des 20. Jahrhunderts waren von ausreichend vielen Sternen parallaktisch bestimmte Entfernungen bekannt, um die Sterne wirklich untereinander vergleichen zu können. So entstand das nach dessen Erfindern genannte Hertzsprung-Russell-Diagramm (HRD). Darin wurde klar, dass es riesig ausgedehnte Sterne gibt, aber auch sehr kleine, kompakte. Das HRD liefert unmittelbare Informationen über die Beschaffenheit der verschiedenen Sterne, d. h. über Größe der Oberfläche und über die Eigenschaften der abgegebenen Strahlung. Letztere Erkenntnisse gehen auf die vor 100 Jahren entdeckte Planck-Funktion zurück (Tab. 2.3).

2.2.1 Farben-Helligkeits-Diagramme (FH)

Sterne weisen verschiedene Farben auf (Abb. 2.10). Aus historischen Gründen hat sich hier eine Klassifikation eingebürgert, die bis heute erhalten blieb. Dies sieht

Tab. 2.3 Bereich stellarer Parameter

Parameter	Sonne	Sterne
Radius	$R_\odot = 6{,}958 \times 10^8$ m	0,08–100 $R_\odot$
Masse	$M_\odot = 1{,}989 \times 10^{30}$ kg	0,08–100 $M_\odot$
Effektiv-Temperatur	$T_{\text{eff},\odot} = 5770$ K	2500–50.000 K
Leuchtkraft	$L_\odot = 3{,}846 \times 10^{26}$ Watt	$10^{-4} - 10^6\ L_\odot$
Chemische Häufigkeit	$Z_\odot = 0{,}02$	(0,001–5) $Z_\odot$

Abb. 2.10 Ein neues Bild des Kugelsternhaufens Messier 55, aufgenommen mit dem VISTA-Teleskop der ESO für Infrarot-Himmelsdurchmusterungen, zeigt Zehntausende von Sternen, die sich zu einer Art kosmischem Bienenschwarm zusammengeballt haben. Besonders ist an diesen Sternen nicht nur, dass sie in einem vergleichsweise kleinen Volumen zusammengedrängt sind, sondern auch, dass sie zu den ältesten Sternen im gesamten Universum zählen. Aus Beobachtungen von Kugelsternhaufen wie Messier 55 können Astronomen daher wichtige Erkenntnisse über die Entwicklung und die Alterungsprozesse von Galaxien gewinnen. (Bild: ESO/VISTA, mit freundlicher Genehmigung von © ESO)

man sehr schön, wenn man die Helligkeiten der Sterne in einem Kugelsternhaufen (z. B. von M55) gegen den Farbindex aufträgt (Abb. 2.11). Kugelsternhaufen enthalten bis zu einige 100.000 Einzelsterne in einem Volumen, das nur wenige Lichtjahre Ausdehnung hat. Trägt man die Helligkeit dieser Sterne gegen ihre Farbe auf, z. B. $B - V$, so entsteht ein sogenanntes **Farben-Helligkeits-Diagramm.** Da sich alle Sterne praktisch in derselben Entfernung befinden, ist die scheinbare Helligkeit

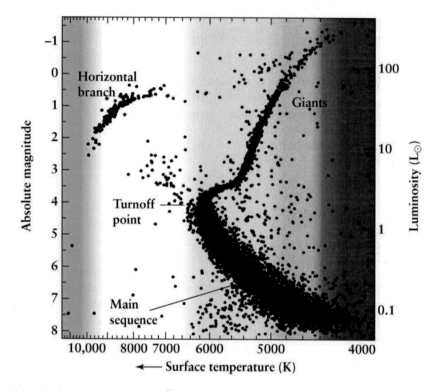

Abb. 2.11 Lage der verschiedenen Äste im Farben-Helligkeits-Diagramm des Kugelsternhaufens M55 in der Konstellation Sagittarius. Von unten nach oben: Hauptreihe (Main sequence), Knie (Turnoff), Riesenast (Giants, nach rechts oben), Horizontalast (bei konstanter Helligkeit $M_V \simeq 0{,}5$) und der asymptotische Riesenast, der sich von links zum Riesenast hinzieht. In der Lücke (Gap) im Horizontalast sitzen die pulsierenden RR-Lyrae Sterne. Die rechte Skala gibt die Leuchtkraft in Einheiten der Sonnenleuchtkraft an. Am unteren Rand ist die Effektiv-Temperatur aufgetragen, wie sie der Farbe entspricht. (Daten: nach B.J. Mochejska und J. Kaluzny (CAMK)/1-m Swope Telescope)

zugleich ein Maß für die absolute Helligkeit. In Abb. 2.11 ist das Farben-Heligkeits-Diagramm des Kugelsternhaufens Messier 55 gezeigt. Erstmals beschrieben wurde dieses Objekt von dem französischen Astronomen Nicolas Louis de Lacaille im Jahr 1752. Sein Landsmann Charles Messier nahm den Sternhaufen dann 26 Jahre später unter der Nummer 55 in seinen berühmten Katalog von Himmelsobjekten auf. Als NGC 6809 ist der Haufen auch in einem vielzitierten und umfangreicheren Katalog aus dem späten 19. Jahrhundert verzeichnet, dem New General Catalogue NGC.

Kugelsternhaufen werden durch die Gravitation in eine kompakte Kugelform gezwungen. Das lässt Sterne für kosmische Verhältnisse extrem nahe zusammen-rücken: Bei Messier 55 sind rund 100.000 Sterne innerhalb einer Kugel versam-melt, deren Radius etwa zwei Dutzend Mal größer ist als der Abstand der Sonne zu ihrem nächsten Nachbarstern, α Centauri. Bisher sind in der Umgebung unserer Milchstraße etwa 160 Kugelsternhaufen bekannt. Die meisten davon liegen von der Erde aus gesehen in Richtung der zentralen Verdickung der Milchstraßenscheibe. Die massereichsten Galaxien werden sogar von Tausenden dieser Sternenschwärme umkreist.

Die geringe Häufigkeit von schweren Elementen ist einer der Hauptunterschiede zwischen Sternen in Kugelsternhaufen und Sternen, die später entstanden sind, wie z. B. unserer Sonne. Die jüngeren Sterne sind bereits bei ihrer Entstehung mit schweren Elementen angereichert, die in früheren Sterngenerationen erzeugt wurden. Die Geburt der Sonne fand vor 4,6 Mrd. Jahren statt; sie ist also nur halb so alt wie die Sterne in den meisten Kugelsternhaufen. Die chemische Zusammensetzung der Gaswolke, aus der die Sonne entstanden ist, bestimmt auch die Häufigkeiten der verschiedenen Elemente in den anderen Objekten im Sonnensystem – in den Asteroiden, den Planeten und im menschlichen Körper.

Der markanteste Vertreter der kugelförmigen Sternhaufen, kurz Kugelsternhaufen genannt, ist M 13 im Sternbild Herkules. Die Sternenkonzentration nimmt zur Mitte hin zu, wodurch man die einzelnen Sterne nicht mehr erkennen kann. Man sieht dort den gemeinsamen Lichtschein vieler Sterne. Dagegen kann man in den Randpartien Zehntausende von Sternen als einzelne Lichtpünktchen ausmachen. Kugelsternhaufen sind am Himmel nicht gleichmäßig verteilt, sondern befinden sich fast ausschließlich in einer Hälfte des Himmels. Sie sind die fernsten Objekte, die man in unserer Milchstraße beobachten kann und Zigtausende Lichtjahre entfernt. M 13 ist 23.000 Lichtjahre und M 15 33.000 Lichtjahre entfernt. Kugelsternhaufen enthalten die ältesten bekannten Sterne, mindestens zehn Milliarden Jahre alt. Im Gegensatz zu den offenen Sternhaufen sind Kugelsternhaufen äußerst stabil. Auch nach Milliarden von Jahren haben sie sich noch nicht aufgelöst. Die Sterne in Kugelsternhaufen laufen auf rosettenförmigen Bahnen um das Zentrum. Die schnellsten Sterne verlassen dabei den Haufen. In unserer Milchstraße sind rund 150 Kugelsternhaufen bekannt. Die Gesamtzahl schätzt man auf etwa 800. In der Riesengalaxie M 87 hat man über 1000 Kugelsternhaufen identifiziert.

Die Sterne eines Kugelsternhaufens füllen nicht das ganze HR-Diagramm aus, sondern gruppieren sich vornehmlich in einzelnen Ästen. Im Farben-Helligkeits-Diagramm unterscheidet man folgende **Äste** (engl. *branches*) (s. Abb. 2.11):

- Hauptreihe (*main sequence* MS),
- Riesenast (*red giants* RG),
- Horizontalast (*horizontal branch* HB),
- Lücke *(gap)* mit den RR-Lyrae-Veränderlichen,
- asymptotischer Riesenast (*asymptotic giant branch* AGB).

Es ist bekannt, dass diese Äste bestimmten Entwicklungsstadien der Sterne zuzuschreiben sind (Abb. 2.12).

▶   ⇒ Vertiefung 2.5: Was versteht man unter Farben-Helligkeits-Diagramm?

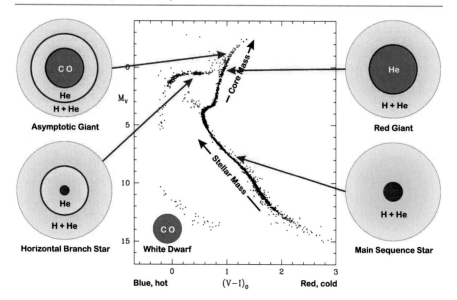

Abb. 2.12 Interpretation der verschiedenen Äste im Farben-Helligkeits-Diagramm der Kugel-sternhaufen. Die Brennphasen (Rot) der verschiedenen Äste sind zugeordnet. (Grafik: © Camen-zind)

2.2.2 Harvard-Spektralklassifikation

Neben diesen fotometrischen Untersuchungen an Sternen hat man vor über 100 Jah-ren begonnen, Sterne auch spektroskopisch zu untersuchen. Im Anschluss an die Entdeckungen von Fraunhofer, Kirchhoff und Bunsen hat man begonnen, Stern-spektren zu analysieren. Dabei stellte sich heraus, dass man diesen im Wesentlichen eine einparametrische Schar zuordnen kann. Der Henry Draper-Katalog (HD), der 225.000 Sterne enthält, wurde von 1918 bis 1924 publiziert.[1] Er enthält Sterne bis zur neunten mag. Viele Sterne tragen heute noch HD-Nummern (HD1 ist Bete-geuze). Insgesamt wurden mehr als 390.000 Sterne in Harvard klassifiziert. Dies ist im Wesentlichen eine Klassifikation nach Farben (von Blau – Gelb – Rot), d. h. nach Effektivtemperaturen (Abb. 2.13)

$$O - B - A - F - G - K - M - L - T - Y.$$

Diese Spektralklassen werden nochmals in Unterklassen $0 \cdots 9$ aufgeteilt, z. B. B9-Stern, die Sonne ist ein G2-Stern. Die Spektralklassen L, T und Y wurden erst mit der Entdeckung der Braunen Zwerge eingeführt. Unter Fachleuten haben sie sich innerhalb weniger Jahre durchgesetzt.

---

[1] 1872 nahm Henry Draper das erste Sternspektrum auf. Der Katalog trägt deshalb seinen Namen und wurde mit seinem Geld finanziert.

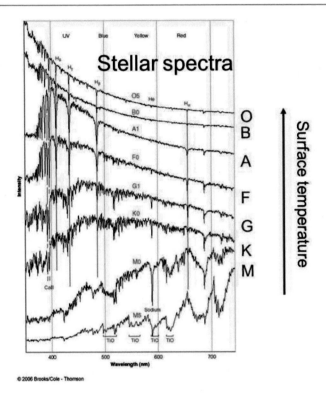

Abb. 2.13 Vergleich der Spektren von O5V bis M5V mit Angabe der wichtigsten Absorptionslinien. Nur A- und B-Sterne weisen einen Balmersprung auf. Die von Fraunhofer entdeckten dunklen Absorptionslinien deuten darauf hin, dass chemische Elemente Photonen mit einer ganz bestimmten Wellenlänge absorbieren. Jedes chemische Element hinterlässt an einer ganz bestimmten und von allen anderen Elementen verschiedenen Stelle im Spektrum eine Absorptionslinie. (Grafik: Camenzind)

Merkspruch: Offenbar **B**enutzen **A**stronomen **F**urchtbar **G**erne **K**omische **M**erksprüche **L**eidenschaftlicher **T**üftler (nach Coryn Bailer-Jones und Ulrich Bastian).

Die physikalische Begründung für diese Klassifizierung war zunächst nicht klar. Vega z. B. (Spektraltyp A0) zeigt ausgeprägte Wasserstofflinien, viel stärker etwa als im Sonnenspektrum. Dafür ist die Ca-Linie bei der Sonne viel stärker ausgeprägt.

Die Klassen haben folgende wichtigsten Eigenschaften (Abb. 2.13):

- **Typ O:** blaue Sterne mit Oberflächentemperaturen von 25.000–50.000 K; Spektrum enthält Linien von mehrfach ionisierten Atomen HeII, CIII, NIII, OIII, SiV, Wasserstoff relativ schwach,
- **Typ B0:** weiß-blaue Sterne mit $\simeq$ 25.000 K; keine HeII-Linien mehr, HeI (403 nm), CaII bei B3, HeI, OII, SiII, MgII,
- **Typ A0:** 10.000 K Oberflächentemperatur; starke HeI-, H- und K-Linien von Ca, Wasserstofflinien maximal (Abb. 2.14 oben),

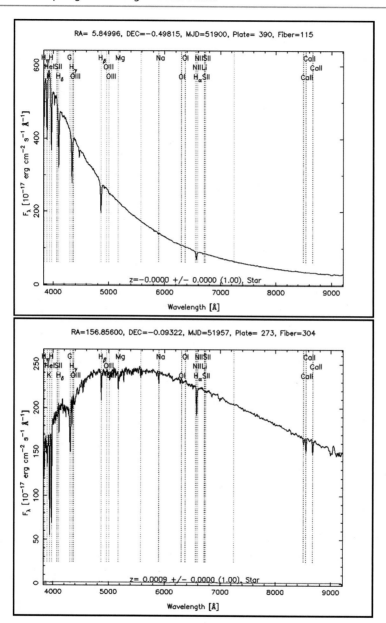

Abb. 2.14 Globale Sternspektren von A0- (oben) und G-Sternen (unten). Die Wasserstofflinien sind bei A0-Sternen sehr ausgeprägt, da ihre Temperatur 10.000 Grad Kelvin beträgt, das Maximum der Spektralverteilung liegt noch im UV. Bei G-Sternen verschiebt sich das Maximum der Spektralverteilung bereits in den optischen Bereich. (Daten: SDSS, mit freundlicher Genehmigung von © Sloan Digital Sky Survey)

- **Typ F0:** Farbe gelb-weiß; 7600 K; HeI wird schwach, H und K von CaII stärker, Metall-Linien (Fe),
- **Typ G0:** Farbe gelb; 6000 K; H- und K-Linien stark, Metalllinien werden stärker (Abb. 2.14 unten),
- **Typ K0:** Farbe orange-gelb; 5100 K; Metalllinien dominant, CaI (422,7 nm) sichtbar, TiO-Banden werden sichtbar bei K5,
- **Typ M0:** Farbe rot; 3600 K; TiO-Banden stark, neutrale Metalllinien (Abb. 2.15),
- **Typ L:** Farbe rot; 2100 – 1300 K; Metallhydride,
- **Typ T:** Farbe braun; 1300 – 800 K; Banden von Wasser und Methan (CH_4),
- **Typ Y:** Farbe dunkelbraun; Temperatur unter 800 K; kühle Braune Zwerge.

▶   ⇒ Vertiefung 2.6: Wie ist die Effektiv-Temperatur definiert?

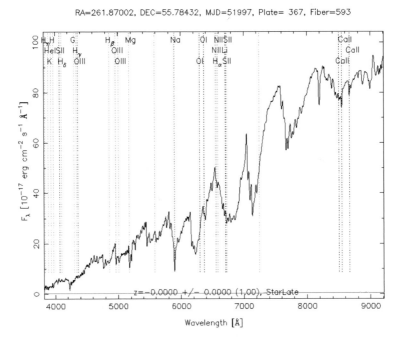

Abb. 2.15 Globales Sternspektrum eines M3-Sterns. Bei M-Sternen verschiebt sich das Maximum der Spektralverteilung in den Infrarotbereich. (Daten: SDSS, mit freundlicher Genehmigung von © Sloan Digital Sky Survey)

2.2.3 Hertzsprung-Russell-Diagramm (HRD)

Hertzsprung (1904) und H.N. Russell (1913) fanden zum ersten Mal einen Zusammenhang zwischen dem Spektraltyp und der absoluten Helligkeit M_V, indem sie in ein Diagramm mit Spektraltyp als Abszisse und M_V als Ordinate alle Sterne eintrugen. Dieses Diagramm wird als Hertzsprung-Russell-Diagramm (HRD) bezeichnet (Abb. 2.16) und ist heute fundamental für die Darstellung der Entwicklung der Sterne. Die meisten Sterne bevölkern das enge Band der **Hauptreihe** oder *main sequence*, welches sich diagonal von den hellen blauen B- und A-Sternen über die gelben Sterne bis zu den schwachen roten M-Sternen erstreckt (Abb. 2.18). Rechts oben befindet sich die Gruppe der **Riesensterne** (*Giants* und *Supergiants*). Die Unterschiede bei gleichem Spektraltyp beziehen sich auf verschiedene Radien gegenüber den Zwergsternen *(Dwarfs)*. Die Riesensterne zerfallen nochmals in verschiedene Untergruppen: Der **Horizontalast** bezeichnet eine praktisch horizontale Sequenz mit $M_V \simeq 0.5$ mag; der **rote Riesenast** steigt quasi vertikal auf bei Spektraltypen K und M; der **asymptotische Riesenast (AGB)** steigt vom Horizontalast auf und endet im hellen Bereich des roten Riesenastes. Diese Äste stellen in der Tat verschiedene Entwicklungsstufen dar (Abb. 2.12). Insbesondere entsprechen Überriesen Sternen, die in einer Supernova enden werden und möglicherweise einen Neutronenstern als

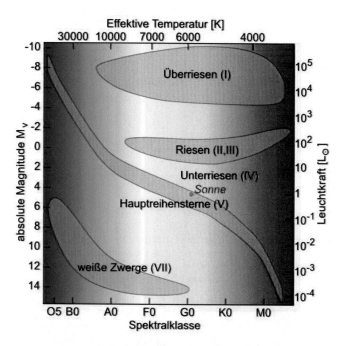

Abb. 2.16 Das Hertzsprung-Russell-Diagramm (HRD) der Sterne mit der Effektiv-Temperatur als fundamentale Variable. Die Helligkeit ist in Einheiten der Sonnenleuchtkraft rechts gelistet. Die einer Temperatur entsprechenden Spektralklassen sind unten angegeben. Unterhalb einer Temperatur von 2500 K sind nur noch Braune Zwerge und Jupiter-artige Planeten. (Grafik: © Camenzind)

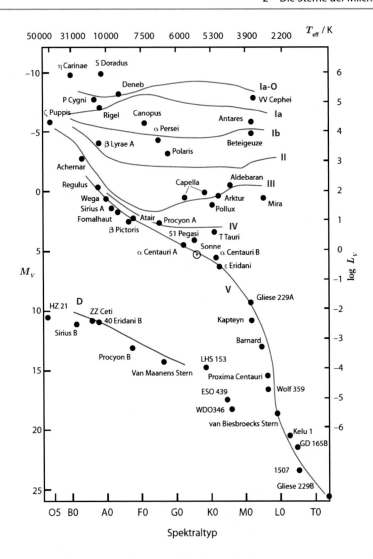

Abb. 2.17 Das HRD bekannter Sterne am Nachthimmel mit Angabe der Leuchtkraftklassen (durchgezogene Linien). Die Sterne decken einen weiten Bereich in Temperatur und Leuchtkraft (rechts in Einheiten der Sonnenleuchtkraft) oder absoluter Helligkeit M_V (links) ab. (Grafik: mit freundlicher Genehmigung von Hermann-Josef Röser)

Pulsar erzeugen. Massen mit weniger als $0{,}075\,M_\odot$ enden nie auf der Hauptreihe und werden entweder Braune Zwerge oder Jupiter-artige Planeten. Ein typischer Stern auf dem Horizontalast ist ungefähr 100-mal heller als die Sonne (Abb. 2.17). Die hellsten Riesen nennt man **Überriesen** *(Supergiants)* mit bis zu $M_V = -7$ mag. So hat Betegeuze im Orion einen Radius von 400 Sonnenradien und ist 20.000-mal heller als die Sonne. Links unten im HRD findet man die **Weißen Zwerge** *(White*

→ GAIA'S HERTZSPRUNG-RUSSELL DIAGRAM

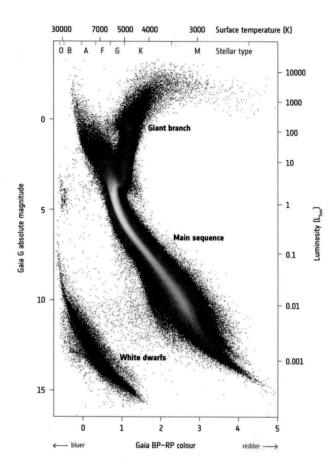

Abb. 2.18 Das HRD der Sterne mit Gaia bis zu 5000 Lichtjahre Abstand. Die absoluten Helligkeiten wurden aus den von Gaia (DR2) gemessenen Parallaxen bestimmt (4 Mio. Sterne). Hellere Sterne finden sich im obern Teil, schwächere Sterne im untern Teil. Auf dem Riesenast rechts oben sind die sogenannten Klumpenriesen zu sehen. In diesem Diagramm sind auch 35.000 Weiße Zwerge enthalten. (Grafik: © ESA/Gaia/DPAC, CC BY-SA)

Dwarfs) mit einer Helligkeit von $\simeq$ 12 (Abb. 2.18). Sie sind recht zahlreich. Der bekannteste ist Sirius B.

2.2.4 Yerkes Leuchtkraftklassen

Das HRD wird nicht gleichmäßig von Sternen bevölkert. Insbesondere ist die Lage eines Sterns im HRD nicht eindeutig durch die Effektivtemperatur festgelegt. Dies führte zu einer zusätzlichen Klassifikation (Morgan und Keenan) in Leuchtkraftklassen Ia (Hyperriesen), Ib (Überriesen), II (Helle Riesen), III (Riesen), IV (Unterriesen) und V (Hauptsequenz), sowie VI (Unterzwerge, Subdwarfs) (s. Abb. 2.17 und 2.18).

2.3 Braune Zwerge und Planeten

Heute muss das HRD um die Braunen Zwerge erweitert werden (man spricht häufig vom Spektraltyp L und T, Abb. 2.19). Obschon als Sterne klassifiziert, sind Braune Zwerge *(brown dwarfs)* eigentlich kosmische Zwitter. Aufgrund ihrer relativ geringen Masse reicht die erzeugte Energie nur für ein schwaches bräunliches Leuchten, das mit dem Auskühlen des Innern dieser Objekte immer schwächer wird (Burrows et al. 2001). Daher sind Braune Zwerge am leichtesten zu entdecken, wenn sie noch vergleichsweise jung sind. Das Alter der Braunen Zwerge im Orion-Nebel wird auf höchstens eine Million Jahre geschätzt (Abb. 2.21). Sie besitzen einerseits nicht genug Masse, um die Kernprozesse im Innern zu zünden, d. h. $M < 0{,}075\,M_\odot$, sind aber auf der anderen Seite deutlich massereicher als Planeten. In diesem Massenbereich kann aber schon Deuterium gezündet werden. Braune Zwerge erwartet man deshalb im Bereich von **13 und 80 Jupitermassen.** Der Massenbereich zwischen etwa fünf und 13 Jupitermassen ist noch unklar. 2013 haben Astronomen das Doppelsystem Luhman 16AB entdeckt. Luhman 16AB besteht aus zwei Braunen Zwergen im Sternbild Vela (Luhman 2013). Sie sind mit nur 6,5 Lichtjahren Entfernung nach alpha Centauri und Bernards Pfeilstern die drittnächsten Himmelsobjekte zu unserem Sonnensystem. Aufnahmen mit dem VLT der ESO zeigen helle und dunkle Wolkenstrukturen auf Luhman 16B, nicht unähnlich der Oberfläche des Jupiter (Burgasser et al. 2013).

Die Leuchtkraftentwicklung der massearmen Sterne ist in Abb. 2.20 gezeigt. Neben der Masse ist auch die Leuchtkraft aussagekräftig. Junge Braune Zwerge, etwa im Alter von 100 Mio. Jahren, schrumpfen ziemlich schnell, und die freigewordene Energie macht sie noch recht leuchtkräftig. Doch mit zunehmendem Alter kühlen sie ziemlich rasch ab, und die Leuchtkraft nimmt dadurch ab. Wegen der starken Leuchtkraftabnahme geht man jetzt vor allem in offenen Sternhaufen, mit Vorliebe in den Plejaden, auf Braune-Zwergen-Jagd, weil die Plejaden jung genug sind und man dort mehr leuchtkraftstarke Braune Zwerge erwartet. Ein weiterer Vorteil ist, dass man dann auch eine gute Abschätzung des Alters des Braunen Zwergs erhält.

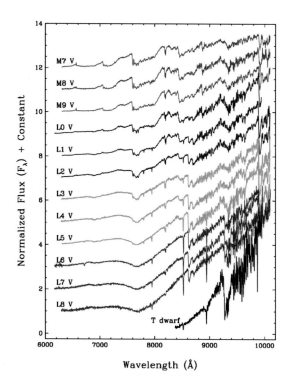

Abb. 2.19 Optische Spektren von M-Zwergen und Braunen Zwergen (sogenannte L-Zwerge).
Diese Objekte strahlen die meiste Energie im nahen Infrarot ab und weisen ausgeprägte Absorptionsbanden von Molekülen auf. (Grafik: STScI, mit freundlicher Genehmigung von © Space
Telescope Science Institute)

Damit stellt sich die Frage: **Was macht einen Planeten zum Planeten?** Die Antwort wurde auf der IAU Prag 2006 gegeben: Ein Planet im engeren astronomischen
Sinn ist ein Himmelskörper, der (i) sich auf einer Kepler'schen Umlaufbahn um die
Sonne bewegt, (ii) dessen Masse groß genug ist, dass sich das Objekt im hydrostatischen Gleichgewicht befindet – und somit eine näherungsweise kugelähnliche
Gestalt besitzt – und der (iii) das dominierende Objekt seiner Umlaufbahn ist, d. h.
der diese von weiteren Objekten freigeräumt hat.

Da Pluto die Umgebung seiner Bahn nicht bereinigt hat, ist er nur ein Zwergplanet,
ebenso wie Ceres und Eris. Für Planeten und Zwergplaneten jenseits der Neptunbahn
war ursprünglich die Bezeichnung Plutonen vorgeschlagen worden, deren Prototyp
Pluto gewesen wäre. Weil aber bereits in der Geologie der gleichlautende Fachbegriff Pluton verwendet wird, kam es hinsichtlich dieser Namensgebung zu keiner
Einigung.

An der in Prag beschlossenen Planetendefinition regte sich Kritik von Astronomen. Eine Expertenkommission hatte im Vorfeld der Konferenz eine Definition
erarbeitet, die eine Erhöhung der Planetenanzahl auf zwölf vorsah. Dies hatte zu hit-

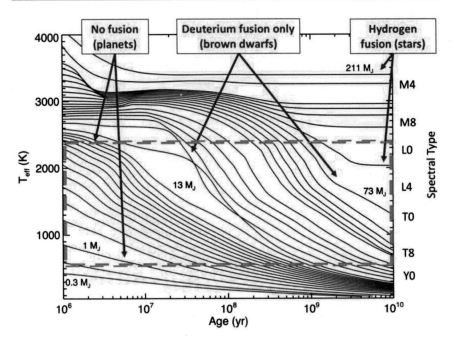

Abb. 2.20 Entwicklung der Effektiv-Temperatur von Sternen mit geringer Masse, Braunen Zwergen und Planeten als Funktion der Zeit in Jahren (logarithmisch). 13 Jupitermassen M_J bilden die Trennlinie zwischen Braunen Zwergen und Planeten. Obere Gruppe: Entwicklung der Leuchtkraft von massearmen Sternen. Nach Einsetzen des nuklearen Brennens bleibt die Temperatur lange Zeit konstant. Bei Braunen Zwergen, die Gruppe in der Mitte, stabilisiert sich die Temperatur zuerst durch Deuteriumfusion und nimmt dann stetig ab. Die untere Grenze für die Leuchtkraft eines massearmen Sterns liegt bei 10^{-4} Sonnenleuchtkräften. (Grafik: nach Baraffe 2003, mit freundlicher Genehmigung von © Astronomy & Astrophysics)

zigen Diskussionen geführt, die schließlich in der Kompromissdefinition mündeten. Durch die Herabstufung von Pluto müssen Millionen von Büchern umgeschrieben werden.

Damit ist ein Planet durch folgende Eigenschaften definiert:

Seine Masse (keine Kernfusion): Sie muss klein genug sein, damit keine Kernfusion, welcher Art auch immer, stattfinden kann. Damit grenzt man ihn einmal von Sternen bzw. sternähnlichen Objekten ab. Dieser Punkt spielt bei den extrasolaren Planeten eine ganz wichtige Rolle. Betragen doch die Massen der bis jetzt gefundenen Planeten meistens mehrere Jupitermassen, bis zu maximal 15 Jupitermassen. Diese Grenze stimmt sehr gut mit dem Grenzwert des Deuteriumbrennens überein, der bei etwa zwölf Jupitermassen liegt. Da massereiche Planeten einfach zu finden sind, ist die Statistik oberhalb von zehn Jupitermassen wahrscheinlich bereits vollständig.

Seine Form: sollte sphärisch sein, also kein unförmiges (eiförmiges) Objekt. Diese Eigenschaft ist eng mit seiner Masse verbunden. Die Planetenmasse muss groß

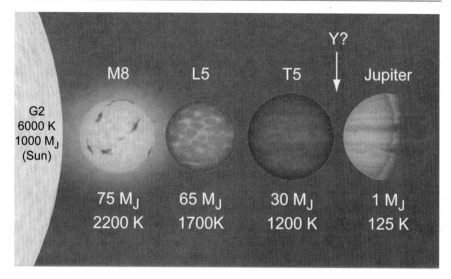

Abb. 2.21 Braune Zwerge im Vergleich mit der Sonne, M-Zwergen und Jupiter. (Grafik: © Camenzind)

genug sein, damit die Eigengravitation ausreicht, ihm eine Kugelform zu verpassen.

Seine Bahn: Der Planet soll seine Sonne direkt umkreisen. Damit grenzt man sämtliche Monde aus. Weiter sind dann noch andere Bahnelemente, wie Exzentrizität und Bahnneigung von Interesse. Überraschenderweise hat sich herausgestellt, dass die Jupiter-ähnlichen Planeten teilweise sehr hohe Exzentrizitäten aufweisen.

Andere Eigenschaften: wie seine Atmosphäre, aktive Oberfläche usw.

Da die Planeten lange Zeit unverändert bleiben, sind offenbar alle Kräfte in ihrem Inneren ausbalanciert. Bei einem flüssigen Planeteninneren (von fester Kruste abgesehen) handelt es sich wesentlich um Druckkräfte, welche radial nach außen gerichtet sind, und um die zum Zentrum gerichtete Gravitationskraft. Das Gleichgewicht beider nennt man hydrostatisches Gleichgewicht. Wir nehmen dabei eine homogene Kugel mit einer mittleren Dichte an. Das hydrostatische Gleichgewicht lautet

$$\frac{dP}{dr} = -\rho(r)\,\frac{GM(r)}{r^2} \qquad (2.6)$$

mit der Dichte $\rho(r)$ und der Masse $M(r)$ bis zum Radius r. Setzen wir eine konstante Dichte voraus, dann können wir den Zentraldruck abschätzen mit

$$P_c = \frac{1}{2}\,\bar{\rho}\,\frac{GM}{R} \simeq \frac{4}{3}\,\bar{\rho}^2\,\pi G R^2 . \qquad (2.7)$$

Bei bekannter Masse M und Radius R erhält man Werte des Zentraldruckes, die in etwa um den Faktor 2 vom realen Wert abweichen. Um den Radius für die maximale und minimale Größe zu erhalten, versucht man den umgekehrten Weg, also diese aus dem Zentraldruck herzuleiten. Und da liegt eigentlich schon das Problem. Welchen Zentraldruck nimmt man für ein Objekt, dessen Aufbau nicht bekannt ist? Der maximale Druck ist dadurch gegeben, dass die Atome ab einem Druck von $10^{13} - 10^{14}$ Pa das Gleichgewicht nicht mehr aufrechterhalten können. Umgekehrt kann der Körper ab einem Druck von etwa 10^8 Pa eine sphärische Form annehmen.

Die Hubble-Durchmusterung hat nun ergeben, dass es wie bei Sternen mehr masseärmere als massereiche Braune Zwerge gibt und dass sich dieser Trend bis hinunter zu niedrigen, nahezu planetaren Massen fortsetzt. Dahingehend scheinen die von Hubble entdeckten freifliegenden Braunen Zwerge die kleinmassigen Gegenstücke zu den hochmassigen Sternen zu repräsentieren, was bedeuten könnte, dass Sterne und Freiläufer auf dieselbe Art entstanden sind. Die Entdeckungen Hubbles zeigen auch die bisher stärksten Hinweise dahingehend, dass die frei umhertreibenden Braunen Zwerge sich völlig von den in letzter Zeit entdeckten Planeten in den Umlaufbahnen anderer Sterne unterscheiden. Braune Zwerge wurden viel häufiger als Einzelgänger denn in der Umlaufbahn eines Sterns gefunden. Dies lässt vermuten, dass sich die extrasolaren Planeten völlig anders entwickelt haben im Vergleich zu unserer Sonne und zu anderen Sternen. Bis vor einigen Jahren glaubte man noch, dass Braune Zwerge nur sehr selten wären, da der Sternbildungsprozess bei niedrigen Massen aufhört zu funktionieren. Tatsächlich aber scheint die Natur nicht zwischen Sternen, die durch Kernfusion in ihrem Innern strahlen, und solchen, die dies aufgrund ihrer niedrigeren Masse nicht vermögen, zu unterscheiden. Sie scheint im Gegenteil Braune Zwerge aller Größenklassen, vom sehr massereichen bis zum massearmen hervorzubringen. Die Studie zeigte aber auch, dass die Braunen Zwerge wahrscheinlich kaum zu der sogenannten *Dunklen Materie* beitragen, die die Masse unserer Galaxis und des Universums insgesamt dominiert. Denn obwohl Hubble herausgefunden hat, dass Braune Zwerge reichlich in der Galaxis vorhanden sind, sind sie wohl doch nicht so häufig vertreten, um mit ihnen die *Dunkle Materie* zu erklären. Man schätzt, dass die Braunen Zwerge weniger als 0,1 % zur Gesamtmasse des Milchstraßenhalos beitragen (Abb. 2.21).

▶   ⇒ Vertiefung 2.7: Welche Zwerge gibt es in der Astronomie?

2.4   Der Sloan Digital Sky Survey SDSS

Sterne fallen auch als Nebenprodukt in modernen Durchmusterungen des Himmels an (Shanks et al. 2015). Der Sloan Digital Sky Survey (SDSS, Abb. 2.22) ist eine Durchmusterung von einem Viertel des Himmels durch Aufnahmen bei fünf Wellenlängen und nachfolgende Spektroskopie einzelner Objekte (Stoughton et al. 2002). SDSS ist ein Gemeinschaftsprojekt von Instituten in den USA, Japan, Korea und Deutschland, die Finanzierung wurde von der Alfred P. Sloan Foundation initiiert. Mit einem eigens konstruierten Teleskop am Apache Point Observatory wurden die Positionen und Helligkeiten von mehr als 100 Mio. Himmelsobjekten vermessen.

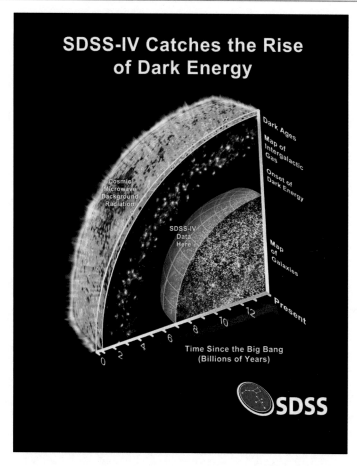

Abb. 2.22 Sloan Digital Sky Survey SDSS-IV in Rektaszension, Deklination und Rotverschiebung (kosmischer Zeit). Im Rahmen der eBOSS-Durchmusterung (SDSS-IV) wurden die Rotverschiebungen von mehr als 2,6 Mio. Galaxien gemessen und so ein dreidimensionales Bild der Galaxienverteilung erstellt (Ahumada et al. 2020). Dabei fallen auch Spektren von Sternen an. (Grafik: sdss.org, mit freundlicher Genehmigung von © Sloan Digital Sky Survey)

Mit Spektren von über zwei Millionen Galaxien und Quasaren wurden deren Entfernungen und Eigenschaften bestimmt. Anders als frühere Durchmusterungen (so etwa der Two Degree Field Galaxy Redshift Survey 2dF) arbeitet SDSS ausschließlich mit elektronischen Detektoren, die im Vergleich zu Fotoplatten Linearität und erheblich höhere Empfindlichkeit aufweisen. Die Beobachtungen wurden 1998 in Gang gesetzt, und 2020 wurden die Resultate von SDSS-IV publiziert (DR16, Ahumada et al. 2020). Teile der Datenbasis sind auch Astronomen außerhalb der beteiligten Institute zugänglich.

Die SDSS-Durchmusterung zusammen mit Gaia hat vor allem auch die Anzahl Weißer Zwerge drastisch erhöht. Heute sind über 35.000 Weiße Zwerge in der weiteren Sonnenumgebung bekannt, für die es gelungen ist, auch die Masse zu bestimmen.

▶   ⇒ Vertiefung 2.8: Bestimmen Sie die Sterndichte in Sonnenumgebung.

2.5   Weiße Zwerge und Neutronensterne

Weiße Zwerge sind auskühlende tote Sterne im letzten Stadium ihres Lebens und besitzen typischerweise rund 60 % der Sonnenmasse bei einem Volumen, das dem der Erde entspricht. Obwohl sie heiß geboren werden, werden sie im Laufe der Jahrmilliarden kälter als die Sonne und emittieren nur einen Bruchteil ihrer Energie (Tab. 2.4). Deshalb liegen die sogenannten habitablen Zonen für ihre Planeten wesentlich näher an dem Stern als die Erde an der Sonne.

Weiße Zwerge wurden zunächst nur vereinzelt aufgespürt, wie die Geschichte der Entdeckung von Sirius B zeigt. Heute fallen Weiße Zwerge aus den großen Himmelsdurchmusterungen an, wie etwa dem Sloan Digital Sky Survey SDSS und von Gaia. Der Astronom Wilhelm Luyten interessierte sich für viele Bereiche der Astronomie, sein besonderes Augenmerk galt vor allem der Helligkeit und der Eigenbewegung der benachbarten Sterne der Sonne. 1927 wurde mit einer systematischen Durchmusterung des Himmels, der **Bruce Proper Motion Survey** begonnen. Dazu wurden Fotoplatten ausgewertet, die zwischen 1896 und 1910 mit dem 60-Zentimeter-Refraktor (dem Bruce-Teleskop) von Arequipa, Peru, erstellt worden waren und den gesamten südlichen Himmel abbildeten. Auf über 1000 Platten, jeweils über drei Stunden belichtet, waren Sterne bis zur 17. Größenklasse sichtbar. Luyten fertigte von Bloemfontain aus über 300 Fotoplatten an, die er mittels Blinkkomparator mit den älteren Platten verglich. Dabei wurden 94.263 Sterne mit signifikanten Eigenbewegungen festgestellt. Die meisten waren heller als die 14. Größenklasse und zeigten Bewegungen bis zu 0,1 Bogensekunden pro Jahr. Die Auswertung nahm Jahrzehnte in Anspruch, und der endgültige Sternkatalog erschien erst 1963. Bei der Durchmusterung wurde eine Vielzahl von Weißen Zwergen entdeckt, die das Endstadium von relativ massearmen Sternen darstellen. 1921 waren gerade drei Weiße Zwerge bekannt (Sirius B, Eri B und Proc B), 1963 waren es bereits mehrere Hundert.

Tab. 2.4 Typische Parameter kompakter Sterne

Parameter	Weiße Zwerge	Neutronensterne
Masse M	$0,2 - 1,4\,M_\odot$	$1,2 - 2,0\,M_\odot$
Radius R	$10.000 - 4000$ km	$12,5 - 10,0$ km
Zentraldichte ρ_c	$10^4 - 10^9$ g/ccm	(2–10)-fache Kerndichte
Temperatur T_{eff}	$250.000 - 3500$ K	3 Mio.–1000 K
Leuchtkraft	$0{,}00001$–$0{,}001\,L_\odot$	$10 - 10^{-8}\,L_\odot$
Alter	$100.000 - 10$ Mrd. a	$300 - 10$ Mrd. a

Diese Suche wurde dann mit dem 1,2-Meter-Schmidt-Teleskop des Mount Palomar-
Observatoriums auf den Nordhimmel ausgedehnt.

Neben Pulsar- und Röntgen-Durchmusterungen (z. B. ROSAT) werden Neutronensterne oft auch zufällig gefunden. RX J1856-3754 ist der uns am nächsten liegende bekannte Neutronenstern (Abb. 2.23). Er steht im Sternbild Corona Australis
und leuchtet mit einer scheinbaren Helligkeit von ca. 25 mag. Seine Helligkeit ist
100 Mio. Mal schwächer als die des kleinsten Sterns, den wir gerade noch erkennen
können. Er wurde 1992 entdeckt. Nach neueren Beobachtungen ist er ca. 500 Lichtjahre von uns entfernt und bewegt sich mit einer Geschwindigkeit von ca. 100 km
pro Sekunde relativ zum Sonnensystem. RX J1856 ist der hellste Neutronenstern aus
der Gruppe der sogenannten **Glorreichen Sieben** (engl. *magnificent seven*, Mignani
2012). Mit einer Temperatur von ca. 700.000 K sind sie so heiß, dass sie thermisch
angeregte Gammastrahlen aussenden. Langwellige (nichtthermische) Radiowellen
sind nicht nachweisbar. Erst im Jahr 2007 konnte für RX J1856 eine Eigenrotation
von sieben Sekunden Dauer nachgewiesen werden. Seine Masse wird auf ungefähr
1,4 Sonnenmassen geschätzt.

Neue Beobachtungen mit dem Radioobservatorium ALMA und dem Australia
Telescope Compact Array (ATCA) ergaben 2015 unterschiedliche Strahlungsanteile
am Supernovaüberrest SN 1987A: Strahlung, die an der sich ausbreitenden Stoßfront

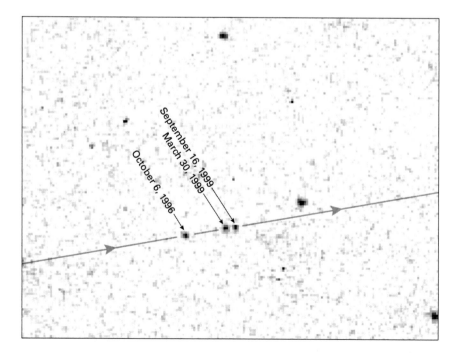

Abb. 2.23 Der Neutronenstern RX J1856-3754 wurde 1992 zufällig entdeckt. Diese HST-
Aufnahmen zeigen die Eigenbewegung des Objektes am Himmel. Zudem weist es eine Oberflä-
chentemperatur von 700.000 Grad Kelvin auf. Nur Neutronensterne können so heiß werden. (Bild:
HST/NASA, mit freundlicher Genehmigung von © NASA)

entsteht, und Strahlung aus den inneren Bereichen des Supernovaüberrests. Neben der Wärmestrahlung, die auf Staub zurückgeführt wird, erregte insbesondere eine Synchrotronkomponente die Aufmerksamkeit der Forscher. Diese könnte ein Hinweis auf einen Pulsarwindnebel im Zentrum der SN 87A sein. Sollte das gemessene Signal durch so ein Szenario hervorgerufen werden, wäre dies der erste indirekte Nachweis für den lange gesuchten Neutronenstern im Zentrum des Überrests von SN 1987A.

▶ ⇒ Vertiefung 2.9: Was ist ein Pulsar-Diagramm?

▶ ⇒ Vertiefung 2.10: Was versteht man unter einer Kilonova?

2.6 Zusammenfassung

Heutzutage haben wir ein relativ klares Bild der groben Eigenschaften der Milchstraße und wie sie sich zu anderen Galaxien im Universum verhält. In der Milchstraße gehören etwa drei Viertel aller Sterne, wie auch die Sonne, zu einer rotierenden Scheibe, das restliche Viertel zu einer zentralen, dreidimensional ausgewölbten Komponente, dem Bulge, und nur weniger als ein Prozent zu einem quasi-sphärischen Halo. Die Gaia-Weltraumsonde hat bisher 1,7 Mrd. Sterne vermessen. Sterne und Weiße Zwerge werden im Hertzsprung-Russell-Diagramm festgehalten. Dass ganz charakteristischen Verteilungen im Hertzsprung-Russel-Diagramm auftreten, liegt daran, dass bestimmte Parameterbereiche zu bestimmten Sternzuständen gehören, wie Hauptreihe, Rote Riesen und Überriesen. Das Hertzsprung-Russel-Diagramm ist die wesentliche Darstellungsweise zur Auftragung des Entwicklungsweges eines Sternes, wie etwa unserer Sonne. Neutronensterne kommen in der Milchstraße relativ häufig vor – ihre Anzahl wird auf etwa 100 Mio. geschätzt. Schwarze Löcher sind wesentlich seltener und nur in einigen Doppelsternsystemen nachweisbar.

2.7 Lösungen zu Aufgaben

Die Lösungen zu den Aufgaben sind auf https://link.springer.com/ zu finden.

Literatur

Ahumada R et al (2020) The 16th data release of the sloan digital sky surveys: first release from the APOGEE-2 southern survey and full release of eBOSS spectra. arXiv:1912.02905

Baraffe I et al (2003) Evolutionary models for cool brown dwarfs and extrasolar giant planets. The case of HD 20945. Astron Astrophys 402:701–712. arXiv:0302293

Bastian U (2013) Projekt Gaia: Die sechsdimensionale Milchstraße. I. SuW Mai 2013; II. SuW Juni 2013

Gaia Collaboration, Prusti T et al (2016) Description of the Gaia mission (spacecraft, instruments, survey and measurement principles). arXiv:1609.04153

Gaia Collaboration, Brown, AGA et al (2108) Gaia data release 2: summary of the contents and survey properties. arXiv:1804.09365

Burgasser AJ et al (2013) Resolved near-infrared spectroscopy of WISE J104915.57-531906.1AB: a flux-reversal binary at the L dwarf/T dwarf transition. ApJ 772:129. arXiv:1303.7283

Burrows A et al (2001) The theory of brown dwarfs and extrasolar giant planets. Rev Mod Phys 73:719. arXiv:0103.383

Luhman KL (2013) Discovery of a binary brown dwarf at 2 pc from the sun. ApJ Lett 767:L1. arXiv:1303.2401

Mignani RP (2012) The birthplace and age of the isolated neutron star RX J1856.5-3754. MNRAS 429:3517–3521. arXiv:1212.3141

Shanks T (2015) Digital sky surveys from the ground: status and perspectives. arXiv:1507.07694

Stoughton C et al (2002) Sloan digital sky survey: early data release. Astr J 123:485

Voigt H-H (2012) Abriss der Astronomie. Röser HJ, Tscharnuter W (Hrsg), 6. Aufl. Wiley-VCH Verlag, Weinheim

https://www.atnf.csiro.au/people/pulsar/psrcat/

Vom Protostern zum Schwarzen Loch

3

Inhaltsverzeichnis

▶   **Trailer** Alle Sterne, die genügend Masse besitzen Kernfusionen zu zünden ($M > 0,075\,M_\odot$), haben ein endliches Alter und hinterlassen am Ende ihrer Entwicklung bestimmte Relikte (Abb. 3.1). Die Dauer ihrer Entwicklung ist umso kürzer, je größer die Masse des Sterns ist. Unsere Milchstraße enthält insgesamt:

etwa 300 Mrd. Sterne: die typische Masse liegt im Bereich von 0,5–0,08 Sonnenmassen (Abb. 3.2). Es gibt sehr wenige Sterne mit Massen oberhalb einer Sonnenmasse,

etwa zehn Milliarden Weiße Zwerge: nur Sterne mit einer Anfangsmasse von mehr als 0,9 Sonnenmassen konnten sich bisher überhaupt zu

---

Elektronisches Zusatzmaterial Die elektronische Version dieses Kapitels enthält Zusatzmaterial, das berechtigten Benutzern zur Verfügung steht. https://doi.org/10.1007/978-3-662-62882-9_3.

© Springer-Verlag GmbH Deutschland, ein Teil von Springer Nature 2021
M. Camenzind, *Faszination kompakte Objekte*,
https://doi.org/10.1007/978-3-662-62882-9_3

Weißen Zwergen entwickeln. Alle anderen blieben auf der Hauptreihe stecken,

mindestens 100 Mio. Neutronensterne mit typischer Masse von 1,4 Sonnenmassen: die meisten sind bereits so weit ausgekühlt, dass sie nicht mehr detektierbar sind,

etwa eine Million stellare Schwarze Löcher mit Massen von drei bis 50 Sonnenmassen, die nur als Röntgensterne in Doppelsternsystemen beobachtbar sind,

genau ein supermassereiches Schwarzes Loch im Zentrum der Milchstraße mit einer Masse von 4,2 Mio. Sonnenmassen.

3.1   IMF und Protosterne

Die ursprüngliche Massenfunktion (engl. *Initial Mass Function* = IMF) beschreibt, wie in einer neu entstehenden Sternpopulation die Verteilung der Sternmassen aussieht. Edwin Salpeter leitete 1955 erstmals die Massenfunktion für die

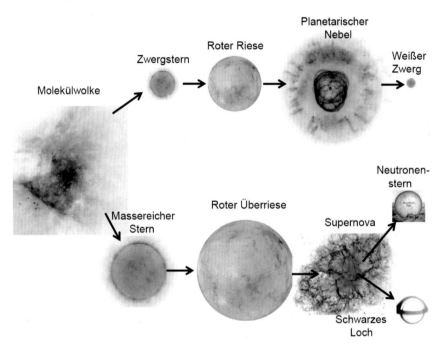

Abb. 3.1 Übersicht über Endstadien der Sternentwicklung. Sterne bis zu neun Sonnenmassen entwickeln sich zu Weißen Zwergen. Sterne mit Ausgangsmassen von neun bis 25 Sonnenmassen enden in einer Supernova und hinterlassen einen rotierenden Neutronenstern. Sterne mit mehr als 25 Sonnenmassen entwickeln sich zum Schwarzen Loch. Wie viel Masse vom Stern in der Supernovaschale bleibt, ist bis heute nicht klar. (Grafik: © Camenzind)

Sonnenumgebung ab und schlug für Sterne zwischen etwa 0,4 und zehn Sonnenmassen einen Zusammenhang der Form $dN \propto M^{-\alpha} \, dM$ mit Exponent $\alpha = 2,35$ vor. Dabei ist dN die Anzahl der Sterne pro Volumeneinheit mit einer Masse zwischen M und $M + dM$. Nach dieser Salpeter-Funktion sind also massereiche Sterne deutlich seltener als massearme. Würde dieser Zusammenhang zu sehr kleinen Massen hin fortgesetzt, dann wäre die gesamte stellare Masse von sehr massearmen Sternen dominiert. Heutige Bestimmungen der Massefunktion deuten jedoch auf ein Abflachen dieser Beziehung unterhalb 0,5 Sonnenmassen hin. Eine schematische IMF für den gesamten Massenbereich der Sterne ist in Abb. 3.2 gezeigt. Dies beweist, dass im Bereich zwischen 0,13 und 1,0 Sonnenmassen alle Sterne etwa mit derselben Wahrscheinlichkeit vorkommen. Diese Form der IMF resultiert aus theoretischen Überlegungen zur Sternentstehung.

Seit seiner Entdeckung durch Edwin Salpeter im Jahre 1955 wurde das massereiche Ende der ursprünglichen Massenfunktion (IMF) immer wieder untersucht, und die Steigung hat sich vom ursprünglich bestimmten Wert Salpeters (2,35) nicht verändert. Vielmehr hat sich herausgestellt, dass dieser Wert universell ist, er beschreibt nicht nur die Massenverteilung stellarer Massen in der Milchstraße, sondern auch die in anderen Galaxien.

Diese IMF zeigt, dass **der typische Stern eine Masse von etwa 0,3 Sonnenmassen** hat und seine Häufigkeit vergleichbar zu der sonnenartiger Sterne ist.

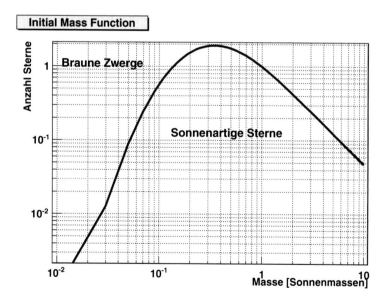

Abb. 3.2 Massenverteilung $N(M)$ der Sterne in der Milchstraße. Die Massen M der Sterne werden in Einheiten von Sonnenmassen im logarithmischen Maßstab angegeben. Die Verteilung ist auf einen sonnenartigen Stern normiert (Masse = 1). Im Bereich zwischen 0,13 und 1,0 Sonnenmassen kommen alle Sterne etwa mit derselben Wahrscheinlichkeit vor. Das Potenzgesetz oberhalb von einer Sonnenmasse wird als Salpeter-Gesetz bezeichnet. Die Braunen Zwerge mit Massen zwischen 0,012 und 0,08 Sonnenmassen sind allerdings in diesem Modell unterrepräsentiert. (Grafik: © Camenzind)

Massenarme Sterne mit einer Masse unter 0,1 Sonnenmassen sind sehr selten, ebenso sind massereiche Sterne mit Massen über 10 Sonnenmassen immer seltener.

Entwicklung zur Hauptreihe hin
Als Baustoff für die Bildung neuer Sterne dient die interstellare Materie, gewaltige Gas- und Staubmassen, die in den Scheibengalaxien vorhanden sind (Abb. 3.4). Durch die Gravitation ziehen sich diese Massen zusammen, die Dichte steigt an. Die freiwerdende Gravitationsenergie führt zu einem Temperaturanstieg. Tatsächlich können sternartige Bereiche mit Temperaturen von 300–400 K mittels Infrarotspektroskopie nachgewiesen werden, als sogenannte Infrarotsterne. Sobald Temperatur und Druck in diesen Protosternen groß genug sind, kann die Kernfusion zünden. Der Stern befindet sich dann auf der Hauptreihe. Die Kontraktionszeit eines Sterns mit einer Sonnenmasse beträgt etwa 50 Mio. Jahre, ein B-Stern braucht dazu gerade 60.000 Jahre, ein M-Stern jedoch 150 Mio. Jahre (Abb. 3.3).

Sobald sich ein Protostern aus dem Zusammenbruch einer riesigen molekularen Wolke aus Gas und Staub im lokalen interstellaren Medium bildet, ist seine ursprüngliche Zusammensetzung homogen und besteht aus 70 % Wasserstoff, 28 % Helium und Spuren anderer Elemente. Während dieses ersten Kollapses erzeugt der Vor-Hauptreihenstern Energie durch gravitative Kontraktion. Beim Erreichen einer geeigneten Dichte beginnt im Kern die Energieproduktion durch einen exothermen Prozess (Kernfusion), bei dem Wasserstoff in Helium umgewandelt wird (Abb. 3.3 und 3.4).

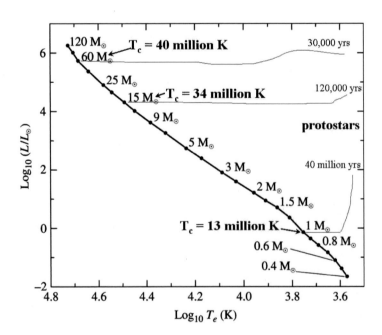

Abb. 3.3 Die Position der Sterne auf der Hauptreihe wird allein durch ihre Masse bestimmt. Vom Protostern zur Hauptreihe brauchte die Sonne 40–50 Mio. Jahre. Ein Stern von 60 Sonnenmassen benötigt gerade 30.000 Jahre bis zur Hauptreihe. (Grafik: © Camenzind)

Abb. 3.4 Kinderstube für Sterne. Vor drei Millionen Jahren bildeten sich in einer gewaltigen Gaswolke in Messier 33 kleine Verdichtungen, die dann zu Sternen kollabierten. Diese Wolke NGC 604 war so groß, dass sie sogar einen Kugelsternhaufen hätte bilden können. Einige Sterne waren so massereich, dass sie bereits ihre nukleare Entwicklung abgeschlossen haben und in einer Supernova explodiert sind. Die hellsten Sterne emittieren so viel UV-Strahlung, dass sie riesige Wolken von ionisiertem Wasserstoff bilden, vergleichbar zum Tarantelnebel in der Großen Magellan'schen Wolke. (Bild: HST Bildarchiv/sw invertiert, mit freundlicher Genehmigung von © NASA)

3.2 Entwicklung massearmer Sterne

Sterne unter neun Sonnenmassen entwickeln sich langsam zum Roten Riesen und enden dann als Weiße Zwerge. Die meiste Masse wird in der AGB-Phase abgestoßen.

3.2.1 Von der Molekülwolke zur Hauptreihe

Mit moderner Software gelingt es, ganze Gitter von Sternmodellen zu rechnen, mit der Masse M und der Metallizität Z als freie Parameter (Abb. 3.5 und 3.7). Die solare Metallizität beträgt dabei $Z = 0{,}014$. Solche Modellierungen dienen der Untersuchung von Sternhaufen, der chemischen Entwicklung von Galaxien und der nuklearen Astrophysik. Einer der bekanntesten stellaren Entwicklungscodes ist der **Geneva Evolution Code**.

Abb. 3.5 Entwicklungswege
im HR-Diagramm für solare
Metallizität, Z_{init} = 0,014.
Das Hauptreihenstadium
erscheint als dicke Linie.
(Grafik: aus Mowlavi et al.
2012, mit freundlicher
Genehmigung von ©
Astronomy & Astrophysics)

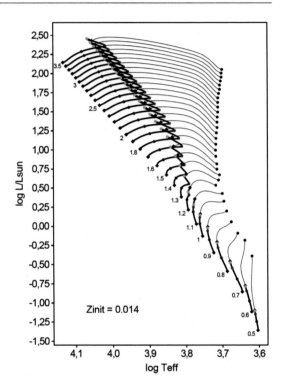

3.2.2 Hauptreihenentwicklung

Wenn schon wenige Prozente des Wasserstoffs im Kern verbraucht sind, wird der
Kern dichter und die Hülle dehnt sich aus. Damit wird der Stern röter, aber auch
heller und wandert damit im HRD nach rechts von der Alter-Null-Hauptreihe weg
(Abb. 3.5). Die Dauer auf der Hauptreihe hängt von der Masse und der Metallizität
Z ab (Abb. 3.6).

Ab einer Masse von 1,4 Sonnenmassen macht der Entwicklungsweg der
Hauptreihe am Ende einen Schlenker nach links, bevor das Schalenbrennen beginnt.

3.2.3 Vom Roten Riesen zum Weißen Zwerg

Abb. 3.7 zeigt den Lebensweg von massearmen Sternen, wie sie in Kugelsternhaufen
zu finden sind. Er beginnt mit einer sehr langen ruhigen Zeit auf der Hauptreihe. Für
Milliarden von Jahren verbrennt im Innern Wasserstoff zu Helium, der Stern verändert sich praktisch nicht. Im Kern wird aber das Verhältnis von Brennstoff (Wasserstoff) zu Asche (Helium) immer ungünstiger, sodass die nukleare Energierzeugung
mit der Abstrahlung nicht mehr Schritt halten kann. Der Kern beginnt zu schrumpfen und wird dabei heißer. Der Wasserstoff kann nun auch in einer Schale verbrannt

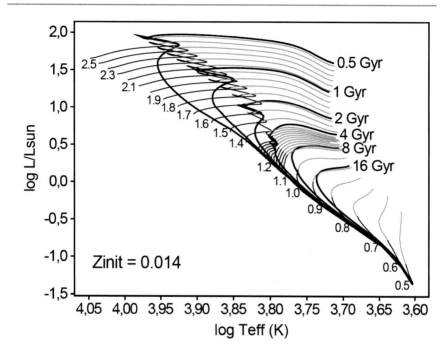

Abb. 3.6 Isochronen im HR-Diagramm für fünf verschiedene Alter, in Gyr rechts angegeben (dünne Linien). Ebenso sind die Entwicklungswege eingezeichnet für Anfangsmassen von 0,8 bis 2,6 $M_\odot$ (dicke Linien mit Massenangabe links neben der ZAMS). Isochronen und Tracks beziehen sich auf solare Metallizität, $Z_{init} = 0{,}014$. (Grafik: aus Mowlavi et al. 2012, mit freundlicher Genehmigung von © Astronomy & Astrophysics)

werden, die Kernreaktionen fressen sich in einer dünnen Schicht nach außen. Die äußeren Schichten blähen sich dadurch auf, der Stern wird zum Roten Riesen. Er bewegt sich im HRD horizontal nach rechts, d. h., die Leuchtkraft bleibt konstant, die Oberfläche wird kühler. Schließlich erreicht er die Hayashi-Linie (HL), die er nicht überschreiten kann. Beim weiteren Aufblähen muss er deshalb auf der HL nach oben wandern, wird bei nahezu konstanter Oberflächentemperatur immer heller. In den Farben-Helligkeits-Diagrammen von Kugelsternhaufen sieht man sehr gut die Zweiteilung des Riesenastes in Horizontalast und einen sehr steilen Teil (Abb. 2.11).

Der schrumpfende Heliumkern erreicht schließlich 100 Mio. Grad Kelvin, wo nun das Heliumbrennen schlagartig beginnt. Die Heliumkerne sind nicht konvektiv. Diese Sterne haben jedoch so hohe Dichten, dass Entartung vorherrscht. Der He-Kern ist entartet und isotherm, da die Wärmeleitung besonders gut in entarteter Materie ist. Wenn die Temperatur 100 Mio. Grad Kelvin erreicht, setzt der 3α-Prozess ein. Dieses He-Brennen setzt gleichzeitig im ganzen He-Kern ein und erhöht damit die Temperatur. Der entartete Kern kann jedoch nicht expandieren, sodass die Temperatur weiter steigt und die nuklearen Prozesse beschleunigt werden. Bei genügend hoher Temperatur wird die Entartung aufgehoben – der Stern expandiert nun explo-

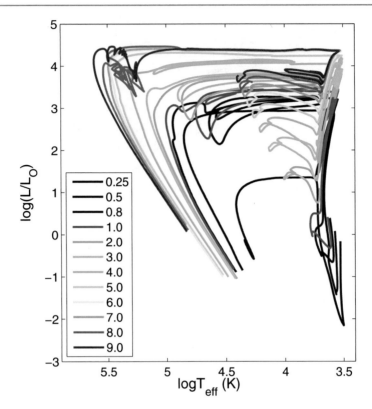

Abb. 3.7 Vollständige Entwicklungswege im HRD bis zu Weißen Zwergen für 0,25 bis neun Sonnenmassen ($Y = 0{,}28$, $Z = 0{,}01$). Beachte, dass die eindeutige Zuordnung eines Sterns im HRD nicht mehr gewährleistet ist, da sich die Tracks überschneiden. Links oben befindet sich der Bereich der planetarischen Nebel mit sehr heißen Zentralsternen. (Grafik: aus Kovetz et al. 2008, mit freundlicher Genehmigung von © Mon. Not. Roy. Soc.)

sionsartig: sogenannter He-Flash, der bereits einige Sekunden nach dem Zünden von Helium auftritt (Tab. 3.1).

Dieser Heliumblitz treibt den Stern in kurzer Zeit vom oberen Ende seines Hayashi-Pfades wieder nach links unten. Diese Energie wird jedoch in der Hülle abgefangen, sodass der Stern nicht zerrissen wird. Die Leuchtkraft des Sterns sinkt im Flash. Der Stern findet eine neue Gleichgewichtslage, bei der nun He in C nichtentartet verbrennt: sogenannter *horizontale Riesenast* im HRD. Dieser wird erst nach etlichen solchen Oszillationen erreicht. Hier besteht der Stern aus einem homogenen nichtentarteten He-Kern umgeben von einer Wasserstoffhülle. Die metallreichen Sterne bilden einen auffälligen Klumpen im HRD (Abb. 2.2), während die metallarmen Sterne (Kugelsternhaufen) sich auf dem Horizontalast verteilen. Die Erzeugung von Kohlenstoff und Sauerstoff aus Helium ist weit weniger energiereich als das Wasserstoffbrennen. Die Verweildauer auf dem Horizontalast ist deshalb kürzer als das Hauptreihenstadium.

Tab. 3.1 Brennphasen in massereichen Sternen. ph: Kühlung vor allem durch Photonen; neu: Kühlung durch Neutrinos

Brenn-phase	Brennstoff	Zünd-temperatur	Asche	Energie-erzeugung	Kühlung durch
D-Fusion	D	400.000 K	^{3}He	0,0001	ph
H-Fusion	H	3 Mio. K	^{4}He, ^{14}N	5–8 erg/g	ph
He-Fusion	^{4}He	200 Mio. K	^{12}C, ^{16}O, ^{22}Ne	0,7	ph
C-Fusion	^{12}C	800 Mio. K	^{20}Ne, ^{24}Mg, ^{16}O	0,5	neu
Ne-Fusion	^{20}Ne	1,5 Mrd. K	^{16}O, ^{24}Mg, ^{28}Si	0,1	neu
O-Fusion	^{16}O	2 Mrd. K	^{28}Si, ^{32}S	0,5	neu
Si-Fusion	^{28}Si	3,5 Mrd. K	^{56}Ni, $A \simeq 56$	0,1-0,3	neu
Photodesint	^{56}Ni	6–10 Mrd. K	n, p, ^{4}He	-8	neu

Wenn Helium im Kern verbrannt ist, gibt es zwei Schalen, in der äußeren brennt Wasserstoff, in der inneren Helium. Solche Konfigurationen sind instabil, und der Stern wirft Material in Form von **planetarischen Nebeln** ab. Die äußeren Schichten des Sterns blähen sich wieder enorm auf. Der Stern wandert nun den sogenannten *Asymptotischen Riesenast* (AGB) hinauf. Diese AGB-Zeit ist sehr kompliziert und bisher nicht gut verstanden. Die beiden Brennschalen stören sich und schalten sich gegenseitig an und aus. Der Stern reagiert mit Aufblähen und Schrumpfen und beschreibt deshalb Schlenker im HRD (sogenannte *loops*).

Die beiden Brennschalen wandern nun immer weiter nach außen, Material geht verloren. Damit fehlt dem Stern der notwendige Druck, um die Kernreaktionen in Gang zu halten. Es setzt ein Schrumpfen ein, die sogenannte Post-AGB-Phase, bei der er nach links wandert, und die Hauptreihe kreuzt im Bereich der B-Sterne und erreicht das Gebiet der Zentralsterne von planetarischen Nebeln. Durch Auskühlen wandert der Stern nun mit konstantem Radius nach rechts unten auf der Sequenz der **Weißen Zwerge**. Sterne mit weniger als 9 $M_\odot$ können Kohlenstoff nicht zünden. Im Zentrum der planetarischen Nebel bleibt ein Weißer Zwerg zurück (Tab. 3.2).

▶ ⇒ Vertiefung 3.1: Werdegang der Sterne als Funktion der Masse?

3.2.4 Die zeitliche Entwicklung der Sonne

Über keinen anderen Stern liegen so viele Beobachtungsdaten vor wie für die Sonne. Die zeitliche Entwicklung der Sonne ist mit diesen Daten neu gerechnet worden (Abb. 3.8). Das Modell ergibt die richtige Effektivtemperatur und die richtigen Elementhäufigkeiten zum heutigen Zeitpunkt.

Tab. 3.2 Hauptreihen- und RGB-Zeitskalen sowie Endzustände massearmer Sterne der Population I ($Z = 0{,}01$). (Nach Kovetz et al. 2008)

Anfangsmasse	Endmasse	τ_{MS}	τ_{RGB}	WZ
0,25 $M_\odot$	0,25 $M_\odot$	870 Mrd. a	15,8 Mrd. a	He
0,50	0,41	118 Mrd. a	6,38 Mrd. a	He
0,80	0,53	19,8 Mrd. a	1,91 Mrd. a	CO
1,0	0,55	8,0 Mrd. a	1,24 Mrd. a	CO
2,0	0,60	743 Mio. a	87,0 Mio. a	CO
3,0	0,64	256 Mio. a	27,5 Mio. a	CO
4,0	0,80	125 Mio. a	9,97 Mio. a	CO
5,0	0,92	68,8 Mio. a	5,80 Mio. a	CO
6,0	0,97	45,2 Mio. a	3,48 Mio. a	CO
7,0	1,00	32,7 Mio. a	2,08 Mio. a	CO
8,0	1,05	24,4 Mio. a	1,82 Mio. a	ONeMg
9,0	1,16	22,3 Mio. a	1,11 Mio. a	ONeMg

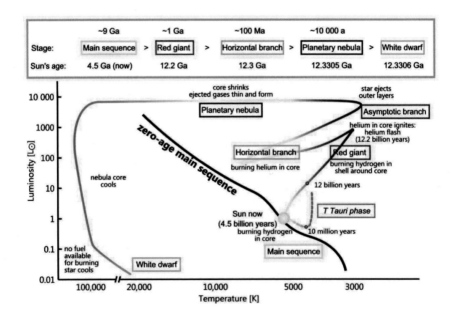

Abb. 3.8 Schematischer Entwicklungsweg eines Sterns von einer Sonnenmasse im HRD von der Kontraktion in einer Molekülwolke bis zum Weißen Zwerg. Zurzeit befindet sich die Sonne noch auf der Hauptreihe, doch in ca. sechs Milliarden Jahren wird der Wasserstoff in ihrem Kern verbraucht sein. Dann wird die H-Fusion in der Hülle einsetzen, und die Sonne wird in den Ast der Roten Riesen einschwenken. Wenn auch der Heliumvorrat zu Ende geht, wird die Sonne in einem letzten Ausbruch ihre äußere Hülle als planetarischen Nebel abstoßen und zurück bleibt ein Weißer Zwerg von 0,5 Sonnenmassen, der langsam auskühlt. (Grafik: commons.wikimedia.org)

Die Entstehung der Sonne beginnt mit der Kontraktion aus einer Molekülwolke vor 4,55 Mrd. Jahren (Abb. 3.8). Dieses Alter entspricht dem der ältesten Meteoriten, die sich gleichzeitig mit der Sonne gebildet haben. Die Kontraktion bis zum Hauptreihenstadium dauerte 50 Mio. Jahre. Bis heute stieg die Leuchtkraft um 30 % an, der Radius nahm um 10 % zu. Dieser Trend hält weiter an, bis der Wasserstoff im Zentralbereich vollständig verbraucht ist. Dann verlässt die Sonne die Hauptreihe, der Wasserstoff beginnt in Schalen zu brennen. Hier besitzt die Sonne eine Leuchtkraft von 2,2 $L_\odot$ und ist elf Milliarden Jahre alt. Bei einer konstanten Leuchtkraft von 2,3 $L_\odot$ bläht sie sich auf und wird in einem Zeitraum von 700 Mio. Jahren zum Roten Riesen. Es setzt ein starker Wind ein, der 30 % der Masse kostet. Die Instabilitäten im Schalenbrennen treiben die Sonne die Hayashi-Linie hinauf bis zu einer Leuchtkraft von 2349 $L_\odot$ (Heliumflash).

In der Zwischenzeit ist der Kernbereich auf eine Dichte von einer Million Gramm pro Kubikzentimetern kontrahiert, die Temperatur auf 100 Mio. Grad Kelvin angestiegen. Heliumfusion setzt ein (Heliumflash), die zu Leuchtkraftschwankungen führt. Diese beruhigen sich nach etwa einer Million Jahren, die Sonne erreicht den Horizontalast. Hier verbleibt sie bei einer Leuchtkraft von 44 $L_\odot$ während 100 Mio. Jahren. Erreicht sie den Punkt L, so ist auch Helium erschöpft, und der erloschene Kohlenstoff-Sauerstoff-Kern kontrahiert und entartet. Es setzt nun wieder Heliumschalenbrennen ein, die Sonne erreicht den horizontalen Riesenast. Es kommt zu Ausbrüchen im Heliumschalenbrennen und zu einem erneuten Massenverlust, der weitere 20 % der Masse kostet. Die Sonne ist nun von einem planetarischen Nebel umgeben. Diese Restsonne, die nun nur noch etwa die Hälfte der Masse besitzt, kühlt als CO-Weißer Zwerg aus. Er hat einen Radius von rund 10.000 km. Bis zu diesem Zeitpunkt währte das Leben der Sonne 12,5 Mrd. Jahre (Abb. 3.9). Als Weißer Zwerg kühlt sie nun über Milliarden Jahre aus.

▶ ⇒ Vertiefung 3.2: Wie entwickelt sich die Sonne?

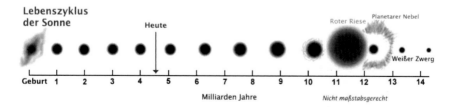

Abb. 3.9 Lebenszyklus der Sonne. Das Schema zeigt (nicht maßstabsgetreu) die Entwicklung unserer Sonne von ihrer Entstehung vor etwa 4,6 Mrd. Jahren bis zum Stadium des Weißen Zwergs. Das Endstadium als kühler Zwerg ist nicht dargestellt, da bislang noch unbekannt ist, wie lange ein Weißer Zwerg braucht, um vollständig auszukühlen. (Grafik: Wikipedia/Die Sonne)

3.3   Entwicklung massereicher Sterne

3.3.1   Entwicklungswege im HRD

Wenn der Wasserstoff aufgebraucht ist, bildet sich ein Helium-Kern. Die Energieerzeugung findet jetzt in einer dünnen Schale statt. Die weitere Entwicklung verläuft dann für Sterne unterschiedlicher Masse und chemischer Zusammensetzung sehr verschieden. Die zeitliche Entwicklung für alle Sterne ist in Abb. 3.10 gezeigt. Dazu unterteilt man die Sterne grob in drei Bereiche:

- massearme Sterne: $0,5 < M < 2,0\,M_\odot$,
- Sterne mittlerer Masse: $2 < M < 9\,M_\odot$,
- massereiche Sterne: $9 < M < 120\,M_\odot$.

Sterne mit Massen $0,08 < M < 0,5\,M_\odot$ zünden Helium nie und bilden He-Weiße Zwerge. Ihr Alter übertrifft bei Weitem das Weltalter. Der Bereich um neun Sonnenmassen bildet einen ONeMg-Weißen Zwerg. Sterne mit Massen über 120 Son-

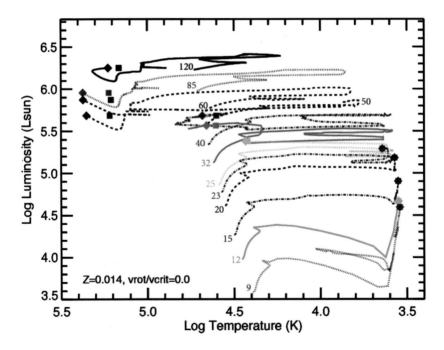

Abb. 3.10 Entwicklungswege für Sterne mit Massen von neun bis 120 Sonnenmassen und Metallizität $Z = 0,014$. Die Struktur massereicher Sterne mit Massen über zehn Sonnenmassen wird allein durch den Strahlungsdruck bestimmt. Dadurch krebsen diese Sterne im HRD entlang von Trajektorien mit praktisch konstanter Leuchtkraft. (Grafik: aus Groh et al. 2013, mit freundlicher Genehmigung von © Astrophysical Journal)

nenmassen können nur in der allerersten Sterngeneration entstehen (sogenannte Pop III-Sterne), da damals die schweren Elemente fehlten.

3.3.2 Eddington-Leuchtkraft

Als Eddington-Grenze oder Eddington-Limit L_{ED} (nach dem britischen Physiker Sir Arthur Stanley Eddington) bezeichnet man in der Astrophysik die natürliche Begrenzung der Leuchtkraft eines Sterns durch Strahlungsdruck. Sie bedeutet den maximalen Energiefluss, der durch eine hydrostatische Gasschichtung mittels Strahlung transportiert werden kann, bevor der Strahlungsdruck den hydrostatischen Druck überwindet und den Stern auflösen würde. Der Strahlungsdruck entsteht dabei durch Streuung der Photonen an freien Elektronen via Thomson-Streuung. Die Leuchtkraft eines bestimmten Objektes, bei welcher die Gravitationskraft durch den Strahlungsdruck im Gleichgewicht gehalten wird, nennt man **Eddington-Leuchtkraft.** Sie skaliert allein durch die Masse des Sterns und ist durch den Thomson-Wirkungsquerschnitt $\sigma_T = 6{,}65 \times 10^{-29}$ m^2 bestimmt (s. Abb. 3.11):

$$L_{ED} = \frac{4\pi G M m_p c}{\sigma_T} = 33.000\, L_\odot\, (M/M_\odot). \tag{3.1}$$

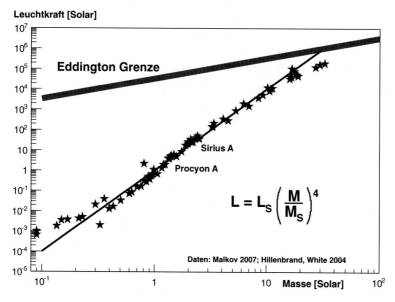

Abb. 3.11 Masse-Leuchtkraft-Beziehung der Sterne. Sterne oberhalb von 20 Sonnenmassen sind allein durch den Strahlungsdruck bestimmt, und ihre Leuchtkraft ist daher durch die Eddington-Leuchtkraft begrenzt. (Grafik: © Camenzind)

▶   ⇒ Vertiefung 3.3: Herleitung der Eddington-Leuchtkraft?

▶   ⇒ Vertiefung 3.4: Was versteht man unter Eddington-Akkretionsrate?

3.4   Endphasen der Sternentwicklung

Sterne haben nur einen endlichen Energievorrat, sie leben deshalb nur für eine endliche Zeit. Je größer die Masse, umso kürzer fällt das Leben aus. Massearme Sterne
wie die Sonne enden unspektakulär als Weiße Zwerge, Sterne mit über neun Sonnenmassen dagegen in einer Supernova.

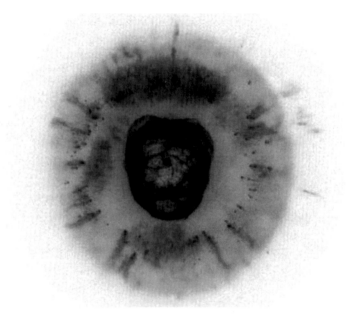

Abb. 3.12 Der Eskimonebel (auch als NGC 2392 bezeichnet) ist ein planetarischer Nebel im Sternbild Zwillinge. Entdeckt wurde NGC 2392 vom bekannten englischen Astronomen William Herschel im Jahr 1787. Er hat eine Größe von $0,8' \times 0,7'$ und eine scheinbare Helligkeit von 9,1 mag und
ist somit leicht mit kleineren Teleskopen zu beobachten. Der Nebel ist vor etwa 10.000 Jahren entstanden, als der etwa sonnengroße Zentralstern seine äußere Hülle durch eine Eruption abgesprengt
hat. Die Entfernung zum Eskimonebel beträgt 5000 Lichtjahre. Der Eskimonebel zeigt mehrere
Schalen, die vom Zentralstern abgeworfen worden sind. In der äußersten Schale haben sich bereits
Rayleigh-Taylor-Instabilitäten gebildet (fingerartige Gebilde). Der zentrale Weiße Zwerg sollte eine
Temperatur von 250.000 Grad Kelvin besitzen und den bisher bekannten Zentralstern in geringem
Abstand umkreisen. (Quelle: HST Bildarchiv/sw invertiert, mit freundlicher Genehmigung von ©
NASA)

3.4.1 Planetarische Nebel und Weiße Zwerge

Planetarische Nebel sind ein Entwicklungsprodukt der Sterne mit Massen $M <$ $9M_{\odot}$. Diese Gasnebel sind Hüllen von Roten Riesensternen, die mit Entweichgeschwindigkeiten von 10–30 km pro Sekunde abgeworfen werden. In dieser Phase des asymptotischen Riesenstadiums durchläuft der Stern mehrere Helium *shell flashes*. Dies sind thermische Ausbrüche eines heftigen Heliumschalenbrennens, die dazu führen, dass die äußere Hülle des Sterns abgesprengt wird. Es bleibt im Zentrum ein heißer Weißer Zwerg zurück (Abb. 3.12).

Sterne mit mehr als neun $M_{\odot}$ durchlaufen alle Brennphasen und bauen einen Fe-Ni-Kern auf (Abb. 3.13 und 3.14). Diese Sterne enden als Supernovae, in deren Zentrum ein Neutronenstern und bei sehr massereichen Sternen ($M > 25\,M_{\odot}$) ein Schwarzes Loch zurückbleibt.

3.4.2 Supernovae und Neutronensterne

Supernovaexplosionen sind die bei Weitem energiereichsten Ereignisse in unserer kosmischen Nachbarschaft. Sie sind für die Entstehung der meisten chemischen

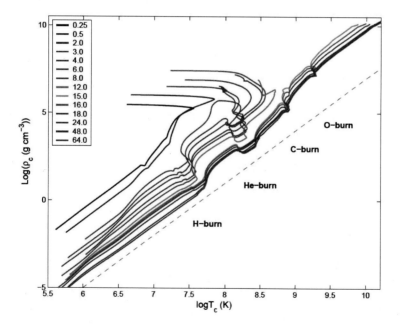

Abb. 3.13 Berechnete Entwicklungswege der Sterne im Zustandsraum – Zentraldichte und Zentraltemperatur für Population I-Modelle ($Z = 0{,}018$) im Bereich von 0,25–64 Sonnenmassen. Die punktierte Linie hat eine Steigung von drei (Adiabate). Nukleare Brennphasen sind angegeben. (Simulation: nach Kovetz et al. 2008, mit freundlicher Genehmigung von © Mon. Not. Roy. Soc.)

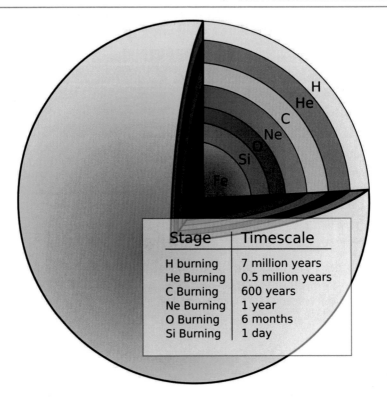

Abb. 3.14 Die berühmte Zwiebelschalenstruktur eines massereichen Sterns am Ende der Entwicklungszeit. Im Zentrum bleibt ein Fe-Ni-Kern zurück. (Grafik: © Camenzind)

Elemente verantwortlich und bestimmen ganz wesentlich den Energiehaushalt der Materie zwischen den Sternen.

Die erste von Menschen beobachtete Supernova, von der wir heute wissen, wurde im Jahre 185 in chinesischen Quellen erwähnt. Diese beschrieben das ungewöhnliche Erscheinen und Verschwinden eines Sterns (Tab. 3.3). 1006 war die hellste erwähnte Supernova zu sehen. Sie war mit einer scheinbaren Magnitude von -9 für kurze Zeit heller als der Viertelmond. Eine im Jahr 1054 erschienene Supernova schuf den Krebsnebel. Tycho Brahe (1572) und Johannes Kepler (1604) entdeckten ebenfalls Supernovae, die nach ihnen benannt wurden. Diese Supernovae lieferten Indizien gegen das geozentrische Weltbild. Bis dahin war die Meinung vorherrschend, dass sich alle Himmelskörper um die Erde bewegen. Sehr berühmt ist die Supernova 1987A in der Großen Magellan'schen Wolke LMC.

Man unterteilt Supernovae grob in zwei Klassen, die Typen SN I und SN II (Einzelheiten werden in Abb. 3.15 erklärt). Eine Liste aller Supernovae findet sich unter CBAT (IAU Central Bureau for Astronomical Telegrams).

Supernovae Typ I

Im Spektrum solcher Supernovae findet sich **kein Wasserstoff,** was bedeutet, dass SN I diesen bereits vor der Supernovaexplosion verloren (fusioniert) haben muss. Man

Tab. 3.3 Katalog der historischen Supernovae in der Milchstraße. n: thermischer NS; np: Pulsar; SNR: Supernovaüberrest; Mon = Monat

Datum	Konstellation	Sichtbarkeit	Remnant	Hell	Beobtng	NS
AD 185	Centaur	1 a	RCW 86	Mars	China	n
AD 386	Sagittarius	3 Mon	G11.2-0.3	?	China	np
AD 393	Scorpius	8 Mon	?	Jupiter	China	?
AD 1006	Lupus	3 a	SN 1006	10xVenus	China-Jap	n
AD 1054	Taurus	21 Mon	Crab	Venus	China	np
AD 1181	Cassiopeia	6 Mon	3C 58	Sirius	China	np
AD 1572	Cassiopeia	18 Mon	Tycho SNR	Venus	EU, China	Ia
AD 1604	Ophiuchus	12 Mon	Kepler SNR	Jupiter	EU, China	Ia
AD 1670	Cassiopeia	verdeckt	Cas A SNR	–	?	n
AD 1987	LMC, Süd	> 20 a	SN87A	m = 4	Chile	n

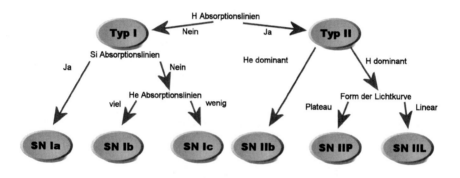

Abb. 3.15 Supernovae werden nach ihren Spektren in zwei Klassen eingeteilt. (Grafik: © Camenzind)

vermutet heute, dass ähnlich wie bei den Novae ein normaler Stern, meist ein massereicher Roter Riese, von einem Weißen Zwerg begleitet wird. Dieser kompakte, überwiegend aus Kohlenstoff und Sauerstoff bestehende Stern saugt von seinem Begleiter ständig Materie ab. Sie spiraliert dann in einer Akkretionsscheibe auf den Kern herunter, dessen Masse dementsprechend laufend zunimmt. Zwar schleudert der Weiße Zwerg einen Teil dieser Masse während der Novaexplosion in den Raum, auf Dauer gesehen wird er aber an Substanz zunehmen, da ein Rest an Heliumasche zurückbleibt. Im Laufe der Zeit steigen damit seine Dichte und seine Temperatur, während sein Durchmesser schrumpft. Noch bietet das entartete Elektronengas der einwirkenden Gravitation neutralisierenden Gegendruck, aber nach Überschreiten der Chandrasekhar-Grenze von 1,4 Sonnenmassen funktioniert das nicht mehr. Die Temperatur im Kern steigt auf 400 Mio. Grad Kelvin an, und der Kohlenstoff zündet. Die bei dieser thermonuklearen Reaktion freigesetzte Energie heizt nun das (entartete) Gas des Sterns auf, aber dieses dehnt sich nicht aus, wie es ja ein normales Gas tun würde, sondern bleibt von der ansteigenden Temperatur unbeeindruckt. Dadurch finden die Fusionen in noch schnellerer Folge statt, denn diese werden durch hohe Temperaturen begünstigt. Innerhalb von Sekundenbruchteilen steigt die Temperatur sprunghaft auf einige Milliarden Grad Kelvin und alles vorhandene Brennmaterial wird in Nickel umgewandelt. Nun wandert die Fusionswelle immer weiter nach außen (ihr läuft eine Druck- oder besser Stoßfront voraus), wobei sofort neue Kernverschmelzungen zünden. Je weiter sie jedoch nach außen gelangt (und das mit einer Geschwindigkeit von vielleicht 1000 km in der Sekunde), um so verdünnter werden die einzelnen Schichten, und auch der Grad der Entartung nimmt ab. Die Verbrennung wird immer weniger vollständig, und die äußeren Schichten werden durch die Stoßfront völlig unverändert in den Raum geblasen. Da der Stern nur einen Radius von 3000 km besaß, ist der gesamte Vorgang nach drei Sekunden abgeschlossen, die größte bekannte Kernexplosion ist erfolgt.

Supernovae Typ II
Die Helligkeitskurve einer SN II ist wesentlich unregelmäßiger als bei Typ I SN (Abb. 3.17). Auch ist die Typ I SN heller und eignet sich daher gut als kosmische Standardkerze. Nach dem Maximum folgt eine steiler Abfall über ca. 25 Tage. Sodann bleibt die Helligkeit 50 bis 100 Tage etwa konstant, worauf sie wieder steil abfällt. Eine Supernova vom Typ II ist das Ende eines massereichen Sterns (Abb. 3.16 und 3.17). Zum Ende seiner (thermonuklearen) Brennphase weist er in seinem Innern einen kompakten Eisenkern auf (Abb. 3.14), der nicht weiter fusionieren kann. In den ihn umgebenden Schalen laufen jedoch noch verschiedene Kernprozesse ab (u. a. das Siliziumbrennen in der den Kern überlagernden Schale), bei denen auch weiter Eisen erzeugt wird, was letztendlich die Masse und die Temperatur des (entarteten) Kerns weiter erhöht. Ab einem bestimmten Punkt, bei dem die Temperatur etwa fünf bis zehn Milliarden Kelvin beträgt, wird der Kern instabil. Er ist plötzlich so stark komprimierbar, dass er im freien Fall in sich zusammenstürzt. Bei der genannten Temperatur sind die im Kern vorhandenen Gammaquanten derart reaktiv, dass sie die Eisenkerne in Alphateilchen (Heliumkerne, zwei Protonen und zwei Neutronen) aufspalten (sogenannte Photodissoziation – Aufspaltung von Teilchen durch Photonen). Die Dichte im Kern beträgt jetzt zehn Milliarden Gramm pro Kubikzentimeter.

Die Elektronen werden so nahe an die Protonen und Alphateilchen gebracht, dass sie sich mit ihnen zu Neutronen vereinen. Bei dieser Reaktion werden Neutrinos freigesetzt, welche den Kern mit Lichtgeschwindigkeit verlassen. Doch je weiter der Kern kollabiert, um so schwieriger wird es auch für die Neutrinos, diesem zu entweichen, am Ende ist es ihnen nicht mehr möglich. Der gesamte Vorgang währt nur Millisekunden, und nach einer Viertelsekunde ist der Kern so weit kollabiert, dass er praktisch nur noch aus Neutronen in dichtester Packung besteht und seine Dichte derjenigen von Kernteilchen entspricht. Jetzt aber kommt der Kollaps schlagartig zum Stillstand, da die Neutronen in der dichtesten Packung vorliegen und nicht weiter komprimierbar sind. Erst jetzt merkt die Hülle, dass ihr quasi der Boden unter den Füßen weggezogen wurde, und der Rest des Sterns fällt auf die Kernregion hinunter. Jedoch wird durch den plötzlichen Stop des Zusammenbruchs eine

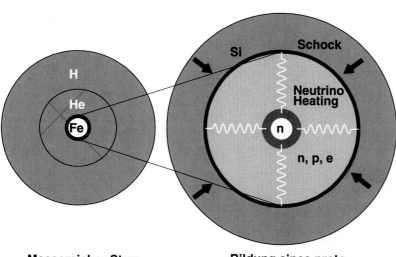

Core Kollaps SN

Massereicher Stern mit Fe Weißer Zwerg und Si-Brennzone

Bildung eines proto-Neutronensterns (n) + Akkretion von Si

Abb. 3.16 Core-Kollaps-Supernova und Neutrinomechanismus. Nach der heute allgemein anerkannten Theorie vom Gravitationskollaps tritt eine Supernova am Ende des Lebens eines massereichen Sterns auf. Sterne mit Anfangsmassen zwischen neun und etwa 25 Sonnenmassen beenden ihre Existenz als Stern in einer Typ-II-Explosion, massereichere Sterne explodieren als Typ Ib/c. All diese Sterne durchlaufen in ihrem Kern die verschiedenen energiefreisetzenden Fusionsketten bis hin zur Synthetisierung von Eisen. Schließlich überschreitet der Kern die Chandrasekhar-Grenze und kollabiert. Der heiße Proto-Neutronenstern (PNS) kühlt durch Neutrinoemission. Diese Neutrinos werden teilweise über die Prozesse $\nu_e + n \mapsto p + e^-$ und $\bar{\nu}_e + p \mapsto n + e^+$ wieder im Post-Schock-Gas absorbiert und führen dadurch zu einer verzögerten Absprengung der Hülle (sogenannte verzögerte SN-Explosion). Falls zu viel Material auf den Proto-Neutronenstern regnet, kollabiert dieser auf ein rotierendes Schwarzes Loch. (Grafik: © Camenzind)

Schockwelle erzeugt, welche nun in Gegenrichtung die Hülle durchläuft (mit anfangs 30.000 km pro Sekunde). Diese Schockwelle erreicht nach mehreren Stunden die äußeren Bereiche des Sterns und führt zum Abstoßen der Hülle. Das sehen wir dann als Supernova. Übrig bleibt allein der Neutronenstern. Eigentlich sind die Vorgänge im Sterninnern noch komplizierter als hier beschrieben, denn in den einzelnen Schalen des Sterns werden durch den Zusammenbruch (Dichte- und Temperaturerhöhung) weitere, blitzartige Kernfusionen gezündet, wobei Elemente vom Helium bis zum Nickel entstehen. Diese Kernbrennasche reichert dann das interstellare Medium mit frischem Material an.

▶ ⇒ Vertiefung 3.5: Welcher Stern löste die Supernova 87A aus?

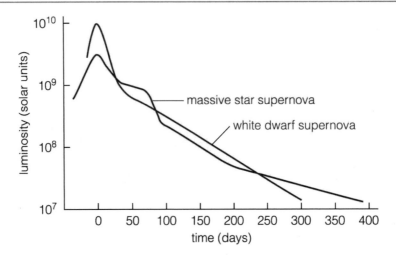

Abb. 3.17 Eine Supernova ist das schnell eintretende, helle Aufleuchten eines Sterns am Ende seiner Lebenszeit durch eine Explosion, bei der er selbst vernichtet wird. Die Leuchtkraft des Sterns nimmt dabei millionen- bis milliardenfach zu, er wird für einige Wochen so hell wie eine ganze Galaxie. Supernovae unterscheiden sich in ihren Lichtkurven. Type Ia Supernovae sind heller als Typ II und eignen sich gut als Standardkerzen. Das bei der Explosion der Typ Ia SN gebildete Nickel-Isotop ^{56}Ni ist nicht stabil (Halbwertszeit sechs Tage) und zerfällt in Kobalt ^{56}Co (Halbwertszeit 77 Tage) unter Abgabe eines Gammaphotons. Dadurch heizt sich die Hülle noch weiter auf. Auch Kobalt-56 ist nicht stabil und zerfällt in das stabile ^{56}Fe, wobei wiederum ein Gammaquant frei wird. (Grafik: © Camenzind)

▶   ⇒ Vertiefung 3.6: Was ist der Unterschied zwischen SN Ia und SN II?

▶   ⇒ Vertiefung 3.7: Wie groß ist die Kollapszeit eines Fe-Ni-Cores?

3.4.3   Hypernovae und Schwarze Löcher

Extrem massereiche Sterne befinden sich von ihrer Geburt an in einem sehr instabilen Zustand. Die nach innen gerichtete Gravitationskraft der 80- bis 120-fachen Sonnen-masse sorgt im Zentrum des Sterns für wahrhaft exotische Verhältnisse. Druck und Temperatur sind derart hoch, dass der vorhandene riesige Vorrat an Kernbrennstoff (überwiegend Wasserstoff) sehr schnell verbraucht wird. Die Kernreaktionen laufen viel schneller und häufiger ab als in massearmen Sternen von etwa Sonnengröße. Dementsprechend hoch ist die Strahlungsemission dieser Übergiganten, sie kann diejenige der Sonne leicht um das Millionenfache übertreffen. Jede kleine Störung des empfindlichen Gleichgewichts innerhalb des Sterns löst Schwingungen aus, die mit immer größer werdender Amplitude den Sternkörper durchlaufen. Treffen sie auf die Oberfläche, werden große Materiemengen abgestoßen. Auch durch einen extrem hohen Sternwind entledigt sich der Riese überflüssiger Masse.

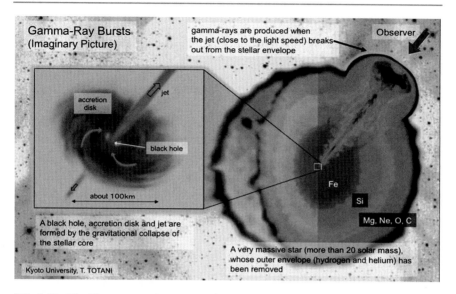

Abb. 3.18 Eine Hypernovaexplosion erzeugt entweder eine sphärische Stoßwelle oder eine Art Jets, die sich beide mit relativistischer Geschwindigkeit im interstellaren Medium ausbreiten. Im Zentrum bleibt ein schnell rotierendes massereiches Schwarzes Loch zurück. (Grafik: T. Totani, University Kyoto, mit freundlicher Genehmigung © T. Totani)

Das Lebensende eines massereichen Sterns kann nicht ruhig verlaufen, seinen Abschied wird er unweigerlich als Supernova nehmen. Heute glaubt man, dass Sterne mit rund hundertfacher Sonnenmasse in einer Explosion enden könnten, die noch um den Faktor 100 stärker ist als eine herkömmliche Supernova. Hierzu hat man deshalb den Begriff der **Hypernova** geprägt (Abb. 3.18). Unterstützt wird diese Theorie unter anderem durch die Gammabursts, kurze Gammastrahlenblitze, die aus allen Himmelsrichtungen aus den Tiefen des Alls zu uns gelangen. Zum ersten Mal im November 2000 haben Wissenschaftler bei einem Gammablitz aus derselben Quelle Emissionslinien des Eisens nachweisen können. Die Quelle des Gammabursts GRB 991216 liegt etwa acht Milliarden Lichtjahre von der Erde entfernt. Es war einer der heftigsten Gammaausbrüche, die bisher beobachtet wurden. Für ihre Entstehung gibt es viele Theorien. Doch anhand der Eisenlinien ist man sich relativ sicher, dass hier eine Hypernova explodiert ist, und sehr wahrscheinlich sind wir Zeuge der Entstehung eines Schwarzen Lochs geworden.

3.4.4 Die ersten Sterne und Schwarzen Löcher im Universum

Modellrechnungen zufolge waren die frühesten Sterne außergewöhnlich massereich und hell, aber auch kurzlebig. Mit ihrer Entstehung nahm die Geschichte des Kosmos eine dramatische Wendung. Ihre Entstehung veränderte das Universum und seine weitere Evolution fundamental (Abb. 3.19). Indem diese Sterne die umgebenden Gase aufheizten und ionisierten, wandelte sich die Dynamik des Kosmos. Die

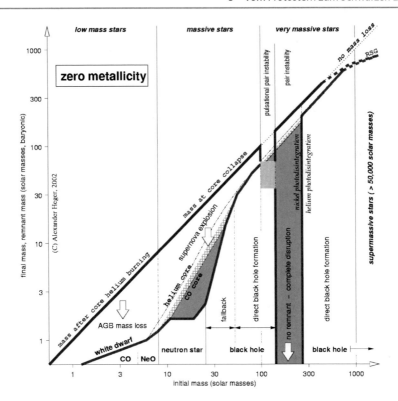

Abb. 3.19 Die Anfangs-Endmassen-Beziehung (initial-final mass function IFMF) für nicht-rotierende primordiale Sterne ($Z = 0$). x-Achse: Anfangsmasse des Sterns; y-Achse: Endmasse eines kollabierten Sterns (dicke Kurve) oder Supernova-Explosion. Man kann vier Bereiche in der Anfangsmasse unterteilen: massenarme Sterne mit Massen unter $\simeq 10\,M_\odot$, die Weiße Zwerge bilden; massereiche Sterne mit Massen zwischen $\simeq 10\,M_\odot$ und $\simeq 100\,M_\odot$; sehr massereiche Sterne mit Massen zwischen $\simeq 100\,M_\odot$ und $\simeq 1000\,M_\odot$; und supermassereiche Sterne mit Massen über $\simeq 1000\,M_\odot$. Für $M \simeq 100 - 140\,M_\odot$ tritt die Paarinstabilität auf, welche die äußeren Schichten abwirft, bevor er kollabiert. Für Massen oberhalb $\simeq 500\,M_\odot$ kann Pulsationsinstabilität im Roten Riesenstadium zu Massenverlust führen. (Grafik: Stan Woosley, mit freundlicher Genehmigung des © Autors)

frühesten Sterne erzeugten außerdem die ersten schweren Elemente und ebneten so den Weg zur späteren Bildung von Planetensystemen. Zudem könnte der Kollaps einiger urtümlicher Sterne das Wachstum massereicher Schwarzer Löcher eingeleitet haben, die in den Zentren der Galaxien entstanden und zu den geradezu unerschöpflichen Energiequellen der Quasare wurden. Die ersten Sterne haben damit das Universum möglich gemacht, wie wir es heute sehen – von Galaxien und Quasaren bis zu Planeten und menschlichem Leben.

Die ersten sternbildenden Klumpen waren viel wärmer als die Molekülwolken, in denen sich gegenwärtig die meisten Sterne bilden. Staubkörnchen und Moleküle mit schweren Elementen kühlen die heutigen Wolken viel effizienter – bis auf Temperaturen von nur 10 K. Die Masse, die ein Gasklumpen wenigstens haben muss, um unter seiner eigenen Schwerkraft zu kollabieren, heißt Jeans-Masse; sie ist proportional zum Quadrat der Temperatur und umgekehrt proportional zur Quadratwurzel des Drucks. In den ersten sternbildenden Systemen herrschten ähnliche Drücke wie in heutigen Molekülwolken, aber fast 30-mal höhere Temperaturen. Darum war ihre Jeans-Masse fast 1000-mal größer, $50 - 1000\,M_\odot$.

3.5 Zusammenfassung

Sterne entstehen als Verdichtungen oder Klumpen innerhalb einer Gaswolke. In unserer Galaxie, der Milchstraße, gibt es immer noch zahlreiche solcher Sternentstehungsgebiete (wie Orion). Der Lebenslauf aller Sterne hängt entscheidend von einer Eigenschaft ab, nämlich ihrer Masse. Je nachdem, wie massereich ein Stern bei seiner Entstehung ist, endet er nach der sogenannten Hauptreihe, dem Wasserstoffbrennen als Weißer Zwerg (bei Sternen unter der neunfachen Masse der Sonne) oder als noch viel dichter gepackter Neutronenstern bzw. Schwarzes Loch (bei Sternen mit über 9 Sonnenmassen). Je nach Masse dauert die Hauptreihenphase, das Wasserstoffbrennen, unterschiedlich lange. Bei der Sonne sind es z. B. rund 10 Mrd. Jahre. Für die Endphase der Entwicklung von Sternen ist ebenfalls die Masse entscheidend: Ein Stern endet als Weißer Zwerg (ausgebrannter Kohlenstoffkern) bei unter 9 Sonnenmassen zu Anfang, und nach einer gewaltigen Supernova-Explosion als Neutronenstern oder sogar Schwarzes Loch bei höherer Anfangsmasse.

3.6 Lösungen zu Aufgaben

Die Lösungen zu den Aufgaben sind auf https://link.springer.com/ zu finden.

Literatur

Cigan Phil et al (2019) High angular resolution ALMA images of dust and molecules in the SN 1987A ejecta. arXiv:1910.02960

Groh J H, Meynet G, Georgy C, Ekstrom S (2013) Fundamental properties of core-collapse Supernova and GRB progenitors: predicting the look of massive stars before death. Astron. Astroph. 558, A131; arXiv:1308.4681

Janka H-T (2012) Supernovae und kosmische Gammablitze: Ursachen und Folgen von Sternexplosionen. Spektrum Akademischer Verlag, Heidelberg

Janka H-T et al (2012) Core-Collapse Supernovae: Reflections and Directions. Progr Theor Exp Phys 1A309; arXiv:1211.1378

Kovetz A, Yaron O, Prialnik D (2008) A New, Efficient Stellar Evolution Code for Calculating Complete Evolutionary Tracks. MNRAS 395:1857–1874 arXiv:0809.4207

Mezzacappa A et al (2015) Recent Progress on Ascertaining the Core Collapse Supernova Explosion Mechanism. arXiv:1501.01687

Mowlavi N et al (2012) Stellar mass and age determinations – I. Grids of stellar models from Z=0.006 to 0.04 and M=0.5 to 3.5 Msun. Astron. Astrophys. 541, A41; arXiv:1201.3628

IAU Central Bureau for Astronomical Telegrams: https://www.cbat.eps.harvard.edu

Gravitation kompakter Objekte

4

Inhaltsverzeichnis

Elektronisches Zusatzmaterial Die elektronische Version dieses Kapitels enthält Zusatzmaterial, das berechtigten Benutzern zur Verfügung steht. https://doi.org/10.1007/978-3-662-62882-9_4.

© Springer-Verlag GmbH Deutschland, ein Teil von Springer Nature 2021
M. Camenzind, *Faszination kompakte Objekte*,
https://doi.org/10.1007/978-3-662-62882-9_4

▶   Seit Einsteins Relativitätstheorien, konzeptionell vorbereitet und weiterentwickelt von Riemann, Lorentz, Poincaré, Minkowski, Cartan, Wheeler und anderen bis hin zu Penrose und Hawking, ist der Raum nicht mehr von der Zeit trennbar wie in der klassischen Mechanik Newtons (Pais 1989). Was mit Raum im physikalischen Sinne gemeint ist, unterscheidet sich vom anschaulichen euklidischen Raum der Geometrie durch die Zeitkoordinate als weitere Dimension, die mit den drei anderen Koordinaten ganz anders verknüpft ist, als es eine auf n Dimensionen verallgemeinerbare euklidische Metrik nahezulegen scheint. Die (geo-)metrischen Verhältnisse des vierdimensionalen Raumes der Physik sind nichteuklidisch. Die Metrik gibt wieder, ob und wie der Raum gekrümmt ist, zudem spiegelt sich in ihr, dass die zeitliche Dimension nicht mit den anderen, räumlichen, zu verwechseln ist, selbst wenn keine Krümmung auftritt. Der physikalische Raum stellt eine vierdimensionale Mannigfaltigkeit dar, besser Raum-Zeit-Kontinuum genannt, um anhand der topologischen und metrischen Struktur die Koordination von Ereignissen zu erfassen und die Interaktion von Materie wiederzugeben. Ohne die Zeit als weitere Dimension in die Geometrie des Raums einzubeziehen, würden formulierte Gesetzmäßigkeiten nicht unabhängig vom gewählten Bezugssystem gelten, sondern beim Wechsel zwischen Koordinatensystemen ihre Form ändern. Deshalb lassen sich Raum und Zeit nicht entkoppeln. Außerdem ist der geometrische Raum nicht ohne Weiteres von der physikalischen Dynamik entkoppelbar. Dessen Krümmung wirkt sich nämlich auf die Bewegung von Materie aus, während deren Umverteilung wiederum die Krümmung des Raumes beeinflusst (Einstein 2012).

Geometrie greift in die Mechanik ein, bleibt nicht unbeteiligt im Hintergrund des Geschehens, sondern ist selbst ins Geschehen verwickelt und geht nicht unangetastet daraus hervor. Raum wird zur aktiven Vermittlung von Einflüssen gebraucht, nicht nur als passives Behältnis von Ereignissen. Wäre es so, dass sich geometrische Strukturen gegenüber physikalischen Phänomenen neutral verhielten und umgekehrt, gäbe es keine wechselseitige Abhängigkeit zwischen beiden, doch die Relativitätstheorie ist ganz darauf abgestellt, dass die gegenteilige Annahme zutrifft. Insofern gehört die Geometrie des Raums zur Thematik der Physik.

Was Raum eigentlich ist, und in welcher Beziehung dessen Geometrie zur Mechanik steht, war alles andere als unumstritten, nachdem Leibniz, Huygens oder Berkeley, um nur einige zu nennen, sich gegen die von Newton vertretene Auffassung wandten, dass es so etwas wie einen absoluten Raum und eine absolute Zeit neben den relativen räumlichen Abständen und zeitlichen Abschnitten gebe, deren numerische Werte sich bei Messungen zeigten. In Newtons epochalem Werk *Philosophiae Naturalis Principia Mathematica* von 1687 heißt es:

Absolute space, of its own nature without reference to anything external, always remains homogeneous and immovable. Relative space is any movable measure or dimension of this absolute space; such a measure or dimension is determined by our senses from the situation of the space with respect to bodies and is popularly used for immovable space, [...]. Absolute space and relative space are the same in species and in magnitude, but they do not always remain the same numerically.

Moderne Theorien des Universums gehen von der Einstein'schen Vision der Gravitation aus – Gravitation ist Geometrie (Carroll 2004). Mit einer Newton'schen Vorstellung kann man kompakte Objekte nicht erfassen. Wichtigster Begriff ist dabei die Raum-Zeit – Raum und Zeit werden zu einer neuen Einheit von vier Dimensionen zusammengefasst. Im Unterschied zur Speziellen Relativität ist diese Raum-Zeit nicht mehr flach, wenn sie mit Materie und Energie angefüllt ist. Wir werden diesen Begriff zunächst an der flachen Minkowski-Raum-Zeit erarbeiten und ihn dann mittels der Mannigfaltigkeiten von Riemann verallgemeinern.

Ende des 19. Jahrhunderts erkannte man, dass die Maxwell-Gleichungen, die sehr erfolgreich die elektrischen, magnetischen und optischen Phänomene beschreiben, nicht Galilei-invariant sind. Das bedeutet, dass sich die Gleichungen in ihrer Form verändern, wenn eine Galilei-Transformation in ein relativ zum Ausgangssystem bewegtes System durchgeführt wird. Insbesondere wäre die Lichtgeschwindigkeit vom Bezugssystem abhängig, wenn man die Galilei-Invarianz als fundamental betrachtete. Die Maxwell-Gleichungen wären demnach nur in einem einzigen Bezugssystem gültig, und es sollte durch Messung der Lichtgeschwindigkeit möglich sein, die eigene Geschwindigkeit gegenüber diesem System zu bestimmen. Das berühmteste Experiment, mit dem versucht wurde, die Geschwindigkeit der Erde gegenüber diesem ausgezeichneten System zu messen, ist der Michelson-Morley-Versuch. Kein Experiment konnte jedoch eine Relativbewegung nachweisen.

Die Lösung des Problems ist das Postulat, dass die Maxwell-Gleichungen in jedem Bezugssystem unverändert gelten und stattdessen die Galilei-Invarianz nicht universal gültig ist. An die Stelle der Galilei-Invarianz tritt die **Lorentz-Invarianz.** Dieses Postulat hat weitreichende Auswirkungen auf das Verständnis von Raum und Zeit, weil Lorentz-Transformationen keine reinen Transformationen des Raumes (wie die Galilei-Transformationen) sind, sondern dabei Raum und Zeit gemeinsam verändert werden. Gleichzeitig müssen auch die Grundgleichungen der klassischen

Mechanik umformuliert werden, weil diese nicht Lorentz-invariant sind. Für niedrige Geschwindigkeiten sind Galilei-Transformationen und Lorentz-Transformationen jedoch so ähnlich, dass die Unterschiede nicht messbar sind. Daher widerspricht die Gültigkeit der klassischen Mechanik bei kleinen Geschwindigkeiten der neuen Theorie nicht. Die Welt ohne Gravitation ist vierdimensional und flach – Raum und Zeit bilden eine Einheit, die von Minkowski 1907 als **Raum-Zeit** bezeichnet worden ist.

Viele Physiker haben sich in jener Zeit gefragt, wie nun die Gravitation in die Spezielle Relativitätstheorie eingebaut werden kann. Einstein hat die Antwort 1915 in seiner **Allgemeinen Relativitätstheorie (ART)** gegeben. Die wesentliche Aussage der ART ist, dass jede Form von Energie (auch Materie) die Raum-Zeit krümmt. Die Raum-Zeit ist eine vierdimensionale Mannigfaltigkeit, die sich aus den drei Raumdimensionen und der Zeitdimension zusammensetzt. Dieses geometrische Gebilde wird durch die Metrik bzw. das Linienelement eindeutig festgelegt. Seine morphologischen Eigenschaften werden durch Energie und Materie verändert. Vereinfachend kann man sich die Raum-Zeit in zwei Dimensionen wie eine dünne, dehnbare Haut vorstellen, die durch darauf befindliche Massen Dellen bekommt.

4.1   Die Galilei'sche Relativität

Nach der aristotelischen Physik ist der natürliche Zustand eines irdischen Objektes die Ruhe im Mittelpunkt des Universums. Das war die gängige Erklärung dafür, dass alles zu Boden fällt, denn den Mittelpunkt stellte man sich im Mittelpunkt der Erde vor. Wir merken jedoch nicht, dass die Erde sich mit 30 km pro Sekunde um die Sonne bewegt oder mit 225 km pro Sekunde um das Galaktische Zentrum. Spielt man etwa in einem fahrenden Zug mit einem Ball, so ist es gleich schwer, den Ball nach vorne oder nach hinten zu werfen. Die Physik des Fangens und Werfens ist also die gleiche wie in einem stehenden Zug. Hätte Aristoleles Recht, so müsste der Ball aber, sobald man ihn losließe, nach hinten schnellen, denn der Zug fährt ja unter ihm nach vorne.

Galilei formulierte diese Überlegungen natürlich nicht mit Zügen, sondern mit Schiffen. Befindet man sich in einem abgeschlossenen Schiffsbauch, dann kann man durch einfache physikalische Experimente nicht entscheiden, ob dieser Raum ruht oder ob er sich geradlinig und gleichförmig in irgendeiner Richtung bewegt. Das ist eine grundlegende Aussage der klassischen Physik und wird als **Galilei'sches Relativitätsprinzip** bezeichnet:

Alle Inertialsysteme sind gleichberechtigt. In ihnen gelten die physikalischen Gesetze in gleicher Art und Weise. Ein Inertialsystem ist ein Bezugssystem, in dem das Newton'sche Trägheitsprinzip gilt.

Die Gleichungen, die es ermöglichen, die räumlichen und zeitlichen Koordinaten eines Punktes von einem Inertialsystem in ein anderes umzurechnen, werden als

Galilei-Transformation bezeichnet:

$$t' = t, \quad x' = x - vt. \tag{4.1}$$

Diese Transformationen lassen Beschleunigungen invariant, $\ddot{x}' = \ddot{x}$ und damit auch das 2. Newton'sche Gesetz. Sie lassen jedoch nicht die Geschwindigkeiten invariant; bewegt sich ein Körper mit der Geschwindigkeit U in einem System, dann misst der bewegte Beobachter eine Geschwindigkeit U' mit $U' = U - v$. Das gilt auch für Lichtstrahlen, die Geschwindigkeiten würden sich addieren $c' = c - v$.

▶ $\Rightarrow$ Vertiefung 4.1: Sind die Maxwell-Gleichungen Galilei-invariant?

4.2 Das Einstein'sche Relativitätsprinzip

Die Relativitätstheorie behandelt das Problem, wie Ereignisse von verschiedenen Bezugssystemen aus zu interpretieren sind und wie die physikalischen Gleichungen sich ändern, wenn man von einem Bezugssystem auf ein anderes wechselt.

In der SRT betrachtet man nur Inertialsysteme (IS), das sind solche Systeme, in denen das Trägheitsgesetz gilt. Solche Systeme können folglich nicht beschleunigt sein. Dies bedeutet allerdings nicht, dass man keine beschleunigten Bewegungen in der SRT betrachten könnte, nur das Bezugssystem muss unbeschleunigt sein, bezüglich dieses Systems kann dann ein Körper beliebige Bewegungen ausführen. Die Gesetze der Mechanik sehen in allen Inertialsystemen gleich aus. Das gilt nicht in beschleunigten Systemen, denn dort kommen ja die Trägheitskräfte hinzu.

Ein anderes Bild ergibt sich im Bereich der Optik bzw. der elektromagnetischen Wellen. Bis zur Aufstellung der SRT im Jahr 1905 durch Einstein waren die Physiker der Überzeugung, dass jede Welle eines Mediums bedürfe, in dem sie sich ausbreitet. Das Medium, in dem sich Lichtwellen ausbreiten, nannte man den **Äther.** Dieses Medium musste sehr schwer vorstellbare Eigenschaften haben: Da Lichtwellen Transversalwellen sind, muss ihr Medium ein fester Körper sein, andererseits aber so dünn, dass er keine mechanischen Wirkungen zeigt.
Dieser Äther sollte gegenüber der Gesamtheit der Fixsterne in Ruhe sein. Damit würde sich ein ruhendes Bezugssystem ergeben, und man könnte alles bezüglich dieses Bezugssystem formulieren. So tauchte bald die Frage auf, mit welcher Geschwindigkeit sich etwa die Erde gegen den Äther bewege. Dazu wurden viele Versuche durchgeführt, der bekannteste ist der **Versuch von Michelson und Morley** (Abb. 4.1), die eine Verschiebung der Spektrallinien suchten, wenn Licht überlagert wird, das sich in Bewegungsrichtung der Erde bewegt, mit Licht, das sich senkrecht zu dieser Richtung ausbreitet. Das unerwartete Ergebnis war, dass sich keinerlei Effekt zeigte, der von der Bewegungsrichtung des Lichts abhängt.

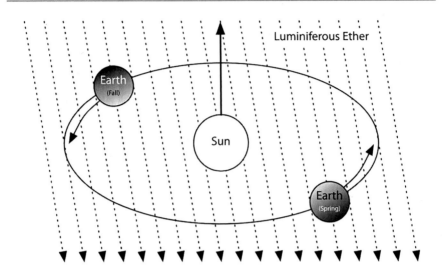

Abb. 4.1 Das Michelson-Morley-Experiment sollte klären, ob sich auch Lichtwellen analog zu Wasserwellen und Schallwellen in einem Medium ausbreiten, das man als Lichtäther bezeichnete. Es hatte zum Ziel, diesen Äther und die Geschwindigkeit der Erde relativ zu diesem auf ihrer Bahn um die Sonne nachzuweisen. (Grafik: Wikipedia/Luminiferous Aether)

4.2.1 Die Suche nach dem Äther

Um die Relativgeschwindigkeit von Erde und Äther festzustellen, wurde ein Lichtstrahl über einen halbdurchlässigen Spiegel auf zwei verschiedene Wege getrennt, reflektiert und am Ende wieder zusammengeführt, sodass sich ein Interferenzmuster stehender Lichtwellen bildete (sogenanntes Michelson-Interferometer, Abb. 4.2). Aufgrund der Bewegung der Erde im Äther ergibt sich, dass der Lichtstrahl in Bewegungsrichtung etwas länger benötigt als der Strahl senkrecht dazu. Da sich die experimentelle Anordnung als Teil der Drehung der Erde um die Sonne relativ zum vermuteten Äther bewegte, erwartete man Verschiebungen der Interferenzstreifen im Jahresrhythmus. Albert Abraham Michelson führte das Experiment, das wegen der im Verhältnis zur Lichtgeschwindigkeit c geringen Bahngeschwindigkeit v der Erde nicht einfach war, zuerst 1881 durch, jedoch war hier die Genauigkeit nicht ausreichend; denn Michelson hatte in seinen Berechnungen die Veränderung des Lichtwegs senkrecht zur Bewegungsrichtung nicht einbezogen. 1887 wiederholten er und Edward Williams Morley das Experiment mit ausreichender Genauigkeit. Obwohl das Ergebnis nicht vollständig negativ war (zwischen fünf bis acht Kilometern pro Sekunde), war es laut Michelson und den anderen Physikern jener Zeit viel zu gering, um etwas mit dem erwarteten Ätherwind zu tun zu haben. Die Geringfügigkeit von Michelsons Resultat tritt noch klarer hervor, wenn nicht nur die Relativgeschwindigkeit der Erde zur Sonne von 30 km pro Sekunde berücksichtigt wird, sondern auch die Rotationsgeschwindigkeit des Sonnensystems um das galaktische Zentrum von 225 km pro Sekunde, und die Relativgeschwindigkeit zwischen dem Sonnensystem und dem Ruhesystem der kosmischen Hintergrundstrahlung von ca.

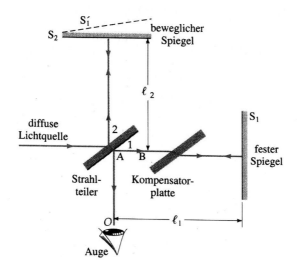

Abb. 4.2 Aufbau des Michelson-Interferometers: Das Michelson-Morley-Experiment sollte klären, ob sich auch Lichtwellen analog zu Wasserwellen und Schallwellen in einem Medium ausbreiten, das man als Lichtäther bezeichnete. Der optische Aufbau bestand aus einer monochromatischen Lichtquelle, deren Lichtstrahl durch einen teilversilberten Spiegel in zwei Strahlen rechtwinklig zueinander aufgespalten wurde. Nach Verlassen des Strahlteilers wurden beide Strahlen jeweils an einem Spiegel reflektiert und auf einem Beobachtungsschirm wieder zusammengeführt. Dort erzeugten sie ein Streifenmuster aus konstruktiver und destruktiver Interferenz, das äußerst empfindlich auf Änderungen in der Differenz der optischen Wege der beiden Lichtstrahlen reagiert. Man erwartete, dass diese optischen Wege durch die Bewegung der Erde im Äther beeinflusst würden, sodass sich das Interferenzmuster bei Drehung der die Apparatur tragenden Steinplatte verschieben müsste (s. Abb. 4.3). (Grafik: © Camenzind)

368 km pro Sekunde. Darüber hinaus haben spätere, bis in die heutige Zeit durchgeführte Messungen die ursprüngliche Methode Michelsons weiter verfeinert und lieferten tatsächlich im Rahmen der Messgenauigkeit vollständige Nullresultate.

Ein Versuch, dieses Resultat mit der damaligen Äthertheorie in Einklang zu bringen, war die Annahme einer vollständigen Mitführung des Äthers an der Erdoberfläche. Dies war allerdings nicht mit der beobachteten Aberration des Sternenlichts und dem Fizeau-Experiment zu vereinbaren. So lieferten George Francis FitzGerald (1889) und Hendrik Antoon Lorentz (1892) mit der Lorentz-Kontraktion zunächst eine Ad-hoc-Erklärung, wobei angenommen wurde, dass der Interferometerarm in Bewegungsrichtung relativ zum Äther schrumpft, wodurch die unterschiedlichen Lichtlaufzeiten angeglichen werden. Die darauf aufbauende Lorentz'sche Äthertheorie wurde allerdings als sehr unwahrscheinlich eingestuft, da hier der Äther einerseits Grundlage aller physikalischen Phänomene, andererseits jedoch gänzlich unentdeckbar sein sollte. Vollends verstanden wurde das Ergebnis des Michelson-Morley-Experimentes erst durch Albert Einsteins Spezielle Relativitätstheorie von 1905, welche auch eine Längenkontraktion enthält, jedoch auf die Ätherhypothese verzichtet und zentral das Relativitätsprinzip und die Konstanz der Lichtgeschwin-

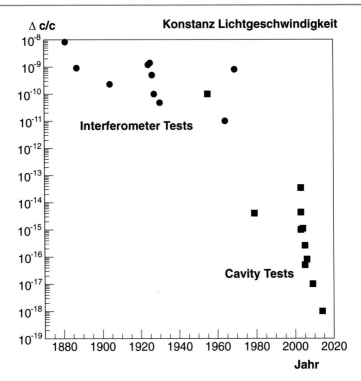

Abb. 4.3 Übersicht über Messungen der Konstanz der Lichtgeschwindigkeit seit Michelson-Morley. Galilei versuchte um 1600 als Erster, die Geschwindigkeit des Lichts mit wissenschaftlichen Methoden zu messen, indem er sich und einen Gehilfen mit je einer Signallaterne auf zwei Hügel mit bekannter Entfernung postierte. Zu seinem Erstaunen verblieb nach Abzug der Reaktionszeit des Gehilfen keine messbare Zeit mehr, was sich auch nicht (messbar) änderte, als die Distanz bis auf maximal mögliche Sichtweite der Laternen erhöht wurde. Moderne Experimente verwenden Mikrowellenkavitäten. (Grafik: Daten nach Nagel et al. 2014, © Camenzind)

digkeit in mit beliebiger Geschwindigkeit gegeneinander bewegten Bezugssystemen postuliert.

4.2.2 Die Spezielle Relativität

Bei der Aufstellung der **Speziellen Relativitätstheorie (SRT)** griff Einstein 1905 unter anderem auf die Ergebnisse des Michelson-Morley Experimentes zurück und stellte die Theorie auf eine neue Grundlage, die er in zwei Postulaten formulierte:

1. **Relativitätsprinzip:** In allen gleichförmig, d. h. mit konstanter Geschwindigkeit relativ zueinander bewegten Systemen, genannt Inertialsysteme, haben die physikalischen Gesetze dieselbe Form. Es gibt also kein

> ausgezeichnetes Bezugssystem. Alle Inertialsysteme sind gleichberechtigt.
> Dies gilt nicht nur für die Mechanik, sondern für die gesamte Physik, auch
> für die Quantenphysik.
> 2. **Konstanz der Lichtgeschwindigkeit:** Licht breitet sich im Vakuum aus.
> Die Lichtgeschwindigkeit hat in allen Inertialsystemen denselben Wert $c =$
> 299.792.458 m pro Sekunde (nach der heutigen Definition). Kein Signal
> kann mit einer größeren Geschwindigkeit übermittelt werden.

Insbesondere das Prinzip von der Konstanz der Lichtgeschwindigkeit widerspricht
dem gesunden Menschenverstand. Es bedeutet, angewandt auf das Beispiel eines
Zugs, dass ein Lichtblitz, der im Zug ausgelöst wird und dessen Geschwindigkeit vom
Zug aus gemessen c ist, auch vom Bahnsteig aus gemessen dieselbe Geschwindigkeit
c hat und nicht die Geschwindigkeit $c + v$, wie das für Körper nach der klassischen
Mechanik gilt.

Anders ausgedrückt, egal in welche Richtung und mit welcher Geschwindigkeit
sich ein Beobachter bewegt, immer misst er für die Geschwindigkeit eines vorbei-
sausenden Lichtblitzes die Geschwindigkeit c. Damit kippt nun die stillschweigende
Voraussetzung, die wir bei der Galilei-Transformation gemacht hatten, dass nämlich
die Beobachter im Zug und auf dem Bahnsteig beide dieselbe Zeit messen.

4.2.3   Zeitdilatation – bewegte Uhren gehen langsamer

In der Relativitätstheorie betrachtet man Ereignisse. Diese werden beschrieben durch
die Ortskoordinaten (x, y, z) und den Zeitpunkt t, an dem sie stattfinden. Diese vier
Koordinaten werden zu einem **Ereignis** (t, x, y, z) zusammengefasst.

Um zwei Uhren zu synchronisieren, kann man von der einen Uhr ein Funksignal
aussenden. Der Empfänger muss die Laufzeit des Signals zur übermittelten Zeit
addieren und kann dann seine Uhr einstellen. In Abb. 4.4 betrachten wir die Lichtuhr. Eine Zeitspanne Δt wird dadurch gemessen, dass ein Lichtblitz ausgesandt wird
(Ereignis E1), der auf einen Spiegel fällt und zum Ausgangspunkt zurückgeworfen
wird (Ereignis E2). Person A sitze im Zug, der sich mit v relativ zum Bahnsteig

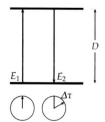
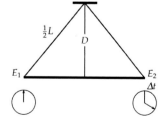

Abb. 4.4 Das Prinzip der Lichtuhr in Ruhe und in Bewegung. (Grafik: © Camenzind)

bewegt, und betätigt dort ihre Lichtuhr. Für die Zeit zwischen den Ereignissen E1 und E2 misst sie $\Delta t = \frac{2D}{c}$. Für A finden E1 und E2 am gleichen Ort statt, und Δt kann mit einer einzigen, an diesem Ort aufgestellten Uhr gemessen werden.

Ein Zeitintervall $\Delta \tau$, das mit einer einzigen, ruhenden Uhr gemessen werden kann, heißt Eigenzeitintervall.

Für Person B, die auf dem Bahnsteig steht, finden die Ereignisse E1 und E2 an verschiedenen Orten statt, die den Abstand $v\Delta t$ haben. Da im IS von B das Licht ebenfalls die Geschwindigkeit c hat, benötigt der Lichtblitz eine längere Zeit, da er die Strecke

$$L = \sqrt{(v\Delta t)^2 + (2D)^2} = \sqrt{(v\Delta t)^2 + (c\Delta t)^2} \qquad (4.2)$$

durchlaufen muss (vgl. Abb. 4.4). Die von B gemessene Zeitspanne ist folglich

$$\Delta t = \frac{L}{c}. \qquad (4.3)$$

Eliminiert man L aus den letzten beiden Gleichungen, dann folgt

$$\boxed{\Delta t = \frac{\Delta \tau}{\sqrt{1 - v^2/c^2}} = \gamma\,\Delta \tau} \qquad (4.4)$$

mit dem Lorentz-Faktor

$$\boxed{\gamma = \frac{1}{\sqrt{1 - v^2/c^2}}.} \qquad (4.5)$$

Den Faktor γ bezeichnet man als den Lorentz-Faktor. Die Gleichung beschreibt die sogenannte **Zeitdilatation.** Man sagt: *Bewegte Uhren gehen nach.*

Vergeht in einem IS die Eigenzeit $\Delta \tau$ zwischen zwei Ereignissen, dann vergeht in jedem anderen, gegen dieses IS mit Geschwindigkeit v bewegten IS die längere Zeit $\Delta t = \gamma\,\Delta \tau$ (Tab. 4.1).

Tab. 4.1 Einige Lorentz-Faktoren. Im LHC am CERN werden Protonen auf einen Lorentz-Faktor von 7000 beschleunigt. Damit wird die Lebensdauer der erzeugten Teilchen (z. B. μ-Mesonen) gewaltig verlängert

v/c	0,1	0,3	0,5	0,6	0,866	0,9	0,99	0,9999995
γ	1,005	1,048	1,155	5/4	2,0	2,294	7,089	7000,0

4.2.4 Längenkontraktion – bewegte Körper erscheinen verkürzt

Will man die Länge eines ruhenden Objekts messen, so kann dies in einfacher Weise mit einem Maßband geschehen. Bewegt sich jedoch das Objekt, so muss man den Ort der beiden Enden zur selben Zeit feststellen. Die Länge ergibt sich dann als Differenz der Ortskoordinaten.

Eva sitze in ihrem Zug, der sich mit v gegenüber dem Bahnsteig bewegt. Adam, der auf dem Bahnsteig steht, möchte wie Eva die Länge des Bahnsteiges messen. Adam misst sie mit einem Maßband aus, für ihn ist die gemessene Länge eine Eigenlänge L_0, da der Bahnsteig für ihn ruht. Während der Zug vorbeifährt, misst Adam die Zeit $\Delta t = L_0/v$, die das vordere Ende des Zugs zum Passieren des Bahnsteigs benötigt. Diese Zeitspanne ist keine Eigenzeit, denn die Ereignisse E1 = *Bahnsteiganfang erreicht* und E2 = *Bahnsteigende erreicht* finden an verschiedenen Orten statt.

Für die vorn im Zug sitzende Eva bewegt sich der Bahnsteig. Für sie finden die Ereignisse E1 und E2 am gleichen Ort statt. Sie misst also eine Eigenzeit $\Delta \tau = L/v$. Daraus folgt mit Gl. (4.4) die Längenkontraktion

$$\frac{L}{L_0} = \frac{v\Delta\tau}{v\Delta t} = \frac{1}{\gamma}. \tag{4.6}$$

Dies ist die Längen- oder Lorentz-Kontraktion: Misst ein Beobachter in seinem IS für eine ruhende Strecke die Eigenlänge L_0, dann messen alle gegen ihn bewegten Beobachter für diese Strecke einen kürzeren Wert $L = L_0/\gamma$.

Verblüffende Effekte entstehen, wenn sich eine Kamera mit fast Lichtgeschwindigkeit bewegt. Eine Spritztour durch die Tübinger Altstadt illustriert, was wir bei einer solchen Geschwindigkeit sehen würden (Tempolimit). Die vier Aufnahmen der Tübinger Marktgasse sind alle am selben Ort entstanden, neben der Alten Kunst. Bei hohen Geschwindigkeiten sehen wir auch die angrenzenden Häuser, die sich seitlich neben unserer momentanen Position oder sogar dahinter befinden. Eine bewegte Lochkamera kann tatsächlich nach hinten schauen, und zwar umso weiter, je schneller sie ist.

Häuser vor uns rücken umso weiter in die Ferne, je mehr wir beschleunigen; gleichzeitig erscheinen die Hauskanten in unserer Nähe immer stärker gekrümmt. Der Grund für diese merkwürdigen Bilder ist die sogenannte Aberration: Ein und derselbe Lichtstrahl hat für den fahrenden Beobachter eine andere Richtung als für denjenigen, der am Straßenrand steht. Dieser Effekt ist im Alltag klein; wenn wir aber in der Simulation fast lichtschnell durch die Tübinger Altstadt rasen, ist er dramatisch groß.

▶ ⇒ Vertiefung 4.2: Bedeutung von Zeitdilatation und Längenkontraktion?

4.2.5 Die Lorentz-Transformationen

Stellen wir uns zwei Inertialsysteme S und S' vor, das eine S ruhend, das andere S' relativ dazu in geradlinig, gleichförmiger Bewegung mit Geschwindigkeit v. Stellen wir uns vor, ein Lichtstrahl breite sich im System S vom Punkt A zum Punkt B durch den leeren Raum aus. Ist d die in S gemessene räumliche Entfernung zwischen den beiden Punkten, so gilt für die Lichtfortpflanzung die Beziehung $d = c\,\Delta t$. Quadrieren wir diese Gleichung und drücken d^2 in allgemeiner Form durch die Koordinatendifferenzen Δx, Δy, Δz aus, so erhalten wir

$$(\Delta x)^2 + (\Delta y)^2 + (\Delta z)^2 - c^2(\Delta t)^2 = 0. \tag{4.7}$$

Diese Gleichung drückt die Konstanz der Lichtgeschwindigkeit in Bezug auf das Inertialsystem S aus; sie gilt unabhängig von der Bewegung der Lichtquelle.

Betrachtet man nun denselben Vorgang von dem System S' aus, so muss wegen der Konstanz der Lichtgeschwindigkeit im Vakuum eine analoge Gleichung gelten

$$(\Delta x')^2 + (\Delta y')^2 + (\Delta z')^2 - c^2(\Delta t')^2 = 0. \tag{4.8}$$

Diese beiden Gleichungen müssen sich bei der Transformation der Raumkoordinaten und der Zeit beim Übergang von S auf S' (oder umgekehrt) gegenseitig bedingen. Oder anders ausgedrückt, die gesuchten Transformationsgleichungen müssen so beschaffen sein, dass die obigen Ausdrücke invariant sind.

Wir nehmen an, dass der Zusammenhang zwischen den Koordinaten linear ist, dass also für die Ortskoordinate gilt

$$x' = a(x - vt). \tag{4.9}$$

Nach dem Relativitätsprinzip sind beide Systeme äquivalent, sodass wir die Argumentation auch vom Standpunkt eines in S ruhenden Punktes betrachten können

$$x = a(x' + vt'), \tag{4.10}$$

mit demselben a. Eines ist sicher: Lichtblitze bewegen sich in beiden Inertialsystemen gleich, für ihre Weltlinien gilt $x = ct$ und $x' = ct'$. Setzt man nun die Werte für die Lichtblitze in den Ansatz ein, dann ergibt sich

$$ct' = a(ct - vt) = at(c - v), \quad ct = a(ct' + vt') = at'(c + v). \tag{4.11}$$

Multiplikation dieser beiden Gleichungen ergibt

$$c^2 tt' = a^2\, tt'(c - v)(c + v) = a^2\, tt'(c^2 - v^2). \tag{4.12}$$

Daraus folgt

$$a^2 = \frac{1}{1 - v^2/c^2} = \gamma^2. \tag{4.13}$$

Der Streckungsfaktor a ist also gerade der Lorentz-Faktor γ.

Damit sind die gesuchten Transformationsgleichungen vollständig, und wir können für den Übergang vom System S auf das System S' schreiben

$$t' = \frac{t - vx/c^2}{\sqrt{1 - v^2/c^2}}, \quad x' = \frac{x - vt}{\sqrt{1 - v^2/c^2}}, \quad y' = y, \quad z' = z. \tag{4.14}$$

Die inverse Transformation erfolgt nach den Regeln

$$t = \frac{t' + vx'/c^2}{\sqrt{1 - v^2/c^2}}, \quad x = \frac{x' + vt'}{\sqrt{1 - v^2/c^2}}, \quad y = y', \quad z = z'. \tag{4.15}$$

Diese Transformationsformeln sind absolut revolutionär. Sie vermischen Raum und Zeit und widersprechen damit der Newton'schen Vorstellung von der absoluten Zeit.

Für Transformationen mit Geschwindigkeit $\vec{v}$ in beliebiger Richtung lautet die Lorentz-Transformation

$$\vec{x}' = \vec{x} + (\gamma - 1) \frac{(\vec{x} \cdot \vec{v})}{v^2} - \gamma \vec{v} t \tag{4.16}$$

$$t' = \gamma \left(t - \frac{(\vec{x} \cdot \vec{v})}{c^2} \right). \tag{4.17}$$

Aus der Lorentz-Transformation kann man wieder die Gleichungen für Längenkontraktion und Zeitdilatation herleiten.

Finden in S' zwei Ereignisse am selben Ort statt ($\Delta x' = 0$), aber zu verschiedenen Zeiten ($\Delta t' \neq 0$), dann gilt $\Delta t = \gamma (\Delta t' + 0) = \gamma \Delta t'$. Dabei ist $\Delta t'$ eine Eigenzeit, da sie mit einer Uhr am selben Ort gemessen wird. Damit hat man wieder die Formel für die Zeitdilatation.

Wenn ein Maßstab in S' ruht, dann ist $L_0 = \Delta x'$ die Eigenlänge des Maßstabs in S'. In S bewegt sich der Maßstab, der Ort seiner Endpunkte muss gleichzeitig bestimmt werden, also muss $\Delta t = 0$ gelten. Damit folgt

$$\Delta x' = \gamma (\Delta x - v \Delta t) \tag{4.18}$$

oder

$$L_0 = \gamma (\Delta x - v \times 0) = \gamma L, \quad L = L_0/\gamma, \tag{4.19}$$

was der Lorentz-Kontraktion entspricht.

▶   ⇒ Vertiefung 4.3: Die Lorentz-Invarianz der Wellengleichung?

4.2.6 Additionstheorem der Geschwindigkeiten

Wir beobachten von der Erde aus einen Flugkörper, der sich mit hoher Geschwindigkeit $\vec{V}$ durch den Raum bewegt. Nun beobachten wir denselben Flugkörper vom Space Shuttle aus, das sich gegenüber dem Beobachter auf der Erde mit der Gesschwindigkeit $\vec{u}$ bewegt. Welche Geschwindigkeit $\vec{V}'$ misst der Beobachter im Space Shuttle für dieses Objekt? Addieren sich die Geschwindigkeiten einfach? Das wäre sicherlich zu einfach, denn dann könnten ja Überlichtgeschwindigkeiten entstehen, die der Speziellen Relativität widersprechen.

Die korrekte Antwort folgt aus dem Additionstheorem der Geschwindigkeiten. In der klassischen Physik würden Geschwindigkeiten einfach vektoriell addiert. Da in der Speziellen Relativitätstheorie gegeneinander bewegte Inertialsysteme durch Lorentz-Transformationen miteinander zusammenhängen, werden zwei Geschwindigkeiten anders zur Gesamtgeschwindigkeit zusammengesetzt. Ein Beobachter $\mathcal{B}'$ bewege sich gegenüber dem Beobachter $\mathcal{B}$ mit der Geschwindigkeit u in Richtung der x-Achse. Für den Beobachter $\mathcal{B}'$ bewege sich ein Körper mit der Geschwindigkeit $\vec{V}' = (V_x', V_y', V_z')$. Mit $V_x = dx/dt$ erhalten wir aus den Lorentz-Transformationen

$$dx = \gamma(dx' + u\,dt') \tag{4.20}$$

$$dt = \gamma(dt' + u/c^2\,dx') = \gamma(1 + uV_x')dt' \tag{4.21}$$

$$V_x = \frac{dx}{dt} = \frac{V_x' + u}{1 + uV_x'/c^2}. \tag{4.22}$$

Die beiden anderen Geschwindigkeitskomponenten werden analog berechnet.

Damit hat dieser Körper für den Beobachter $\mathcal{B}$ die Geschwindigkeit $\vec{V}$ mit den Komponenten

$$V_x = \frac{V_x' + u}{1 + V_x'u/c^2} \tag{4.23}$$

$$V_y = \frac{V_y'\sqrt{1 - u^2/c^2}}{1 + V_x'u/c^2} \tag{4.24}$$

$$V_z = \frac{V_z'\sqrt{1 - u^2/c^2}}{1 + V_x'u/c^2}. \tag{4.25}$$

Sind die beteiligten Geschwindigkeiten sehr klein gegenüber der Lichtgeschwindigkeit c, so unterscheiden sich sowohl der Nenner als auch der Term unter der Wurzel kaum von 1, und es ergibt sich in guter Näherung die übliche nichtrelativistische Geschwindigkeitsaddition. Beispielsweise ist die von einem am Bahndamm stehenden Beobachter gemessene Geschwindigkeit einer

Person, die in einem mit 200 Stundenkilometern fahrenden Zug mit fünf Stundenkilometer relativ zum Zug in Fahrtrichtung läuft, gerade einmal um 0,17 Nanometer in der Stunde langsamer als die bei einfacher Addition erhaltenen 205 Stundenkilometer. Zum Vergleich: Der Durchmesser eines Atoms liegt in der Größenordnung von 0,1 Nanometern. Das heißt, der Zugläufer kommt in der Stunde knapp zwei Atomdurchmesser weniger weit, als man es bei nichtrelativistischer Rechnung erwarten würde – was bei einer zurückgelegten Strecke von 205 km sicher vernachlässigbar ist.

Betrachten wir jedoch folgendes Beispiel:

$$V'_x = 0{,}9c, \quad V'_y = 0, \quad V'_z = 0, \quad u = 0{,}9c. \tag{4.26}$$

Dann gilt

$$V_x = \frac{0{,}9c + 0{,}9c}{1 + 0{,}9 \times 0{,}9} = \frac{1{,}8c}{1{,}81} = 0{,}99c < c. \tag{4.27}$$

Newtonsch würden wir $1{,}8c$ erhalten!

Für Geschwindigkeiten nahe der Lichtgeschwindigkeit ergeben sich somit deutliche Abweichungen von der nichtrelativistischen Additionsregel. Insbesondere wenn wir Photonen beobachten: Ist die Geschwindigkeit V' für den Beobachter B' gleich der Lichtgeschwindigkeit, dann ist sie es auch für den Beobachter B. Bewegt sich z. B. ein Photon senkrecht zur Bewegungsrichtung des Beobachters

$$V'_x = 0, \quad V'_y = c, \quad V'_z = 0, \tag{4.28}$$

dann folgt aus der Transformation

$$V_x = u, \quad V_y = c\sqrt{1 - u^2/c^2}, \quad V_z = 0. \tag{4.29}$$

Insbesondere gilt für die Gesamtgeschwindigkeit

$$V_x^2 + V_y^2 + V_z^2 = u^2 + c^2 \left(\sqrt{1 - u^2/c^2} \right)^2 = c^2. \tag{4.30}$$

Jeder Beobachter misst die Lichtgeschwindigkeit für Photonen, unabhängig von seinem Bewegungszustand u, genau wie es die Spezielle Relativität verlangt.

▶   ⇒ Vertiefung 4.4: Wie transformieren sich Beschleunigungen?

4.2.7 Ohne Spezielle Relativität keine Beschleuniger

Betreibt man relativistische Mechanik und untersucht, wie sich Objekte im Raum bewegen und wie ihre Bewegung durch äußere Kräfte beeinflusst wird, so ergibt sich ein weiterer relativistischer Effekt. In der Physik vor Einstein war das Verhältnis der Stärke einer Kraft, die auf einen Körper wirkt, zu der Geschwindigkeitsänderung (der Beschleunigung), die der Körper daraufhin erfährt, konstant. Dies heißt in der Physik auch die *träge Masse des Körpers*.

In der Speziellen Relativitätstheorie dagegen ist die träge Masse eines Körpers umso größer, je höher seine Geschwindigkeit ist. Dieser Effekt gehört beispielsweise zum täglichen Brot jener Physiker, die Teilchenbeschleuniger bauen, um Elementarteilchen auf Geschwindigkeiten nahe der Lichtgeschwindigkeit zu beschleunigen. Der Large Hadron Collider LHC ist ein knapp 27 km langer Teilchenbeschleuniger des europäischen Kernforschungszentrums CERN bei Genf in der Schweiz. Der LHC beschleunigt Hadronen (wie z. B. Protonen) auf Beinahe-Lichtgeschwindigkeit 0,9999997 c und bringt diese an vier Stellen zum Zusammenstoß. An diesen vier Kollisionspunkten befinden sich die vier Detektoren ATLAS, CMS, LHCb und ALICE, um die Wechselwirkungen der entstehenden Teilchenschauer zu untersuchen. Der LHC-Speicherring wurde in dem ca. 27 km langen Tunnel errichtet, in welchem sich bis zum Jahr 2000 der Beschleuniger LEP (Large Electron-Positron Collider) befand, der Elektronen und Positronen auf fast Lichtgeschwindigkeit beschleunigte. Der Tunnel verläuft unter der schweizerisch-französischen Grenze in einer Tiefe von 50 bis 175 m, wobei sich der Großteil der Anlage auf französischem Staatsgebiet befindet.

Die Massenzunahme ist Teil eines allgemeineren Phänomens der relativistischen Äquivalenz von Masse und Energie: Jede Energie, die ich einem Körper zuführe, erhöht auch seine Masse; jede Energie, die ich ihm entziehe, verringert sie. In dem bereits erwähnten Fall führe ich dem Körper, den ich beschleunige, Bewegungsenergie zu, und diese Energiezunahme erhöht seine Masse. Umgekehrt enthält selbst ein ruhender Körper allein aufgrund seiner Masse Energie. Energie und träge Masse erweisen sich als untrennbar verknüpft – **jeder Körper der Masse m hat automatisch die Gesamtenergie** $E = mc^2$. In der Umkehrung der Formel ergibt sich die träge Masse zu $m = E/c^2$. Masse und Energie sind, von dem konstanten Umrechnungsfaktor c^2 abgesehen, ein und dasselbe. Nur ihre Unkenntnis der relativistischen Effekte hat die Physiker der Zeit vor Einstein dazu verleitet, die beiden Konzepte unabhängig voneinander zu definieren.

Wir wollen diese Zusammenhänge von Energie und Lorentz-Faktoren noch etwas genauer beschreiben. In der Speziellen Relativitätstheorie werden Energie E und Impuls $\vec{p}$, analog wie Zeit und Raum, zu einem Vierervektor zusammengefasst, $p^\mu = (E/c, \vec{p})$ ($\mu = 0, 1, 2, 3$). Die Energie eines Teilchens mit Geschwindigkeit v berechnet sich dadurch aus der Ruhemasse m_0 und dem Lorentz-Faktor zu

$$ E = \frac{m_0 c^2}{\sqrt{1 - v^2/c^2}}. \tag{4.31} $$

Für kleine Geschwindigkeiten, $v \ll c$, wie sie alltäglich auftreten, ist die Energie näherungsweise

$$E \approx m_0 c^2 + \frac{m_0 v^2}{2}, \tag{4.32}$$

wie man dies aus der Newton'schen Theorie kennt: Die Energie besteht aus Ruheenergie und kinetischer Energie. Ähnlich ist der Impuls durch die Geschwindigkeit bestimmt

$$\vec{p} = \frac{m_0 \vec{v}}{\sqrt{1 - v^2/c^2}}. \tag{4.33}$$

Energie und Impuls hängen daher mit der Masse durch die Energie-Impuls-Beziehung zusammen:

$$\boxed{E^2 - (\vec{p})^2 c^2 = (m_0 \, c^2)^2.} \tag{4.34}$$

Gesamtenergie und Gesamtimpuls sind in Kollisionen am LHC erhalten. Durch Messung von Energien und Impulsen der Schauerteilchen kann man deshalb Massen bestimmen. So zerfällt etwa das Higgs-Teilchen in Leptonenpaare, deren Energien und Impulse im Atlas- oder CMS-Detektor gemessen werden können. Daraus ergibt sich die Masse des Higgs-Teilchens – falls man genügend solche Ereignisse detektieren kann.

Diese Energie-Impuls-Beziehung gilt auch für Photonen. Diese sind masselose Teilchen und bewegen sich stets mit Lichtgeschwindigkeit c. Die Energie eines Photons ist bis auf einen Faktor c der Betrag seines Impulses, Masse verschwindet, $E_{\text{Photon}} = c|\vec{p}_{\text{Photon}}|$. Nach Einstein ist die Energie auch mit der Frequenz v verbunden, $E = hv$, h ist das Planck'sche Wirkungsquantum.

Der Massenunterschied (Differenz zwischen Ruhemasse und Gesamtmasse) ist für die meisten Systeme so gering, dass man ihn nicht messen kann. Ein Wasserstoffatom hat gegenüber einem freien Elektron und einem freien Proton nur ca. 1/70.000.000 weniger Masse (Bindungsenergie des Elektrons). Für Atomkerne ist der Beitrag der Bindungsenergie jedoch schon recht groß: Beispielsweise rund 0,8 % bei Kohlenstoff-12. Des Weiteren führt die Äquivalenz von Masse und Energie dazu, dass die Sonne allein durch ihr abgestrahltes Licht (Leuchtkraft von $3,8 \times 10^{26}$ W) in jeder Sekunde rund vier Millionen Tonnen an Masse verliert. Verglichen mit der Sonnenmasse von rund 2×10^{30} Kilogramm ist dieser Anteil jedoch so weit vernachlässigbar, dass wir trotz dieser ständigen Energieabstrahlung, der wir unser Leben verdanken, mit einer Lebensdauer von zehn Milliarden Jahren des Gestirns rechnen können. Die Hälfte davon ist schon verbraucht.

▶ ⇒ Vertiefung 4.5: Wie groß ist der Lorentz-Faktor am LHC?

4.2.8 Compton- und Doppler-Effekt

Als Compton-Effekt bezeichnet man die Vergrößerung der Wellenlänge eines Photons bei der Streuung an einem Teilchen, insbesondere an Elektronen. Bis zur Entdeckung des Compton-Effekts war der Photoeffekt der einzige Befund, dass Licht sich nicht nur wie eine Welle, sondern auch, wie von Albert Einstein 1905 postuliert, wie ein Strom von Teilchen verhält (auch bekannt als Welle-Teilchen-Dualismus). Als Arthur Compton im Jahre 1922 die Streuung von hochenergetischen Röntgenstrahlen an Graphit untersuchte, machte er zwei Beobachtungen: Zum einen war die Streuwinkelverteilung in Vorwärts- und Rückwärtsrichtung nicht gleich, und zum anderen war die Wellenlänge der gestreuten Strahlung größer als die der einfallenden Strahlung. Beide Beobachtungen waren mit der Vorstellung unverträglich, eine elektromagnetische Welle werde an freien Elektronen (Thomson-Streuung) oder an gebundenen Elektronen (Rayleigh-Streuung) gestreut. Die Elektronen würden mit der Frequenz der einfallenden Welle schwingen und eine Welle mit unveränderter Frequenz aussenden. Stattdessen zeigten Comptons Messungen, dass sich die Wellenlänge der gestreuten Strahlung je nach Streuwinkel wie bei einem Stoß von Teilchen, dem Photon und dem Elektron, verhält. Durch den Energieverlust nimmt die Wellenlänge des Photons zu

$$\Delta\lambda = \frac{h}{m_e c}(1 - \cos\phi). \tag{4.35}$$

$\Lambda_e = h/m_e c = 2{,}426 \times 10^{-12}$ m ist die sogenannte **Compton-Wellenlänge des Elektrons.**

Inverse Compton-Streuung IC
Der umgekehrte Prozess spielt in der Astrophysik eine sehr wichtige Rolle. Hier gewinnt das Photon im Streuprozess Energie, die es von den bewegten Ladungen erhält. Anschaulich gesprochen kühlt sich das Elektronengas ab, während die Photonen comptonisiert werden. Dies spielt eine Rolle in Akkretionsscheiben, aber auch bei den relativistischen Elektronen in Jets und Pulsarnebeln.

Doppler-Effekt
Wenn sich eine Quelle, die eine Welle aussendet, relativ zum Beobachter bewegt, misst der Beobachter für die Welle eine andere Frequenz als ein Messgerät, das relativ zur Quelle ruht. Bewegen sich Quelle und Beobachter aufeinander zu, misst der Beobachter eine höhere Frequenz als das Messgerät an der Quelle, bewegen sie sich voneinander fort, misst er eine niedrigere.

Bei Lichtwellen im Vakuum ist keine Relativbewegung zum Trägermedium messbar, da die Vakuumlichtgeschwindigkeit in allen Inertialsystemen gleich ist. Der Doppler-Effekt des Lichts kann also nur von der Relativgeschwindigkeit von Quelle und Empfänger abhängen, d. h., es gibt keinen Unterschied zwischen der Bewegung der Quelle und der des Empfängers. Da eine Relativbewegung schneller als mit Vakuumlichtgeschwindigkeit nicht möglich ist, gibt es für Licht im Vakuum kein

analoges Phänomen zum Überschallknall. In Medien wie Wasser, in denen die Ausbreitungsgeschwindigkeit des Lichts geringer ist als im Vakuum, gibt es mit dem Tscherenkow-Effekt ein analoges Phänomen zum Überschallknall.
Im System des Beobachters B bewege sich eine Quelle S mit dem Geschwindigkeitsvektor $\vec{v}$, dann ergibt sich die Änderung der beobachteten Frequenz f_B im Vergleich zur emittierten Frequenz des Senders f_S zu

$$\boxed{f_B = \frac{f_S}{\gamma(1 + \vec{v} \cdot \vec{n}/c)},} \tag{4.36}$$

als Konsequenz der Zeitdilatation zwischen Sender und Beobachter. Im Falle kleiner Geschwindigkeit resultiert daraus die **klassische Doppler-Formel**

$$f_B \approx f_S(1 - \vec{v} \cdot \vec{n}/c) = f_S(1 + v\cos\Theta/c), \tag{4.37}$$

wenn Θ der Winkel zwischen Beobachtungsrichtung $\vec{n}$ und Geschwindigkeit ist, $\vec{v} \cdot \vec{n} = -v\cos\Theta$. Läuft der Sender auf uns zu, resultiert eine Blauverschiebung, läuft er von uns weg eine Rotverschiebung.
Im besonderen Falle $\Theta = 90$ Grad, d. h., $\vec{n}$ steht senkrecht zu $\vec{v}$, folgt der transversale Doppler-Effekt

$$f_B = f_S/\gamma \approx f_S\left(1 - \frac{v^2}{2c^2}\right). \tag{4.38}$$

Der zweite Ausdruck gilt im Falle kleiner Geschwindigkeiten.

4.2.9 Spezielle Relativität ist lebensnotwendig

- An der Speziellen Relativitätstheorie führt kein Weg vorbei – sie ist hundertfach getestet worden. Auch Neutrinos bewegen sich nicht mit Überlichtgeschwindigkeit!
- Beim Auftreffen der kosmischen Strahlung auf die Moleküle der oberen Luftschichten entstehen in neun bis zwölf Kilometern Höhe Myonen. Sie sind ein Hauptbestandteil der sekundären kosmischen Strahlung, bewegen sich in Richtung Erdoberfläche mit nahezu Lichtgeschwindigkeit weiter und können dort nur wegen der relativistischen Zeitdilatation detektiert werden; denn ohne diesen relativistischen Effekt würde ihre Reichweite nur etwa 600 m betragen. Zusätzlich wurden Tests der Zerfallszeiten in Teilchenbeschleunigern mit Pionen, Myonen oder Kaonen durchgeführt, welche ebenfalls die Zeitdilatation bestätigten.
- Ohne SR würde GPS nicht funktionieren!
- Es gibt keinen Äther – auch wenn diese Idee immer wieder popularisiert wird!

- Physikalische Gesetze müssen kovariant formuliert werden – das bedeutet, in tensorieller Form geschrieben werden. Die Maxwell-Gleichungen lassen sich sehr elegant vierdimensional schreiben.
- Physikalische Gesetze sind kausal, z. B. in der Form einer Wellengleichung. Ihre Anregungen breiten sich mit Lichtgeschwindigkeit aus. Die Schrödingersche Wellenmechanik ist nicht kausal und damit nur eine Näherung. Die relativistisch korrekten Wellengleichungen sind die Dirac-Gleichung für Spin-1/2-Fermionen und die Klein-Gordon-Gleichung für Spin-0-Bosonen.
- Die Existenz von **Anti-Teilchen** ist eine Konsequenz der Speziellen Relativität. Die Energie-Impuls-Beziehung (4.34) ist quadratisch und hat damit zur gleichen Masse m_0 immer zwei Lösungen – Teilchen mit positiver Energie und Anti-Teilchen mit negativer Energie. Das Positron ist das Anti-Teilchen zum Elektron.

4.3   Ohne Gravitation ist die Welt flach

Die Raum-Zeit oder das Raum-Zeit-Kontinuum bezeichnet in der Relativitätstheorie die Vereinigung von Raum und Zeit in einer einheitlichen vierdimensionalen Struktur (Abb. 4.5), in welcher die räumlichen und zeitlichen Koordinaten bei Transformationen in andere Bezugssysteme miteinander vermischt werden können.

Abb. 4.5 In jedem Raumpunkt ist auch eine Uhr definiert. Auch der Mensch ist ein vierdimensionales Wesen, seine innere Uhr hängt vom Bewegungszustand ab. Auch der menschliche Körper und alle physikalischen Vorgänge in ihm (insbesondere auch die mit der Wahrnehmung verbundenen Vorgänge) sind dem Wesen nach vierdimensional. Dagegen sind unser Bewusstsein, unser Vorstellungsvermögen und unsere Sinneswahrnehmungen auf drei Dimensionen beschränkt. Die Wahrnehmung der vierdimensionalen Realität der Welt ist uns daher nicht möglich. (Grafik: © Camenzind)

Der deutsche Mathematiker Hermann Minkowski (1864–1909) erkannte 1908, dass sich die von Albert Einstein 1905 entwickelte Spezielle Relativitätstheorie am elegantesten in einem vierdimensionalen, nichteuklidischen Vektorraum formulieren lässt, der sogenannten **Minkowski-Raum-Zeit**. Diese Darstellung half Einstein später bei der Formulierung der Allgemeinen Relativitätstheorie, auch wenn er sich zuerst gegen die mathematische Formulierung von Minkowski sträubte. 2008 war es 100 Jahre her, seit der Mathematiker Hermann Minkowski die vierdimensionale Raum-Zeit in einem Vortrag in die Physik einführte. Dass sich Einsteins Gleichungen am elegantesten in einer vierdimensionalen Raum-Zeit beschreiben lassen, war die Erkenntnis des Mathematikers Minkowski, eines früheren Lehrers von Einstein an der ETH Zürich, wo Einstein Physik studierte. Einstein soll daraufhin entgegnet haben, seit die Mathematiker sich mit der Relativitätstheorie befassen, verstehe er sie selbst nicht mehr. Dennoch erkannte Einstein schnell den Nutzen von Minkowskis Formulierung: Die vierdimensionale Beschreibung bildete den Ausgangspunkt für seine Allgemeine Relativitätstheorie von 1915, in der die Raum-Zeit nicht mehr flach (wie bei Minkowski), sondern gekrümmt ist. Viele Zeitgenossen erwarteten, dass Minkowski in der weiteren Entwicklung der Physik eine führende Rolle spielen sollte. Leider verstarb er schon im Januar 1909 an einer zu spät behandelten Blinddarmentzündung.

4.3.1   Die Raum-Zeit von Minkowski

In der Speziellen Relativitätstheorie (SRT) werden die dreidimensionalen Raumkoordinaten (x, y, z) um eine Zeitkomponente ct zu einem Vierervektor $x^\mu = (ct, x, y, z)$, $\mu = 0, 1, 2, 3$, erweitert. Ein Punkt in der Raum-Zeit besitzt drei Raumkoordinaten sowie eine Zeitkoordinate und wird als **Ereignis** oder Weltpunkt bezeichnet. Für Ereignisse wird ein raum-zeitlicher Abstand definiert:

$$ds^2 = c^2\,dt^2 - dx^2 - dy^2 - dz^2. \tag{4.39}$$

Dies ist die Metrik der flachen Raum-Zeit der SRT mit dem metrischen Tensor $\eta_{\mu\nu} = \mathrm{diag}(1, -1, -1, -1)$, $(\mu = \nu = 0, 1, 2, 3)$. Sie wird auch als Minkowski-Metrik bezeichnet. ds heißt auch Linienelement und ist proportional zur Eigenzeit $d\tau = ds/c$.

Für Licht, das sich mit der Geschwindigkeit c bewegt, gilt für alle Zeiten und Bezugssysteme $ds^2 = 0$ (sogenannte Null-Linien). Daraus ergibt sich die Konstanz der Lichtgeschwindigkeit, das Ausgangsprinzip der Speziellen Relativitätstheorie. Indem man fordert, dass dieser vierdimensionale Abstand (bzw. die Minkowski-Metrik) konstant (invariant) unter einer linearen Koordinatentransformation ist, gewinnt man die Lorentz-Transformationen. Mathematisch gesprochen, bilden sie eine Gruppe, die sogenannte Lorentz-Gruppe SO(1,3) (als Rotationen in Zeit und Raum).

Ein Punktteilchen, das sich zu jedem Zeitpunkt t an einem Ort $\vec{r}(t)$ befindet, wird durch eine **Weltlinie** in diesem Raum beschrieben. Der Ortsanteil $\vec{r}$ der Weltlinie ist natürlich nichts anderes als die Trajektorie des Teilchens. Die geradlinig gleichförmige Bewegung entspricht einer Geraden in der Raum-Zeit. Beschleunigte Bewegungen entsprechen dagegen gekrümmten Weltlinien, wobei es unerheblich ist, ob sich die Richtung der Geschwindigkeit oder nur deren Betrag ändert.

Die Invarianz der raumzeitlichen Metrik ds^2 macht diese zu einer wichtigen Größe in der Speziellen Relativitätstheorie. Dabei unterscheidet man Ereignisse insbesondere nach dem Vorzeichen von ds^2. Der Abstand zwischen zwei Ereignissen heißt (Abb. 4.6)

- zeitartig für $ds^2 > 0$,
- raumartig für $ds^2 < 0$ und
- lichtartig für $ds^2 = 0$.

Bei zwei raumartig getrennten Ereignissen kann man ein Inertialsystem finden, in dem beide Ereignisse gleichzeitig stattfinden, jedoch niemals ein Inertialsystem, in dem beide am selben Ort auftreten. Für zwei zeitartig getrennte Ereignisse gibt es immer ein Inertialsystem, in dem beide Ereignisse am selben Ort stattfinden, aber niemals ein Inertialsystem, in dem die Ereignisse gleichzeitig ablaufen.

4.3.2 Die kausale Struktur der Minkowski-Raum-Zeit

Zwei Ereignisse, für die ds^2 negativ ist, sind raum-zeitlich so weit entfernt, dass ein Lichtstrahl nicht von einem zum anderen Ereignis gelangen kann (Abb. 4.6). Hierzu wäre Überlichtgeschwindigkeit nötig. Da Information entweder über Licht oder Materie übertragen wird und Materie in der Relativitätstheorie niemals die Lichtgeschwindigkeit erreichen kann (und somit auch nicht schneller als diese sein kann), können solche Ereignisse niemals in einer Ursache-Wirkung-Beziehung stehen. Die Raum-Zeit ist also zweigeteilt (Abb. 4.6): Ereignisse mit reellem Raum-Zeit-Abstand kann ein Beobachter sehen. Ereignisse, die zu weit entfernt sind und nur mit Überlichtgeschwindigkeit wahrgenommen werden können (der Raum-Zeit-Abstand ist imaginär), sind prinzipiell unsichtbar. Dies definiert die sogenannte **kausale Struktur der Raum-Zeit.**

Üblicherweise wählt man den Ursprung des Koordinatensystems in der Raum-Zeit so, dass er mit einem der beiden Ereignisse zusammenfällt. Dann zerfällt die Raum-Zeit in zwei Bereiche (Abb. 4.6). Ein Bereich enthält alle Vektoren mit zeitartigem Abstand zum Ursprung, der andere Bereich die Vektoren mit raumartigem Abstand. Getrennt werden beide Bereiche durch den **Lichtkegel,** d. h. durch alle Vektoren mit Abstand $ds^2 = 0$. Da zwei Ereignisse nur dann in einem kausalen Zusammenhang stehen können, wenn sie durch Signale mit einer Ausbreitungsge-

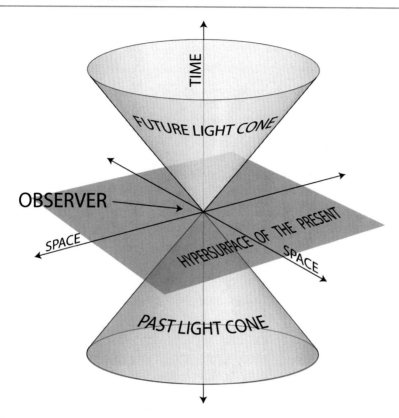

Abb. 4.6 Kausale Struktur der Speziellen Relativität. In jedem Weltpunkt existiert ein Lichtkegel, der die Raum-Zeit in zeitartige, lichtartige und raumartige Gebiete aufteilt. (Grafik: Wikipe-
dia/Lichtkegel)

schwindigkeit $\leq c$ miteinander verbunden sind, liegen kausale Vergangenheit und
Zukunft eines Ereignisses in dessen Lichtkegel.

4.3.3 Denken Sie in 1+2 Dimensionen!

Der Mensch und seine Welt sind vierdimensional. Um Bewegungen in dieser Welt
zu beschreiben, benutzen wir sogenannte **Raum-Zeit-Diagramme** – anstatt die
Zeit zu unterdrücken, vernachlässigen wir eine Raumdimension. Die Zeitachse läuft
immer vertikal, die beiden Raumachsen horizontal (Abb. 4.7). Ein Beobachter auf
der Erde (im Raum-Zeit-Diagramm durch eine durchgezogene vertikale Linie repräsentiert) sendet ein Lichtsignal (gestrichelte gerade Linie) am Raum-Zeitpunkt p_0
zu einem Satelliten (durchgezogene gekrümmte Kurve), wo es am Raum-Zeitpunkt
p_1 ankommt und zurück zur Erde reflektiert wird und dort am Raum- Zeitpunkt p_2
wieder empfangen wird. Auf seiner Hin- und Rückreise erleidet es drei Änderungen:

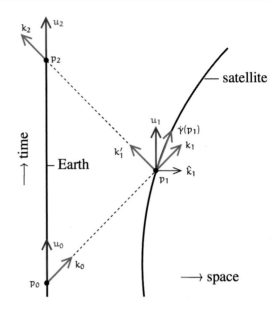

Abb. 4.7 Kommunikation mit einer Raumsonde im Raum-Zeit-Diagramm. **k** bezeichnen die Wellenvektoren der Radiosignale (gestrichelte Linien). (Grafik: © Camenzind)

je eine auf seinem Weg zum und vom Satelliten als Folge einer zeitveränderlichen Geometrie der Raum-Zeit und eine als Folge der Reflexion.

Eine **Weltlinie** bezeichnet die Trajektorie eines Objekts in der Raum-Zeit. Im Zusammenhang mit der Speziellen Relativitätstheorie wurde der Begriff der Weltlinie von Hermann Minkowski 1908 eingeführt. Weltlinien sind für masselose Teilchen lichtartig und für massebehaftete Objekte zeitartig. Das Konzept lässt sich auf höherdimensionale Objekte verallgemeinern. So ergibt die Bewegung eines eindimensionalen Strings durch die Raum-Zeit eine Weltfläche (engl. *world sheet*), einem zweidimensionalen Objekt kann man ein Weltvolumen zuordnen (Abb. 4.8).

Eine zeitartige Kurve repräsentiert die Bewegung eines massebehafteten Teilchens, eine lichtartige die Bewegung eines masselosen Teilchens (etwa eines Photons). Eine derartige Kurve liegt also stets innerhalb des Lichtkegels. Die Länge der Weltlinie, die aufgrund der geometrischen Struktur der Raum-Zeit koordinatenfrei definiert ist, ist gleich der Eigenzeit eines hypothetischen Beobachters, der sich entlang dieser Weltlinie bewegt. Bei lichtartigen Weltlinien ist diese gleich null.

Als Eigenzeitelement gilt der Quotient des relativistischen Linienelements oder Abstands $\mathrm{d}s$ und der Lichtgeschwindigkeit c, $\mathrm{d}\tau = \mathrm{d}s/c$. Durch Einsetzen und Ausklammern von $\mathrm{d}t^2$ folgt dann

$$\mathrm{d}\tau = \sqrt{\frac{\mathrm{d}s^2}{c^2}} = \frac{\mathrm{d}t}{c}\sqrt{c^2 - \left(\frac{\mathrm{d}x}{\mathrm{d}t}\right)^2 - \left(\frac{\mathrm{d}y}{\mathrm{d}t}\right)^2 - \left(\frac{\mathrm{d}z}{\mathrm{d}t}\right)^2}. \qquad (4.40)$$

Einerseits ergibt sich mit dem relativistischen Linienelement $\mathrm{d}s$ und dem Eigenzeitelement $\mathrm{d}\tau$

$$c = \frac{\mathrm{d}s}{\mathrm{d}\tau}, \qquad (4.41)$$

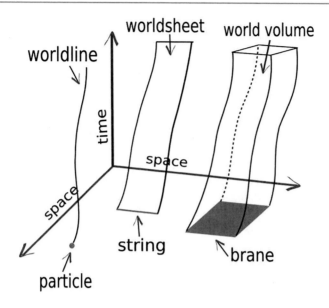

Abb. 4.8 Raum-Zeit-Diagramm von Weltlinien, Weltflächen und Weltvolumina. (Grafik: ©
Camenzind)

anderseits ist eine Geschwindigkeit $\vec{v}$ allgemein als Ableitung des Ortsvektors $\vec{r} =
(x, y, z)$ nach der Zeit t definiert:

$$\vec{v} = \frac{d\vec{r}}{dt}. \tag{4.42}$$

Mit dem Quadrat der Geschwindigkeit

$$\vec{v}^2 = \left(\frac{dx}{dt}\right)^2 + \left(\frac{dy}{dt}\right)^2 + \left(\frac{dz}{dt}\right)^2 \tag{4.43}$$

folgt schließlich für das Element der Eigenzeit

$$d\tau = dt\sqrt{\frac{c^2 - \vec{v}^2(t)}{c^2}} = dt\sqrt{1 - \frac{\vec{v}^2(t)}{c^2}}. \tag{4.44}$$

Die Eigenzeit wird erhalten, wenn wir über das Eigenzeitelement längs der Bahn
integrieren

$$\tau = \int_0^t \sqrt{1 - \frac{\vec{v}^2(t')}{c^2}} \, dt'. \tag{4.45}$$

Bei konstanter Geschwindigkeit v ist der Wurzelfaktor $1/\gamma$, und es ergibt sich $\tau =
t/\gamma$, wie nach (4.4) erwartet.

▶ $\Rightarrow$ Vertiefung 4.6: Energie und Impuls als Vierer-Vektor?

4.4   Gauß und Riemann – die Vordenker Einsteins

Einstein vermutete nun, dass Gravitation etwas mit der Metrik einer Raum-Zeit zu tun hatte (Einstein und Grossmann 1913). Wir wollen den Begriff der Mannigfaltigkeit und der Metrik zunächst in zwei Dimensionen untersuchen.

4.4.1   Wie messe ich Distanzen auf gekrümmten Flächen?

In der Mathematik bezeichnet der Begriff euklidischer Raum zunächst den **Raum unserer Anschauung,** wie er in Euklids *Elementen* durch Axiome und Postulate beschrieben wird. Bis ins 19. Jahrhundert wurde davon ausgegangen, dass dadurch der uns umgebende physikalische Raum beschrieben wird. Der Zusatz *euklidisch* wurde nötig, nachdem in der Mathematik allgemeinere Raumkonzepte (z. B. Riemann'sche Mannigfaltigkeiten) entwickelt wurden und es sich im Rahmen der Speziellen und Allgemeinen Relativitätstheorie zeigte, dass zur Beschreibung des Raums in der Physik andere Raumbegriffe benötigt werden (Minkowski-Raum, Lorentz-Mannigfaltigkeit etc.).

Ein Vektor $\vec{V}$ in der euklidischen Ebene lässt sich über seine Komponenten V_x und V_y im kartesischen Koordinatensystem durch $\vec{V} = (V_x, V_y)$ darstellen. Die Länge oder der Betrag des Vektors wird durch Betragsstriche $|\cdot|$ um den Vektor gekennzeichnet und kann mithilfe des Satzes des Pythagoras durch

$$|\vec{V}| = \sqrt{V_x^2 + V_y^2} \tag{4.46}$$

berechnet werden (Abb. 4.9). Infinitesimal gilt für den Abstand zweier Punkte $ds = \sqrt{dx^2 + dy^2} = \sqrt{dr^2 + r^2 d\theta^2}$ in Kugelkoordinaten.

Die Kugeloberfläche (Abb. 4.10) erlaubt noch eine ähnliche Konstruktion. Der Abstand ds zwischen zwei benachbarten Punkten berechnet sich immer noch nach Pythagoras, da die Kugeloberfläche infinitesimal gesehen immer noch euklidisch ist

$$ds^2 = r^2 d\theta^2 + r^2 \sin^2 \theta \, d\phi^2. \tag{4.47}$$

Abb. 4.9 Distanz zwischen infinitesimal entfernten Punkten, kartesisch und in Polarkoordinaten. (Grafik: © Camenzind)

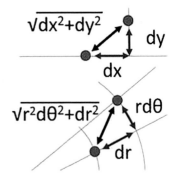

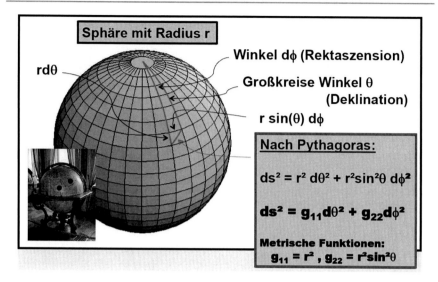

Abb. 4.10 Metrik auf der 2-Sphäre. (Grafik: © Camenzind)

Jeder Punkt auf der Kugeloberfläche ist eindeutig durch die Koordinaten (θ, ϕ) bestimmt. Dabei gilt $0 \leq \theta \leq \pi$ und $0 \leq \phi \leq 2\pi$. Die Vorfaktoren von $d\theta^2$ und $d\phi^2$ nennt man **metrische Koffizienten** g_{11} und g_{22}. In der abstrakten Notation $u = \theta$ und $v = \phi$ können wir den Abstand also schreiben als

$$ds^2 = g_{11}(u, v)\, du^2 + g_{22}(u, v)\, dv^2. \qquad (4.48)$$

Dies nennt man nach Gauß auch die **erste Fundamentalform** oder metrische Grundform einer Fläche. Die erste Fundamentalform ermöglicht unter anderem die Behandlung folgender Aufgaben:

- Berechnung der Länge einer Kurve auf der gegebenen Fläche,
- Berechnung des Winkels, unter dem sich zwei Kurven auf der gegebenen Fläche schneiden,
- Berechnung des Flächeninhalts dA eines Flächenstücks der gegebenen Fläche mittels $dA = \int_u \int_v \sqrt{g_{11} g_{22}}\, du\, dv$.

Im Allgemeinen wird eine zweidimensionale Fläche durch zwei Koordinaten u und v aufgespannt. Genauer: Eine Fläche sei durch eine auf einer offenen Teilmenge $U \subset \mathbb{R}^2$ definierte Abbildung

$$F: U \to \mathbb{R}^3, \quad (u, v) \mapsto F(u, v) \qquad (4.49)$$

gegeben, also durch u und v parametrisiert. Gelegentlich wird auch die Schreibweise mit Differenzialen verwendet:

$$ds^2 = E\, du^2 + 2F\, du\, dv + G\, dv^2. \qquad (4.50)$$

Die modernere Schreibweise ist

$$g_{11} = E; \quad g_{12} = g_{21} = F; \quad g_{22} = G. \tag{4.51}$$

Die Zahlen g_{ij}, $(i, j = 1, 2)$, sind die Koeffizienten des **kovarianten metrischen Tensors**. Dieser hat also die Matrixdarstellung

$$(g_{ij}) = \begin{pmatrix} E & F \\ F & G \end{pmatrix}. \tag{4.52}$$

Oft bezeichnet man auch diesen Tensor, also die durch diese Matrix dargestellte Bilinearform, als erste Fundamentalform g, kurz Metrik g. Für die Koeffizienten der ersten Fundamentalform gilt

$$E \geq 0; \quad G \geq 0; \quad EG - F^2 \geq 0. \tag{4.53}$$

Dabei ist $EG - F^2$ die Diskriminante (also die Determinante der Darstellungsmatrix) der ersten Fundamentalform. Gilt darüber hinaus $EG - F^2 > 0$, so folgt daraus auch $E > 0$ und $G > 0$, und die erste Fundamentalform ist **positiv definit**.

Länge einer Flächenkurve

Eine Kurve auf der gegebenen Fläche lässt sich ausdrücken durch zwei reelle Funktionen φ_1 und φ_2: Jedem möglichen Wert des Parameters t wird der auf der Fläche gelegene Punkt $\vec{r}(\varphi_1(t), \varphi_2(t))$ zugeordnet. Sind alle beteiligten Funktionen stetig differenzierbar, so gilt für die Länge des durch $t \in [a, b]$ festgelegten Kurvenstücks

$$\ell = \int\limits_a^b \sqrt{g(\dot{\varphi}_1(t), \dot{\varphi}_2(t))}\, dt = \int\limits_a^b \sqrt{E \cdot (\dot{\varphi}_1(t))^2 + 2F \cdot \dot{\varphi}_1(t)\dot{\varphi}_2(t) + G \cdot (\dot{\varphi}_2(t))^2}\, dt. \tag{4.54}$$

Mithilfe des Wegelements $ds = \sqrt{ds^2}$ ausgedrückt als $\ell = \int_\varphi ds$.

Geodäten sind Kurven minimaler Länge

Eine Geodäte, auch geodätische Linie genannt, ist die lokal kürzeste Verbindungskurve zweier Punkte auf einer Fläche. Im euklidischen Raum sind Geodäten stets Geraden. Relevant ist der Begriff erst auf gekrümmten Flächen, wie z. B. auf einer Kugeloberfläche oder anderen gekrümmten Flächen oder auch in der gekrümmten Raum-Zeit der Allgemeinen Relativitätstheorie. Man findet die geodätischen Linien mithilfe der Variationsrechnung.

Eine Geodätische auf der Sphäre ist stets Teil eines Großkreises; daran orientieren sich transkontinentale Flug- und Schifffahrtsrouten (sogenannte Orthodrome). Alle geodätischen Linien auf einer Kugel sind in sich geschlossen – wenn man ihnen folgt, erreicht man irgendwann wieder den Ausgangspunkt. Auf Ellipsoidflächen dagegen gilt dies lediglich entlang der Meridiane und des Äquators.

Mithilfe der Variationsrechnung lässt sich die Geodätengleichung herleiten. Ausgangspunkt ist dabei die Eigenschaft einer Geodäte, lokal die kürzeste Verbindung zweier Punkte zu sein. Auf einer gekrümmten Fläche fragen wir also nach derjenigen Kurve, deren Bogenlänge s bei gegebenem Anfangs- (A) und Endpunkt (E) ein Minimum annimmt:

$$s = \int_A^E ds \stackrel{!}{=} \text{Extremum} \tag{4.55}$$

Die Kurve sei mit dem Parameter λ parametrisiert, und das Linienelement ist allgemein gegeben durch $ds^2 = \sum_{i,k=1}^2 g_{ik} dx^i dx^k$. Dabei erhält der Raum, welcher die Kurve beinhaltet, durch den metrischen Tensor g_{ik} ein Maß für Winkel und Abstände. Somit erhalten wir aus obigem Ansatz

$$s = \int_{\lambda_A}^{\lambda_E} \frac{ds}{d\lambda} d\lambda = \int_{\lambda_A}^{\lambda_E} \sqrt{\sum_{i,k} g_{ik} \frac{dx^i}{d\lambda} \frac{dx^k}{d\lambda}} d\lambda = \text{Extremum}. \tag{4.56}$$

Inhalt eines Flächenstücks

Der Inhalt A eines durch einen Parameterbereich B gegebenen Flächenstücks lässt sich aus der Determinante der ersten Fundamentalform berechnen durch

$$A = \int_B \sqrt{EG - F^2} \, d(u, v). \tag{4.57}$$

Als Beispiel betrachten wir die Kugeloberfläche und berechnen die Gesamtfläche:

$$A = \int_0^\pi \int_0^{2\pi} \sqrt{g_{11} g_{22}} \, d\phi \, d\theta = \int_0^\pi \int_0^{2\pi} r^2 \sin\theta \, d\phi \, d\theta = 4\pi r^2. \tag{4.58}$$

4.4.2 Die Klein'sche Flasche

Die Klein'sche Flasche (benannt nach dem Mathematiker Felix Klein, 1849–1925) gehört sicherlich zu den interessantesten Flächen. Es handelt sich um eine nicht-orientierbare Fläche, das bedeutet Innen und Außen können nicht voneinander unterschieden werden. Läuft man auf einer der Linien die Flasche entlang, so gelangt man ohne Übergang von innen nach außen und umgekehrt.

Parametergleichungen der Klein'schen Flasche (Abb. 4.11):
Für $\pi < u < 2\pi$ und $0 < v < 2\pi$:

$$x(u, v) = 3\cos u(1 + \sin u) - (2 - \cos u)\cos v \tag{4.59}$$

$$y(u, v) = 8\sin u \tag{4.60}$$

$$z(u, v) = \sin v(2 - \cos u) \tag{4.61}$$

Abb. 4.11 Die Klein'sche
Flasche ist eine
nichtorientierbare Fläche.
(Grafik: © Camenzind)

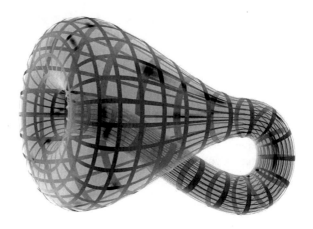

Für $0 < u < \pi$ und $0 < v < 2\pi$

$$x(u, v) = 3\cos u (1 + \sin u) + (2 - \cos u)\cos u \cos v \qquad (4.62)$$

$$y(u, v) = 8\sin u + (2 - \cos u)\sin u \cos v \qquad (4.63)$$

$$z(u, v) = \sin v (2 - \cos u). \qquad (4.64)$$

4.4.3 Die Tangentialebene an die Fläche

Wir betrachten eine Funktion f in zwei reellen Argumenten u und v mit Werten
in den reellen Zahlen. Die beiden Werte (u, v) kann man auch als Koordinaten
eines Punktes in der Ebene betrachten. Wir gehen nun noch einen Schritt weiter und
betrachten ein Tripel $\vec{F}$ von Funktionen in zwei Variablen (Abb. 4.12)

Abb. 4.12 2-D-Flächen
entstehen durch Abbilden
eines Teilgebietes der Ebene
in den Raum. Das
Koordinatensystem (u, v)
der Ebene (charakterisiert
durch das Liniennetz) wird
dabei auf ein krummliniges
Koordinatensystem $\vec{F}(u, v)$
des Flächenstücks
abgebildet. Die Klein'sche
Flasche ist ein Beispiel dafür.
(Grafik: © Camenzind)

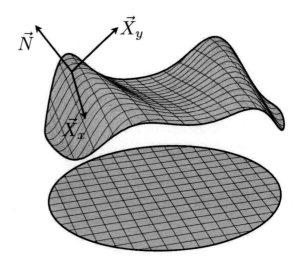

$$\vec{F}(u, v) = (x(u, v), y(u, v), z(u, v)) \,. \tag{4.65}$$

Dann definiert man die partiellen Ableitungen $\partial \vec{F}/\partial u$ und $\partial \vec{F}/\partial v$ einfach komponentenweise. Die partiellen Ableitungen von $\vec{F}$ sind wieder vektorwertige Funktionen, die man wiederum auch ableiten kann, was zu partiellen Ableitungen 2. Ordnung führt. Das wird gleich noch sehr wichtig werden, wenn wir versuchen, diesen Formeln etwas Leben einzuhauchen.

Wir nehmen nun die Werte (u, v) nur aus einem Teilgebiet U der Ebene, zum Beispiel einem Kreis oder einem Rechteck, und betrachten $\vec{F}$ als eine Abbildung von dem Teil U der Ebene in den Raum (Abb. 4.12). Jedem Punkt (u, v) in U wird ein Punkt $\vec{F}(u, v)$ im Raum mit den Koordinaten $x(u, v)$, $y(u, v)$ und $z(u, v)$ zugeordnet. Als Beispiel stelle man sich vor, auf dem Tisch stünde das Modell einer schönen, grünen, hügeligen Landschaft. In Gedanken zeichnet man ein kartesisches Koordinatensystem auf der Tischplatte ein und ordnet jedem Punkt (u, v) auf der Tischplatte die Höhe $h(u, v)$ des senkrecht über ihm liegenden Punktes der Landschaft zu. Man nennt $\vec{F}(u, v)$ auch **krummliniges Koordinatensystem des Flächenstücks** (Abb. 4.12).

An jedem Punkt x der Fläche gibt es eine Tangentialebene, die eben durch die beiden Vektoren

$$\vec{X}_x = \frac{\partial \vec{F}(u, v)}{\partial u}, \quad \vec{Y}_x = \frac{\partial \vec{F}(u, v)}{\partial v} \tag{4.66}$$

aufgespannt wird. Diese sind als Ableitungen von Kurven in der Fläche tangential an dieselbe. Außerdem kann man jetzt eine Kurve $\vec{q}(t)$ in der Fläche auch durch eine ebene Kurve $\vec{p}(t)$ in U darstellen: Wähle dazu $\vec{p}(t) = (u(t), v(t))$, sodass stets $\vec{q}(t) = \vec{F}(u(t), v(t)) = \vec{F}(\vec{p}(t))$ gilt. Jeder ebenen Kurve $\vec{p}$ in U entspricht dann genau eine räumliche Kurve $\vec{q}$ und umgekehrt. Schließlich benötigen wir noch die Gauß-Abbildung $\vec{N}$. Dabei ist $\vec{N}(u, v)$ derjenige Einheitsvektor im Raum, der senkrecht auf $\vec{X}_x$ und $\vec{Y}_x$ steht und mit diesen ein Rechtssystem bildet. $\vec{X}_x$, $\vec{Y}_x$ und $\vec{N}_x$ verhalten sich zueinander wie Daumen, Zeigefinger und Mittelfinger der rechten Hand. Dann ist $\vec{N}(u, v)$ also die Einheitsnormale auf der Tangentialebene, und man sagt auch, $\vec{N}(u, v)$ stehe senkrecht auf der Fläche.

4.4.4 Die Gauß'sche Krümmung einer Fläche

Krümmung ist ein Begriff aus der Differenzialgeometrie, der in seiner einfachsten Bedeutung die lokale Abweichung einer Kurve von einer Geraden bezeichnet. Aufbauend auf dem Krümmungsbegriff für Kurven lässt sich die Krümmung einer Fläche im dreidimensionalen Raum beschreiben, indem man die Krümmung von Kurven in dieser Fläche untersucht. Ein gewisser Teil der Krümmungsinformation einer Fläche, die Gauß'sche Krümmung, hängt nur von der inneren Geometrie der Fläche ab, d. h. von der ersten Fundamentalform (bzw. dem metrischen Tensor), die festlegt, wie die Bogenlänge von Kurven berechnet wird.

Wir wollen dem Begriff der Krümmung etwas auf die Spur kommen. Krümmung entspricht in der Tat ziemlich genau der Anschauung: Denken Sie an Eierschalen, Donuts oder Telefonkabel in der Wohnung. Der Fußboden ist jedoch nicht gekrümmt – er ist flach. Nehmen wir eine Bierflasche: Längs der Flasche ist sie flach, quer dazu jedoch gekrümmt. Krümmung hängt also von der Richtung ab, in der wir ein Objekt betrachten.

Wir betrachten jetzt eine Kurve $\vec{q}(s)$ in der Fläche, die durch die Abbildung einer Kurve $\vec{p}(s)$ in der Ebene entsteht. Denken Sie dabei an eine Straße, die im Gebirge verläuft. Sie durchfahren diese Straße mit Geschwindigkeit $\vec{V}(s)$, sodass auch eine Beschleunigung $\vec{a}(s) = d\vec{V}(s)/ds$ entsteht. Diese Beschleunigung steht senkrecht auf dem Geschwindigkeitsvektor, da sie nur aus dem Gelände heraus entsteht. An jedem Punkt der Straße können wir nun einen Einheitsvektor $\vec{B}(s)$ konstruieren, der senkrecht zur Normalen $\vec{N}(s)$ und zu $\vec{V}(s)$ steht und mit diesen ein rechtshändiges System bildet, $(\vec{N}(s), \vec{V}(s), \vec{B}(s))$. Wir zerlegen jetzt die Beschleunigung $\vec{a}$ in eine Komponente in Richtung der Normalen und eine Komponente in der Ebene selbst

$$\vec{a}(s) = \left(\frac{d^2\vec{q}(s)}{ds^2} \cdot \vec{N}(\vec{p}(s)) \right) \vec{N}(\vec{p}(s)) + \left(\frac{d^2\vec{q}(s)}{ds^2} \cdot \vec{B}(s) \right) \vec{B}(s). \qquad (4.67)$$

Die zweite Klammer, mit κ_G bezeichnet, ist ein Maß für die Krümmung der Kurve $\vec{q}$ in der Ebene und wird **geodätische Krümmung** genannt. Sie gibt an, wie stark der Fahrer eines Pkws lenken muss, um durch eine Kurve mit der Krümmung zu fahren. Der Kehrwert gibt den Radius des Krümmungkreises an, den das Auto in der Tangentialebene vollführen würde. Eine Kurve $\vec{q}$ in der Fläche $\vec{F}$ mit geodätischer Krümmung 0 nennt man **Geodäte in der Fläche.** Die erste Klammer in (4.67) bezeichnet die sogenannte **Normalenkrümmung** κ_n. Diese Größe hängt nur von der Fläche selbst und von der momentanen Richtung $\vec{V}$ der Bewegung ab. Dies wird klar, wenn wir die Gleichung $\vec{V} \cdot \vec{N} = 0$ mithilfe der Produktregel nach s ableiten

$$0 = \frac{d\vec{V}}{ds} \cdot \vec{N}(s) + \vec{V}(s) \cdot \frac{d}{ds}\left(\vec{N}(\vec{p}(s)) \right). \qquad (4.68)$$

Daraus folgt

$$\kappa_n = \frac{d\vec{V}}{ds} \cdot \vec{N}(s) = -\vec{V}(s) \cdot \frac{d}{ds}\vec{N}(\vec{p}(s)) = -\vec{V}(s) \cdot \left(\frac{\partial\vec{N}}{\partial u}\frac{du}{ds}(s) + \frac{\partial\vec{N}}{\partial v}\frac{dv}{ds}(s) \right).$$
$$(4.69)$$

Diese Krümmung hat ein Vorzeichen, je nachdem ob die Fläche in Richtung der Normalen gebogen ist oder weg von der Normalen.

In jedem Punkt der Fläche können wir uns nun fragen, in welcher Richtung die Fläche am stärksten gekrümmt ist (Abb. 4.13). Die Einheitsvektoren $\vec{X}_1$ und $\vec{X}_2$, die der maximalen κ_1, bzw. minimalen Krümmung κ_2 entsprechen, nennt man die Hauptrichtungen. Die Bierflasche z. B. kann eine Hauptkrümmung mit $\kappa_1 = 1$ und $\kappa_2 = 0$ haben. Es kann auch passieren, dass jede Richtung $\vec{V}$ eine Hauptkrümmungsrichtung ist – die Kugeloberfläche mit Radius r ist ein Beispiel dafür, $\kappa_1 = 1/r^2 = \kappa_2$.

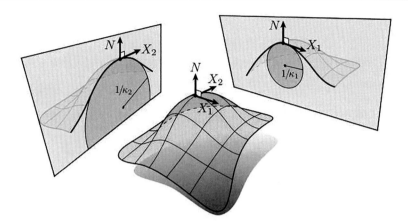

Abb. 4.13 Minimale und maximale Krümmung einer Fläche. (Grafik: © Camenzind)

Wenn dies nicht der Fall ist, so stehen diese beiden Hauptrichtungen immer senkrecht aufeinander, $\vec{X}_1 \cdot \vec{X}_2 = 0$.

Zwei Begriffe tauchen in diesem Zusammenhang immer wieder auf – die **mittlere Krümmung und die Gauß'sche Krümmung**. Die mittlere Krümmung H ist als das arithmetische Mittel der Hauptkrümmungen definiert

$$H = \frac{\kappa_1 + \kappa_2}{2}, \tag{4.70}$$

und die Gauß'sche Krümmung K als das geometrische Mittel der beiden

$$\boxed{K = \kappa_1 \kappa_2.} \tag{4.71}$$

Man kann z. B. eine verschwindende mittlere Krümmung haben, wenn $\kappa_1 = -\kappa_2$. **Nach moderner Terminologie entspricht die Gauß'sche Krümmung K gerade dem Riemann-Tensor R^1_{212} in zwei Dimensionen.** In zwei Dimensionen weist der Riemann-Tensor nur eine Komponente auf, da $R^1_{221} = -R^1_{212}$ und $R^2_{112} = -R^1_{212}$.

Flächen mit verschwindender mittlerer Krümmung nennt man minimale Flächen, da sie die Oberfläche minimieren. Minimale Flächen sind sattelartig (Abb. 4.14), da die Hauptkrümmungen entgegengesetztes Vorzeichen haben.

Eine Sattelfläche ist ein gutes Beispiel einer Fläche mit negativer Kümmung (Abb. 4.14). Wie sieht eine Fläche mit positiver Krümmung aus? Die Kugeloberfläche ist ein Beispiel dafür (Abb. 4.16). In diesem Falle gilt $\kappa_1 = \kappa_2$, sodass die Hauptrichtungen nicht eindeutig definiert sind.

Theorema egregium

Während Gauß in den Jahren 1821 bis 1825 das Königreich Hannover vermessen hatte, vermutete er, dass sich die Krümmung der Erdoberfläche allein durch die Längen- und Winkelmessung bestimmen lässt. Tatsächlich brauchte Gauß noch einige Zeit, um diese Aussage zu beweisen. Auch war sein Beweis alles andere als

Abb. 4.14 Das
wahrscheinlich einfachste
Kriterium dafür, ob eine
Fläche flach oder gekrümmt
ist, ist der
Winkelsummensatz im
Dreieck, der nur in der
Ebene gilt: Wann immer die
Winkelsumme in einem
Dreieck nicht exakt 180 Grad
beträgt, ist die zugrunde
liegende Fläche gekrümmt.
Sattelfläche, 2-Sphäre und
die Ebene sind Flächen
konstanter Krümmung K
und damit zweidimensionale
Riemannsche
Mannigfaltigkeiten. Sie
weisen gleiche
Hauptkrümmungen auf,
$\kappa_1 = \kappa_2$, sodass $K < 0$,
$K > 0$ und $K = 0$ von oben
nach unten. (Grafik: ©
Camenzind)

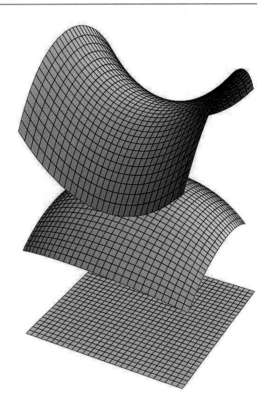

unkompliziert und einfach. Aus diesem Grunde bezeichnete er den Satz als **Theorema egregium**, was so viel bedeutet wie **hervorragend wichtiger Lehrsatz:**

> **Die Gauß'sche Krümmung einer Fläche $S \subset \mathbb{R}^3$ ist eine reine Größe der inneren Geometrie von S. Mathematisch: Die Gauß'sche Krümmung hängt lediglich von den Koeffizienten der Matrix der ersten Fundamentalform und deren ersten und zweiten Ableitungen ab.**

In diesem Sinne ist die Gauß'sche Krümmung eine Größe der inneren Geometrie, also der Geometrie, die nur von der ersten Fundamentalform induziert wird. Weitere Größen der inneren Geometrie sind die Längenmessung einer Kurve der Fläche, der Flächeninhalt und auch die geodätische Krümmung einer Kurve.

Als Konsequenz des Theorema egregium findet man, dass die Erdoberfläche nicht ohne Deformation auf einem Blatt Papier dargestellt werden kann. Die bekannte Mercator-Projektion (Abb. 4.15) erhält zwar die Winkel, ist jedoch nicht flächentreu.

Damit zeigt sich, dass eingebettete Flächen eigentlich selbstständige Wesen sind. Sie sind zweidimensionale Mannigfaltigkeiten.

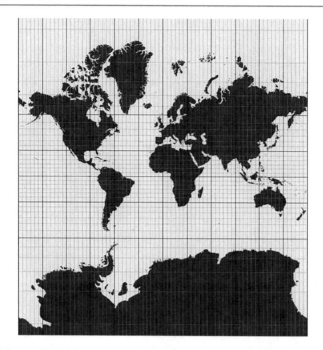

Abb. 4.15 Mercator-Projektion der Erdoberfläche. (Grafik: © Camenzind)

Dieser intrinsische Krümmungsbegriff lässt sich verallgemeinern auf Mannigfaltigkeiten beliebiger Dimension mit einem metrischen Tensor. Auf solchen Mannigfaltigkeiten ist der Paralleltransport längs Kurven erklärt, und die Krümmungsgrößen geben an, wie groß die Richtungsänderung von Vektoren beim Paralleltransport längs geschlossener Kurven nach einem Umlauf ist. Eine Anwendung ist die Allgemeine Relativitätstheorie, welche Gravitation als eine Krümmung der Raum-Zeit beschreibt. Noch allgemeiner lässt sich dieser Begriff auf Hauptfaserbündel mit Zusammenhang übertragen. Diese finden Anwendung in der Eichtheorie, in welcher die Krümmungsgrößen die Stärke der fundamentalen Wechselwirkungen (z. B. des elektromagnetischen Feldes) beschreiben.

▶ ⇒ Vertiefung 4.7: Was besagt das Theorema egregium von Gauß?

4.4.5 Konzept der Riemann'schen Mannigfaltigkeit

Das Konzept von Mannigfaltigkeiten entstand im 19. Jahrhundert insbesondere durch Forschung in der Geometrie und der Funktionentheorie. Während Differenzialgeometer lokale Konzepte wie z. B. die Krümmung von Kurven und Flächen untersuchten, betrachteten Funktionentheoretiker globale Probleme.

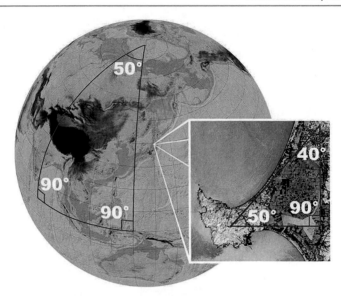

Abb. 4.16 Auf einer Kugel ist die Winkelsumme eines Dreiecks im Allgemeinen nicht 180 Grad, sondern größer. Die Oberfläche einer Kugel ist nicht euklidisch, aber lokal sind die Gesetze der euklidischen Geometrie eine gute Näherung. Zum Beispiel ist in einem kleinen Dreieck auf der Oberfläche der Erde die Winkelsumme eines Dreiecks ziemlich genau 180 Grad. Das ist die wesentliche Eigenschaft einer Mannigfaltigkeit – sie ist lokal flach und damit euklidisch. (Grafik: Wikipedia/Spherical Geometry)

Bernhard Riemann machte im Bereich der Geometrie der Mannigfaltigkeiten enorme Fortschritte. In seinem Promotionsvortrag, welchen er unter anderem vor Carl Friedrich Gauß halten musste, führte er die Riemann'schen Mannigfaltigkeiten ein, welche jedoch noch in euklidische Räume eingebettet waren. Auf diesen Mannigfaltigkeiten kann man Winkel und Abstände messen. In späteren Arbeiten entwickelte er die Riemann'schen Flächen, welche wahrscheinlich die ersten abstrakten Mannigfaltigkeiten waren. Mannigfaltigkeiten werden zur Abgrenzung manchmal abstrakt genannt, um auszudrücken, dass sie keine Teilmenge des euklidischen Raums sind, sie leben völlig selbstständig und eignen sich daher als Vorlage für die Raum-Zeit.

Um auf einer differenzierbaren Mannigfaltigkeit von Längen, Abständen, Winkeln und Volumen zu sprechen, benötigt man eine zusätzliche Struktur. Eine Riemann'sche Metrik (auch metrischer Tensor genannt) definiert im Tangentialraum jedes Punktes der Mannigfaltigkeit ein Skalarprodukt. Eine differenzierbare Mannigfaltigkeit mit einer Riemann'schen Metrik heißt **Riemann'sche Mannigfaltigkeit.** Durch die Skalarprodukte sind zunächst Längen von Vektoren und Winkel zwischen Vektoren definiert, davon ausgehend dann auch Längen von Kurven und Abstände zwischen Punkten auf der Mannigfaltigkeit. Die Mannigfaltigkeit ist die natürliche Verallgemeinerung des euklidischen Raums, der in der Newton'schen Theorie zugrunde gelegt wird.

4.4.6   Die Kugeloberfläche als 2-D-Mannigfaltigkeit

Wie lässt sich eine Kugeloberfläche beschreiben, ohne sie in einen dreidimensionalen Raum einzubetten? Die Antwort auf diese Frage steht in vielen Bücherregalen und heißt Atlas. Ein Atlas ist eine Sammlung von Karten, die jeweils einen Teil der Erdoberfläche auf ein zweidimensionales Blatt Papier abbilden. Jeder Ort auf der Erdoberfläche ist mindestens in einer Karte dargestellt. Manche Orte erscheinen auf mehreren Karten. Die Karten überlappen sich. Erst dadurch lässt sich die Erdoberfläche als Ganzes aus den einzelnen Karten rekonstruieren.

Um eine spezielle Karte zu konstruieren, betrachten wir die Ebene, die die Sphäre am Südpol, also am Punkt $(0, 0, -1)$ der Einheitssphäre berührt (Abb. 4.17). Verbinden wir nun einen Punkt (u, v) in der Ebene durch eine Gerade mit dem Nordpol $(0, 0, 1)$, so schneidet die Gerade die Sphäre noch in genau einem anderen Punkt (x, y, z). Auf diese Weise wird eine Abbildung von der Ebene auf die Sphäre definiert. Die Umkehrung dieser Abbildung heißt **stereografische Projektion der Sphäre auf die Ebene.**

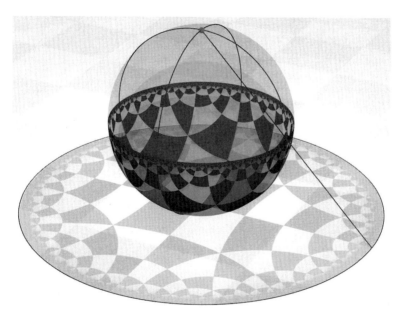

Abb. 4.17 Eine Karte der Sphäre entsteht, indem man sie stereografisch vom Nordpol aus auf eine Ebene projiziert. Durch zwei solche Karten (vom Nordpol aus und vom Südpol aus) entsteht ein Atlas, der die gesamte Sphäre abdeckt. Die Punkte in der Nähe des Äquators werden von beiden Karten erfasst, die Polregion jeweils nur von einer. (Grafik: © Camenzind)

Wir können mit dieser Abbildung eine Karte anfertigen, die wir Südkarte nennen. Sie erfasst die gesamte Südhalbkugel und ein kleines Stück der Nordhalbkugel nördlich des Äquators. Tatsächlich könnten wir sogar die gesamte Nordhalbkugel mit Ausnahme des Nordpols erfassen. Die Karte wäre dann unendlich groß. Das ist aber gar nicht nötig. Es genügt, dass die Karte etwas über den Äquator hinausreicht. Eine zweite Karte stellen wir auf die gleiche Weise her, indem wir diesmal vom Südpol aus auf eine Ebene projizieren, die die Kugel am Nordpol berührt.

Die üblichen Kugelkoordinaten (θ, ϕ) definieren ebenfalls eine Karte auf der Kugel. Sie deckt fast die gesamte Kugeloberfläche ab, mit Ausnahme der beiden Pole. Um einen kompletten Atlas zu bekommen, muss man noch zwei Karten hinzufügen, die jeweils die Polregionen abdecken. Auch solche Darstellungen der Erdoberfläche findet man oft in Atlanten. Zusätzlich zu einer rechteckigen Karte, in der die Längen und Breitengrade durch Geraden dargestellt werden, sind die Polregionen in zwei kleineren, runden Karten wiedergegeben.

▶   ⇒ Vertiefung 4.8: Wie beschreibe ich die Geometrie einer 2-Sphäre?

4.4.7 Transport von Vektoren und Krümmung

In jedem Punkt einer Mannigfaltigkeit kann man den Tangentenraum definieren. Als Beispiel betrachten wir wiederum unsere Sphäre (Abb. 4.18). Die Tangentenebene, als $T_s S^2$ bezeichnet, schmiegt sich an jedem Punkt der Kugeloberfläche an. Diese

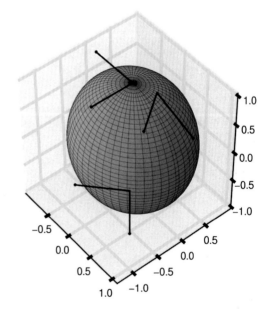

Abb. 4.18 In jedem Punkt einer Mannigfaltigkeit spannen die lokalen Basisvektoren den Tangentenraum auf. Ein affiner Zusammenhang legt nun fest, wie die einzelnen Tangentenebenen von einem Punkt zum nächsten verschoben werden. Dies ist eine wesentliche Eigenschaft eines Riemann'schen Raumes. (Grafik: © Camenzind)

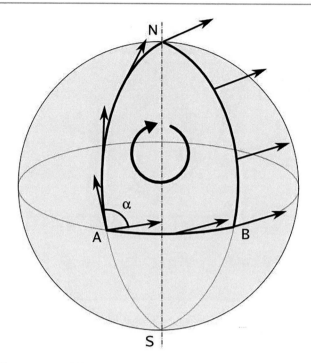

Abb. 4.19 Transport von Vektoren auf der Sphäre und ihre Krümmung. (Grafik: Wikipedia/Holonomy)

Tangentenebenen haben im Allgemeinen keinen Bezug zueinander. Wir benötigen eine Struktur, die uns sagt, wie die Tangentenebene im Punkt x zu der im Punkt y steht. Wenn wir zwei benachbarte Punkte betrachten (Abb. 4.18), so wird dies einfach durch eine Rotation der Ebenen bewerkstelligt. Damit bleiben Winkel zwischen zwei Vektoren erhalten. Das nennt man die affine Struktur der Kugeloberfläche.

Die Riemann'sche Krümmung gibt an, wie ein Vektor längs einer geschlossenen Kurve transportiert wird (Abb. 4.19). Es genügt dafür, eine infinitesimale Kurve zu betrachten. Wir transportieren also einen Vektor V längs des Parallelogrammes und enden mit TV wieder im Punkt x (Abb. 4.20). Der transportierte Vektor $TV(x)$ folgt dann aus einer Rotation aus dem ursprünglichen Vektor $V(x)$. Dadurch werden sechs Rotationsmatrizen $\mathbf{R}_{cd}$ in vier Dimensionen definiert, da man sechs unabhängige Ebenen auswählen kann, nämlich 01, 02, 03, 12, 13 und 23. Das sind die Komponenten des Riemann-Tensors, der antisymmetrisch ist, $\mathbf{R}_{dc} = -\mathbf{R}_{cd}$. Eine antisymmetrische Matrix in vier Dimensionen hat genau sechs unabhängige Komponenten, in drei Dimensionen nur drei und in zwei Dimensionen genau eine.

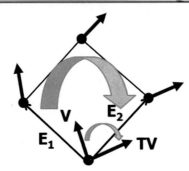

Riemann-Krümmung

Riemann: → 6 Rotationsmatrizen

$$TV^a = R^a{}_{bcd} \, V^b \, [E_1{}^c E_2{}^d]$$

ab, cd = 01, 02, 03, 12, 13, 23

Abb. 4.20 Geometrische Definition des Riemann'schen Krümmungstensors in vier Dimensionen. Zwei Vektoren E_1 und E_2 spannen ein Parallelogramm im Tangentenraum im Punkte x auf. Wir transportieren nun einen Vektor V längs des Parallelogramms und enden mit TV wieder im Punkt x. Der transportierte Vektor $TV(x)$ folgt dann aus einer Rotation aus dem ursprünglichen Vektor $V(x)$. Dadurch werden sechs Rotationsmatrizen R_{cd} in vier Dimensionen definiert, das sind die Komponenten des Riemann-Tensors, der antisymmetrisch ist, $R_{dc} = -R_{cd}$. (Grafik: © Camenzind)

4.5   Die Äquivalenzprinzipien von Albert Einstein

Viele Physiker haben sich zu Beginn des 20. Jahrhunderts gefragt, wie nun die Gravitation in die Spezielle Relativitätstheorie von 1905 eingebaut werden kann. Einstein hat die endgültige Antwort 1915 in seiner **Allgemeinen Relativitätstheorie (ART)** gegeben (Einstein 1916; Damour 2012). Die wesentliche Aussage der ART ist, dass jede Form von Energie (auch Materie) die Raum-Zeit krümmt. Die Raum-Zeit ist eine vierdimensionale Mannigfaltigkeit, die sich aus den drei Raumdimensionen und der Zeitdimension zusammensetzt. Das Konzept der Mannigfaltigkeiten ist erst kurz vorher von Bernhard Riemann (1826–1866) entwickelt worden, der ab 1857 in Göttingen eine Professur für Mathematik innehatte.

Albert Einstein war ein Studienkollege von Marcel Grossmann, einem ungarischen Mathematiker und später Professor an der ETH Zürich. Einstein wandte sich immer wieder mit mathematischen Fragestellungen an ihn, und die beiden veröffentlichten auch einige Arbeiten zusammen (Einstein und Grossmann 1913).

1907 versucht Einstein die Gravitation in seine Spezielle Relativitätstheorie mit einzubeziehen und kam so auf sein Äquivalenzprinzip, welches über die klassische Äquivalenz von träger und schwerer Masse hinausgeht und besagt, dass beschleunigte Bezugssysteme mit solchen äquivalent sind, welche entsprechende gravitative Effekte aufweisen. Nach dieser Entdeckung veröffentlichte Einstein erstmal nichts weiter zu diesem Thema, bis er sich 1911/1912 in Prag wieder mit Gravitation beschäftigte. In der Zwischenzeit sorgte Herrmann Minkowski aber für eine neue Entwicklung, indem er 1908 mit seinem Vortrag *Raum und Zeit* die vierdimensionale Raum-Zeit einführte. Relativ bald schreibt Einstein dann auch, dass der dreidimensionale Raum nicht zwangsläuffig euklidisch sein muss, und führt als Erweiterung des Minkowski'schen Linienelements eine Metrik g_{ik} ein, die das Linienelement definiert.

Bei der Diskussion von Gravitationstheorien unterscheiden wir heute zwischen drei Stufen im Äquivalenzprinzip.

4.5.1 Das Schwache Äquivalenzprinzip

Nach Aufstellung der Speziellen Relativitätstheorie versuchten Albert Einstein und einige andere Forscher, unter ihnen vor allem Henri Poincaré, das Newton'sche Gravitationsgesetz mit seinem Fernwirkungscharakter derart abzuändern, dass sich in dem neuen Gesetz die Gravitationswirkung nur mit Lichtgeschwindigkeit fortpflanzt. Warum Einstein bald darauf von dem Versuch absah, das Newton'sche Gravitationsgesetz in den Kontext der Speziellen Relativitätstheorie einzubetten, geht aus einem Vortrag von Einstein **Einiges über die Entstehung der Allgemeinen Relativitätstheorie** hervor (Straumann 1988):

Ich kam der Lösung des Problems zum erstenmal einen Schritt näher, als ich versuchte, das Gravitationsgesetz im Rahmen der Speziellen Relativitätstheorie zu behandeln. Wie die meisten damaligen Autoren versuchte ich, ein Feldgesetz für die Gravitation aufzustellen, da ja die Einführung unvermittelter Fernwirkungen wegen der Abschaffung des absoluten Gleichzeitigkeitsbegriffs nicht mehr oder wenigstens nicht mehr in irgendwie natürlicher Weise möglich war. Das einfachste war natürlich, das Laplacesche skalare Potential der Gravitation beizubehalten und die Poissonsche Gleichung durch ein nach der Zeit differenziertes Glied in naheliegender Weise so zu ergänzen, daß der Speziellen Relativitätstheorie Genüge geleistet wurde. Auch musste das Bewegungsgesetz des Massenpunktes im Gravitationsfeld der Speziellen Relativitätstheorie angepasst werden. Der Weg hierfür war weniger eindeutig vorgeschrieben, weil ja die träge Masse eines Körpers vom Gravitationspotential abhängen konnte. Dies war sogar wegen des Satzes von der Trägheit der Energie zu erwarten. Solche Untersuchungen führten aber zu einem Ergebnis, das mich in hohem Masse misstrauisch machte. Gemäß der klassischen Mechanik ist nämlich die Vertikalbeschleunigung eines Körpers im vertikalen Schwerefeld von der Horizontalkomponente der Geschwindigkeit unabhängig. Hiermit hängt es zusammen, dass die Vertikalbeschleunigung eines mechanischen Systems bzw. dessen Schwerpunktes in einem solchen Schwerefeld unabhängig herauskommt von dessen innerer kinetischer Energie. Nach der von mir versuchten Theorie war aber die Unabhängigkeit der Fallbeschleunigung von der Horizontalgeschwindigkeit bzw. von der inneren Energie eines Systems nicht vorhanden.

Dies passte nicht zur alten Erfahrung, daß die Körper alle dieselbe Beschleunigung in einem Gravitationsfeld erfahren. Dieser Satz, der auch als der Satz von der Gleichheit der trägen und schweren Masse formuliert werden kann, leuchtete mir nun in seiner tiefen Bedeutung ein. Ich wunderte mich im höchsten Grade über sein Bestehen und vermutete, daß in ihm der Schlüssel für ein tieferes Verständnis der Trägheit und Gravitation liegen müsse. An seiner strengen Gültigkeit habe ich auch ohne Kenntnis des Resultates der schönen Versuche von Eötvös, die mir – wenn ich mich richtig erinnere – erst später bekannt wurden, nicht ernsthaft gezweifelt. Nun verwarf ich den Versuch der oben angedeuteten Behandlung des Gravitationsproblems im Rahmen der Speziellen Relativitätstheorie als inadäquat. Er wurde offenbar gerade der fundamentalsten Eigenschaft der Gravitation nicht gerecht ...

Die empirisch sehr genau bestätigte Gleichheit der trägen und der schweren Masse (Abb. 4.21), die in der Newton'schen Mechanik keinerlei Begründung findet und dort vielmehr als eine rein zufällig auftretende Übereinstimmung angesehen wird, versteht Einstein als eine grundlegende Wesensgleichheit dieser beiden Größen. Durch das folgende Postulat erhebt er sie zu einem tragenden Fundament seiner Theorie:

Schwaches Äquivalenzprinzip (WEP): Die Bewegung eines punktförmigen Testteilchens in einem Gravitationsfeld ist unabhängig von dessen Masse und Zusammensetzung. Schwere und träge Masse sind einander gleich.

In welcher Weise das Schwache Äquivalenzprinzip eine Analogie zwischen Trägheit und Gravitation bei Betrachtung bestimmter Bezugssysteme aufdeckt, soll durch das folgende, idealisierte Gedankenexperiment verdeutlicht werden.

Sei S das Inertialsystem, das sich durch den Fixsternhimmel definiert. In S seien uns die beiden weit voneinander entfernten Bezugssysteme B und B_0 gegeben. B befinde sich relativ zu S in Ruhe und enthalte ein homogenes Gravitationsfeld mit der Beschleunigung g, während B_0 sich relativ zu S mit der gleichförmigen Beschleunigung $-g$ bewege, fernab von jeglichen Gravitationsfeldern. Mit K1 und K2 bezeichnen wir zwei Körper verschiedener Masse und Zusammensetzung. Das eine Mal betrachten wir K1 und K2 von B aus, wie sie im homogenen Gravitationsfeld fallen, und das andere Mal lassen wir sie in S ruhen und beobachten sie vom Bezugssystem B_0 aus. Das Postulat WEP garantiert nun, dass beide Situationen den gleichen Ausgang haben, und man kann in beiden Bezugssystemen prinzipiell nicht unterscheiden, ob das Fallen der beiden Körper aufgrund des Gravitationsfeldes oder der eigenen Beschleunigung gegenüber S auftritt. Unter Berücksichtigung der Trägheit der Energie, der nun auch eine Schwere zugeordnet werden muss, ist es naheliegend, dieses Resultat auf alle möglichen physikalischen Abläufe in diesen beiden Situationen auszudehnen und die Beobachter in B und B_0 in ihrer Wahrnehmung

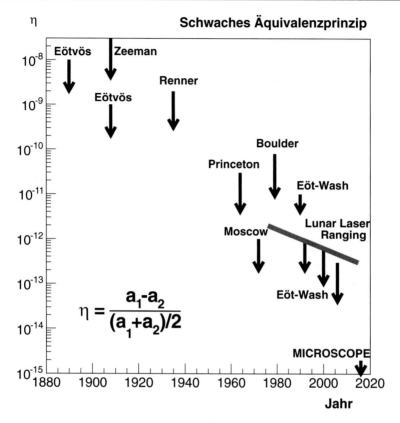

Abb. 4.21 Tests des Schwachen Äquivalenzprinzips WEP. Grenzen an den Parameter $\eta = (a_1 - a_2)/(a_1 + a_2)/2$, der die Differenz zwischen den Beschleunigungen zweier Materialien misst. (Grafik: © Camenzind)

der physikalischen Vorgänge als gleichberechtigt anzusehen. Diese Auffassung verallgemeinert den Rahmen des Relativitätsprinzips dahingehend, dass **gleichförmig beschleunigte Bezugssysteme und homogene Gravitationsfelder in ihren physikalischen Auswirkungen ununterscheidbar sind.**

4.5.2 Das Einstein'sche Äquivalenzprinzip

Doch gibt es nicht nur ein Schwaches, sondern auch ein Einstein'sches Äquivalenzprinzip. Und um die Aussage dieses Äquivalenzprinzips zu verstehen, stellen wir uns vor, wir befinden uns in einem Fahrstuhl – und plötzlich reißt das Seil! Wahrlich keine angenehme Vorstellung, sich in einem frei fallenden Fahrstuhl zu befinden. Allerdings ist der Moment, während der Fahrstuhl fällt, durchaus interessant. Denn da unser Referenzsystem, der Fahrstuhl, genauso schnell fällt wie wir, merken wir nicht, dass wir selbst fallen – wir glauben, wir seien schwerelos. Im Bezugsystem frei fallender Fahrstuhl spüren wir als Beobachter also keine Schwerkraft.

Einstein entwickelte diesen Gedanken weiter und stellte eine These auf, die zur Grundlage für die Allgemeine Relativitätstheorie wurde:

Einstein'sches Äquivalenzprinzip (EEP): In einem frei fallenden Referenzsystem laufen alle Vorgänge so ab, als ob keine Schwerkraft vorhanden sei. Ein Beobachter in einem solchen System hat also lokal keine Möglichkeit, zu entscheiden, ob er frei fällt oder ob keine Gravitation vorhanden ist.
Genauer versteht man unter dem Einstein'schen Äquivalenzprinzip (EEP) Folgendes: Im abgeschlossenen graviationsfreien System kann nicht festgestellt werden, ob man sich in Schwerelosigkeit oder im freien Fall befindet:

- **WEP gilt (schwere und träge Masse sind gleich).**
- **Gravitationskräfte sind äquivalent zu Trägheitskräften.**
- **Im frei fallenden gravitationsfreien Intertialsystem gilt die Spezielle Relativität.**
- **Jedes Experiment in einem frei fallenden Inertialsystem IS ist unabhängig von der Geschwindigkeit des IS (lokale Lorentz-Invarianz) sowie von Ort und Zeit im Universum (Positionsunabhängigkeit).**

In der Allgemeinen Relativitätstheorie wird ein gegenüber der Speziellen Relativitätstheorie ein erweitertes Relativitätsprinzip angenommen: Die Gesetze der Physik haben nicht nur in allen Inertialsystemen die gleiche Form, sondern auch in Bezug auf alle Koordinatensysteme. Dies gilt für alle Koordinatensysteme, die jedem Ereignis in Raum und Zeit vier Parameter zuweisen. Wobei diese Parameter auf kleinen Raum-Zeit-Gebieten, die der Speziellen Relativitätstheorie gehorchen, hinreichend differenzierbare Funktionen der dort lokal definierbaren kartesischen Koordinaten sind. Diese Forderung an das Koordinatensystem ist nötig, damit die Methoden der Differenzialgeometrie für die gekrümmte Raum-Zeit überhaupt angewendet werden können. Eine gekrümmte Raum-Zeit ist dabei im Allgemeinen nicht mehr global mit einem kartesischen Koordinatensystem zu beschreiben. Das erweiterte Relativitätsprinzip wird auch allgemeine Koordinatenkovarianz genannt.

4.5.3 Das Starke Äquivalenzprinzip

Das Starke Äquivalenzprinzip zieht nun auch selbstgravitierende Körper mit in die Betrachtungen ein, wie etwa Planeten, Neutronensterne oder Schwarze Löcher. Diese Körper müssen so kompakt sein, dass Gezeiteneffekte keine Rolle spielen. Das Starke Äquivalenzprinzip besagt nun, dass auch selbstgravitierende Körper sich unabhängig von ihrer Masse und ihrem Bindungszustand in einem Gravitationsfeld bewegen. Das heißt insbesondere, dass sich diese Körper auch auf Geodäten bewegen, also etwa in einem Doppelsternsystem.

Dies bedeutet, dass Planeten, Monde oder Neutronensterne in Doppelsternsystemen sich auf Geodäten bewegen, uanbhängig von ihrer inneren Struktur. Ein stark gebundener Neutronenstern bewegt sich im Gravitationsfeld genauso wie ein schwach gebundener Planet. In der Tat stellt sich heraus, dass die Einstein'sche Gravitationstheorie die einzige metrische Theorie der Gravitation ist, die das Starke Äquivalenzprinzip erfüllt. Als Konsequenz davon kann man die Trajektorien der Neutronensterne in einem Doppelsternsystem als Geodäten berechnen.

▶   ⇒ Vertiefung 4.9: Dreifachsystem testet das Starke Äquivalenzprinzip?

4.6   Die Raum-Zeit der Allgemeinen Relativitätstheorie

1913 veröffentlichten Einstein und Grossmann ihre Arbeit **Entwurf einer verallgemeinerten Relativitätstheorie und einer Theorie der Gravitation** (Einstein und Grossmann 1913). Die Arbeit ist zweigeteilt in einen physikalischen Teil von Einstein und einen mathematischen Teil von Grossmann. In einem vielversprechenden Abschnitt werden Feldgleichungen vorgestellt, bestimmt durch den Energie-Impuls-Tensor T_{ik} und den Gravitationstensor $G_{\mu\nu}$ sowie eine Konstante κ:

$$G_{\mu\nu} = \kappa\, T_{\mu\nu}. \tag{4.72}$$

Die Form dieser Feldgleichungen entspricht damit zu dem damaligen Zeitpunkt schon der von 1915. Die Herausforderung war nun, einen Gravitationstensor $G_{\mu\nu}$ zu finden, der die Feldgleichungen allgemein kovariant werden ließ. Dass sich $G_{\mu\nu}$ aus der Metrik und ihren Ableitungen zusammensetzte, stand für Einstein und Grossmann schon fest. Einstein vermutete sogar, dass er sich aus zweiten Ableitungen der Metrik entwickeln musste. Nach vielen Irrwegen fand Einstein am 4. November 1915 den richtigen Ansatz mit den Ricci-Tensoren, und am 25. November 1915 konnte er seine endgültigen Feldgleichungen in einem Vortrag an der Preußischen Akademie der Wissenschaften vorstellen (Einstein 1915b). Sie sind von dem Gedanken geprägt, dass **Gravitation Geometrie und Geometrie Gravitation** ist, wie es der aristotelischen Tradition entspricht.

4.6.1   Gravitation ist Geometrie der Raum-Zeit

Erst mit seiner Allgemeinen Relativitätstheorie gelang es Einstein, Relativität und Gravitation zusammenzuführen – und das nur, weil er eine alteingesessene physikalische Idee aufgab: Raum und Zeit sind mitnichten eine Hintergrundstruktur, eine passive Bühne für den Trubel des Weltgeschehens. Stattdessen ist die Raum-Zeit dynamisch, wird durch die in ihr enthaltene Materie verzerrt und beeinflusst ihrerseits, wie sich die Materie bewegt. Diese Wechselwirkung zwischen Raum-Zeitstruktur und Materie ist Einsteins geometrische, relativistische Theorie der Schwerkraft.

Axiom Einstein1: Die physikalische Raum-Zeit ist darstellbar als ein geordnetes Paar (M, g), bestehend aus einer vierdimensionalen differenzierbaren Mannigfaltigkeit M und einem auf M definierten metrischen Tensorfeld $g_{\mu\nu}$, das überall eine Lorentz-Signatur aufweist und damit über das Linienelement ds^2 eine kausale Struktur definiert. Diese ist lokal wie in der Minkowski-Raum-Zeit

$$ds^2 = \sum_{\mu=0=\nu}^{3} g_{\mu\nu}(x)\,dx^\mu\,dx^\nu. \tag{4.73}$$

Diese metrische Feld $\mathbf{g}(x)$ in der Form einer 4×4-Matrix ersetzt das Newton'sche Potenzial $\Phi(x)$. Gravitation ist damit nicht nur durch eine skalare Funktion beschrieben, sondern insgesamt durch zehn Funktionen!

Die Allgemeine Relativitätstheorie war vor allem deswegen so revolutionär, weil sie ein völlig neues Verständnis von Raum und Zeit postulierte. War der physikalische Raum bisher euklidisch (z. B. in der Newton'schen Mechanik) oder zumindest flach (in der Speziellen Relativitätstheorie), werden in der ART (fast) beliebige gekrümmte Räume zugelassen, die heutzutage mathematisch als differenzierbare Mannigfaltigkeiten beschrieben werden. Ein wichtiges Konzept in der ART ist die Invarianz bei beliebigen differenzierbaren Koordinatentransformationen (allgemeine Kovarianz); jeder Beobachter ist also gleichberechtigt. Dies stellt nochmal eine bedeutende Verallgemeinerung gegenüber den vorherigen Theorien dar, bei denen nur Beobachter in Inertialsystemen gleichberechtigt waren. Mit der ART kann man z. B. direkt beschreiben, wie ein sich drehender Beobachter Bewegungen von Körpern wahrnimmt. In der Newton'schen Theorie mussten dazu erst die Resultate für einen unbeschleunigten Beobachter ermittelt und diese anschließend ins beschleunigte System transformiert werden.

Man kann mathematisch beweisen, dass sich für jedes Ereignis E Koordinaten finden lassen, sodass die Metrik in E der Minkowski-Metrik entspricht und ihre Ableitung am Punkt E verschwindet. Die mathematische Seite des Äquivalenzprinzips ist also bereits durch unsere differenzialgeometrische Beschreibung der Raum-Zeit erfüllt. Dies gilt insbesondere für jede Theorie der Gravitation, die auf dem metrischen Linienelement aufbaut – das sind sogenannte **metrische Theorien der Gravitation.** Davon sind eine ganze Anzahl im Laufe der Zeit erfunden worden. Um das Äquivalenzprinzip auch physikalisch umzusetzen, müssen wir bei der Aufstellung von physikalischen Gesetzen Folgendes beachten: Ein Gesetz der ART muss sich für eine flache Metrik zu dem entsprechenden Gesetz der SRT vereinfachen. Dies erreicht man meist dadurch, dass man als Gesetze der ART Gesetze der SRT verwendet, wobei die vorkommenden (partiellen) Ableitungen, technisch gesprochen, durch kovariante Ableitungen ersetzt werden.

► ⇒ Vertiefung 4.10: Warum ist die Minkowski-Raum-Zeit flach?

4.6.2 Der Transport von Vektoren ist metrisch

Die Tangentialräume zweier benachbarter Punkte in der Raum-Zeit sind zunächst unabhängig voneinander. Um das Problem zu lösen, definiert man eine Abbildung, welche man **Zusammenhang** nennt. Diese Abbildung soll einen linearen Zusammenhang zwischen den beteiligten Vektorräumen bereitstellen. Dieser Zusammenhang soll mit der Metrik kompatibel sein, sodass sich die Winkel zwischen Vektoren beim Transport nicht ändern. Zusätzlich soll keine Torsion vorliegen. Damit ist der Zusammenhang eindeutig festgelegt und wird als metrischer Zusammenhang bezeichnet. Diese Aussage wird Hauptsatz der Riemann'schen Geometrie genannt, und der eindeutig bestimmte Zusammenhang heißt Levi-Civita- oder Riemann'scher Zusammenhang.

Axiom Einstein2 (Zusammenhang): Der Zusammenhang der Raum-Zeit sei metrisch, der Transport von Vektoren in der Raum-Zeit verändert weder Winkel noch Länge der Vektoren. Gravitation erzeugt keine Torsion.

In der Differenzialgeometrie bezeichnet Paralleltransport ein Verfahren, geometrische Objekte entlang glatter Kurven in einer Mannigfaltigkeit zu transportieren. Wenn die Mannigfaltigkeit einen Zusammenhang (kovariante Ableitung) besitzt, dann kann man Vektoren in der Mannigfaltigkeit entlang von Kurven so transportieren, dass sie bezogen auf den zur kovarianten Ableitung gehörenden Zusammenhang parallel bleiben.

4.6.3 Körper bewegen sich auf Geodäten in der Raum-Zeit

Massive Körper bewegen sich stets auf zeitartigen Kurven durch die Raum-Zeit, masselose auf lichtartigen (Abb. 4.22). Bei der Abwesenheit von externen Feldern und vernachlässigbarer Ausdehnung der Körper sind dies stets Geodäten. Diese Tatsache könnte man aus den Einstein'schen Feldgleichungen herleiten; wir wollen sie hier einfach als zusätzliches Postulat einführen:

Abb. 4.22 Massen bewegen sich in der Raum-Zeit auf zeitartigen Geodäten, d. h., ihre Weltlinien befinden sich lokal immer im Vorwärtslichtkegel. Dieser kann allerdings irgendwie in der Raum-Zeit liegen, da auch die Nullgeodäten durch die Gravitation verdreht werden. (Grafik: © Camenzind)

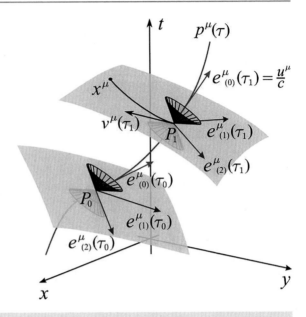

Axiom Einstein3 (Äquivalenzprinzip): Punktförmige Objekte bewegen sich auf Geodäten durch die Raum-Zeit. Massive Objekte bewegen sich dabei auf zeitartigen, masselose auf lichtartigen Geodäten. Dies gilt auch für Sterne und Planeten (SEP).

Um diese Geodätenhypothese trotzdem plausibel zu machen, wollen wir auf eine Analogie zur Newton'schen Theorie zurückgreifen: In der Newton'schen Theorie geht man davon aus, dass sich Körper, auf die keine Kraft wirkt, auf Geraden bewegen. Das Konzept der Geraden ist jedoch nur im Newton'schen euklidischen Raum wohl definiert. In gekrümmten Räumen ist die einzig geometrisch sinnvolle Verallgemeinerung der Geraden die lokal gerade Kurve, also die Geodäte.

4.6.4 Die Einstein'schen Feldgleichungen

Die Geometrie des flachen Raums, des vierdimensionalen Minkowski-Raums, behandelt die Spezielle Relativitätstheorie, und die Allgemeine Relativitätstheorie geht zu gekrümmten Räumen über. Die Feldgleichungen nehmen entsprechende Form an, und nur im flachen Raum verlaufen alle Geodäten geradlinig. Es handelt sich um nichtlineare Differenzialgleichungen, zehn insgesamt, denen ein vierdimensionaler Raum zu genügen hat, um als Raum-Zeit-Kontinuum der Physik infrage zu kommen. Um diese Gleichungen zu lösen, ist das Gravitationsfeld in Form der Raumkrümmung mit den Quellen des Feldes, nämlich der als Masse oder Energie verteilten Materie, in Einklang zu bringen. Lösungen zu finden, ist schwierig, und wegen der Nichtlinearität der Gleichungen führt die Überlagerung gefundener Lösungen im Allgemeinen nicht zu weiteren Lösungen. Oftmals werden nur approximative statt exakter Lösungen ermittelt. Gewisse Lösungen, beispielsweise die Schwarzschild-Lösung (1916) oder die Kerr-Lösung (1963), die für kugelsymmetrische bzw. rotierende Schwarze Löcher gelten, sind nicht frei von Singularitäten. Es sind irreguläre Stellen oder Gebiete im Raum, wo das betreffende Koordinatensystem aussetzt (Koordinatensingularitäten) oder wo die einschlägigen physikalischen Formeln versagen (intrinsische oder echte Singularitäten). Ob solche Singularitäten jemals echt sind oder bei geschickt konstruierten Koordinaten und ohne realitätsferne Symmetrieanforderungen gar nicht in Erscheinung treten, war eine ebenso wichtige wie umstrittene Frage. Nahtlose Übergänge zwischen wechselnden Koordinatensystemen sind ohnehin nötig, weil es im Allgemeinen keines gibt, das den gekrümmten Raum insgesamt abdeckt, weshalb zu dessen Kartierung ein *Atlas* aus überlappenden *Karten* zusammenzustellen ist, wie es in der Differenzialgeometrie heißt.

Von der Riemann-Krümmung zum Einstein-Tensor
Mithilfe der affinen Struktur kann man auch die Krümmung anschaulich diskutieren (Abb. 4.19). Dazu betrachten wir in jedem Punkt der Kugeloberfläche Kurven, die wieder an ihren Ausgangspunkt zurückkommen (sogenannte Loops). Wir transportieren jetzt Vektoren längs dieser Kurven und bestimmen den Winkel zwischen transportiertem Vektor und Ausgangsvektor. Dieser Winkel ist ein Maß für die Krümmung im Punkt x.

Neben den metrischen Eigenschaften interessiert man sich in der Riemann'schen Geometrie für Krümmungsgrößen. In der Theorie der Flächen wurde schon vor Riemanns Arbeiten die Gauß-Krümmung untersucht. Bei höherdimensionalen Mannigfaltigkeiten ist die Untersuchung der Krümmung recht komplex. Zu diesem Zweck wurde der **Riemann'sche Krümmungstensor** R^a_{bcd} eingeführt (Abb. 4.20). Dieses geometrische Objekt hängt von vier Inidizes ab, ist in beiden Paaren (ab) und (cd) antisymmetrisch und erfüllt auch die Bedingung unter zyklischer Vertauschung der Indizes

$$R^a_{bcd} + R^a_{dbc} + R^a_{cdb} = 0. \tag{4.74}$$

Insgesamt hat der Riemann-Tensor einer vierdimensionalen Raum-Zeit 20 unabhängige Komponenten (Abb. 4.23), eignet sich also nicht, die zehn Komponenten des metrischen Tensors g_{ab} zu bestimmen. Daran hatte Einstein mehrere Jahre zu arbeiten, bis er die Lösung fand: Man nehme eine Art mittlere Krümmung, den sogenannten **Ricci-Tensor** R_{ab}, der wie folgt definiert ist: $R_{bd} = \sum_{a=0}^{3} R^a_{bad}$, oder komponentenweise

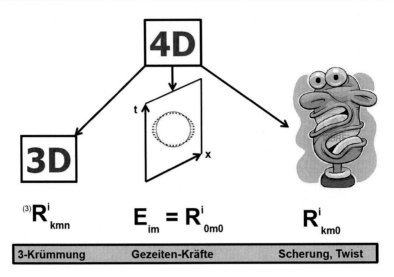

Abb. 4.23 Zerlegung des vierdimensionalen Krümmungstensors in dreidimensionale Raumkrümmung, Gezeiten-Tensor (Abb. 4.24) und Twist ($i, k, m = 1, 2, 3$). (Grafik: © Camenzind)

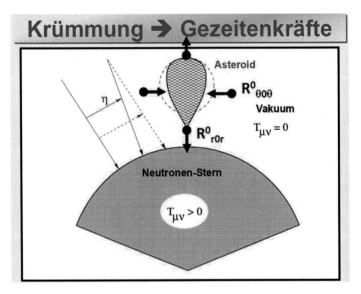

Abb. 4.24 Gravitation ist Raumkrümmung. Insbesondere beinhalten die zeitlichen Komponenten des Riemann-Tensors R^0_{i0k} die gravitativen Gezeitenkräfte. So wird ein Asteroid in der Nähe eines Neutronensterns radial gestreckt und lateral gestaucht. (Grafik: © Camenzind)

$$R_{00} = R^1_{010} + R^2_{020} + R^3_{030} \tag{4.75}$$

$$R_{11} = R^0_{101} + R^2_{121} + R^3_{131} \tag{4.76}$$

$$R_{22} = R^0_{202} + R^1_{212} + R^3_{232} \tag{4.77}$$

$$R_{33} = R^0_{303} + R^1_{313} + R^2_{323} \tag{4.78}$$

$$R_{01} = R^2_{021} + R^3_{031} = R_{10} \tag{4.79}$$

$$R_{02} = R^1_{012} + R^3_{032} = R_{20} \tag{4.80}$$

$$R_{03} = R^1_{013} + R^2_{023} = R_{30} \tag{4.81}$$

$$R_{12} = R^0_{102} + R^3_{132} = R_{21} \tag{4.82}$$

$$R_{13} = R^0_{103} + R^2_{123} = R_{31} \tag{4.83}$$

$$R_{23} = R^0_{203} + R^1_{213} = R_{32}. \tag{4.84}$$

Dieser Ricci-Tensor hat dann ebenfalls zehn unabhängige Komponenten, da er symmetrisch ist, $R_{ab} = R_{ba}$. Der Ricci-Tensor stellt eine Art Mittelung über zwei oder drei Krümmungstensoren dar. Deshalb kann der Ricci-Tensor identisch verschwinden, auch wenn die Raum-Zeit nicht flach ist. Beispiele dafür sind die Gravitationsfelder von Sternen oder die Gravitationswellen. Nur im Minkowski-Raum verschwindet auch der Krümmungstensor. In zwei Dimensionen hat der Riemann-Tensor nur eine Komponente R^1_{212}, in drei Dimensionen deren sechs und in vier Dimensionen 20 unabhängige Komponenten. In zehn Dimensionen ist das Objekt nicht mehr überschaubar! Aus dem Ricci-Tensor gewinnt man dann den Ricci-Skalar oder die skalare Krümmung, welche die Dimension eines inversen Längenquadrats hat,

$$\mathcal{R} = R^0_0 + R^1_1 + R^2_2 + R^3_3. \tag{4.85}$$

Der Ricci-Skalar ist die einfachste Krümmungsinvariante einer Riemann'schen Mannigfaltigkeit. Im Falle einer 2-Sphäre gilt $\mathcal{R} = 2/R^2$, wobei R der Radius der Sphäre ist. Die oberen Indizes werden mit dem inversen metrischen Tensor *hochgezogen*, $R^a_b = \sum_{c=0}^{3} g^{ac} R_{cb}$.

In der ART ist die Metrik der Raum-Zeit nicht von vornherein festgelegt wie in der SRT, sondern hängt vom Materie- und Energieinhalt des Raumes ab. Dieser wird durch den Energie-Impuls-Tensor T_{ab} beschrieben. Die Metrik ist dann durch die Einstein'schen Feldgleichungen bestimmt (Einstein 1916, s. auch die Diskussion in Bührke 2015)

$$\boxed{R_{ab} - \frac{1}{2} \mathcal{R} \, g_{ab} = \frac{8\pi G}{c^4} T_{ab}.} \tag{4.86}$$

Christoffel-Symbole – Riemann-Tensor – Einstein-Tensor
Technisch gesprochen, wird der Riemann-Tensor aus den Christoffel-Symbolen erzeugt, die unter Berücksichtigung der Einstein-Summationskonvention wie folgt definiert sind (Carroll 2004),

$$\Gamma^{\alpha}_{\ \mu\beta} = \frac{1}{2} g^{\alpha\rho} \left(g_{\mu\rho,\beta} + g_{\beta\rho,\mu} - g_{\mu\beta,\rho} \right). \tag{4.87}$$

Diese beschreiben den Transport von Vektoren und damit die kovariante Ableitung von Vektor- und Tensorfeldern. Wie man sieht, sind die Christoffel-Symbole in den unteren Indizes symmetrisch, $\Gamma^{\alpha}_{\ \mu\beta} = \Gamma^{\alpha}_{\ \beta\mu}$. Die Christoffel-Symbole bestimmen auch die Bewegungsgleichung der Geodäten $x^{\alpha}(\lambda)$ als Funktion des affinen Kurvenparameters λ:

$$\frac{d^2 x^{\alpha}}{d\lambda^2} + \Gamma^{\alpha}_{\ \mu\beta} \frac{dx^{\mu}}{d\lambda} \frac{dx^{\beta}}{d\lambda} = 0. \tag{4.88}$$

Diese Gleichung ist identisch zur Aussage, dass die Beschleunigung einer Geodäten verschwindet, wenn $u^{\alpha} = dx^{\alpha}/d\lambda$ die Vierergeschwindigkeit bezeichnet,

$$u^{\mu} \nabla_{\mu} u^{\alpha} \equiv u^{\mu} \partial_{\mu} u^{\alpha} + u^{\mu} \Gamma^{\alpha}_{\ \mu\beta} u^{\beta} = 0. \tag{4.89}$$

Aus den Christoffel-Symbolen berechnet man dann den Riemann-Tensor

$$R^{\alpha}_{\ \beta\mu\nu} = \partial_{\mu} \Gamma^{\alpha}_{\ \nu\beta} - \partial_{\nu} \Gamma^{\alpha}_{\ \mu\beta} + \Gamma^{\alpha}_{\ \mu\rho} \Gamma^{\rho}_{\ \nu\beta} - \Gamma^{\alpha}_{\ \nu\rho} \Gamma^{\rho}_{\ \mu\beta}. \tag{4.90}$$

Der Riemann-Tensor ist antisymmetrisch in beiden Indexpaaren, $R_{\alpha\beta\mu\nu} = -R_{\beta\alpha\mu\nu} = -R_{\alpha\beta\nu\mu}$, und symmetrisch gegen Paarvertauschung, $R_{\alpha\beta\mu\nu} = R_{\mu\nu\alpha\beta}$. Damit hat er 20 unabhängige Komponenten in vier Dimensionen. Aus dem Riemann-Tensor gewinnt man den symmetrischen Ricci-Tensor $R_{\mu\nu}$ und den Ricci-Skalar $\mathcal{R}$, die zusammen den Einstein-Tensor $G_{\mu\nu}$ definieren. Dieses Programm ist für jede Metrik durchzuführen.

Vakuum-Lösungen der Einstein'schen Feldgleichungen sind damit **Ricci-flach.** Die Schwarzschild- und die Kerr-Lösung sind bekannte Beispiele für Ricci-flache Raum-Zeiten. Aber auch Gravitationswellen sind Ricci-flache Raum-Zeiten.

Für das Vakuum, also beim Verschwinden des Energie-Impuls-Tensors, erhält man die Vakuum-Feldgleichungen

$$R_{ab} = 0. \tag{4.91}$$

Da die Metrik kovariant konstant ist, kann man noch einen Term zum Einstein-Tensor addieren, der nur proportional zur Metrik ausfällt (Einstein 2017),

$$\boxed{R_{ab} - \frac{1}{2}\mathcal{R}\,g_{ab} - \Lambda\,g_{ab} = \frac{8\pi G}{c^4}T_{ab}.}$$ (4.92)

Λ ist die berühmte, von Einstein 1917 eingeführte **kosmologische Konstante.**

> **Axiom Einstein4 (Feldgleichungen): Die Krümmung der Raum-Zeit wird durch den gesamten Energieinhalt nach Gleichung (4.86) bzw. (4.92) bestimmt. Auch Feldenergie und Vakuumenergie tragen dazu bei.**

Wie sind nun die anderen Wechselwirkungen – Elektrodynamik und Eichtheorien der schwachen und starken Wechselwirkung – in der gekrümmten Raum-Zeit zu behandeln? Nach dem Äquivalenzprinzip sind sie in jedem frei fallenden System wie in der Speziellen Relativität anzusetzen. Aufgrund des Äquivalenzprinzips und der damit verbundenen einfachen Wirkung des Gravitationsfeldes darf man erwarten, dass die neu zu formulierenden physikalischen Gesetze den bekannten Gesetzen im Minkowski-Raum in der Form durchaus ähnlich sind. Ausgehend von den lorentzinvariant formulierten Gleichungen erhält man die in der gekrümmten Raum-Zeit gültigen physikalischen Gesetze dadurch, dass man die partiellen Ableitungen durch kovariante ersetzt und anstelle der flachen Minkowski-Metrik die Riemann'sche Metrik verwendet.

> **Axiom Einstein5 (nichtgravitative Wechselwirkungen): Nichtgravitative Kräfte (Elektrodynamik und Eichtheorien) verhalten sich im frei fallenden System wie in der Speziellen Relativität.**

Zusammenfassend können wir die Postulate der Einstein-Theorie in fünf Axiomen festhalten (Tab. 4.2). In diesem Sinne ist die Theorie der Gravitation von Einstein eine sogenannte metrische Theorie der Gravitation (Will 2014), von denen im Laufe der letzten 100 Jahre viele Beispiele entwickelt worden sind. Allein die Theorie von Einstein hat bisher alle Tests erfolgreich bestanden.

▶ ⇒ Vertiefung 4.11: Christoffel-Symbole und Krümmung eines Sterns?

▶ ⇒ Vertiefung 4.12: Metrik für ein isotrop expandierendes Universum?

▶ ⇒ Vertiefung 4.13: Analytische Lösungen der Einstein-Gleichungen?

Tab. 4.2 Die fünf Axiome der Einstein-Theorie auf einen Blick. (Einstein 1916; Carroll 2004)

Axiom	Inhalt des Axioms
Einstein1	Die flache Minkowski-Raum-Zeit wird durch eine Riemann-Mannigfaltigkeit ersetzt, jedoch lokal in jedem Punkt Minkowski (EEP) $\mapsto$ es existiert Metrik ds^2
Einstein2	Gravitation wird durch den metrischen Transport von Vektoren auf der Raum-Zeit beschrieben, keine Torsion
Einstein3	Testkörper (Planeten, Neutronensterne oder Schwarze Löcher) bewegen sich auf Geodäten, $ds^2 > 0$; Photonen propagieren auf Null-Geodäten, $ds^2 = 0$
Einstein4	Die Materieverteilung in der Raum-Zeit bestimmt die Krümmung $\mapsto$ $R_{\mu\nu} - \frac{1}{2}\mathcal{R}g_{\mu\nu} = \frac{8\pi G}{c^4}T_{\mu\nu}$
Einstein5	Nichtgravitative Kräfte (ED, QCD, QFD) verhalten sich im frei fallenden System wie in der SRT

4.7   Einstein auf dem Prüfstand

In den vergangenen 100 Jahren ist die Einstein'sche Gravitationstheorie eingehenden Tests unterworfen worden. In einem für kosmische Verhältnisse vergleichsweise schwachen Gravitationsfeld – etwa auf unserer Erde oder anderswo in unserem Sonnensystem – weichen die Vorhersagen der Newton'schen Gravitationstheorie und jene der Allgemeinen Relativitätstheorie nur sehr wenig voneinander ab. Die Physiker nutzen dies aus, um den Übergang von der einen Theorie zur anderen in nützlicher Weise zu systematisieren: Im Rahmen der sogenannten **Post-Newton'schen Näherungen** werden zur Newton'schen Theorie Schritt für Schritt Korrekturterme hinzugefügt, mit denen die Abweichungen der Einstein'schen von der Newton'schen Theorie näherungsweise berücksichtigt werden.

Der erste Schritt, in dem nur die wichtigsten Korrekturterme hinzutreten, führt zur sogenannten ersten Post-Newton'schen Näherung (1pN). Sie enthält bereits Beschreibungen etwa der Lichtablenkung im Schwerefeld und der relativistischen Periheldrehung. Anwendung findet diese Näherung z. B. bei modernen Computerberechnungen der Planetenbahnen im Sonnensystem, aber auch in der Physik einander umkreisender Neutronensterne und der Gravitationslinsen-Astronomie. Die erste Post-Newton'sche Näherung ist aber noch aus einem weiteren Grunde wichtig: Man kann sie so verallgemeinern, dass sich eine Art Prüfstand für die Allgemeine Relativitätstheorie ergibt

$$ds^2 = (1 - 2U + 2\beta U^2)\, c^2\, dt^2 - (1 + 2\gamma U)\,(dx^2 + dy^2 + dz^2). \quad (4.93)$$

Dabei bezeichnet U das dimensionslose Potenzial der Körper im Sonnensystem, $U(\vec{x}) = -\Phi(\vec{x})/c^2$. Die Sonne trägt am meisten zum Potenzial bei, $U = GM_\odot/c^2 r$ für $r > R_\odot$.

Der Parameter γ beschreibt den Einfluss der Materie auf die Krümmung des Raumes. In der Allgemeinen Relativitätstheorie hat γ den Wert eins, in der Brans-Dicke-Theorie aber beispielsweise ist der Parameter immer kleiner als eins (Carroll 2004). Wenn die Materie die Raumkrümmung überhaupt nicht beeinflusst und der Raum daher auch in Anwesenheit von Materie die aus der Schule gewohnte euklidische Geometrie aufweist, dann wäre $\gamma = 0$. Dies ist beispielsweise in der Newton'schen Theorie der Fall.

Neben dem bereits genannten Parameter γ führt man den Parameter β ein, der in der Allgemeinen Relativitätstheorie ebenfalls den Wert eins besitzt, aber beispielsweise in Theorien mit einem zusätzlichen Skalar-Gravitationsfeld ungleich eins sein kann. Der Parameter gibt an, wie stark ein Gravitationsfeld seinerseits Gravitation hervorruft – ein Aspekt der sogenannten Nichtlinearität der Gravitation.

▶   ⇒ Vertiefung 4.14: Wie lautet die Metrik der rotierenden Sonne?

▶   ⇒ Vertiefung 4.15: Welche Post-Newton'schen Effekte gibt es?

4.7.1 Lichtablenkung am Sonnenrand

Theorien über die Ablenkung von Licht durch eine Masse gibt es spätestens seit dem Ende des 18. Jahrhunderts. Zu jener Zeit argumentierte John Michell, ein englischer Geistlicher und Naturphilosoph, dass nicht einmal Licht imstande wäre, von der Sonnenoberfläche zu entkommen, besäße die Sonne nur eine genügend große Masse. Isaac Newton, dem wir die mathematische Beschreibung der Gravitationskraft verdanken, scheint der Frage nach dem Einfluss von Masse auf den Verlauf von Lichtstrahlen dagegen nur eine kurze Bemerkung am Ende seiner im Jahre 1704 veröffentlichten Abhandlung *Optics* gewidmet zu haben, mit der Aussage, Lichtteilchen würden durch die Gravitation wohl in derselben Weise beeinflusst wie herkömmliche Materie. Diese Argumente sind allesamt newtonsch und sollten schnell wieder vergessen werden.

Ein Lichtstrahl, der die Sonne im Abstand d passiert, wird durch das metrische Feld (4.93) um den Winkel $\Delta\Theta$ abgelenkt (Abb. 4.25)

$$\boxed{\Delta\Theta = \frac{1+\gamma}{2}\,\frac{4GM_\odot}{dc^2} = 1,7505\,\frac{1+\gamma}{2}\,\frac{R_\odot}{d}\ \text{arcsec.}}$$ (4.94)

Diese Formel zeigt, dass zwei Effekte in gleichem Maße zur Lichtablenkung beitragen: die Newton'sche Gravitation und die Krümmung des 3-Raumes, die sich hinter γ versteckt. Aus dem Äquivalenzprinzip lässt sich nur der erste Teil ableiten (Einstein 1911), was Einstein zum Glück später korrigierte (Einstein 1916).

Mittels Sonnenfinsternisbeobachtungen im Laufe des folgenden halben Jahrhunderts gelang es den Astronomen freilich nicht, die Genauigkeit um mehr als einen Faktor 2 zu steigern. Die Vorhersagen der Allgemeinen Relativitätstheorie konnten so mit einer Genauigkeit von einigen Prozent bestätigt werden. Ein Durchbruch gelang erst 1967 mit der Erkenntnis, dass gleichzeitige Beobachtungen mit mehreren Radioteleskopen (insbesondere im Rahmen der sogenannten *Very Long Baseline Interferometry*) es möglich machen, die Lichtablenkung deutlich genauer zu messen (Abb. 4.26). Im Jahr 2004 konnten Radioastronomen die Einsteinsche Lichtablenkung mithilfe

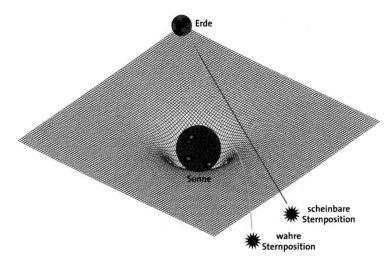

Abb. 4.25 Die Sonnenmasse krümmt die netzartige Raum-Zeit und zwingt Lichtstrahlen auf gekrümmte Wege. Gemäß Einsteins Gravitationstheorie breitet sich Licht im Allgemeinen nicht geradlinig aus, sondern auf Geodäten. Somit werden die Positionen von Sternen, die hinter der Sonne und nah an deren Rand stehen, geringfügig durch die lichtablenkende Wirkung der Sonnenmasse verschoben. Auch müssen die Lichtstrahlen einen etwas längeren Weg zurücklegen. (Grafik: © Camenzind)

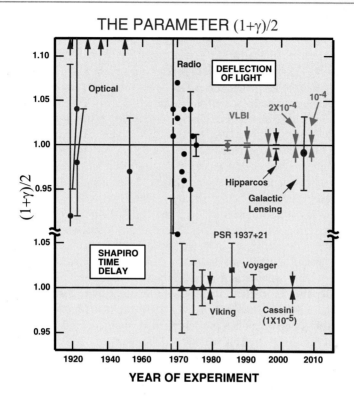

Abb. 4.26 Experimentelle Bestimmung des Robertson Parameters γ aus Lichtablenkung und Shapiro-Laufzeitverzögerung. Messungen mit VLBI-Lichtablenkung ergeben den Einstein-Wert $\gamma = 1,0$ mit einer Genauigkeit von 0,02 %, Messungen mit Cassini eine Genauigkeit von 0,001 %. (Grafik: aus Will 2014, mit freundlicher Genehmigung © des Autors)

von mehreren hundert Radioquellen auf einen relativen Messfehler von nur 0,002 % genau bestätigen. Die ESA-Sonde Gaia soll am Missionsende 2020 die Lichtablenkung durch die Sonnenmasse auf 0,0001 % genau messen können. Gaia führt diese Messungen jedoch nicht nahe am Sonnenrand, sondern bei Winkelabständen von 45 bis 135 Grad durch.

Dass Licht von Masse abgelenkt wird, ermöglicht nicht nur hochpräzise Tests der Allgemeinen Relativitätstheorie, sondern hat sich auch als ein für die astronomische Forschung äußerst gewinnbringender Umstand erwiesen. Massen, die als **Gravitationslinse** wirken, gehören inzwischen zu den Standardwerkzeugen der Astronomie. Sie helfen den Astronomen, die Massen kosmischer Objekte und die Struktur und Ausdehnung des Universums als Ganzes zu bestimmen. Mit ihrem Vergrößerungseffekt lassen sich die Gravitationslinsen außerdem nutzen, um die Eigenschaften weit entfernter Galaxien und Quasare zu bestimmen und dazu, Planeten entfernter Sterne nachzuweisen.

▶ ⇒ Vertiefung 4.16: Wie groß ist die Lichtablenkung am Jupiter?

4.7.2 Apsidendrehung der Merkurbahn

Die Nichtlinearität in der Metrik (4.93) macht sich etwa bemerkbar, wenn es darum geht, die Bahn des Erdmondes und des Merkurs zu berechnen; In den Korrekturtermen, die dafür eine Rolle spielen, tritt β zusammen mit γ auf. Die elliptische Gestalt der Planetenbahnen wurde 1609 zunächst empirisch durch die Kepler'schen Gesetze beschrieben. Die physikalische Begründung folgte erst Mitte des 17. Jahrhunderts mit der Himmelsmechanik von Isaac Newton. Mit seinem universellen Kraftgesetz, das auch die Gravitation beschreibt, war es möglich geworden, die Bahnstörungen näher zu untersuchen, die die Planeten wechselseitig verursachen. Insbesondere konnten die beobachteten Apsidendrehungen der Planeten und des Mondes praktisch vollständig durch Newton's Theorie erklärt werden.

In der Mitte des 19. Jahrhunderts jedoch benutzte Urbain Le Verrier Beobachtungen von Merkurdurchgängen für eine besonders genaue Vermessung der Merkurbahn und stellte anhand der verbesserten Daten fest, dass die Periheldrehung des Merkur etwas stärker ausfiel als erwartet. Nach den himmelsmechanischen Berechnungen sollte sie etwa 530 Bogensekunden pro Jahrhundert betragen, wobei circa 280 auf den Einfluss der Venus entfallen, circa 150 auf Störungen durch Jupiter und circa 100 Bogensekunden auf die restlichen Planeten. Die beobachtete Periheldrehung (moderner Wert: 571,91 Bogensekunden pro Jahrhundert) war jedoch deutlich größer; der moderne Wert für die Diskrepanz beträgt 43,11 Bogensekunden pro Jahrhundert.

Erst die Allgemeine Relativitätstheorie von Albert Einstein konnte den Überschuss überzeugend erklären. Dieser Erfolg gilt als eine der Hauptstützen der Allgemeinen Relativitätstheorie und als ihre erste große Bestätigung. Der relativistisch berechnete Anteil von 42,98 Bogensekunden pro Jahrhundert stimmt sehr gut mit dem beobachteten Überschuss von 43,11 überein. Die Ursache für den relativistischen Effekt liegt in der geringfügigen Abweichung des relativistisch behandelten Gravitationsfelds vom streng invers-quadratischen Verhalten

$$\dot{\omega} = \frac{6\pi G M_\odot}{a(1-e^2)c^2}\left[\frac{1}{3}(2+2\gamma-\beta) + \frac{J_2 R_\odot^2 c^2}{a(1-e^2)GM_\odot}\right]. \qquad (4.95)$$

Der erste Term ist der relativistische Beitrag zur Periheldrehung, und der zweite Term stammt von der Abplattung durch Rotation der Sonne. Pro Jahrhundert ergibt sich daraus ein theoretischer Wert von

$$\dot{\omega} = 42{,}98\,\text{arcsec}\left[\frac{1}{3}(2+2\gamma-\beta) + 3\times 10^{-4}\frac{J_2}{10^{-7}}\right]. \qquad (4.96)$$

Die Übereinstimmung zwischen Beobachtung und relativistischer Rechnung würde weniger gut ausfallen, wenn ein merklicher Teil des beobachteten Überschusses auf eine rotationsbedingte Abplattung der Sonne zurückzuführen wäre, und der übrigbleibende zu erklärende Anteil daher deutlich geringer wäre als nach der ART berechnet. Versuche, die äußerst geringe Abplattung der Sonne zu messen, lieferten über lange Zeit hinweg widersprüchliche Ergebnisse, sodass auch stets ein wenig zweifelhaft blieb, wie gut die Übereinstimmung der relativistischen Vorhersage mit der Beobachtung tatsächlich war. Helioseismologische Untersuchungen haben jedoch mittlerweile das Quadrupolmoment J_2 der Sonne zuverlässig zu $(2,18 \pm 0,06) \times 10^{-7}$ bestimmt; dieses Quadrupolmoment liefert nur einen Beitrag von einigen Hundertstel Bogensekunden zur Periheldrehung und ist daher vernachlässigbar. Eine andere Möglichkeit zur Bestimmung von J_2 nutzt den Umstand, dass der relativistische und der J_2-bedingte Anteil an der gesamten Periheldrehung mit wachsender Entfernung von der Sonne unterschiedlich rasch abfallen und sich so durch Vergleich der Gesamtdrehungen verschiedener Planeten voneinander trennen lassen. Eine solche Untersuchung lieferte mit $J_2 = (1,9 \pm 0,3) \times 10^{-7}$ praktisch dasselbe Ergebnis wie die Helioseismologie.

4.7.3 Shapiro-Effekt – Radiosignale verzögern sich

Die Shapiro-Verzögerung (Will 2014), benannt nach Irwin I. Shapiro, lässt die Ausbreitung von Licht in der Nähe einer großen Masse für einen weit entfernten Beobachter langsamer als mit Lichtgeschwindigkeit erscheinen. Die Lichtlaufverzögerung wurde von Irwin I. Shapiro im Jahr 1964 theoretisch vorhergesagt und erstmals 1968 und 1971 gemessen. Hier wurde die Zeitverschiebung mittels an der Venus reflektierter Radarsignale gemessen, während diese sich von der Erde aus hinter der Sonne befand, sodass die Radarwellen nahe am Sonnenrand passieren mussten. Die Messunsicherheit belief sich anfangs noch auf mehrere Prozent. Bei wiederholten Messungen und später auch durch Messungen mithilfe von Raumsonden (Mariner, Viking) anstelle der Venus konnte die Messgenauigkeit auf 0,1 % gesteigert werden. Die bisher genaueste Messung des Effekts gelang 2002 bei der Konjunktion der Raumsonde Cassini mit der Sonne. Frequenzmessungen im Ka-Band ermöglichten die Bestimmung der Shapiro-Verzögerung mit einer Genauigkeit von 0,001 % (Bertotti und Tortora 2003).

▶   ⇒ Vertiefung 4.17: Wie groß ist die Shapiro-Zeitkonstante $T_\odot$?

4.7.4 Tests des Starken Äquivalenzprinzips

Eine Verletzung des Starken Äquivalenzprinzips würde bedeuten, dass sich die gravitative Mondmasse m_g von der trägen Mondmasse m_i unterscheiden wird

$$\frac{m_g}{m_i} = 1 + \eta \, E_{\text{self}}, \tag{4.97}$$

wobei E_{self} die gravitative Bindungsenergie eines Körpers mit Masse M und Radius R in Einheiten der Ruheenergie bedeutet, $E_{\text{self}} = -3GM/5c^2R$. Die gesamte gravitative Bindungsenergie beträgt $E_G = E_{\text{self}} Mc^2$. Für die Sonne erhalten wir $E_{\text{self}} = -3{,}52 \times 10^{-6}$, für die Erde $E_{\text{self}} = -4{,}64 \times 10^{-10}$ und für den Mond

$E_{\text{self}} = -1{,}90 \times 10^{-11}$. Im Labor ist dieser Effekt nicht messbar, $E_{\text{self}} \simeq -10^{-25}$.
Der **Nordtvedt-Parameter** η misst damit die Verletzung des Starken Äquivalenz-
prinzips, in der Robertson Parametrisierung folgt $\eta = 4\beta - \gamma - 3$ mit $\eta = 0$ in der
Einstein-Theorie (Abb. 4.27).

Die Verletzung des Starken Äquivalenzprinzips führt nun zu einer periodischen
Modulation des Abstandes Erde-Mond

$$\boxed{\Delta r = 15{,}1 \,\text{m}\, \eta \, \cos D.} \tag{4.98}$$

D bedeutet die Elongation der Mondbahn in Bezug auf Erde und Sonne.

4.7.5 Gravity Probe B misst Krümmung und Frame-Dragging der Erde

Auch der Raum um die Erde ist nicht mehr flach, sondern gekrümmt. Die Kugeloberfläche weist eine Riemann'sche Krümmung auf

$$R^2_{323} = \frac{1 - B^2(r)}{r^2} = \frac{2\gamma G M_E}{c^2 r} \frac{1}{r^2}, \tag{4.99}$$

mit $B^2 = 1 - 2\gamma U(r)$. Kann man diese Krümmung messen? Diese Raumkrümmung
führt zur sogenannten **geodätischen Präzession** eines Kreisels. Insgesamt wird die

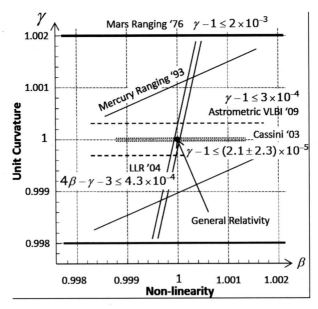

Abb. 4.27 Bisherige Einschränkungen der Sonnensystemexperimente an die Robertson-Parameter
β und γ. Tests des Starken Äquivalenzprinzips ergeben eine weitere Einschränkung an die Kombination $\eta = 4\beta - \gamma - 3$. (Grafik: Slava Turyshev/JPL, arXiv:0806.1731, mit freundlicher Genehmigung
© des Autors)

Achse eines Kreisels, der sich im freien Fall um die Erde bewegt, einer Rotation
ausgesetzt

$$\vec{\Omega} = \frac{3GM_E}{2c^2 R^3}(\vec{R} \times \vec{V}) + \frac{2GI_E\Omega_E}{c^2 R^3}\left[\frac{3\vec{R}}{R^2}(\vec{n} \cdot \vec{R}) - \vec{n}\right].$$ (4.100)

Dabei bedeuten M_E die Masse der Erde, $\vec{n}$ die Richtung der Spinachse der Erde
mit Rotationsfrequenz $\Omega_E = 2\pi$ pro Tag, I_E das Trägheitsmoment der Erde und $\vec{R}$
die radiale Richtung des Kreisels vom Zentrum der Erde aus gemessen (7027,4 km;
Umlaufszeit: 97,65 min von Gravity Probe B). Der erste Beitrag entsteht durch die
Raumkrümmung der Erde (sogenannte geodätische Präzession), der zweite durch den
Spin $I_E\Omega_E$ der Erde (sogenannter Lense-Thirring Effekt). Wenige Jahre, nachdem
Einstein die Allgemeine Relativitätstheorie 1916 veröffentlichte, sagten 1918 der
österreichische Mathematiker Josef Lense und der österreichische Physiker Hans
Thirring voraus, dass die **Rotation einer Masse im Raum die lokale Raum-Zeit
mit sich zieht** und diese dadurch verdrillt. Dieser Effekt wird heute als *Frame-
Dragging* bezeichnet (der zweite Term in (4.100)), der durch den Spin der Erde
verursacht wird.

Der Satellit **Gravity Probe B** wurde am 20. April 2004 vom US-Luftwaffen-
stützpunkt Vandenberg an Bord einer Delta II 7920-Rakete erfolgreich gestartet. Die
Bahn des Satelliten führte in einer Höhe von ca. 740 km über die Pole. Nach den Vorhersagen der Stanford-Physiker sollten sich die Rotationsachsen der vier Gyroskope
der **Raumsonde Gravity Probe B** wegen der Raum-Zeit-Krümmung pro Jahr um
6606,1 Millibogensekunden in Vorwärtsrichtung neigen und zusätzlich durch den
Lense-Thirring-Effekt um 39,2 Millibogensekunden pro Jahr in eine Richtung senkrecht zur Bahnebene gedreht werden. Gemessen wurden 6601,8±18,3 (0,28 %), bzw.
37,2 ± 7,2 (19 %) Millibogensekunden pro Jahr, Fehlerangaben jeweils 1 σ (Everitt et al. 2011). Damit wurde die Allgemeine Relativitätstheorie glänzend bestätigt.
Beide Effekte existieren in der Newton'schen Welt nicht!

Fazit: Die Einstein'sche Theorie der Gravitation hat bisher alle Tests im Sonnensystem glänzend bestanden. Alle Alternativtheorien mussten das Feld räumen – ist also die Einstein'sche Sicht der Gravitation alternativlos? Aus heutiger Sicht ist die Einstein'sche Theorie der Gravitation in der Tat die erste
Wechselwirkungstheorie, die auf dem Konzept der Eichtheorien begründet ist.
Sie diente als Vorlage zur Formulierung der Schwachen und Starken Wechsel-
wirkungstheorien als Eichtheorien in den 1960er- und 1970er-Jahren.

4.8   Zusammenfassung

Ohne Spezielle Relativität gäbe es keinen technologischen Fortschritt und Hochenergiebeschleuniger würden nicht funktionieren. Einstein ist es gelungen, mittels der Raum-Zeit von Minkowski die Struktur so zu erweitern, dass die Gravitation eingebaut werden konnte – Gravitation ist Geometrie der Raum-Zeit. Gravitation ist eine direkte Folge der Geometrie von Raum und Zeit. Damit aber stellte Einstein auch die Vorstellung der Raum-Zeit auf den Kopf – der von ihm selbst in seiner Speziellen Relativitätstheorie eingeführten Matrix des Kosmos. Denn diese ist nun nicht mehr bloß passiver Hintergrund, sondern greift selbst in das Geschehen ein und beeinflusst, wie sich die Objekte im Universum bewegen. Sie bildet die Basis für die gesamte moderne Kosmologie. Denn Phänomene wie Neutronensterne, Schwarze Löcher oder Gravitationslinsen ließen sich ohne sie nicht physikalisch erklären. Sie dienen gleichzeitig als experimenteller Test für Einsteins Theorie.

4.9   Lösungen zu Aufgaben

Die Lösungen zu den Aufgaben sind auf https://link.springer.com/ zu finden.

Der Physiker Albert Einstein bis 1915

1879: Albert Einstein wird am 14. März in Ulm als Sohn des Kaufmanns Hermann Einstein und dessen Frau Pauline (geb. Koch) geboren.

1896: Er beginnt ein mathematisch-physikalisches Fachlehrerstudium an der Eidgenössich Technischen Hochschule in Zürich, nachdem er dort im Vorjahr abgewiesen worden war.

1900: Diplom als Fachlehrer für Mathematik und Physik.

1902–1909: Technischer Vorprüfer am Eidgenössischen Amt für geistiges Eigentum (Patentamt) in Bern.

1905: Veröffentlichungen in den *Annalen der Physik* zur Quantentheorie und zur Speziellen Relativitätstheorie: Er erweitert die Quantentheorie von Max Planck um die Hypothese der Lichtquanten. Mit der Begründung der Speziellen Relativitätstheorie leitet er den Übergang zur Wissenschaft des 20. Jahrhunderts ein. Kurz darauf liefert er mit der Formel $E = mc^2$ einen Nachtrag zur Relativitätstheorie. Die Energie eines Körpers ist demnach das Produkt aus seiner Masse und dem Quadrat der Lichtgeschwindigkeit.

1909: Einstein erhält eine außerordentliche Professor für theoretische Physik an der Universität Zürich.

1911: Einstein wird als Ordinarius an die Prager Universität berufen.

1912: Rückkehr an die Eidgenössische Technische Hochschule in Zürich, wo er allerdings neben seiner Forschung zu Lehrveranstaltungen zur theoretischen Physik verpflichtet ist.

1914: Einstein erhält am 1. April den Ruf an die Preußische Akademie der Wissenschaften in Berlin. Er kann sich nun ausschließlich seiner Forschung widmen, da er keinerlei Lehrverpflichtungen hat.

1915: Im November beendet Einstein die **Allgemeine Relativitätstheorie** und revidiert damit die Newton'sche Gravitation.

Der Physiker Albert Einstein nach 1915

1917: Einstein entwirft das erste kosmologische Modell – das statische Universum – und erweitert seine Gleichungen um die Kosmologische Konstante.

1918: Einstein leitet die berühmte Quadrupolformel für den Energieverlust durch Emission von Gravitationswelllen ab.

1919: Der Leiter der Sonnenfinsternisexpedition Sir Arthur Eddington hat in einer Sitzung der Royal Society in London am 6. November 1919 als Ergebnis bekanntgegeben, dass die von Albert Einstein vorherberechnete Ablenkung der Lichtstrahlen an der Sonne bestätigt worden ist.

1921: Einstein erhält den Nobelpreis für Physik für die Einführung des Begriffs der Lichtquanten und seine Arbeiten auf dem Gebiet der theoretischen Physik. Seine Forschungen revolutionieren die Grundlagen der Physik: neue Auffassung über Raum und Zeit.

1933: Am Tag der Machtübernahme (30. Januar) durch die NSDAP befindet sich Einstein auf einer Konferenz in Pasadena. Er protestiert gegen die Menschenrechtsverletzungen in Deutschland und legt sein Amt an der Preußischen Akademie der Wissenschaften nieder, noch bevor die Nationalsozialisten ihn ausschließen können. Einstein siedelt in die USA über, wo er in Princeton (New Jersey) eine neue Anstellung am Institute for Advanced Studies erhält.

1939: Trotz seines grundsätzlichen Pazifismus unterzeichnet auch er am 2. August eine Aufforderung an den amerikanischen Präsidenten, den Bau der Atombombe voranzutreiben. Er befürchtet das Voranschreiten der deutschen Atomforschung. Ende 1938 entdecken Otto Hahn und Fritz Straßmann in Berlin die Kernspaltung.

1945: Nach dem Abwurf der Atombomben über Hiroshima und Nagasaki durch die US-Luftwaffe gründet Einstein das *Emergency Committee*

of Atomic Scientists. Als Präsident des Komitees engagiert er sich für
die friedliche Nutzung der Atomenergie.
1955: Albert Einstein stirbt am 18. April in Princeton (New Jersey).

Literatur

Bertotti B, Iess L, Tortora P (2003) A test of general relativity using radio links with the Cassini spacecraft. Nature 425:374–376

Bührke T (2015) Einsteins Jahrhundertwerk. Die Geschichte einer Formel. Deutscher Taschenbuch, München

Carroll M (2004) Spacetime and geometry. An introduction to general Relativity. Addison Wesley, San Francisco

Damour T (2012) Theoretical aspects of the equivalence principle. Class Quantum Gravity. arXiv:1202.6311

Einstein A (1915a) Erklärung der Perihelbewegung des Merkur aus der allgemeinen Relativitätstheorie. In: Sitzungsberichte der Preußischen Akademie der Wissenschaften zu Berlin, S. 831–839

Einstein A (1915b) Die Feldgleichungen der Gravitation. Sitzungsberichte der Preussischen Akademie der Wissenschaften zu Berlin, S. 844–847

Einstein A (1917) Kosmologische Betrachtungen zur allgemeinen Relativitätstheorie. Sitzungsberichte der Preußischen Akademie der Wissenschaften zu Berlin, S. 142

Einstein A (1905) Zur Elektrodynamik bewegter Körper. Ann Phys 17:891

Einstein A (1911) Über den Einfluß der Schwerkraft auf die Ausbreitung des Lichtes. Ann Phys 35:898–908

Einstein A (1916) Die Grundlage der Allgemeinen Relativitätstheorie. Ann Phys 354:769–822

Einstein A (2012) Über die spezielle und die allgemeine Relativitätstheorie. Springer Spektrum, Heidelberg

Einstein A, Grossmann M (1913) Entwurf einer verallgemeinerten Relativitätstheorie und einer Theorie der Gravitation. Z Math Phys 62:225–261

Everitt C W F et al (2011) Gravity Probe B: Final results of a space experiment to test general relativity. Phys Rev Lett 106, S. 221101. arXiv:1105.3456

https://www.tempolimit-lichtgeschwindigkeit.de/tuebingen/

Nagel M et al (2014) Direct Terrestrial Measurement of the Spatial Isotropy of the Speed of Light to 10^{-18}. arXiv:1412.6954

Pais A (1989) Ich vertraue auf Intuition. Der andere Albert Einstein. Spektrum Akademischer, Heidelberg

Straumann N (1988) Allgemeine Relativitätstheorie und relativistische Astrophysik. Lecture Notes in Physics 150. Springer, Heidelberg, S. 81–82

Touboule P (2017) MICROSCOPE Mission: First Results of a Space Test of the Equivalence Principle. Phys. Rev. Letters 119, 231101. arXiv:1712.01176

Voisin G et al (2020) An improved test of the strong equivalence principle with the pulsar in a triple star system. A&A 638; arXiv:2005.01388

Will M (2014) The Confrontation between General Relativity and Experiment. Living Reviews Relativity 2014-4

Weiße Zwerge – Diamanten der Milchstraße

5

Inhaltsverzeichnis

▶ Typische Weiße Zwerge (WZ) sind Sterne mit einer Masse von etwa einer halben Sonnenmasse und Radien von $\simeq 8000$ km (d. h., sie sind planetenartig). Dies bedeutet jedoch, dass sie im Innern eine beträchtliche Dichte aufweisen – die mittlere Dichte folgt zu etwa einer Million Gramm pro Kubikzentimeter. Sie enthalten kein nukleares Brennen mehr und kühlen nur noch aus, indem sie ihr Wärmereservoir abstrahlen. Wir wissen heute, dass Weiße Zwerge die enorme Gravitationskraft durch den Quantendruck der Elektronen ausbalancieren. Geschichtlich betrachtet war diese

---

Elektronisches Zusatzmaterial Die elektronische Version dieses Kapitels enthält Zusatzmaterial, das berechtigten Benutzern zur Verfügung steht. https://doi.org/10.1007/978-3-662-62882-9_5.

© Springer-Verlag GmbH Deutschland, ein Teil von Springer Nature 2021
M. Camenzind, *Faszination kompakte Objekte*,
https://doi.org/10.1007/978-3-662-62882-9_5

Erkenntnis alles andere als klar. Weiße Zwerge sind deshalb von besonderem Interesse, da die Gravitationskraft nicht durch normalen Gasdruck ausgeglichen wird, sondern durch den Quantendruck der Elektronen. Aber auch dieser Druck reicht nicht aus, den Stern bei zu großer Masse zu stabilisieren – übersteigt die Masse die Chandrasekhar-Grenzmasse von 1,4 Sonnenmasssen, fällt der Weiße Zwerg in sich zusammen und wird durch Fusionsprozesse total zerrissen.

5.1 Sirius B – ein junger Weißer Zwerg

Der bekannteste WZ ist sicher der Begleitstern von Sirius, Sirius B. Aus dem 3. Kepler'schen Gesetz hat man schon früh seine Masse zu 0,75–0,95 $M_\odot$ abgeschätzt. Die Leuchtkraft $L_* \simeq (1/360)\, L_\odot$ folgte aus der Distanz und der Helligkeit. Zusammen mit der Effektivtemperatur $T_* \simeq 8000$ K (Adams 1914) und der Leuchtkraft

$$L_* = 4\pi\, R_*^2\, \sigma_{\mathrm{SB}}\, T_*^4 \tag{5.1}$$

hat man damals einen Radius R_* von 18.800 km abgeschätzt. Der heutige Wert ist allerdings etwa dreimal kleiner. Dies veranlasste Eddington 1926 zur Bemerkung, dass Sirius B eine Masse wie die Sonne aufweise, aber eher wie Uranus aussieht. Damals waren insgesamt nur drei Objekte von diesem Typ bekannt. Die mittlere Dichte war damit 2000-mal höher als die von Platin. Deshalb konnte der innere Zustand eines solchen Sterns nicht erklärt werden.

Dies änderte sich 1926 schlagartig mit der Entdeckung der Fermi-Dirac-Statistik für Elektronen. Es war dann Fowler, der kurz darauf 1926 das Rätsel der WZ löste: Es ist der Quantendruck der Elektronen, der die WZ im hydrostatischen Gleichgewicht hält. Echte Modelle wurden von Chandrasekhar 1930 und 1931 zum ersten Mal berechnet. Er fand dann heraus, dass dieses hydrostatische Gleichgewicht nur bis zu einer gewissen Massengrenze, $M \simeq 1,4\, M_\odot$ gilt, die heute als **Chandrasekhar-Grenzmasse** bekannt ist. Wenn Elektronen einen Quantendruck aufbauen, so können dies natürlich auch Baryonen, insbesondere Neutronen. Landau hat 1932 zum ersten Mal darüber spekuliert, dass es noch kompaktere Sterne geben könnte, die durch den Quantendruck der Neutronen ins Gleichgewicht kommen. Gefunden wurden diese **Neutronensterne** jedoch erst 1967. Die Interpretation der WZ und Vorhersage der Existenz von Neutronensternen ist ein schönes Beispiel für die Wechselwirkung zwischen Astronomie und Physik.

Im 19. Jahrhundert untersuchte man den Stern Sirius, der schon im alten Ägypten verehrt wurde. Sirius befindet sich im Sternbild Canis Majoris und ist der Hauptstern im Sternbild Großer Hund (Abb. 5.1). Aufgrund seiner hohen Oberflächentemperatur von etwa 10.000 Grad Kelvin ist er eines der hellsten Objekte am Sternenhimmel. Im Jahre 1844 schließlich nahm der Astronom Friedrich Bessel diesen Stern genauer unter die Lupe und erkannte, dass Sirius eine geringfügige Hin- und Herbewegung macht. Da die Kepler'schen Gesetze und die Newton'sche Mechanik zu jener Zeit

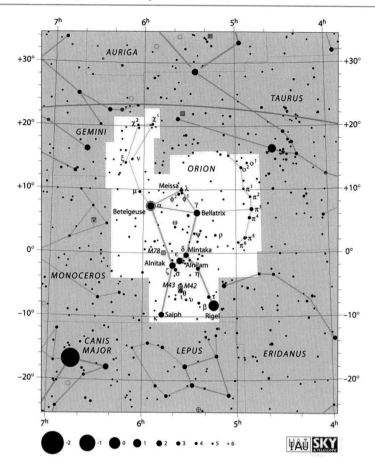

Abb. 5.1 Ein sehr markantes und leicht einprägsames Sternbild des winterlichen Abendhimmels ist der Orion, der gewaltige Jäger in der griechischen Sagenwelt. Sirius liegt fast auf der Verbindungsgeraden mit den Gürtelsternen des Orion. Als Begleiter des Jägers Orion spielt der Hund in der griechischen Mythologie eine große Rolle. Bei den alten Ägyptern war Sirius, der bei ihnen den Namen Sothis führte, alljährlich Gegenstand großer Feierlichkeiten. Das Ansteigen des Nils im Hochsommer fiel mit dem Zeitpunkt zusammen, an dem Sirius, den einige Monate lang die Strahlen der Sonne verborgen hatten, am Morgenhimmel wieder sichtbar wurde. Dieses Wiedererscheinen des Sothis war ein wichtiger Termin im Ablauf des altägyptischen Kalenders. (Grafik: IAU Sky Himmelskarte)

schon bekannt waren, musste es nach diesen Theorien also einen Begleiter in unmittelbarer Nähe geben. Dieses mysteriöse Objekt wurde schließlich im Jahre 1863 von Alvan Clark entdeckt und war der erste bekannte Weiße Zwerg mit dem Namen Sirius B.

Aus praktischen Gründen wird üblicherweise nur die relative Bahn von Sirius B bezüglich Sirius A dargestellt, der daher einen festen Punkt im Diagramm einnimmt. Diese relative Bahn ist ebenfalls eine Ellipse, nun aber mit Sirius A in einem ihrer Brennpunkte (Abb. 5.2). Könnte ein irdischer Beobachter senkrecht auf die Bahnebene des Doppelsternsystems blicken, so sähe er diese Ellipse mit einer 7,501 Bogensekunden langen großen Halbachse und einer Exzentrizität von 0,5923. Unter Berücksichtigung der Entfernung von Sirius folgen daraus für die große Halbachse eine Länge von knapp 20 Astronomischen Einheiten (AE), ein kleinster Abstand von 8 AE und ein größter Abstand von 31,5 AE. Der kleinste bzw. größte Abstand würde diesem Beobachter unter einem Winkel von 3,1, bzw. 11,9 Bogensekunden erscheinen. Da die Bahn jedoch um 136,62 Grad gegen die Sichtlinie geneigt ist, sieht der Beobachter die Bahn in Schrägansicht, die sich wiederum als Ellipse, aber mit etwas größerer Exzentrizität darstellt. Abb. 5.2 zeigt diese scheinbare Bahn, wie sie von der Erde aus gesehen wird. Obwohl Sirius A in einem Brennpunkt der relativen Umlaufbahn von Sirius B liegt, befindet er sich wegen der Schrägansicht nicht in einem Brennpunkt der im Diagramm dargestellten perspektivisch verkürzten Ellipse.

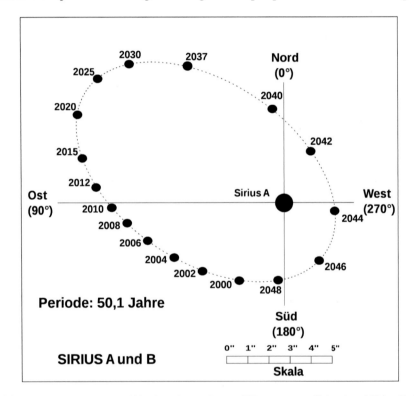

Abb. 5.2 Das Sternensystem Sirius besteht aus den zwei Komponenten Sirius A und Sirius B, die sich mit einer Periode von 50,052 Jahren um ihren gemeinsamen Massenschwerpunkt bewegen. Hier die scheinbare Umlaufbahn von Sirius B um Sirius A. Da Sirius A mehr als doppelt so viel Masse wie Sirius B aufweist, liegt der Schwerpunkt des Systems näher an Sirius A. Könnte ein irdischer Beobachter senkrecht auf die Bahnebene des Doppelsternsystems blicken, so sähe er diese Ellipse mit einer 7,501 Bogensekunden langen großen Halbachse und einer Exzentrizität von 0,5923. Unter Berücksichtigung der Entfernung von Sirius folgen daraus für die große Halbachse eine Länge von knapp 20 AE, ein kleinster Abstand von acht AE und ein größter Abstand von 31,5 Astronomische Einheiten. (Grafik: www.edu-observatory.org/mcc)

Weiße Zwerge schienen zunächst sehr unphysikalisch zu sein, da für ihre Beschreibung die bis dato noch nicht entdeckte Physik der Relativitätstheorie und der Quantenmechanik zwingend nötig sind. Der zuerst entdeckte, aber nicht als solcher
erkannte Weiße Zwerg war 40 Eridani B im Dreifachsternsystem 40 Eridani. Das
Sternpaar 40 Eridani B/C wurde von William Herschel am 31. Januar 1783 entdeckt und erneut von Friedrich Georg Wilhelm Struve im Jahre 1825. Im Jahre 1914
hat Walter Adams den Spektraltyp von 40 Eridani B offiziell publiziert. Der zweit-
nächste Weiße Zwerg wurde 1896 als Begleiter des Prokyon in 11,5 Lichtjahren
Entfernung entdeckt. Prokyon B hat nur 11. Größe und ist wegen seiner engen Bahn
(nur 3 Bogensekunden) und größeren Helligkeitsdifferenz erst in großen Teleskopen
sichtbar. Trotz 0,6 Sonnenmassen ist er jedoch etwas größer als Sirius B.

Bis zum Jahre 1926 war man der Ansicht, diese erloschenen Himmelsobjekte seien
durch das Gleichgewicht aus Gravitationsdruck und thermischem Druck im Inneren
stabilisiert. Diese Annahme führte jedoch zu Widersprüchen. Durch die permanente
Abstrahlung von Energie in der Form von Temperaturstrahlung wäre ein WZ einem
kontinuierlichen Energieverlust unterworfen, welcher eine ständige Verringerung
des Radius zur Folge hätte. Man war der Überzeugung, dass ein Weißer Zwerg
nach seiner Abkühlung durch den Druck zwischen seinen Atomen stabilisiert werde.
Hierfür setzte man aber ein Dichte voraus, die mit der Dichte von irdischem Gestein
oder anderen Festkörpern vergleichbar ist. Diese Argumentation führte zu einem
Paradoxon, wonach sich ein Weißer Zwerg, nachdem er abgekühlt und geschrumpft
ist, wieder gegen den Gravitationsdruck ausbreiten muss, um schließlich die Dichte
von Gestein einzunehmen.

▶   ⇒ Vertiefung 5.1: Welche Rolle spielte Sirius A bei den alten Ägyptern?

▶   ⇒ Vertiefung 5.2: Wie lauten die Newton'schen Kepler-Gesetze?

5.2   Die Zustandsgleichung eines Fermigases

Die Grundbausteine der Materie sind Fermionen, d. h. Spin-1/2 Teilchen wie Quarks,
Proton, Neutron und Elektron. Die Kräfte zwischen diesen Teilchen werden jedoch
durch Bosonen vermittelt: Photonen, Gluonen, W- und Z-Teilchen.

5.2.1   Eine Welt von Bosonen und Fermionen

Bosonen und Fermionen sind zwei Teilchenarten, die sich ganz wesentlich voneinander unterscheiden. Ihre Namen haben wirklich einen Bezug zu Physikern. Nach
Bose wurden die Bosonen, nach Fermi die Fermionen benannt. Beispiele für Bosonen sind Photonen, Gluonen und W-Bosonen, für Fermionen sind es Elektronen,
Protonen, Neutronen und Quarks. Der grundsätzliche Unterschied zwischen beiden
ist – anschaulich ausgedrückt –, dass Bosonen sehr gesellig sind und am liebsten

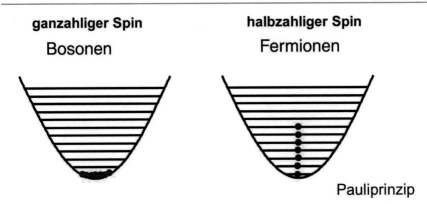

Abb. 5.3 Fermionen sind Individualisten und benötigen nach der Heisenberg'schen Unschärfere-lation ein gewisses Phasenraumvolumen $\Delta x\,\Delta p > h/2$. Sie können daher nur ein Energieniveau besetzen. Bosonen sind dagegen gesellige Wesen und können bei geringer Temperatur ein Konden-sat bilden, das sogenannte Bose-Einstein-Kondensat BEC. (Grafik: © Camenzind)

sich alle am gleichen Ort aufhalten, während Fermionen dagegen ständig voreinander flüchten und totale Einzelgänger sind, sich also so gut wie möglich an verschiedenen Orten aufhalten.

Auch Elektronen unterliegen dem Pauli-Prinzip und können daher in den Atom-hüllen nur ganz bestimmte Zustände besetzen (Abb. 5.3). Daraus resultiert die bekannte Schalenstruktur der Atome und damit der Aufbau des Periodensystems der Atome.

Ein Atom ist aus Atomkern und einer Hülle von Elektronen aufgebaut. Der Atom-kern besteht aus Nukleonen, den Neutronen und Protonen. Nukleonen sind wiederum aus Quarks zusammengesetzt. Alle diese Teilchen ähneln sich in einer besonderen Eigenschaft – dem sogenannten Spin. Diese Teilchen sind Fermionen und haben halbzahligen Spin. Aufgrund der Quantenmechanik ist der Eigendrehimpuls dieser Teilchen quantisiert. Nach dem Pauli-Prinzip benötigen Fermionen ein Mindestvo-lumen im Phasenraum (zusammengesetzt aus Ortsraum und Impulsraum), das durch das Planck'sche Wirkungsquantum $\hbar$ gegeben ist. Versucht man Fermionen zusam-menzudrücken, erzeugen sie einen Quantendruck. Durch diesen Quantendruck der Elektronen werden Weiße Zwerge stabilisiert, wie Fowler Ende der 1920er-Jahre herausgefunden hat (Fowler 1926). Aber das funktioniert nur bis zu einer gewissen Masse, der **Chandrasekhar-Grenzmasse** von 1,4 Sonnenmassen (Chandrasekhar 1931).

▶ $\Rightarrow$ Vertiefung 5.3: Was besagt das Pauli-Prinzip für den Atomaufbau?

5.2.2   Die Zustandsgleichung des idealen Fermigases

Das ideale Fermigas ist eine Modellvorstellung, in der man die gegenseitige Wech-selwirkung der Teilchen völlig vernachlässigt, analog zum idealen Gas in der klassischen Physik. Dies stellt eine starke Vereinfachung dar, vereinfacht aber die Formeln so, dass in vielen praktisch wichtigen Fällen physikalisch korrekte Voraussagen gemacht werden können (Elektronengas in Festkörpern, Weißen Zwergen, Atomkernen). Die Impulsverteilung (Fermi-Verteilung) von N Fermionen der Masse m, Spin s und Energie E nach Einstein

$$E = \sqrt{m^2c^4 + p^2c^2} \tag{5.2}$$

in einem Volumen V bei einer Temperatur T ist gegeben durch

$$\frac{dN}{dp} = \frac{g}{h^3} V 4\pi^2 p^2 f(E) = \frac{g}{h^3} V 4\pi p^2 \frac{1}{\exp[(E - \mu)/k_BT] + 1} . \tag{5.3}$$

$g = 2s + 1$ ist das statistische Gewicht, für Elektronen mit $s = 1/2$ ist $g = 2$. $V 4\pi p^2 dp/h^3$ ist die Anzahl Phasenraumzellen vom Volumen h^3 im Ortsraum V und Impulsintervall $[p, p + dp]$. $f(E)$ ist der Auffüllfaktor, d. h. die Wahrscheinlichkeit, dass eine Phasenraumzelle bei der Energie E besetzt ist (Abb. 5.4). μ ist das chemische Potenzial. Aus der Fermiverteilung ergeben sich die Anzahldichte

$$n = \frac{N}{V} = \frac{g}{h^3} 4\pi \int_0^\infty \frac{p^2 \, dp}{\exp[(E - \mu)/k_BT] + 1} \tag{5.4}$$

die Energiedichte (inklusive Ruhemassenenergie)

$$\epsilon = \frac{E}{V} = \frac{g}{h^3} 4\pi \int_0^\infty E \frac{p^2 \, dp}{\exp[(E - \mu)/k_BT] + 1} \tag{5.5}$$

und isotroper Druck

$$P = \frac{1}{3} \frac{g}{h^3} 4\pi \int_0^\infty pv \frac{p^2 \, dp}{\exp[(E - \mu)/k_BT] + 1} . \tag{5.6}$$

$v = pc^2/E$ ist die Geschwindigkeit der Fermionen.

Im Grenzfall kalter Fermionen (sog. vollständige Entartung) geht die Phasenraumverteilung in eine Stufenfunktion über mit allen Energieniveaus aufgefüllt bis zu einer maximalen Energie, der Fermi-Energie E_F (Abb. 5.4). Nach der SRT hängen Fermi-Energie E_F und Fermi-Impuls p_F wie folgt zusammen

$$E_F = \sqrt{m_e^2c^4 + p_F^2c^2} . \tag{5.7}$$

Aus dem Fermi-Impuls folgt die Teilchendichte

$$n_e = \frac{2}{h^3} \int_0^{p_F} 4\pi p^2 \, dp = \frac{8\pi}{h^3} p_F^3 . \tag{5.8}$$

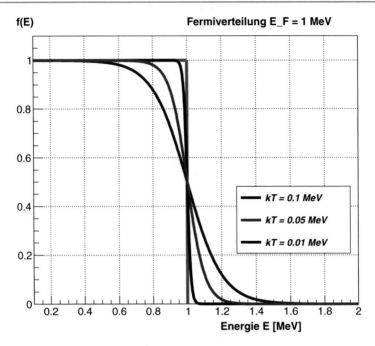

Abb. 5.4 Die Fermi-Verteilung $f(E)$ für Fermionen mit Fermi-Energie E_F von 1 MeV und verschiedenen Temperaturen in Einheiten von MeV. Im Grenzfall kleiner Temperaturen $k_B T \ll E_F$ geht die Fermi-Verteilung in eine Stufenfunktion über. (Grafik: © Camenzind)

Es ist nun üblich einen dimensionslosen Fermi-Impuls x_e zu definieren

$$x_e = \frac{p_F}{m_e c} . \tag{5.9}$$

Damit lässt sich die Elektronendicht wie folgt ausdrücken

$$n_e = \frac{1}{3\pi^2 \Lambda_e^3} x_e^3 . \tag{5.10}$$

$\Lambda_e = \hbar/m_e c = 3,86 \times 10^{-13}$ m ist die Compton-Wellenlänge des Elektrons.

Über den Fermi-Impuls können wir auch die Energiedichte der Elektronen berechnen

$$\epsilon_e = \frac{2}{h^3} \int_0^{p_F} \sqrt{m_e^2 c^4 + p^2 c^2}\, 4\pi p^2 \, dp = \frac{m_e c^2}{\Lambda_e^3} \chi(x_e) \tag{5.11}$$

mit

$$\chi(x_e) = \frac{1}{8\pi^2} \left\{ x_e \sqrt{1 + x_e^2}(1 + 2x_e^2) - \ln\left(x_e + \sqrt{1 + x_e^2} \right) \right\}. \tag{5.12}$$

Analog lässt sich auch der Druck bestimmen

$$P_e = \frac{1}{3}\frac{2}{h^3} \int_0^{p_F} \frac{p^2 c^2}{\sqrt{m_e^2 c^4 + p^2 c^2}} = \frac{m_e c^2}{\Lambda_e^3} \, \Phi(x_e) \qquad (5.13)$$

mit der charakteristischen Funktion

$$\Phi(x_e) = \frac{1}{8\pi^2}\left\{ x_e\sqrt{1 + x_e^2}(2x_e^2/3 - 1) + \ln\left(x_e + \sqrt{1 + x_e^2} \right) \right\}. \qquad (5.14)$$

Die Massendichte in Weißen Zwergen folgt dann aus

$$\rho_0 = nm_B = \frac{n_e m_B}{Y_e}, \qquad (5.15)$$

wobei Y_e die mittlere Anzahl Elektronen pro Baryon (B) bezeichnet. So beträgt $Y_e = Z/A = 0,5$ in vollständig ionisierten ^{12}C-Atomen und $m_B = m_u = 1,66057 \times 10^{-27}$ kg. Damit ergibt sich für die Massendichte

$$\rho_0 = 1,95 \times 10^6 \, x_e^3 \, \text{g/cm}^3 . \qquad (5.16)$$

Bei einer Massendichte von 2×10^6 g/cm^3 werden also die Elektronen in C/O-Weißen Zwergen gerade relativistisch, d. h. $x_e > 1$.

Im nichtrelativistischen Grenzfall, $x_e \ll 1$, gilt die Taylor-Entwicklung

$$\chi(x_e) = \frac{1}{3\pi^2}\left[x_e^3 + \frac{3}{10}x_e^5 + \cdots \right] \qquad (5.17)$$

$$\Phi(x_e) = \frac{1}{15\pi^2}\left[x_e^5 - \frac{5}{14}x_e^7 + \cdots \right] \qquad (5.18)$$

und im hoch-relativistischen Grenzfall, $x_e \gg 1$,

$$\chi(x_e) = \frac{1}{4\pi^2}\left[x_e^4 + x_e^2 + \cdots \right] \qquad (5.19)$$

$$\Phi(x_e) = \frac{1}{12\pi^2}\left[x_e^4 - x_e^2 + \cdots \right] \qquad (5.20)$$

resultiert eine **polytrophische Zustandsgleichung**

$$P_e = K_e \left(\frac{\rho_0}{\mu_e} \right)^{\Gamma} \qquad (5.21)$$

mit $\Gamma = 5/3$ für $x_e \ll 1$ und $\Gamma = 4/3$ für $x_e \gg 1$. Die Konstante K_e hängt nur von Naturkonstanten ab, für $x_e \ll 1$

$$K_e = \frac{3^{2/3}\pi^{4/3}}{5} \frac{\hbar^2}{m_e m_u^{5/3}} = 1,0036 \times 10^7 \text{ (SI)} \qquad (5.22)$$

und für $x_e \gg 1$

$$K_e = \frac{3^{1/3}\pi^{2/3}}{4}\frac{\hbar c}{m_u^{4/3}} = 1{,}235 \times 10^{10} \text{ (SI)}. \tag{5.23}$$

▶ $\Rightarrow$ Vertiefung 5.4: Wie groß ist die mittlere Dichte von Sirius B?

▶ $\Rightarrow$ Vertiefung 5.5: Druck im Fe-Ni-Core eines massereichen Sterns?

5.2.3 Elektrostatische Wechselwirkung

Die Wechselwirkung zwischen Ionen und Elektronen führt zu einer leichten Korrektur in der Zustandsgleichung. Die positiven Ladungen sind nicht ganz homogen verteilt. Dies reduziert Energie und Druck der Elektronen. Je höher die Dichte, desto wichtiger werden diese Coulomb-Effekte. Das Verhältnis zwischen Coulomb-Energie und thermischer Energie beträgt

$$\frac{E_C}{k_B T} = \frac{Ze^2/<r>}{4\pi\epsilon_0 k_B T} \simeq \frac{Ze^2 n_e^{1/3}}{4\pi\epsilon_0 k_B T}. \tag{5.24}$$

Z ist die Ladungszahl der Ionen, T die Temperatur und $<r>$ der mittlere Radius. Mittels statistischer Überlegungen können Korrekturterme zur Zustandsgleichung abgeleitet werden.

5.3   Chandrasekhar kämpft gegen das Establishment

Subrahmanyan Chandrasekhar wurde 1910 in Lahore, Indien, geboren. Er war eines von zehn Kindern. Bis er zwölf Jahre alt war, wurde er zu Hause von Eltern und Privatlehrern unterrichtet. Chandra besuchte die Hindu High School und erwarb sich einen Titel in Physik am Presidency College. An der Universität von Cambridge erhielt er ein Stipendium. Dadurch konnte er seine Ausbildung im Ausland fortsetzen. 1933 beendete er sie in Cambridge und bekam den Doktortitel der Universität von Cambridge.
   Der Krieg der Astronomen (Miller 2006), geschrieben von Arthur Miller, ist die Geschichte eines genialen Außenseiters, der mit einer wichtigen Entdeckung zunächst an der Ignoranz und den Vorurteilen seines berühmten Kollegen Arthur Eddington und des wissenschaftlichen Establishments scheitert. Und es ist die Geschichte eines Meilensteins in der Erforschung des Universums. Der junge Inder Subrahmanyan Chandrasekhar, genannt Chandra, bewies 1930 mathematisch, dass Sterne ab einer bestimmten Größe am Ende ihres Lebens zu unendlich dichten Gebilden zusammenstürzen, die man später als Schwarze Löcher bezeichnete. Nicht nur Einstein bezweifelte, dass dies möglich sei. Der englische Astrophysiker Arthur S. Eddington verwarf 1935 öffentlich Chandras Erkenntnis schlicht als absurd. Praktisch alle Kollegen schlossen sich ihm an. Erst in den 1960er-Jahren erkannte man

die Richtigkeit und Bedeutung der Entdeckung, für die Chandrasekhar schließlich 1983 den Nobelpreis erhielt.

Am Freitag, den 11. Januar 1935 fand in London eine Sitzung der Royal Astronomical Society statt. Arthur Miller hat die Geschichte einer kurzen Debatte bei dieser Veranstaltung rekonstruiert. Subrahamanyan Chandrasekhar hielt einen Vortrag, in dem er nachzuweisen versuchte, dass bestimmte Sterne, sogenannte Weiße Zwerge, von einer bestimmten Masse an nicht als tote Gesteinsbrocken enden, sondern unter dem Einfluss ihrer Gravitation schrumpfen, bis sie zu Nichts werden, einem Nichts von gewaltiger Anziehungskraft. Wir nennen dergleichen heute Schwarze Löcher. Chandrasekhars Beweisführung stieß auf Widerstand. Der energischste und folgenreichste kam von dem führenden englischen Astronomen Arthur Stanley Eddington. Er machte sich lustig über Chandras Zahlenspiele. Chandra verwechsele Mathematik und Physik. Eine mathematische Möglichkeit sei noch lange keine physische Realität. Miller macht klar, dass damals in der Royal Astronomical Society nicht nur zwei unterschiedliche Arten aufeinander stießen, Atome und Sterne zu sehen, sondern auch der Hochmut eines Vertreters des britischen Establishments gegen einen Außenseiter aus den Kolonien.

5.4 Struktur der Weißen Zwerge

Die Struktur eines Weißen Zwergs ist allein durch das hydrostatische Gleichgewicht bestimmt

$$\frac{dM(r)}{dr} = 4\pi\rho_0(r)\, r^2 \tag{5.25}$$

$$\frac{dP(r)}{dr} = -\frac{GM(r)\rho_0(r)}{r^2} \cdot \tag{5.26}$$

Die Zustandsgleichung ist bei Entartung nur durch den Fermi-Impuls x der Elektronen gegeben

$$P = \frac{m_e c^2}{\Lambda_e^3}\, \Phi(x_e)\,, \tag{5.27}$$

wobei gilt

$$\Phi(x_e) = \frac{1}{8\pi^2}\left[x_e\sqrt{1+x_e^2}\,(2x_e^2/3 - 1) + \ln(x_e + \sqrt{1+x_e^2}) \right]. \tag{5.28}$$

$\Lambda_e \equiv h/(2\pi m_e c) = 3{,}86 \times 10^{-13}$ m bedeutet die Compton-Wellenlänge des Elektrons, und der dimensionslose Fermi-Impuls x

$$x_e = p_{F,e}/m_e c = 1{,}0088 \times 10^{-2} \left(\frac{\rho_0}{\mu_e}\right)^{1/3} \tag{5.29}$$

hängt mit der Dichte zusammen. Für $x_e > 1$ ($\rho_0 > 2 \times 10^6$ g/cm³) sind die Elektronen relativistisch entartet. μ_e ist das **mittlere Molekulargewicht der Elektronen**

$$\mu_e = \frac{m_B}{m_u Y_e} \simeq 2, \quad Y_e = Z/A.$$ (5.30)

Mit dieser Form der Zustandsgleichung können die Strukturgleichungen z. B. mit einem Runge-Kutta-Verfahren leicht integriert werden (s. Box). Die Anfangswerte sind dabei $M(0) = 0$ und $\rho(0) = \rho_c$. An der Oberfläche verschwindet der Druck, $P(R) = 0$. Damit bekommen wir eine Sequenz von Lösungen, die nur von der Zentraldichte abhängen, d. h. $M = M(\rho_c)$ (Abb. 5.5), und damit auch eine Sequenz $M = M(R)$ (Abb. 5.9). Da die Elektronen mit dem Ionenhintergrund leicht wechselwirken, entstehen bei hohen Dichten leichte Korrekturen zu dieser Zustandsgleichung (Hamada-Salpeter-Modelle (Hamada und Salpeter 1961, Köster und Chanmugam 1990)). Bei geringen Massen und hohen Temperaturen spielt auch die Wasserstoffhülle eine Rolle bei der Bestimmung des Radius von Weißen Zwergen. Eine hohe Oberflächentemperatur bläht den Weißen Zwerg auf.

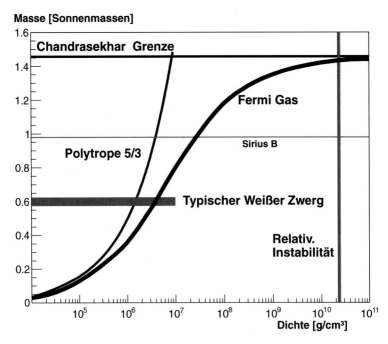

Abb. 5.5 Masse als Funktion der Zentraldichte für Weiße Zwerge im Falle des idealen Fermi-Gases. Die Polytropen-Näherung gilt nur bei geringen Dichten und im relativistischen Grenzfall (Chandrasekhar-Grenze). Bei einer Masse von etwa 0,5 Sonnenmassen werden die Elektronen relativistisch. Bei einer Zentraldichte von $2,36 \times 10^{10}$ Gramm pro Kubikzentimeter werden Weiße Zwerge relativistisch instabil. (Grafik: © Camenzind)

5.5 Polytropen-Näherung

Bei geringen Dichten und im relativistischen Grenzfall geht die Zustandsgleichung in die Form einer Polytropen über. Gleichgewichtskonfigurationen mit einer Zustandsgleichung der Form $P = P(\rho) = K\rho^\Gamma$ sind in der Literatur als **Polytropen** bekannt. Aus dem hydrostatischen Gleichgewicht finden wir durch Differentiation

$$\frac{1}{r^2}\frac{d}{dr}\left(\frac{r^2}{\rho}\frac{dP}{dr}\right) = -4\pi G\rho\,. \tag{5.31}$$

Für $\Gamma = 1 + 1/n$ können wir nun dimensionslose Variablen einführen

$$\rho = \rho_c\,\theta^n, \quad r = a\,\xi \tag{5.32}$$

mit $\rho_c = \rho(0)$ als der Zentraldichte und dem Skalierungsparameter a

$$a = \sqrt{\frac{(n+1)K\rho_c^{1/n-1}}{4\pi G}}\,. \tag{5.33}$$

Projekt Weiße Zwerge – numerische Analyse
Die Struktur eines Weißen Zwerges ist allein durch das hydrostatische Gleichgewicht (5.26) bestimmt. $M(r)$ bedeutet die Masse bis zu einer Schale mit Radius r, $\rho(r)$ die Massendichte und $P(r)$ der zugehörige Druck. Für ein freies Fermi-Gas ist die Zustandsgleichung analytisch als Funktion des dimensionslosen Fermi-Impulses x bekannt $P = (m_e c^2/\Lambda_e^3)\,\Phi(x)$ mit der dimensionslosen Funktion $\Phi(x)$ nach (5.28).
Wir schreiben nun das hydrostatische Gleichgewicht auf dimensionslose Gleichungen um durch Normierung des Radius in Sonnenradien, $\xi = r/R_\odot$, der Masse in Sonnenmassen, $m(r) = M(r)/M_\odot$ und Dichte in Einheiten der Zentraldichte ρ_c, $\mu(r) = \rho(r)/\rho_c$. Dann lautet das hydrostatische Gleichgewicht

$$\frac{dm}{d\xi} = C_m\,\xi^2\mu \tag{5.34}$$

$$\frac{d\mu}{d\xi} = C_\rho\,\frac{m\mu}{\xi^2\mathcal{Y}(\mu)} \tag{5.35}$$

mit den beiden Konstanten

$$C_m = \frac{4\pi R_\odot^3\rho_c}{M_\odot} \tag{5.36}$$

$$C_\rho = -\frac{Gm_H M_\odot}{Y_e m_e c^2 R_\odot} = -0{,}0078\,\frac{0{,}5}{Y_e}\,. \tag{5.37}$$

Es treten also nur **zwei freie Parameter** auf – die Zentraldichte ρ_c und der Elektronenanteil $Y_e = 0,5$ für He- und CO-Weiße Zwerge. Dabei steckt die Zustandsgleichung in der Funktion $\mathcal{Y}(\mu)$

$$\mathcal{Y}(\mu) = \frac{K_F^2 (\rho_c \mu)^{2/3}}{3\sqrt{1 + K_F^2 (\rho_c \mu)^{2/3}}} \tag{5.38}$$

mit der Konstanten

$$K_F = \left(\frac{3Y_e}{8\pi m_H}\right)^{1/3} \frac{h}{m_e c}. \tag{5.39}$$

Diese beiden Strukturgleichungen können nun zu gegebenen Y_e und Zentraldichte ρ_c mittels eines Runge-Kutta Verfahrens numerisch integriert werden. Für jedes Y_e erhalten wir so eine Sequenz in der Zentraldichte (Tab. 5.1). Die Wechselwirkung der Elektronen mit den Ionen führt zu leichten unwesentlichen Korrekturen (Hamada und Salpeter 1961; Köster und Chanmugam 1990).

Damit gewinnt das hydrostatische Gleichgewicht folgende Form (sog. Lané-Emden-Gleichung)

$$\frac{1}{\xi^2} \frac{d}{d\xi} \left(\xi^2 \frac{d\theta}{d\xi}\right) = -\theta^n. \tag{5.40}$$

Tab. 5.1 Masse-Radius-Relation für Weiße Zwerge mit $Y_e = 0,5$ (Daten: Camenzind)

Zentraldichte ρ_c [g/ccm]	Radius R [$R_\odot$]	Masse M [$M_\odot$]
$5,0 \times 10^4$	0,0263	0,1053
$1,0 \times 10^5$	0,0234	0,1461
$5,0 \times 10^5$	0,0177	0,2988
$1,0 \times 10^6$	0,0156	0,3942
$5,0 \times 10^6$	0,0116	0,6729
$1,0 \times 10^7$	0,0101	0,8021
$5,0 \times 10^7$	0,0072	1,0718
$1,0 \times 10^8$	0,0062	1,1627
$5,0 \times 10^8$	0,0042	1,3084
$1,0 \times 10^9$	0,0035	1,3472
$5,0 \times 10^9$	0,0023	1,4000
$1,0 \times 10^{10}$	0,0019	1,4121
$1,0 \times 10^{11}$	0,0009	1,4299

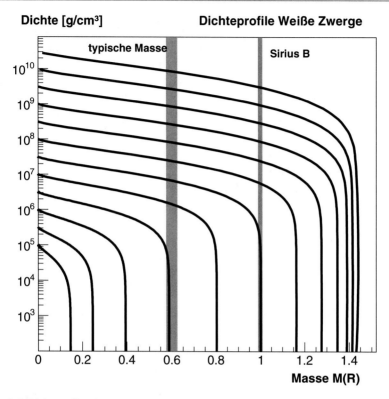

Abb. 5.6 Dichteprofile als Funktion der Masse. Bei einer Masse von etwa 0,5 Sonnenmassen werden die Elektronen relativistisch. (Grafik: © Camenzind)

Diese Gleichung kann einfach auf dem Computer gelöst werden mit den Anfangs-bedingungen

$$\theta(0) = 1, \quad \theta'(0) = 0. \tag{5.41}$$

Der Radius des Sterns befindet sich bei $\theta(\xi_*) = 0$. Dafür findet man, wenn $\Gamma = 5/3$, $n = 3/2$

$$\xi_* = 3{,}6537, \quad \xi_*^2\,|\theta'(\xi_*)| = 2{,}71406 \tag{5.42}$$

und für $\Gamma = 4/3$, $n = 3$

$$\xi_* = 6{,}89685, \quad \xi_*^2\,|\theta'(\xi_*)| = 2{,}01824\,. \tag{5.43}$$

Aus ξ_* kann man den Sternradius R als Funktion der Zentraldichte berechnen

$$R = a\xi_* = \sqrt{\frac{(n+1)K}{4\pi G}}\,\rho_c^{\frac{1-n}{2n}}\,\xi_* \tag{5.44}$$

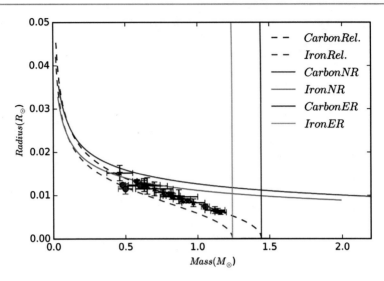

Abb. 5.7 Masse-Radius Beziehung nach Chandrasekhar 1931 – nichtrelativistische (NR) und extrem relativistische Grenzfälle (ER) im Vergleich mit der Fermigas-Zustandsgleichung und einigen Daten von Weißen Zwergen. (Grafik: © Camenzind)

und aus der zweiten Größe die Masse M als Funktion der Zentraldichte

$$
\begin{aligned}
M &= \int_0^R 4\pi r^2 \rho \, dr = 4\pi a^3 \rho_c \int_0^{\xi_*} \xi^2 \theta^n \, d\xi \\
&= -4\pi a^3 \rho_c \int_0^{\xi_*} \frac{d}{d\xi}\left(\xi^2 \frac{d\theta}{d\xi}\right) d\xi \\
&= 4\pi a^3 \rho_c \, \xi_*^2 \, |\theta'(\xi_*)| \\
&= 4\pi \left(\frac{(n+1)K}{4\pi G}\right)^{3/2} \rho_c^{\frac{3-n}{2n}} \xi_*^2 \, |\theta'(\xi_*)| \, .
\end{aligned}
\tag{5.45}
$$

Die Zentraldichte kann nun aus beiden Beziehungen eliminiert werden. Damit erhalten wir folgende Massen-Radius-Beziehung für entartete Sterne

$$
M(R) = 4\pi R^{\frac{3-n}{1-n}} \left(\frac{(n+1)K}{4\pi G}\right)^{\frac{n}{n-1}} \xi_*^2 \, |\theta'(\xi_*)| \, \xi_*^{\frac{3-n}{1-n}} \, .
\tag{5.46}
$$

Durch Einsetzen der Konstanten für entartete Elektronen ergibt dies folgende expliziten Werte. Wenn $\Gamma = 5/3$

$$R = 1{,}12 \times 10^4 \, \text{km} \left(\frac{\rho_c}{10^6 \, \text{g cm}^{-3}} \right)^{-1/6} \left(\frac{\mu_e}{2} \right)^{-5/6} \tag{5.47}$$

$$M = 0{,}496 \, M_\odot \left(\frac{\rho_c}{10^6 \, \text{g cm}^{-3}} \right)^{1/2} \left(\frac{\mu_e}{2} \right)^{-5/2} \tag{5.48}$$

$$M = 0{,}70 \, M_\odot \left(\frac{R}{10^4 \, \text{km}} \right)^{-3} \left(\frac{\mu_e}{2} \right)^{-5}, \tag{5.49}$$

und für $\Gamma = 4/3$

$$R = 3347 \, \text{km} \left(\frac{\rho_c}{10^9 \, \text{g cm}^{-3}} \right)^{-1/3} \left(\frac{\mu_e}{2} \right)^{-2/3} \tag{5.50}$$

$$M = M_{\text{Ch}} = 1{,}457 \, M_\odot \left(\frac{2}{\mu_e} \right)^2. \tag{5.51}$$

Für relativistische Elektronen ist die Masse unabhängig von der Zentraldichte und damit auch unabhängig vom Radius. Dies ist die bekannte Chandrasekhar-Massengrenze für WZ, die nur noch von der chemischen Zusammensetzung abhängt. In Abb. 5.9 ist die Massen-Radius-Beziehung für Weiße Zwerge mit verschiedener chemischer Zusammensetzung gezeigt.

Die **Masse-Radius-Beziehung** für Weiße Zwerge wurde zum ersten Mal von Chandrasekhar (1939) analysiert (Chandrasekhar 1939). Später haben Salpeter und Hamada (1961) Modelle zu verschiedenen chemischen Zusammensetzungen berechnet (Hamada und Salpeter 1961) (Abb. 5.9 und 5.6). Die theoretische Beziehung zwischen Masse und Radius eines Sterns ist wichtig bei der Interpretation von Beobachtungsresultaten. Hipparcos-Daten schienen darauf hinzudeuten, dass Procyon B und EG 50 nur mit einer chemischen Zusammensetzung aus Fe verträglich wären (Provencal et al. 1998). Dies wäre im Rahmen der Sternentwicklung nicht zu verstehen. Wie aus Abb. 5.9 ersichtlich, scheinen Sirius B und Eri B ziemlich genau auf der C/O-Sequenz zu liegen. Genauere Resultate sind mit Gaia zu erwarten (Abb. 5.7).

Das Masse-Radius-Verhältnis kann direkt mittels Gravitationsrotverschiebung gemessen werden. Die Gravitationsrotverschiebung ist an der Oberfläche von Weißen Zwergen schon beträchtlich

$$\frac{\Delta\lambda}{\lambda} \simeq \frac{GM}{c^2 R} \simeq 0{,}0001. \tag{5.52}$$

Solche Rotverschiebungen sind in der Tat gemessen worden, etwa für Sirius B (91 km s^{-1}) und 40 Eri B (22 km s^{-1}).

Weiße Zwerge entstehen als Endprodukt sonnenartiger Sterne. Unsere Sonne kann zwar noch Helium zu Kohlenstoff und Sauerstoff fusionieren, doch dann endet die

nukleare Fusionskette. In einem dramatischen Endkampf wirft sie gewaltige Gas-
hüllen ab, die als planetarische Nebel bekannt sind (Abb. 3.13), und kontrahiert dann
zu einem Zwerg von Planetengröße, einem sogenannten Weißen Zwerg (Abb. 5.8).
Dieser Stern kann nur noch auskühlen, sein Energievorrat steckt in der thermischen
Bewegung seiner Atomkerne – mindestens zehn Milliarden solcher Sterne gibt es
in unserer Milchstraße, gerade einige Zehntausend tauchen in Katalogen auf. Der
nächste Weiße Zwerg ist noch relativ jung – der Begleiter von Sirius ist 8,6 Lichtjahre
entfernt und gerade einmal 240 Mio. Jahre alt, aber noch 25.200 Grad Kelvin heiß
an der Oberfläche (Abb. 5.9).

▶   ⇒ Vertiefung 5.6: Gravitative Rotverschiebung von Sirius B?

Abb. 5.8 Ein typischer Weißer Zwerg besteht aus einem Kohlenstoff-Sauerstoff-Kern, zu einem
Diamanten gepresst, einer Heliumhülle von etwa einem Prozent Sonnenmassen und einer
Wasserstoff-Atmosphäre, die auch fehlen kann. Die zentrale Dichte beträgt typischerweise einige
Tonnen pro Kubikzentimeter. Der typische Weiße Zwerg weist eine Masse von 0,6 Sonnenmassen
auf und hat einen Radius von 9094 km. Bei seiner Entstehung hat er eine Zentraltemperatur von
140 Mio. Grad Kelvin und kühlt dann im Laufe der Milliarden Jahre auf etwa zehn Millionen Grad
Kelvin ab. (Grafik: © Tremblay, Warwick)

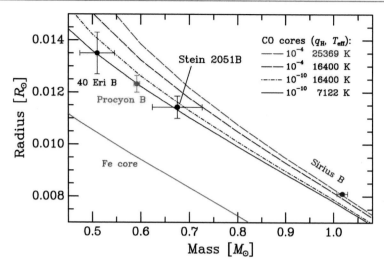

Abb. 5.9 Massen-Radius-Beziehung für Stein 2051 B und nach Beobachtungen an Weißen Zwergen in nahen Binärsystemen. Abweichungen zu größeren Radien insbesondere bei massearmen Weißen Zwergen werden durch heiße Atmosphären erklärt. Die blaue Kurve entspricht einem CO-WZ mit dicker H-Hülle und der Temperatur von Sirius B. Die andern beiden gestrichelten Kurven entsprechen einem CO-WZ für dicke und dünne H-Hülle mit der Temperatur von 40 Eridani B. Die Masse von Stein 2051 B folgt aus der Microlensing-Beobachtung mit Hubble (Sahu et al. 2017). (Grafik: nach Sahu et al. 2017)

5.6 Die Chandrasekhar-Masse – fundamentales Konzept der Astrophysik

Die Existenz einer Massengrenze für entartete Sterne ist ein **fundamentales Konzept der Astrophysik**. Landau hat 1932 ein qualitatives Argument dafür geliefert. Wir betrachten einen Stern mit Radius R, der N Fermionen enthalte. Die mittlere Dichte beträgt deshalb $n \simeq N/R^3$ und das Volumen pro Fermion $\simeq 1/n$. Nach der Unschärferelation beträgt der Impuls eines Fermions deshalb $p_F \simeq \hbar n^{1/3}$. Für relativistische Fermionen erhalten wir damit eine Fermi-Energie

$$E_F \simeq p_F c = \hbar n^{1/3} c \simeq \frac{\hbar c N^{1/3}}{R} . \tag{5.53}$$

Andererseits beträgt die potenzielle Energie

$$E_G \simeq -\frac{GMm_B}{R} . \tag{5.54}$$

Dies ergibt eine totale Energie von

$$E = E_F + E_G = \frac{\hbar c N^{1/3}}{R} - \frac{GNm_B^2}{R} \propto \frac{1}{R} . \tag{5.55}$$

Beide Terme gehen mit $1/R$! Bei geringer Teilchenzahl N wird die Energie kleiner ($E > 0$), falls der Radius anwächst. Damit nimmt E_F ab, und die Elektronen werden nichtrelativistisch mit $E_F \propto p_F^2 \propto 1/R^2$. Damit kann die Gravitationsenergie gewinnen und zu einem stabilen Zustand führen.

Wenn $E < 0$, d.h. N groß ist, so bleibt E immer negativ bei abnehmendem Radius. Es gibt keinen Gleichgewichtszustand. Die maximale Anzahl von Baryonen, die noch zu einem Gleichgewicht führen, ist deshalb gerade erreicht, wenn $E = 0$, und damit

$$N_{\max} \simeq \left(\frac{\hbar c}{G m_B^2} \right)^{3/2} \simeq 2 \times 10^{57}. \tag{5.56}$$

Dies führt zu einer maximalen Masse von

$$M_{\max} = N_{\max} m_B = \frac{M_{\text{Planck}}^3}{m_B^2} \simeq 1{,}5\, M_\odot, \tag{5.57}$$

wenn $M_{\text{Planck}} = \sqrt{\hbar c/G} = 1{,}3 \times 10^{19}$ Protonenmassen die Planck-Masse bezeichnet. Diese Masse hängt nur von Naturkonstanten ab!

Der Radius für $M = M_{\max}$ wird erreicht, wenn die Elektronen gerade relativistisch werden, $E_e \geq m_e c^2$, d.h., aus (5.53) folgt

$$R \leq \frac{\hbar}{mc} \sqrt{\frac{\hbar c}{G m_B^2}} = \Lambda_m \frac{M_{\text{Planck}}}{m_B}. \tag{5.58}$$

Damit ist $R \simeq 5000\,\text{km}$, falls $m = m_e$, und $R \simeq 3\,\text{km}$, falls $m = m_n$. Für beide Fälle gilt jedoch $M \simeq 1{,}5\, M_\odot$.

5.7   Warum werden Weiße Zwerge instabil?

Um die Stabilität der Weißen Zwerge zu diskutieren, braucht man die Allgemeine Relativitätstheorie für relativistische Sterne (s. Abschn. 6.3). Zwei Effekte begrenzen die maximal mögliche Dichte eines Weißen Zwerges: Elekroneneinfang an Kernen $e^- + {}_Z^A X \mapsto {}_{Z-1}^A Y + \nu_e$ bei hohen Dichten und die relativistische Instabilität (Abb. 5.10). Wenn die Neutronisierungsdichte geringer als die kritische Dichte ausfällt, wird der Weiße Zwerg instabil und kollabiert, bevor er die kritische Dichte erreicht. Inverser Betazerfall reduziert die Elektronendichte und damit auch den Quantendruck der Elektronen. Diese Werte der entsprechenden kritischen und Neutronisierungsdichten sind in Tab. 5.2 aufgelistet. Aus dieser Tabelle folgt, dass für ${}_2^4$He- und ${}_6^{12}$C-Weiße Zwerge die Gravitationsinstabilität vor der Neutronisierung einsetzt. Dies impliziert, dass die kritische Masse für Helium- und Kohlenstoff-Weiße Zwerge $1{,}397\, M_\odot$ beträgt. Für alle anderen Sterne setzt Neutronisierung vor der gravitativen Instabilität ein. Dies impliziert eine kritische Masse für ${}_8^{16}$O-, ${}_{10}^{20}$Ne-,

Tab. 5.2 Kritische Dichten ρ_c und Neutronisierungsdichten ρ_N für verschiedene chemische Zusammensetzung Weißer Zwerge. ρ_c^{pre} ist der bisherige Wert basierend auf einer Post-Newton'schen Analyse. M_c ist der Wert der Chandrasekhar-Masse aufgrund der Lösung der TOV-Gleichungen (6.24) zur entsprechenden Zentraldichte ρ_c. M_N ist die Masse zur Neutronisierungsdichte ρ_N als Lösung der TOV-Gleichungen. (Daten nach Mathew und Nandy 2014)

WZ	ρ_c [g/cm³]	ρ_c^{pre} [g/cm³]	ρ_N [g/cm³]	M_c [$M_\odot$]	M_N [$M_\odot$]
$^4_2$He	$2{,}3588 \times 10^{10}$	$2{,}65 \times 10^{10}$	$1{,}3728 \times 10^{11}$	1397	–
$^{12}_6$C	$2{,}3588 \times 10^{10}$	$2{,}65 \times 10^{10}$	$3{,}9004 \times 10^{10}$	1397	–
$^{16}_8$O	$2{,}3588 \times 10^{10}$	$2{,}65 \times 10^{10}$	$1{,}9018 \times 10^{10}$	1397	1396
$^{20}_{10}$Ne	$2{,}3588 \times 10^{10}$	$2{,}65 \times 10^{10}$	$6{,}2134 \times 10^{9}$	1397	1389
$^{24}_{12}$Mg	$2{,}3588 \times 10^{10}$	$2{,}65 \times 10^{10}$	$3{,}1599 \times 10^{9}$	1397	1380
$^{28}_{14}$Si	$2{,}3588 \times 10^{10}$	$2{,}65 \times 10^{10}$	$1{,}9712 \times 10^{9}$	1397	1365
$^{32}_{16}$S	$2{,}3588 \times 10^{10}$	$2{,}65 \times 10^{10}$	$1{,}4755 \times 10^{8}$	1397	1202
$^{56}_{26}$Fe	$2{,}5718 \times 10^{10}$	$3{,}07 \times 10^{10}$	$1{,}1452 \times 10^{9}$	1204	1157

$^{24}_{12}$Mg-, $^{28}_{14}$Si- und $^{32}_{16}$S-Weiße Zwerge geringer als $1{,}397\ M_\odot$ und eine kritische Masse für $^{56}_{26}$Fe-Weiße Zwerge im Bereich von $1{,}157\ M_\odot$ (wichtig etwa für Kernkollaps-Supernovae).

Weiße Zwerge als relativistische Sterne
Die Struktur eines WZ ist durch die Massenverteilung bestimmt

$$M(r) = 4\pi \int_0^r r'^2 \rho(r')\, dr'. \tag{5.59}$$

$M(r)$ bedeutet die Masse bis zu einer Schale mit Radius r, $\rho(r)$ die Massenenergiedichte, die auch die innere Energie beinhaltet,

$$\rho(r) = \rho_0(r) \left(1 + \frac{\epsilon(r)}{\rho_0(r)c^2}\right), \tag{5.60}$$

wobei ρ_0 die Ruhemassendichte bedeutet. Die Zustandsgleichung wird mittels des Fermi-Impulses der Elektronen parametrisiert

$$\xi = 4 \sinh^{-1}\left(\frac{p_F}{m_e c}\right) \tag{5.61}$$

$$\rho = C_1 \sinh^3(\xi/4)\, f(\xi) \tag{5.62}$$

$$P = C_2 \left(\sinh(\xi) - 8\sinh(\xi/2) + 3\xi\right). \tag{5.63}$$

Dabei bedeuten, $\Lambda_e = h/m_e c$,

$$C_1 = \frac{8\pi}{3\Lambda_e^3} \mu_e m_p, \quad C_2 = \frac{\pi m_e^4 c^5}{12 h^3} = \frac{\pi}{12 \Lambda_e^3} m_e c^2 \qquad (5.64)$$

$$f(\xi) = 1 + \frac{3 m_e (\sinh(\xi) - \xi)}{32 \mu_e m_p \sinh^3(\xi)} - \frac{m_e}{\mu_e m_p}. \qquad (5.65)$$

Daraus folgen die TOV-Gleichungen für einen Weißen Zwerg (Abschn. 6.3)

$$\frac{dM}{dr} = 4\pi r^2 C_1 \sinh^3(\xi/4) f(\xi) \qquad (5.66)$$

$$\frac{d\xi}{dr} = -\frac{G C_1 \sinh^3(\xi/4) f(\xi) M(r)}{C_2 (\cosh(\xi) - 4\cosh(\xi/2) + 3) r^2}$$

$$\times \left[1 + \frac{C_2 (\sinh(\xi) - 8\sinh(\xi/2) + 3\xi)}{C_1 c^2 \sinh^3(\xi/4) f(\xi)} \right]$$

$$\times \left[1 + \frac{4\pi C_2 (\sinh(\xi) - 8\sinh(\xi/2) + 3\xi) r^3}{M(r) c^2} \right]$$

$$\times \left[1 - \frac{2 G M(r)}{c^2 r} \right]^{-1}. \qquad (5.67)$$

Diese Gleichungen werden dimensionslos geschrieben und dann mittels Runge-Kutta-Verfahren integriert, für das Ergebnis s. Abb. 5.10.

▶   ⇒ Vertiefung 5.7: Numerische Integration der TOV-Gleichung?

5.8   Weiße Zwerge in der Milchstraße

Wegen ihrer geringen Oberfläche sind Weiße Zwerge extrem schwache Strahler und können daher nur in der Milchstraße nachgewiesen werden. Aufgrund der Sternentwicklung sind insgesamt in der Milchstraße über zehn Milliarden solcher Objekte zu erwarten.

5.8.1   Spektraltypen Weißer Zwerge

Ähnlich wie Sterne werden auch Weiße Zwerge in verschiedene Spektraltypen unterteilt:

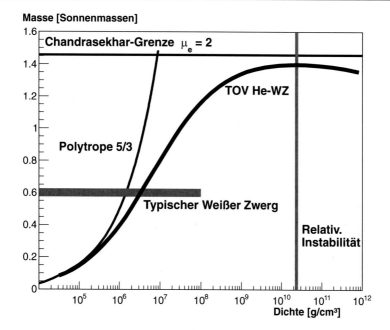

Abb. 5.10 Relativistische Instabilität He-Weißer Zwerge. Die Masse als Funktion der Zentraldichte wird für das ideale Elektronengas mittels Tolman-Oppenheimer-Volkoff-Gleichungen berechnet. Nur Äste mit zunehmender Masse sind stabil. Der Umkehrpunkt bei $2{,}36 \times 10^{10}$ Gramm pro Kubizentimetern ergibt daher die maximal mögliche Masse für relativistische Sterne, die mit 1,397 Sonnenmassen etwas geringer als die klassische Chandrasekhar-Grenzmasse ausfällt. (Grafik: © Camenzind)

- **DA:** nur Balmer-Linien, kein HeI, keine Metalle, 5600 K bis 80.000 K,
- **DB:** kein Wasserstoff, nur HeI-Linien, keine Metalle, $T < 25.000$ K,
- **DC:** keine Linien, nur Kontinuum, $T < 12.000$ K,
- **DO:** HeII-Linien, $45.000 < T < 100.000$ K,
- **DQ:** Kohlenstoff-Linien,
- **DZ:** kein H, kein He, nur Metall-Linien (CaII, Fe, O),
- **gemischte Typen:** DAB, DBAZ etc.

DA-, DB- und DO-Sterne sind einfach zu verstehen: Die Spektren von DA-Sternen sind vollständig durch Balmerlinien dominiert. DB- und DO-Sterne weisen nur Helium in ihrer Atmosphäre auf.

▶   ⇒ Vertiefung 5.8: Parameter Weißer Zwerge aus Spektralanalyse?

5.8.2   Weiße Zwerge in Sonnenumgebung

Am besten ist die Verteilung der Weißen Zwerge in Sonnenumgebung bekannt (Limoges 2015). In Abb. 5.11 ist die Häufigkeit der Weißen Zwerge im Umkreis von 25 Lichtjahren dargestellt, in Abb. 5.12 die Massenverteilung und in Abb. 5.16 die Leuchtkraftfunktion. Das Sample (Sion et al. 2014) umfasst 224 Weiße Zwerge und das Sample (Limoges et al. 2015) 288 Weiße Zwerge mit Temperaturen im Bereich von 30.000 bis 5000 K (Tab. 5.3). Etwa 11 % aller Weißen Zwerge zeigen Metall-Linien in ihren Spektren.

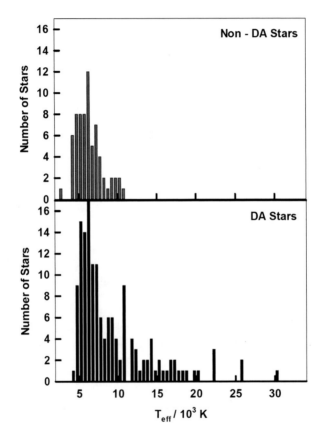

Abb. 5.11 Temperaturverteilung der Weißen Zwerge in Sonnenumgebung innerhalb von 25 pc Abstand, aufgeteilt in DA (unten) und nicht-DA Spektraltypen (oben). Kühle Weiße Zwerge mit Temperaturen im Bereich von 5000–10.000 K dominieren die Sonnenumgebung im Unterschied zum SDSS Sample (Kleinman et al. 2013), das nur Weiße Zwerge mit Temperaturen über 10.000 K erfasst. (Grafik: nach Limoges et al. 2015)

Tab. 5.3 Parameter Weißer Zwerge auf der Nordhalbkugel innerhalb von 25 Lichtjahren von der Sonne, die vollständige Tabelle für Weiße Zwerge innerhalb 40 pc ist in Limoges 2015 zu finden. Daten für Sirius B (Bond et al. 2017), Procyon B (Bond et al. 2017), 40 Eridani B (Provencal et al. 1998) und Stein2051 B (Sahu et al. 2017)

Weißer Zwerg	Distanz [Lyrs]	Typ	Helligkeit [mag]	Masse [$M_\odot$]	L'kraft [$L_\odot$]	Alter [Gyr]
Sirius	8,66	DA	11,18	1,02	0,0265	0,12
Procyon B	11,46	DQZ	13,20	0,59	0,00049	1,37
Van Maanen 2	14,07	DZ	14,09	0,59	0,00017	3,30
LP 145–141	15,12	DQ	12,77	0,61	0,00054	1,29
40 Eridani B	16,39	DA	11,27	0,59	0,0141	0,12
Stein 2051 B	17,99	DC	13,43	0,69	0,00030	2,02
G 240–72	20,26	DQ	15,23	0,81	0,000085	5,69
Gliese 223.2	21,01	DZ	15,29	0,82	0,000062	7,89
Gliese 3991 B	24,23	D??	16,0	0,50	???	> 6

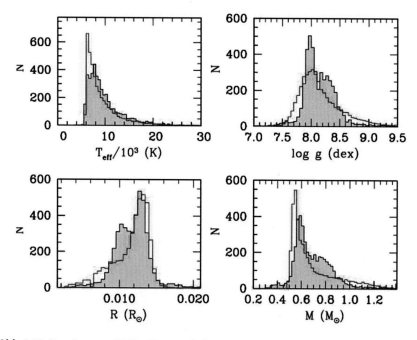

Abb. 5.12 Verteilung von Weißen Zwergen in Sonnenumgebung innerhalb von 100 pc Entfernung in Temperatur, log g, Radien und Massen aus dem Gaia-DR2-Katalog. Rote Histogramme: Verteilung Weißer Zwerge aus synthetischen Modellrechnungen. Diese zeigen, dass die Gaia-Messungen bis zu 94 % vollständig sind innerhalb von 100 pc von der Sonne aus. (Grafik: nach Jimenez-Esteban et al. 2018)

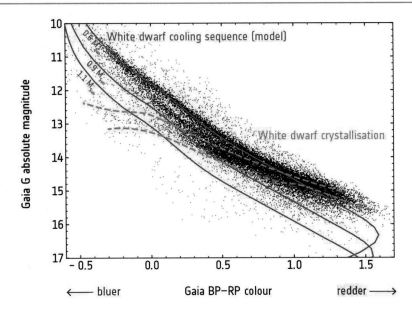

Abb. 5.13 Weiße Zwerge im Gaia-Katalog DR2. (Grafik: © ESA aus Jimenez-Esteban et al. 2018)

5.8.3   Weiße Zwerge in SDSS und Gaia DR2

Der Sloan Digital Sky Survey (SDSS) hat bisher die umfangreichsten dreidimensionalen Karten des Himmels bereitgestellt. Dabei wurde ein Drittel des Himmels in mehreren Farben abgebildet und Spektren von mehr als drei Millionen Objekten aufgenommen. SDSS begann die Durchmusterung im Jahre 2000 nach etwa 10 Jahren Vorbereitungszeit. SDSS entwickelte sich danach in verschiedenen Phasen. (2000–2005), SDSS-II (2005–2008), SDSS-III (2008–2014) und SDSS-IV (seit 2014). Jeder Survey verfolgte unterschiedliche Ziele. SDSS-IV besteht aus drei verschiedenen Surveys: eBOSS und APOGEE-2.

Bei Durchmusterungen fallen natürlich auch viele galaktische Objekte an, insbesondere auch heiße Weiße Zwerge. Im DR7-Katalog von SDSS wurden 20.407 Spektren von Weißen Zwergen identifiziert, insgesamt 19.712 Sterne (Abb. 5.14). Atmospärenmodelle wurden dann an 14.120 DA mit Temperaturen über 10.000 K und 1011 DB-Spektren gefittet (entsprechend 12.843, bzw. 923 Sternen). Der typische Weiße Zwerg hat eine Masse von knapp 0,5 Sonnenmassen, und es gibt nur sehr wenige Sterne mit Massen jenseits von einer Sonnenmasse. Sirius B ist deshalb mit einer Masse von 1,0 Sonnenmassen eher eine Ausnahme.

Das Gaia-Konsortium hat 2018 den zweiten Datenkatalog DR2 veröffentlicht (s. Abb. 2.7). Das Herz des DR2 sind die superpräzisen Himmelspositionen, Eigenbewegungen und Parallaxen von 1.331.909.727 Sternen bis zur 21. Größe. Für rund 300 Mio. weitere Sterne hat Gaia nur Positionen liefern können. Insgesamt enthält DR2 also die Orte und Breitbandhelligkeiten von 1,69 Mrd. Sternen. Für fast 1,4 Mrd. dieser Sterne hat Gaia aber auch Blau- und Rot-Helligkeiten geliefert, von

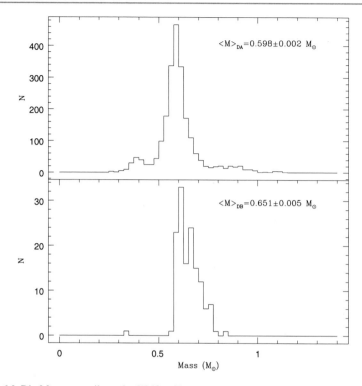

Abb. 5.14 Die Massenverteilung der Weißen Zwerge aus dem Sloan Digital Sky Survey (Kleinman et al. 2013). Es wurden im DR7-Katalog 20.407 Spektren von Weißen Zwergen identifiziert, von insgesamt 19.712 Sternen. Atmospärenmodelle wurden an 14.120 DA mit Temperaturen über 10.000 K und 1011 DB Spektren gefittet (entsprechend 12.843, bzw. 923 Sternen). (Grafik: Kleinman et al. 2013, © Astrophysical Journal)

161 Mio. ist nun die Oberflächentemperatur bekannt, für 88 Mio. lässt sich berechnen, wie viel Staub in der Sichtlinie liegt, von 77 Mio. Sternen waren Leuchtkraft und Durchmesser zu ermitteln, und für 7,2 Mio. (bis zur 13. Größe) maß Gaia mit seinen eingebauten Spektrografen auch noch die Radialgeschwindigkeit: Ihre Bewegung im Raum ist damit komplett beschrieben. Darunter befinden sich auch 77.000 Weiße Zwerge (Jimenez-Esteban et al. 2018, Abb. 5.13), insgesamt etwa 260.000 Weiße Zwerge (Fusillo et al. 2018).

▶ ⇒ Vertiefung 5.9: Was ist die Akkretionsleistung Weißer Zwerge?

5.9 Kühlung Weißer Zwerge

Weiße Zwerge werden mit einer Zentraltemperatur von etwa 200 Mio. Grad Kelvin geboren. Diese thermische Energie steckt in den Ionen, sodass der Core praktisch isotherm ausfällt. Von hier wird die Energie durch die Heliumhülle an die Oberfläche

Effektiv-Temperatur [Kelvin]

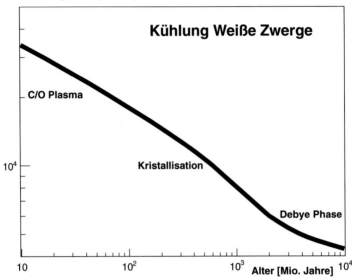

Abb. 5.15 Kühlungskurve Weißer Zwerge – Oberflächentemperatur als Funktion des Alters. Die etwas verlangsamte Kühlung zwischen 30 und 100 Mio. Jahren wird durch die latente Wärme verursacht, die bei der Kristallisation frei wird. Danach erfolgt die Kühlung wieder etwas schneller. (Grafik: © Camenzind/Daten nach Montreal 2020)

durch Photonen transportiert und von dort abgestrahlt. Erreicht die Zentraltemperatur den Wert von etwa 16 Mio. Grad Kelvin, dann kristallisiert (Abb. 5.14) Kohlenstoff durch den hohen Druck zu Diamant (Abb. 5.15). Die thermische Energie steckt nun in den Schwingungen des Gitters wie üblich bei einem Festkörper. Nun kommt auch noch die Quantentheorie zum Tragen. Nach der Debye-Theorie der Wärmekapazität C_V eines Festkörpers geht die Wärmekapazität langsam gegen null,

$$C_V = \frac{12\pi^4 N k_B T^3}{5\Theta_D^3} , \tag{5.68}$$

wobei Θ_D die Debye-Temperatur des Festkörpers bedeutet. Die von Peter Debye 1911 und 1912 entwickelte Theorie der spezifischen Wärme von Kristallen gilt als eine der ersten theoretischen Bestätigungen der 1900 von Max Planck erstmals vorgestellten Quantenhypothese. Dieses Debye-Gesetz wird für sehr niedrige Temperaturen vom Experiment bestätigt und beschreibt das Verschwinden der spezifischen Wärmekapazität bei Annäherung an den absoluten Nullpunkt der Temperatur. Für unseren gigantischen Diamanten beträgt diese etwa 14 Mio. Grad Kelvin. Unter Laborbedingungen wären dies nur 1850 Grad Kelvin. Im Hochtemperaturbereich $T \gg \Theta_D$ gilt jedoch das klassische Resultat $C_V = 3N k_B$, d. h., C_V ist konstant. Als Konsequenz davon kann die Temperatur null nicht in endlicher Zeit erreicht werden, das Kühlen dauert immer länger.

Abb. 5.16 Leuchtkraftfunktion der Weißen Zwerge in Sonnenumgebung zusammen mit der theoretischen Erwartung für 10, 11 und 12 Mrd. Jahre. (Grafik: nach Limoges 2015)

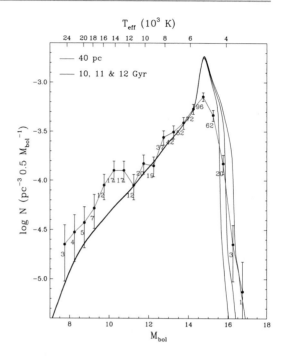

Ein CO-Weißer Zwerg, der vor zehn Milliarden Jahren entstanden ist, hat heute eine Oberflächentemperatur von etwa 4000 Grad Kelvin (Abb. 5.15). In der Tat weisen die kühlsten bisher gefundenen Weißen Zwerge eine Temperatur von etwa 4000 Grad Kelvin auf – ihr Spektrum liegt jetzt im nahen Infraroten mit einem Maximum bei einer Wellenlänge von einem μm (s. UKIRT Spektren Abb. 1.5). Durch dieses Verhalten können Weiße Zwerge als **Kosmochronometer** eingesetzt werden (s. Abb. 5.16). Da die Oberflächentemperatur mit der Zeit stetig abnimmt, gibt es eine eindeutige Beziehung zwischen der absoluten Helligkeit und dem Alter eines Weißen Zwerges, was sich nun in der Häufigkeitsverteilung (sogenannte Leuchtkraftfunktion) niederschlägt: Es gibt in der galaktischen Scheibe nur wenige heiße Weiße Zwerge, dafür umso mehr kühle alte Weiße Zwerge und praktisch keine mit einer Temperatur unter 4000 K.

5.10 Zusammenfassung

Der Weiße Zwerg entspricht dem ausgebrannten Kohlenstoffkern des Sterns mit einer Masse von weniger als 1,44 Sonnenmassen (Chandrasekhar-Grenzmasse). Weiße Zwerge haben einen Durchmesser von einigen tausend bis etwa zehntausend Kilometern. Trotz des geringen Durchmessers enthalten Weße Zwerge ungefähr die Masse der Sonne. Die Oberflächentemperatur Weißer Zwerge beträgt anfangs um die 200.000 Grad Kelvin und kühlt dann über Milliarden Jahre bis etwa 3000 Grad runter. Etwa 97 % aller Sterne der Milchstraße enden als Weiße Zwerge, heute ist jeder zehnte Stern in Sonnenumgebung bereits ein Weißer Zwerg.

5.11   Lösungen zu Aufgaben

Die Lösungen zu den Aufgaben sind auf https://link.springer.com/ zu finden.

Literatur

Barstow, MA et al (2005) Hubble Space Telescope Spectroscopy of the Balmer lines in Sirius B. Monthly Notices of the Royal Astronomical Society. 362(4):1134–1142; arXiv:0506.600

Bond HE et al (2017) The Sirius system and its astrophysical puzzles: hubble space telescope and ground-based astrometry. ApJ 240:70. arXiv:1703.10625

Bond HE et al (2017) Hubble space telescope astrometry of the procyon system. Astrophys J 840:70

Chandrasekhar S (1931) The maximum mass of ideal white dwarfs. ApJ 74:81

Chandrasekhar S (1939) An introduction to the study of stellar structure. Chicago University Press, Chicago

Fowler RH (1926) Dense matter. Mon Not Roy Astron Soc 87:114

Fusillo NPG et al (2018) A Gaia Data Release 2 catalogue of white dwarfs and a comparison with SDSS. arXiv:1807.03315

Hamada T, Salpeter EE (1961) Models for zero-temperature stars. ApJ 134:683

Holberg JB, Wesemael F (2007) The discovery of the companion of Sirius and its aftermath. J Hist Astron 38(2):161

Holberg JB, Oswalt TD, Barstow MA (2012) Observational Constraints on the Degenerate Mass-Radius Relation. arXiv:1220.3822

Jiménez-Esteban FM et al (2018) A white Dwarf catalogue from Gaia-DR2 and the virtual observatory. arXiv:1807.02559

Joyce SRG et al (2018) The gravitational redshift of Sirius B. arXiv:1809.01240

Kepler SO et al (2012) Magnetic white Dwarf stars in the sloan digital sky survey. arXiv:1211.5709; Mon. Not. Roy. Astron. Soc.

Kepler SO et al (2014) New white dwarf stars in the Sloan Digital Sky Survey Data Release 10. arXiv:1411.4149

Kleinman SJ et al (2013) SDSS DR7 white Dwarf catalog. arXiv:1212.1222. ApJS 204: 5

Koester D, Chanmugam G (1990) Physics of white dwarf stars. Rep Prog Phys 53:837–915

Limoges M-M, Bergeron P, Lépine S (2015) Physical properties of the current census of northern white Dwarfs within 40 pc of the Sun. arXiv:1505.02297

Mathew A, Nandy MK (2014) General relativistic calculations for white Dwarf Stars. arXiv:1401.0819

Miller A (2006) Der Krieg der Astronomen: Wie die Schwarzen Löcher das Licht der Welt erblickten. DVA Verlag, München

Provencal JL, Shipman HL, Hog E, Theill P (1998) Testing the white dwarf mass-radius relation with Hipparcos. ApJ 494:759

Sahu KC et al (2017) Relativistic deflection of background starlight measures the mass of a nearby white dwarf star. Science 356:1046-1050. arXiv:1706.02037

Sion EM et al (2014) The white Dwarfs within 25 pc of the Sun: kinematics and spectroscopic surveys. arXiv:1401.4989

Montreal White Dwarf Database, a Tool for the Community (56.000 Sterne). https://www.montrealwhitedwarfdatabase.org/home.html

Neutronensterne – die kompaktesten Sterne

6

Inhaltsverzeichnis

Elektronisches Zusatzmaterial Die elektronische Version dieses Kapitels enthält Zusatzmaterial, das berechtigten Benutzern zur Verfügung steht. https://doi.org/10.1007/978-3-662-62882-9_6.

© Springer-Verlag GmbH Deutschland, ein Teil von Springer Nature 2021
M. Camenzind, *Faszination kompakte Objekte*,
https://doi.org/10.1007/978-3-662-62882-9_6

▶   Kurz nach der Entdeckung des Neutrons durch Chadwick haben Landau,
Baade und Zwicky 1932 die Möglichkeit diskutiert, dass es auch Sterne
geben könnte, die aus Neutronen bestehen, in Analogie zu den Weißen
Zwergen, die ihren Druck durch den Quantendruck der Elektronen auf-
bauen. Normalerweise sind Neutronen instabil und zerfallen in 10,8 min
in ein Proton und ein Elektron unter Aussendung eines Antineutrinos.
Deshalb kann Neutronenmaterie nur im Gleichgewicht mit Protonen und
Elektronen existieren. Dabei muss die Elektronendichte so hoch ausfal-
len, dass die Fermi-Energie des entarteten Elektronengases von derselben
Ordnung wie die Zerfallsenergie der Neutronen ist (d. h., etwa 780 keV).
Dies ist nur möglich bei Dichten über 10^8 g pro Kubikzentimeter, also
oberhalb der Dichte in Weißen Zwergen.

Neutronensterne sind die interessantesten Objekte des Kosmos – in
ihrem Inneren spielen die Grundbausteine der Materie eine essenzielle
Rolle. Diese Form der Materie kann im kühlen Zustand im Labor nicht
hergestellt werden. Neutronensterne sind aufgrund ihrer Kompaktheit
ideale kosmische Laboratorien zur Überprüfung der Allgemeinen Relativitätstheorie.

6.1   Struktur der Neutronensterne

Aus den bekannten Eigenschaften der beteiligten Teilchen ergibt sich für einen typischen Neutronenstern von 22 km Durchmesser folgende Schalenstruktur (Abb. 6.1
und 6.2):

1. Wie alle Sterne besitzt auch der Neutronenstern eine **Atmosphäre,** wahrscheinlich bestehend aus interstellarem Wasserstoff. Infolge der gewaltigen Gravitation
   beträgt die Skalenhöhe jedoch nur einige Zentimeter.

2. **Äußere Kruste:** Da freie Neutronen in dieser Umgebung instabil sind, gibt es dort nur Eisenatomkerne und Elektronen. Diese Atomkerne bilden ein Kristallgitter. Die Zone aus kristallinen Eisenatomkernen setzt sich bis in eine Tiefe von etwa 100 m fort. Dabei steigt die mittlere Dichte etwa auf ein Tausendstel der Dichte gewöhnlicher Atomkerne an. Ferner nimmt der Neutronenanteil der Atomkerne zu. Es bilden sich neutronenreiche Eisenisotope, die nur unter den dortigen extremen Drücken stabil sind.

3. **Innere Kruste:** Ab einer Tiefe von 100 m ist der Druck so hoch, dass auch freie Neutronen Bestand haben. Dort beginnt die sogenannte innere Kruste, eine Übergangsschicht, die eine Dicke von ein bis zwei Kilometern hat. In ihr existieren Bereiche aus schweren Atomkernen neben solchen aus Neutronenflüssigkeit, wobei mit zunehmender Tiefe der Eisenanteil von 100 % auf 0 % abnimmt, während der Anteil der Neutronen entsprechend ansteigt. Die mittlere Dichte steigt auf die von Atomkernen an, der Übergang zur freien Neutronenflüssigkeit erfolgt etwa bei halber Kerndichte (Kerndichte = $2,4 \times 10^{14}$ g pro Kubikzentimeter).

4. **Kern:** Im Anschluss an die innere Kruste besteht der Stern überwiegend aus Neutronen, die mit einem geringen Anteil von Protonen und Elektronen im dynamischen Gleichgewicht stehen. Sofern die Temperaturen hinreichend niedrig sind, verhalten sich die Neutronen dort supraflüssig und die Protonen supraleitend. Für einen typischen Neutronenstern liegt die zugehörige kritische Temperatur bei ca.

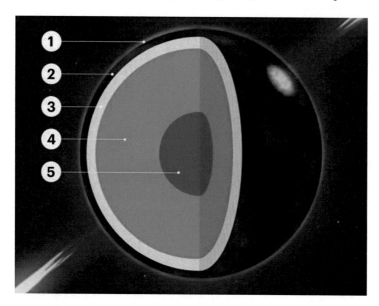

Abb. 6.1 Struktur eines Neutronensterns. Ein Neutronenstern besteht aus mehreren Schichten: 1: Atmosphäre aus H und He; 2: äußere Kruste aus schweren Kernen (Fe) und Elektronen; 3: innere Kruste aus schweren Kernen und einem entarteten Elektronengas; 4: äußerer Kern aus Neutronenflüssigkeit mit Anreicherung von Protonen, Elektronen und Myonen. 5: Der zentrale Kern besteht bei $M > 1,5\,M_\odot$ aus dem (color-superconducting) Quark-Gluon-Plasma. Der ganze Stern rotiert im Allgemeinen mit einer Winkelgeschwindigkeit Ω. (Grafik: © Camenzind)

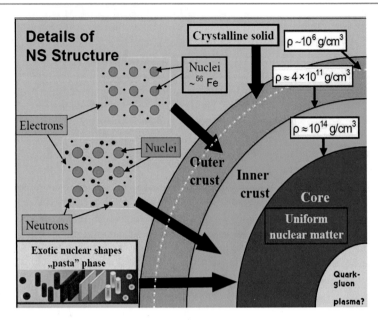

Abb. 6.2 Details der Struktur eines massereichen Neutronensterns $M > 1,5\,M_\odot$. (Grafik: Dany Page, mit freundlicher Genehmigung © Dany Page)

10^{11} Kelvin, Neutronensterne werden also bereits sehr kurz nach ihrer Entstehung supraflüssig (etwa nach 10–100 Jahren).

5. **Zentraler Kern:** In Neutronensternen mit einer Masse über 1,6 Sonnenmassen erreicht die Zentraldichte Werte jenseits von vierfacher Kerndichte. Die Form der Materie bei diesen hohen Dichten wird heute in Schwerionenbeschleunigern erprobt (z. B. am GSI). Möglicherweise beginnt dort eine Kernzone aus Pionen oder Kaonen. Da diese Teilchen Bosonen sind und nicht dem Pauli-Prinzip unterliegen, könnten sie alle den gleichen energetischen Grundzustand einnehmen und damit ein sogenanntes **Bose-Einstein-Kondensat** bilden.

Eine weitere Möglichkeit ist das Vorliegen freier Quarks. Da neben Up- und Down-Quarks auch Strange-Quarks vorkämen, bezeichnet man ein solches Objekt als **Neutronenstern mit Quark-Core.** Da Neutronensterne mit Quark-Core eine höhere Zentraldichte aufweisen und damit kleiner sind, sollten sie rascher rotieren können als reine Neutronensterne. Ein Pulsar mit einer Rotationsperiode unter 0,5 ms wäre bereits ein Hinweis auf die Existenz dieser Materieform.

▶   ⇒ Vertiefung 6.1: Mittlere Dichte und Zentralruck in Neutronensternen?

6.2 Zustandsgleichung Neutronensternmaterie

Die Materie in Neutronensternen kann im Labor nicht untersucht werden. Zwar sind die Eigenschaften der Kernmaterie bei einer Dichte von einer Kerndichte aus Streuexperimenten recht gut bekannt, jedoch schon bei zwei- und dreifacher Kerndichte nimmt die Unsicherheit dramatisch zu. Die Zustandsgleichung für Neutronensterne umfasst einen Bereich von der Dichte in massereichen Weißen Zwergen (typisch 10^6 g pro Kubikzentimeter) bis zu etwa achtfacher Kerndichte im Zentrum eines massereichen Neutronensterns.

Die verschiedenen Bereiche eines Neutronensterns werden durch unterschiedliche Zustandsgleichungen beschrieben. Diesbezüglich kann ein Neutronenstern im Wesentlichen in drei Bereiche eingeteilt werden: i) den Krustenbereich, der etwa 5 % der Masse und etwa 10% des Radius des Sterns ausmacht, und ii) den Core, der den Rest abdeckt. Bei massereichen Neutronensternen könnte noch iii) ein innerer Core existieren, der aus dem Quark-Gluon-Plasma besteht.

6.2.1 Das freie Neutronengas

Als erste Approximation betrachten wir ein freies Neutronengas. Die Zustandsgleichung eines freien Neutronengases hat dieselbe Form wie für Elektronen

$$P = \frac{m_n c^2}{\Lambda_n^3}\, \Phi(x), \tag{6.1}$$

wobei gilt

$$\Phi(x) = \frac{1}{8\pi^2}\left[x\sqrt{1+x^2}(2x^2/3 - 1) + \ln(x + \sqrt{1+x^2}) \right]. \tag{6.2}$$

$\Lambda_n \equiv \hbar/(m_n c) = 0,210$ Fermi bedeutet die Compton-Wellenlänge des Neutrons, und der dimensionslose Fermi-Impuls x

$$x = p_{F,n}/m_n c = 0,34 \left(\frac{\rho_0}{\rho_n} \right)^{1/3} \tag{6.3}$$

hängt mit der Dichte in Einheiten der Kerndichte $\rho_n = 2,4 \times 10^{14}$ Gramm pro Kubikzentimeter zusammen. Der Vorfaktor ist $m_n c^2/\Lambda_n^3 = 10,545$ GeV/fm^3. Das freie Fermi-Gas ist jedoch eine sehr schlechte Approximation, da die Neutronen sich nicht frei bewegen können, sondern der starken Wechselwirkung unterliegen (Abb. 6.3).

Die totale Energiedichte des freien Neutronengases kann ebenfalls analytisch berechnet werden (Camenzind 2007)

$$\epsilon_n(n) = \frac{m_n c^2}{\Lambda_n^3} \chi(x),$$ (6.4)

wobei nun gilt

$$\chi(x) = \frac{1}{8\pi^2}\left[x\sqrt{1+x^2}(1+2x^2) - \ln\left(x+\sqrt{1+x^2}\right)\right].$$ (6.5)

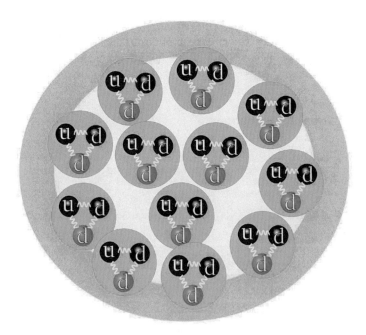

Abb. 6.3 Struktur der Neutronenflüssigkeit. Neutronen bestehen aus drei Quarks (udd) und werden durch Gluonen gebunden. Der Radius eines Neutrons beträgt etwa 1,2 Fermi. Die Kräfte zwischen den Neutronen sind bekannt bis zur Kerndichte, dann müssen sie extrapoliert werden. Die Kerndichte entspricht 0,16 Neutronen/fm^3, 1 fm = 10^{-15} Meter. (Grafik: © Camenzind)

Da Neutronen in Neutronensternen nichtrelativistisch bleiben, gilt in diesem Falle die Näherung für $x \ll 1$

$$\Phi(x) = \frac{1}{15\pi^2}\left[x^5 - \frac{5}{14}x^7 + O(x^9)\right] \tag{6.6}$$

$$\chi(x) = \frac{1}{3\pi^2}\left[x^3 + \frac{3}{10}x^5 + O(x^7)\right]. \tag{6.7}$$

Der erste Term entspricht der Ruheenergie der Neutronen, der zweite Term ergibt die Fermi-Energie pro Neutron

$$\boxed{E_{\text{FG}} = \frac{3}{10}m_n c^2 \Lambda_n^2 \left(3\pi^2 n\right)^{2/3}} \tag{6.8}$$

und die Polytropennäherung $P = Kn^{5/3}$ mit $m_n c^2 = 939{,}565$ MeV.

6.2.2 Das Tröpfchenmodell für die Krusten

Die Idee zum Tröpfchenmodell für einen Atomkern stammt von dem Physiker Gamov und wurde von mehreren namhaften Physikern (unter anderem Bethe und Weizsäcker) weiter entwickelt. Das Tröpfchenmodell erfasst äußerst wesentliche und keineswegs selbstverständliche Aspekte der Kernstruktur, nämlich die mit dem Begriff der Sättigung gekennzeichnete Proportionalität von Kernvolumen und den von den Kernkräften herrührenden Energieanteil zur Nukleonenzahl bei Vernachlässigung von Oberflächeneffekten. Diese Proportionalität ist eine Folge der bei wachsender Nukleonenzahl konstant bleibenden Teilchendichte und der kurzen Reichweite der Kernkräfte. Die Sättigung gestattet die Konstruktion ausgedehnter Kernmaterie, d. h. ein Medium aus sehr vielen Nukleonen mit reiner Kernkraftwechselwirkung.

Dieser Ansatz ist insbesondere für die Materie in der Kruste des Neutronensterns nützlich, sodass die Energiedichte geschrieben werden kann als

$$\epsilon(n) = n_N M(A, Z) + \epsilon_e(n_e) + \epsilon_n(n_n) + \epsilon_{\text{Gitter}}. \tag{6.9}$$

Hierbei bedeuten $\epsilon_e(n_e)$ den Beitrag der (relativistischen) Elektronen, $\epsilon_n(n_n)$ den Beitrag von den freien Neutronen in der inneren Kruste und $M(A, Z)$ die Massenformel der Kerne zu Ladungszahl Z und Massenzahl A der schweren Kerne. Aus der Energiedichte kann leicht der Druck abgeleitet werden:

$$P = n^2 \frac{\partial}{\partial n}\left(\frac{\epsilon}{n}\right) \tag{6.10}$$

Die Zustandsgleichung in der Kruste wurde von Feynman-Metropolis-Teller (FMT, Feynman et al. 1949), Baym-Pethick-Sutherland (BPS, Baym et al. 1971a) und

Baym-Bethe-Pethick (BBP, Baym et al. 1971b) entwickelt. Der energetisch bevorzugte Kern bei geringer Dichte ist ^{56}Fe, der Endpunkt der Fusionsketten in Sternen. FMT beschreibt die äußere Kruste, die vor allem aus Fe und Elektronen besteht. Bei subnuklearen Dichten von 10^4 g pro Kubikzentimeter bis zur Neutronen-Drip-Dichte von $4{,}3 \times 10^{11}$ g pro Kubikzentimeter ist die Zustandsgleichung von BPS eine gute Approximation. Von der Drip-Dichte bis zu halber Kerndichte besteht die innere Kruste aus schweren Kernen, Elektronen und freien Neutronen, wo BBP eine gute Approximation darstellt.

6.2.3 Die Neutronenflüssigkeit im Core

Schwieriger ist es, die Neutronenflüssigkeit im Core zu modellieren. Die starke Wechselwirkung zwischen den Neutronen ist nur eine Restwechselwirkung, die durch die Gluonen zwischen den Quarks verursacht wird. Diese wirkt daher stark abstoßend auf Skalen unterhalb von 0,7 Fermi und anziehend auf Skalen von einigen Fermi – sehr ähnlich zur Wechselwirkung zwischen Molekülen (Abb. 6.4). Man versucht deshalb, diese Wechselwirkung durch ein effektives Potenzial zu beschreiben und dann die Flüssigkeit im Rahmen einer Vielteilchentheorie zu behandeln. Dazu braucht man einen Hamilton-Operator der Vielteilchentheorie zusammen mit dem Potenzial, wie etwa dem Argonne V18-Potenzial (Abb. 6.4).

Eine hilfreiche Parametrisierung der Zustandsgleichung beruht auf der Symmetrieenergie (Abb. 6.5). $E_{\text{Sym}}(n_B)$ ist definiert als die Differenz zwischen der Energie pro Baryon reiner Neutronenmaterie zur Energie pro Baryon von unendlich ausgedehnter Kernmaterie mit gleicher Anzahldichte an Neutronen und Protonen (sogenannte symmetrische Kernmaterie). Mithilfe des Isospinparameters $\delta = (n_n - n_p)/n_B$ können wir die Energie pro Baryon entwickeln

$$E(n_B, \delta) = E_0(n_B) + E_{\text{Sym}}(n_B)\,\delta^2 + \mathcal{O}(\delta^4). \tag{6.11}$$

E ist die totale Energie pro Baryon des Systems, und

$$E_0(n_B) = -16{,}0\,\text{MeV} + \frac{K}{2}\,u^2 \tag{6.12}$$

ist die Energie der symmetrischen Kernmaterie, $\delta = 0$ (für schwere Kerne). $K = (240 \pm 10)$ MeV bezeichnet die Kompressibilität der Kernmaterie.

Die Symmetrieenergie kann deshalb um die Kerndichte entwickelt werden in

$$E_{\text{Sym}}(n_B) = S_0 + L\,u + \frac{K_{\text{Sym}}}{2}\,u^2, \tag{6.13}$$

mit $u = (n_B - n_0)/3n_0$; $u = 0$ entspricht Kerndichte, $u = 1$ vierfacher Kerndichte. $S_0 = (30-34)$ MeV ist die Symmetrieenergie bei Kerndichte (Abb. 6.5). In der Nähe der Kerndichte n_0 gibt es eine Menge Einschränkungen: $E_0(n_0) = (-16, 0 \pm 0, 1)$

MeV ist die Bindungsenergie pro Nukleon in Kernen. Da der Druck bei der Sättigungsdichte verschwindet, können wir die Symmetrieenergie um die Kerndichte entwickeln, wobei S_0 die Symmetrieenergie bei Sättigung bezeichnet und L ein Parameter ist, der aus Kernexperimenten oder Modellen bestimmt werden muss. Die Zustandsgleichung für Neutronenmaterie hängt nun stark von der Symmetrieenergie bei Sättigung ab, die leider nicht genau bekannt ist. Aufgrund von Monte Carlo-Simulation der Quantenmechanik der Vielteilchentheorie findet man dann, dass die Zustandsgleichung von Neutronenmaterie durch folgende Form parametrisiert werden kann (Gandolfi et al. 2012; Lattimer und Steiner 2014)

$$E(\rho_n) = a \left(\frac{\rho_n}{\rho_0} \right)^{\alpha} + b \left(\frac{\rho_n}{\rho_0} \right)^{\beta} . \tag{6.14}$$

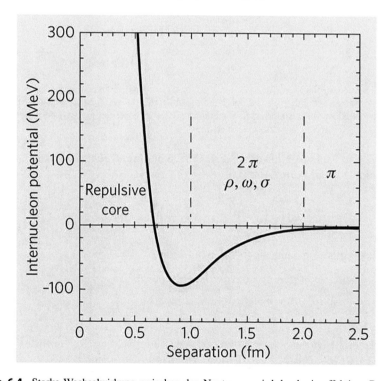

Abb. 6.4 Starke Wechselwirkung zwischen den Neutronen wird durch ein effektives Potenzial V beschrieben, das auf Skalen unterhalb von 0,7 Fermi stark abstoßend (positives Potenzial) und auf größeren Skalen anziehend wirkt (negatives Potenzial). Die skalaren Pi-Mesonen bewirken die anziehende Kraft, während die Vektor-Mesonen ρ, ω und σ auf kleineren Skalen wirken. Eine solche Form des Potenzials kann heute aus QCD-Rechnungen begründet werden. (Grafik: © Camenzind)

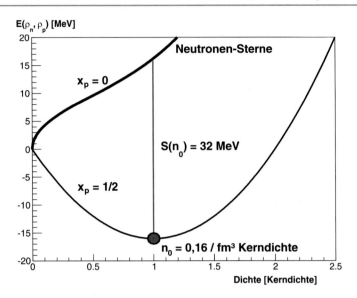

Abb. 6.5 Symmetrische Kernmaterie ($x_p = 1/2$) weist eine negative totale Energie von $-16\,\text{MeV}$ auf, da Atomkerne gebunden sind. Reine Neutronenmaterie ($x_p = 0$) hat jedoch eine positive Energie pro Nukleon – der Unterschied wird durch die Symmetrieenergie $S(\rho_0)$ beschrieben, n_0 bezeichnet die Kerndichte (Grafik: © Camenzind)

a, b, α, β sind Parameter, die durch die Modelle bestimmt werden. Daraus folgt die Energiedichte in der Form (Abb. 6.6)

$$\epsilon(\rho) = n_0 \left[a \left(\frac{\rho}{\rho_0} \right)^{\alpha+1} + b \left(\frac{\rho}{\rho_0} \right)^{\beta+1} + m_n \left(\frac{\rho}{\rho_0} \right) \right]. \qquad (6.15)$$

Der Druck ergibt sich dann aus (6.10)

$$P(\rho) = n_0 \left[a\alpha \left(\frac{\rho}{\rho_0} \right)^{\alpha+1} + b\beta \left(\frac{\rho}{\rho_0} \right)^{\beta+1} \right]. \qquad (6.16)$$

Die Parameter bewegen sich in folgendem Bereich: $E_{\text{Sym}} = 32 - 35\,\text{MeV}$; $a = 12,8 - 13,0\,\text{MeV}$; $b = 3,2 - 4,7\,\text{MeV}$; $\alpha = 0,49 - 0,50$ und $\beta = 3,2 - 4,7$.

Als Resultat solcher quantenmechanischen Berechnungen findet man eine Zustandsgleichung für Neutronenmaterie im Bereich von halber bis etwa vierfacher Kerndichte (Abb. 6.6). Trotz Fortschritte in den letzten zehn Jahren bleibt immer noch eine große Unsicherheit in der Zustandsgleichung, was mittels Symmetrieenergie parametrisiert werden kann. Die neue geplante Anlage FAIR (Abkürzung für Facility for Antiproton and Ion Research) am GSI in Darmstadt liefert, aufbauend auf der existierenden Anlage, Ionenstrahlen aller Art von Protonen bis zu Uran. Die Ionenstrahlen können in einem großen Energiebereich bis 30 AGeV (AGeV entspricht Giga-Elektronenvolt pro Nukleon), das entspricht etwa 95 % der Lichtgeschwindigkeit, und mit bisher unerreichter Intensität erzeugt werden. Aus diesen

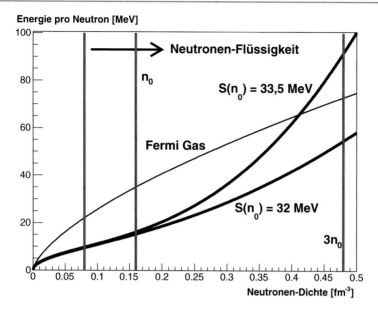

Abb. 6.6 Energie der Nukleonen einer Neutronenflüssigkeit, parametrisiert durch die Symmetrie-energie. Die Kräfte zwischen den Neutronen sind bekannt bis etwa zur Kerndichte, dann müssen sie extrapoliert werden. Die Kerndichte n_0 entspricht 0,16 Teilchen/fm^3. Bis zu dreifacher Kerndichte wirken die Kernkräfte anziehend, dann abstoßend. Das freie Fermi-Gas (dünne Linie) wäre eine sehr schlechte Approximation. Die Energie der Neutronen wird oberhalb der Kerndichte eindeutig durch die Symmetrieenergie E_{Sym} bestimmt. (Grafik: © Camenzind)

Untersuchungen an schweren Atomkernen erhofft man sich auch neue Einsichten im Verhalten der Kernkräfte bei vielfacher Kerndichte.

6.2.4 Quark-Hadronen-Phasenübergang im Zentrum

Neutronen bestehen aus Quarks – zwei Down-Quarks und einem Up-Quark, die mittels Gluonenfelder gebunden sind. Dadurch entsteht eine Struktur mit einer Ausdehnung von etwa 1,5 Fermi. Überlappen sich Neutronen bei hoher Dichte, dann werden Quarks und Gluonen freie Felder – es entsteht das Quark-Gluon-Plasma QGP. Der Übergang vollzieht sich etwa zwischen vier und sechs Kerndichten (Kojo et al. 2014). Leider ist die zuständige Theorie der starken Wechselwirkung, die sogenannte Quantenchromodynamik QCD, eine hoch nichtlineare Theorie, sodass sich dieser Phasenübergang nicht exakt berechnen lässt (Abb. 6.7).

Eine einfache Modellierung beruht auf dem Bag-Modell der Hadronen (Abb. 6.8)

$$P_{QCD} = \frac{\epsilon}{3} - \frac{4}{3}B \qquad (6.17)$$

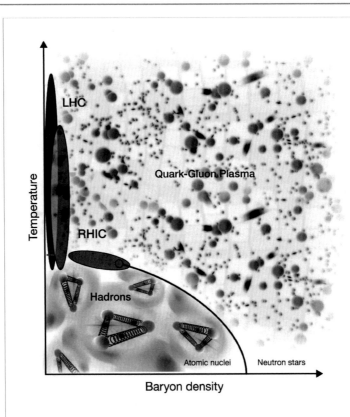

Abb. 6.7 Phasendiagramm der Quarkmaterie. Im Bereich von Kerndichte und bei Temperaturen unterhalb von 150 MeV sind Quarks in Hadronen gebunden (sogenanntes Quark-Confinement). Bei hohen Temperaturen oder hohen Dichten verhalten sich Quarks und Gluonen wie freie Teilchen und bilden das sog. Quark-Gluon-Plasma. Erst bei sehr hohen Temperaturen verschwindet die Kopplung zwischen den Quarks (sogenannte asymptotische Freiheit). (Grafik: RHIC/LBNL, mit freundlicher Genehmigung © LBNL)

mit der Bag-Konstanten B. Aus Modellen (z. B. Nambu-Jona-Lasinio NJL) ergeben sich Werte für die Bag-Konstante von Quarks im Bereich von

$$B_q \simeq 284\,\text{MeV}/\text{fm}^3 = (219\,\text{MeV})^4. \tag{6.18}$$

Paarung im kalten Quark-Gas führt jedoch zu einer Reduzierung der Energiedichte

$$\epsilon(n) = c_F n^{4/3} + c_2 n^{2/3} + c_{-2} n^2 + B, \tag{6.19}$$

was zu einer Zustandsgleichung der Form führt

$$P_{\text{QCD}} = \frac{\epsilon}{3} - \frac{2}{3} c_2 n^{2/3} + \frac{2}{3} c_{-2} n^2 - \frac{4}{3} B. \tag{6.20}$$

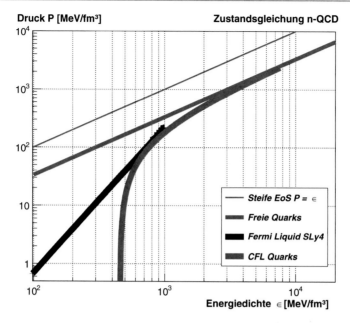

Abb. 6.8 Zustandsgleichung der Neutronenflüssigkeit mit einem Phasenübergang zum Quark-Gluon-Plasma bei vierfacher Kerndichte (EoS SLy4, Douchin und Haensel 2001), ähnlich zu APR (Akmal et al. 1998). Der Phasenübergang erfolgt bei einem konstanten Druck von etwa 100 MeV pro Kubikfermi (cfm). Oberhalb ist die Zustandsgleichung durch die QCD diktiert, die asymptotisch in $P = \epsilon/3$ übergeht (asymptotische Freiheit, dicke Gerade). Die steife Zustandsgleichung $P = \epsilon$ (dünne Linie) wird im Inneren von Neutronensternen nie erreicht. (Grafik: © Camenzind)

Der erste Term ist der Beitrag der freien Quarks, der zweite Term enthält Beiträge von Paarung der Quarks (sogenannte Diquarks). Der dritte Term resultiert aus einer Dichtekorrelation, und der letzte Term repräsentiert die Bag-Konstante. Die maximalen Massen und Radien reiner Quarksterne würden relativ gering ausfallen (Kojo et al. 2014):

$$M_{\max} \simeq 1,78\, M_\odot \left(\frac{155\,\mathrm{MeV}}{B^{1/4}} \right)^2 \tag{6.21}$$

$$R \simeq 9,5\,\mathrm{km} \left(\frac{155\,\mathrm{MeV}}{B^{1/4}} \right)^2. \tag{6.22}$$

Computersimulationen haben gezeigt, dass die Quarks die Gluonenvakuumfelder quasi verdrängen und damit eine Art Einschluss (engl. *Confinement* oder *Bag*) um die Hadronen bilden. Die sogenannte **asymptotische Freiheit** ist eine wichtige Eigenschaft der QCD: Bei hohem Energieübertrag zwischen den Quarks (sprich: kleinem Abstand) wird die Kopplung immer geringer. Für diese fundamentale Erkenntnis aus dem Jahre 1973 haben die Physiker David Politzer, Frank Wilczek und David Gross 2004 den Nobelpreis in Physik bekommen. Asymptotische Freiheit bedeutet, dass sich bei extremer Dichte Quarks und Gluonen wie ein relativistisches Gas verhalten und damit die Zustandsgleichung $P = \epsilon/3$ zwischen Energiedichte ϵ und Druck P erfüllen, während der Limes von hadronischen Zustandsgleichungen eher sich wie $P = \epsilon$ verhält, also zu steif ausfällt! Eine Störungsentwicklung zeigt nun, dass sich die Zustandsgleichung mit abnehmender Dichte von diesem Limes hin zu geringerem Druck bewegt. $P = \epsilon/3$, und nicht $P = \epsilon$, muss daher als Grenzwert einer physikalischen Zustandsgleichung für Neutronensternmaterie betrachtet werden (Abb. 6.8). Diese Zustandsgleichung gilt auch für das Quark-Gluon-Plasma im frühen Universum.

▶ $\Rightarrow$ Vertiefung 6.2: Wie groß ist das Proton-Neutron-Verhältnis im NStern?

6.3   Tolman-Oppenheimer-Volkoff-Gleichungen

Wie der Quantendruck des Elektronengases in Weißen Zwergen, so hält der Quantendruck der Neutronenflüssigkeit und des Quarkgases in Neutronensternen der Gravitation das Gleichgewicht. Im Unterschied zu Weißen Zwergen werden jedoch die Radien so gering, dass allgemein relativistische Effekte der Gravitation eine Rolle spielen. Oppenheimer und Volkoff haben 1939 zum ersten Mal die Grundgleichungen für Neutronensterne aufgestellt. Da Neutronensterne so kompakt ausfallen, müssen wir ihre Gravitation als Raum-Zeit darstellen. Bei Vernachlässigung der Rotation werden sie daher durch das Linienelement eines sphärisch symmetrischen Sterns beschrieben

$$ds^2 = \exp(2\Phi(r))\, c^2 dt^2 - \frac{dr^2}{B^2(r)} - r^2(d\theta^2 + \sin^2\theta\, d\phi^2). \tag{6.23}$$

Dabei ist r die radiale Koordinate, und der letzte Ausdruck entspricht dem Linienelement einer Kugelschale mit Oberfläche $4\pi r^2$. $\Phi(r)$ ist sozusagen die relativistische Verallgemeinerung des Newton'schen Potenzials. Die Funktion $B(r)$ beschreibt die Krümmung des 3-Raumes (s. Gl. 4.99), das Volumenelement $dV = 4\pi r^2\, dr/B(r)$ hängt ebenfalls von dieser Funktion ab.

6.3.1   Die TOV-Gleichungen

Stellare Materie wird durch eine totale Energiedichte ϵ und den Druck P beschrieben. Das hydrostatische Gleichgewicht wird nun durch die sogenannte **Tolman-Oppenheimer-Volkoff (TOV)**-Gleichung bestimmt, die Tolman und Oppenheimer 1939 zum ersten Mal hergeleitet haben (s. Box Strukturgleichungen relativistischer Sterne),

$$\frac{dP}{dr} = -\frac{GM(r)\epsilon(P)}{r^2 c^2}\left(1 + \frac{P}{\epsilon}\right)\left(1 + \frac{4\pi r^3 P}{M(r)c^2}\right)\left(1 - \frac{2GM(r)}{rc^2}\right)^{-1} \tag{6.24}$$

mit der Massenfunktion

$$\frac{dM(r)c^2}{dr} = 4\pi r^2 \epsilon(P).$$ (6.25)

Gravitationskräfte und Druckkräfte sind dabei im Gleichgewicht:

$$\frac{d\Phi}{dr} = -\frac{1}{\epsilon + P} \frac{dP}{dr}$$ (6.26)

Die zweite Funktion $B(r)$ hängt mit der Massenverteilung zusammen:

$$B^2(r) = 1 - \frac{2GM(r)}{c^2 r} \to 1 \quad, \quad r \to 0, \infty.$$ (6.27)

Außerhalb des Neutronensterns gilt die **Schwarzschild-Metrik**, $r \geq R_*$,

$$\boxed{\exp(2\Phi(r)) = 1 - \frac{2GM}{c^2 r}, \quad B^2(r) = 1 - \frac{2GM}{c^2 r},}$$ (6.28)

Strukturgleichungen relativistischer Sterne
Die Metrik der Sterne ist sphärisch symmetrisch und statisch und deshalb allein durch zwei Funktionen $\Phi(r)$ und $\exp(-\lambda(r)) \equiv B(r)$ beschrieben. $\Phi(r)$ ist die Verallgemeinerung des Newton'schen Potenzials, und $\exp(-\lambda(r))$ beschreibt die Krümmung der Meridionalebene.

Daraus folgen die Komponenten des Riemann-Tensors bezüglich orthonormierten Schwarzschild-Tetraden (s. Vertiefung 4.11)

$$R^0{}_{101} = -\exp(\Phi - \lambda)[\Phi'' + (\Phi')^2 - \Phi'\lambda']$$ (6.29)

$$R^0{}_{202} = -\exp(\Phi - 2\lambda)\frac{\Phi'}{r}, \quad R^0{}_{303} = R^0{}_{202}$$ (6.30)

$$R^1{}_{212} = \frac{\lambda' \exp(-2\lambda)}{r}, \quad R^1{}_{313} = R^1{}_{212}$$ (6.31)

$$R^2{}_{323} = \frac{1 - \exp(-2\lambda)}{r^2}.$$ (6.32)

Aus Symmetriegründen verschwinden alle anderen Komponenten. Der Energie-Impuls-Tensor ist diagonal $T^\alpha{}_\beta = \text{diag}(\rho c^2, -P, -P, -P)$.
Entsprechend ergeben sich drei unabhängige Einstein-Tensoren

$$G^0{}_0 = \frac{1}{r^2} \frac{d}{dr}\left[r(1 - \exp(-2\lambda))\right] = \frac{8\pi G}{c^2}\rho(r)$$ (6.33)

$$G^1{}_1 = \frac{1}{r^2} - \exp(-2\lambda)\left(\frac{1}{r^2} + \frac{2\Phi'}{r}\right) = -\frac{8\pi G}{c^4} P(r)$$ (6.34)

$$G^2{}_2 = -\exp(-2\lambda)\left((\Phi')^2 - \Phi'\lambda' + \Phi'' + \frac{\Phi' - \lambda'}{r}\right) = -\frac{8\pi G}{c^4} P(r).$$ (6.35)

Daraus folgen die TOV-Gleichungen

$$\exp(-2\lambda) = B^2(r) = 1 - \frac{2GM(r)}{c^2 r} \tag{6.36}$$

$$M(r) = 4\pi \int_0^r \rho(r')r'^2 \, dr' \tag{6.37}$$

$$\frac{d\Phi}{dr} = \frac{1}{1 - 2GM(r)/c^2 r} \left(\frac{GM(r)}{c^2 r^2} + \frac{4\pi G}{c^4} r P \right) \tag{6.38}$$

$$\frac{dP}{dr} = -(\rho c^2 + P) \frac{d\Phi}{dr}. \tag{6.39}$$

Zu gegebener Zustandsgleichung $P(\rho)$ werden diese Gleichungen numerisch integriert mit der Anfangsbedingung $\rho(r = 0) = \rho_c$ und der Randbedingung $P(r = R) = 0$. Daraus ergibt sich eine Sequenz von Neutronensternmodellen als Funktion der Zentraldichte ρ_c (Abb. 6.9).

die asymptotisch in die flache Minkowski-Metrik übergeht. $\epsilon(P)$ beschreibt dabei eine Zustandsgleichung für Neutronen- und Quarkmaterie (z. B. FPS oder SLy4). Diese Zustandsgleichungen sind bis zur Kerndichte $n_0 = 0,16$ fm^{-3} relativ gut

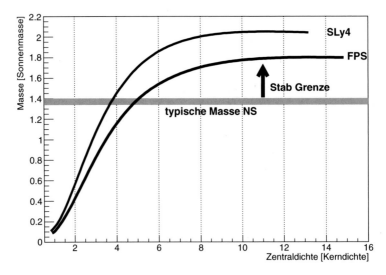

Abb. 6.9 Massen-Dichte-Sequenz für reine Neutronensterne mit einer weichen (FPS) und einer steifen (SLy4, Douchin und Haensel 2001) Zustandsgleichung. Die starke Wechselwirkung begrenzt die maximale Masse auf 2,02 Sonnenmassen. Typische Neutronensterne mit einer Masse von 1,4 Sonnenmassen weisen eine Zentraldichte von etwa vierfacher Kerndichte auf. Bis zu dieser Masse besteht das Innere von Neutronensternen deshalb vermutlich nur aus der Neutronenflüssigkeit. Das Maximum würde jedoch bei elffacher Kerndichte erreicht, was völlig unphysikalisch ist. (Grafik: Camenzind/Daten nach Bauswein 2006)

bekannt, jenseits zweifacher Kerndichte unterscheiden sie sich jedoch beträchtlich. Die totale Energiedichte ϵ und der Druck werden in Einheiten von MeV fm^{-3} ausgedrückt. Im Vergleich zum Newton'schen hydrostatischen Gleichgewicht treten in der Gl. (6.24) drei Korrekturterme auf: zwei Druckkorrekturterme und ein relativistischer Faktor, der von der Schwarzschild-Geometrie herrührt. Zu gegebener Zentraldichte ϵ_c können diese Gleichungen einfach von innen nach außen integriert werden, bis $P = 0$ erreicht ist (Abb. 6.9). Dies bestimmt dann die Masse M und den Radius R des Objektes. Durch Variation der Zentraldichte erhält man so die Radius-Massen-Beziehung (Abb. 6.10, 6.12 und 6.14).

▶ ⇒ Vertiefung 6.3: Herleitung hydrostatisches Gleichgewicht im NStern?

6.3.2 Dichtesequenz der Neutronensterne

Wie Weiße Zwerge sind auch Neutronensterne eindeutig zu gegebener Zustandsgleichung bestimmt durch ihre Zentraldichte ρ_c, die wir am besten in Einheiten von Kerndichten parametrisieren (Abb. 6.9). Die Masse nimmt dabei mit zunehmender Dichte bis zu einer maximalen Masse zu und nimmt dann langsam wieder ab. Diese maximale Masse bestimmt die Chandrasekhar-Masse der Neutronensterne, die sich nun newtonsch nicht mehr einfach abschätzen lässt. Für steife hadronische Materie mit Zustandsgleichungen wie SLy4 und APR wird eine maximale Masse von 2,02 Sonnenmassen erreicht bei einer Zentraldichte von zehnfacher Kerndichte. In diesem Dichtebereich ist eine rein hadronische Zustandsgleichung jedoch völlig unrealistisch.

Durch Variation der Symmetrieenergie in der nuklearen Zustandsgleichung gelingt es, den möglichen Massenbereich abzutasten (Abb. 6.10). Dabei spielt die Steifheit der Zustandsgleichung und die Frage des Quark-Hadronen-Phasenübergangs eine entscheidende Rolle (Abb. 6.11).

6.3.3 Die kritische Masse von Neutronensternen

Wie bei Weißen Zwergen gibt es auch hier eine **obere Massengrenze** $\simeq (2, 0 - 2, 2)\, M_{\odot}$, jenseits der Neutronensterne nicht mehr stabil sind und auf ein Schwarzes Loch kollabieren (Abb. 6.9). Die genaue Grenze ist nicht bekannt, da die starke Wechselwirkung der Kernkräfte noch nicht genau bekannt ist. Die Zentraldichten in massereichen Neutronensternen übersteigen um ein Vielfaches die Kerndichte $\rho_0 = 2, 4 \times 10^{14}$ g pro Kubikzentimeter.

Nicht alle Sequenzen in der Zentraldichte sind stabil. Eine Stabilitätsanalyse zeigt, dass nur mit ρ_c ansteigende Äste stabil sind, $dM/d\rho_c > 0$. Die maximale Masse ergibt damit den Instabilitätspunkt – jenseits dieser maximalen Masse kollabiert der Neutronenstern auf ein Schwarzes Loch.

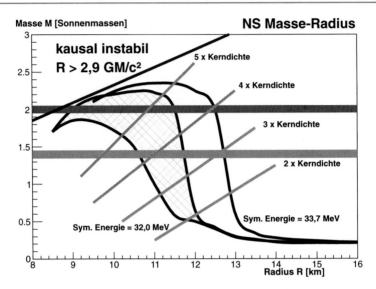

Abb. 6.10 Massen-Radius-Beziehung für reine Neutronensterne mit einer Zustandsgleichung, die nur von der Symmetrieenergie der Nukleonen abhängt. Neutronensterne im schraffierten Bereich entsprechen realistischen Zustandsgleichungen. Das Quark-Gluon-Plasma im Zentrum massereicher Neutronensterne (über 1,4 Sonnenmassen) begrenzt jedoch die maximale Masse auf 2,0 Sonnenmassen. Neutronensterne in der linken oberen Ecke sind kausal instabil. Eine Symmetrieenergie von über 33 MeV gilt als unwahrscheinlich (rechte Kurve). (Grafik: © Camenzind nach Daten aus Gandolfi et al. 2012)

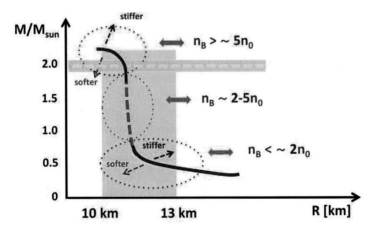

Abb. 6.11 Die Rolle der Steifheit der Zustandsgleichung in der Frage der Massen-Radius-Beziehung von Neutronensternen. Je steifer, desto höher fällt die maximale Masse aus. (Grafik: Camenzind)

6.3.4 Massen-Radius-Beziehung und gravitative Rotverschiebung

Aus den Strukturgleichungen ergibt sich auch das Masse-Radius-Verhältnis der Neutronensterne (Abb. 6.10, 6.12, 6.13 und 6.14). Im Bereich der beobachteten Massen von 1,0 bis 1,8 Sonnenmassen bleibt der Radius praktisch konstant (Abb. 6.14). Wie bei normalen Sternen lassen sich Radien am besten über die Röntgenstrahlung der Oberfläche bestimmen. Diese Methode ist allerdings nicht sehr genau, sodass die Radien mit großen Fehlern behaftet sind (Tab. 6.1).

Einer der wichtigsten Effekte der Allgemeinen Relativitätstheorie ist die gravitative Rotverschiebung. Mit diesem Ausdruck ist die Tatsache gemeint, dass die Zeit in einem Feld der Schwerkraft langsamer vergeht als außerhalb des Feldes. Viel direktere Bestätigungen der gravitativen Rotverschiebung sind heute mit modernen Atomuhren möglich. Diese Uhren sind so genau, dass man den Effekt schon eindeutig nachweisen kann, wenn man eine Uhr nur wenige Tage auf dem Kölner Dom platziert und dann mit einer Uhr am Boden vergleicht. Auch an den Uhren

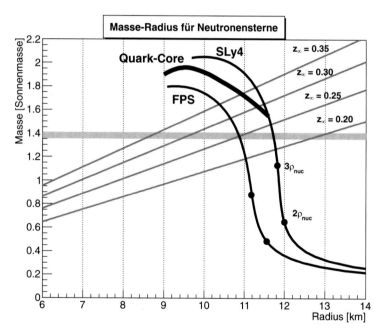

Abb. 6.12 Masse-Radius-Beziehung für Neutronensternmodelle im Rahmen hadronischer Neutronenmaterie (weiche Zustandsgleichung FPS und steife Zustandsgleichung SLy4, Douchin und Haensel 2001) im Vergleich zu einer Quark-Core-Struktur. Stabile Neutronensterne existieren nur im Bereich fallender Funktion $M(R)$. Zu fester Masse gibt es noch Unsicherheiten im Radius, bedingt durch die noch nicht genau bekannten starken Wechselwirkungskräfte, wie etwa der sogenannten Bag-Konstante B im Quark-Confinement. Rein hadronische Materie (SLy4) wirkt stark abstoßend, sodass dadurch die größten Radien entstehen. Die Existenz einer zentralen Farb-supraleitenden Quarkphase (Quark-Core) macht den Druck weicher, sodass geringere Radien entstehen. Es sind aber kaum Radien unter neun Kilometern zu erwarten. Rotverschobene atmosphärische Linien mit $z_\infty = 0,35$ ergeben starke Einschränkungen an die Modelle. (Grafik: © Camenzind/Daten aus Bauswein 2006)

Tab. 6.1 Masse und Radius von sechs beobachteten Neutronensternen in Röntgendoppelsternsystemen (Daten: nach Steiner et al. 2010)

Objekt	Masse M [$M_\odot$]	Radius [km] $r_{ph} = R$	Masse $r_{ph} \gg R$	Radius [km]
4U 1608-522	$1,52 \pm 0,22$	$11,04 \pm 1,0$	$1,64 \pm 0,40$	$11,82 \pm 0,89$
EXO 1745-248	$1,55 \pm 0,22$	$10,91 \pm 0,86$	$1,34 \pm 0,45$	$11,82 \pm 0,72$
4U 1820-30	$1,57 \pm 0,15$	$10,91 \pm 0,9$	$1,57 \pm 0,37$	$11,82 \pm 0,82$
M 13	$1,48 \pm 0,64$	$11,04 \pm 1,0$	$0,90 \pm 0,28$	$12,21 \pm 0,62$
ω Cen	$1,43 \pm 0,61$	$11,18 \pm 1,27$	$0,99 \pm 0,51$	$12,09 \pm 0,66$
X7	$0,832 \pm 1,20$	$13,25 \pm 1,37$	$1,98 \pm 0,36$	$11,30 \pm 1,00$

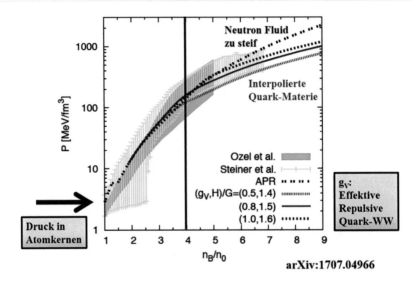

Abb. 6.13 Zustandsgleichung für Neutronensterne mit Übergang zu Quark-Core. Die Zustandsgleichung bei hohen Dichten ist weicher im Vergleich zur hadronischen Zustandsgleichung (hier APR) – im Einklang mit störungstheoretischen Rechnungen (pQCD) für Dichten $n_q > 100 \, n_0$. Neutronensterne mit mehr Masse als 1,4 Sonnenmassen enthalten damit einen Quark-Core. Die EoS ist parametrisiert durch Kopplungskonstanten H und g_V der QCD. Der Druck bei Kerndichte liegt bei $2 \, \text{MeV} \, \text{fm}^{-3}$. (Grafik: ©Camenzind, nach Baym et al. 2018)

NStern: Masse-Radius Relation

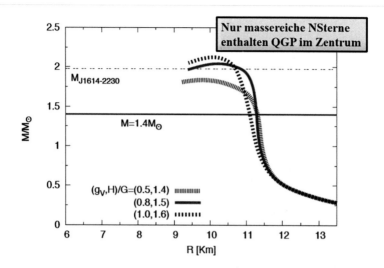

Abb. 6.14 Massen-Radius-Beziehung für Neutronensterne mit Quark-Core, parametrisiert durch die Kopplungskonstanten H und g_V der QCD. Nur massereiche Neutronensterne enthalten einen Quark-Core. Die maximal mögliche Masse liegt im Bereich von 2,0 Sonnenmassen. (Grafik: ©Camenzind, nach Baym et al. 2018)

des Global Positioning Systems (GPS) wird die gravitative Rotverschiebung heute eindeutig beobachtet. Erste Experimente, die Atomuhren zum Nachweis der Allgemeinen Relativitätstheorie einsetzten, fanden Anfang der 1970er-Jahre statt, indem Atomuhren in Flugzeugen um die Erde geschickt wurden oder stundenlang in großer Höhe kreisten.

Emittiert ein Atom auf der Oberfläche des Neutronensterns eine Linie mit Wellenlänge λ_*, so beobachtet man im asymptotischen Bereich eine Rotverschiebung z_∞ gegeben durch

$$z_\infty = \frac{\lambda_\infty - \lambda_*}{\lambda_*} = \frac{\nu_*}{\nu_\infty} - 1 = \frac{1}{\exp(\Phi(R_*))} - 1 = \frac{1}{\sqrt{1 - 2GM/R_*c^2}} - 1. \quad (6.40)$$

Erste Messungen der gravitativen Rotverschiebung z_∞ einer atmosphärischen Linie mit XMM-Newton deuten auf einen Wert von $z_\infty \simeq 0,35$ hin (Cottam et al. 2002). $\exp(2\Phi(r)) = 1 - 2GM/rc^2$ ist dabei die zeitliche Komponente der Schwarzschild-Metrik. Dies entspricht einem Masse-Radius-Verhältnis von

$$\frac{GM}{R_*c^2} = 0,5 - \frac{0,5}{(1+z)^2} = 0,226. \quad (6.41)$$

Dies würde auf einen sehr kompakten Neutronenstern hinweisen mit einem Radius R_* von nur zwei Schwarzschild-Radien (Abb. 6.12). Als mögliche Lösungen

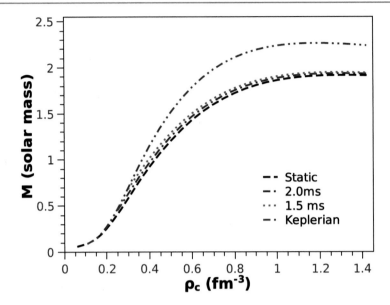

Abb. 6.15 Masse-Dichte-Beziehung für Neutronensternmodelle im Rahmen hadronischer Zustandsgleichung (SLy4) für verschiedene Rotationsperioden. Eine Rotation mit einer Periode unter drei Millisekunden führt bereits zu einer merklichen Abplattung. Maximale Rotation wird erreicht für 0,5 ms. (Grafik: Camenzind/Daten aus Bauswein 2006)

kommen entweder ein rein hadronischer Neutronenstern mit einer Masse von 1,8 Sonnenmassen und einem Radius von 11,3 km oder ein **Farb-supraleitender** Neutronenstern mit Quark-Core, einer Masse von 1,45 Sonnenmassen und einem Radius von 9 km infrage. Diese Werte können sich allerdings durch eine genauere Berechnung der Zustandsgleichung von Quarkmaterie (CFL) noch etwas ändern (Abb. 6.14). Neutronensterne um die zwei Sonnenmassen dürften einen Quark-Core von fünf Kilometern Radius aufweisen (Annala et al. 2020; Abb. 6.15).

▶ ⇒ Vertiefung 6.4: Was ist die innere Schwarzschild-Lösung?

6.4 Wann rotieren Neutronensterne schnell?

Einige Millisekundenpulsare rotieren so schnell, dass eine starke Abplattung auftritt. Diese Sterne sind deshalb nicht mehr sphärisch symmetrisch, sodass der Ansatz (6.23) nicht mehr gültig ist. Die Sterne sind jedoch noch rotationssymmetrisch, sodass der metrische Ansatz gilt:

$$ds^2 = \alpha^2 c^2 dt^2 - R^2(d\phi - \omega\, dt)^2 - \exp(2\mu_r)\, dr^2 - \rho^2\, d\theta^2. \qquad (6.42)$$

Solche Sterne sind durch fünf metrische Funktionen bestimmt, die allesamt nur von den beiden Koordinaten r und θ abhängen, jedoch nicht von der Zeit t und

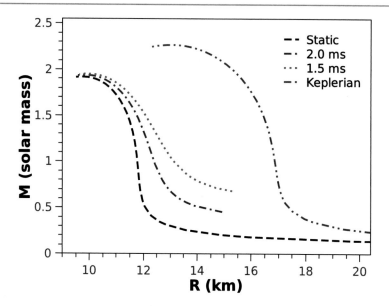

Abb. 6.16 Masse-Radius-Beziehung für Neutronensternmodelle im Rahmen hadronischer EoS für verschiedene Rotationsperioden. (Grafik: Camenzind/Daten aus Bauswein 2006)

dem axialen Winkel ϕ. Die Einstein-Gleichungen fallen jetzt recht kompliziert aus und können nur noch numerisch gelöst werden. Die numerische Berechnung zeigt, dass die Rotation mit einer Periode unter drei Millisekunden zu einer merklichen Abplattung führt (Abb. 6.15 und 6.16).

6.4.1 Die Metrik langsam rotierender Sterne

Damit kann für Perioden $P > 3$ ms die Raum-Zeit eines langsam rotierenden Neutronensterns durch die sogenannte **Slow-Rotation-Approximation** genähert werden, $R = r \sin\theta$,

$$ds^2 = \exp(2\Phi)\,c^2 dt^2 - \frac{dr^2}{1 - 2GM(r)/c^2 r} - r^2\,d\Omega^2 + 2\omega\,r^2 \sin^2\theta\,dt d\phi.$$

(6.43)

Die beiden Funktionen $\Phi(r)$ und $M(r)$ erfüllen die TOV-Gleichungen, während Frame-Dragging $\omega(r)$ die Gleichung erfüllt:

$$\frac{1}{r^3}\frac{d}{dr}\left(r^4 I(r)\frac{d\omega'}{dr}\right) + 4\frac{dI}{dr}\omega' = 0,$$

(6.44)

wobei $\omega' = \Omega - \omega$ die Winkelfrequenz im nichtrotierenden Bezugssystem darstellt. Die Hilfsfunktion $I(r)$ ist wie folgt definiert:

$$I(r) = \sqrt{1 - 2GM(r)/c^2 r} \, \exp(-\Phi(r)). \qquad (6.45)$$

Die metrische Funktion $\omega(r, \theta)$ hat die Bedeutung einer Winkelfrequenz. Sie beschreibt das Mitschleppen der Inertialsysteme durch den Drehimpuls J_* des Sterns und verhält sich außerhalb des Sterns wie folgt

$$\boxed{\omega \simeq \frac{2GJ_*}{c^2 r^3} \simeq \frac{4}{5} \frac{GM}{c^2 r} \frac{R^2}{r^2} \Omega.} \qquad (6.46)$$

Hier haben wir die Beziehung $J_* = 2MR^2\Omega/5$ für den Drehimpuls des Neutronensterns mit Masse M, Radius R und Rotationsfrequenz $\Omega = 2\pi/P$ verwendet. Dies bedeutet, dass auch Drehimpuls Gravitation erzeugt – ein Phänomen, das es in der Newton'schen Welt nicht gibt – der Drehimpuls der Sonne erzeugt nach Newton keine Gravitationskraft. Durch Integration der Gleichung (6.44) kann $\omega(r)$ nun auch im Innern des Neutronensterns berechnet werden. Die Funktion $\omega(r)$ nimmt das Maximum im Zentrum des Sterns an und geht außerhalb des Sterns in das Verhalten (6.46) über. Der Wendepunkt liegt am Rande des Sterns.

Die Funktion Φ ist für die Rotverschiebung verantwortlich, sodass die gravitative Rotverschiebung im Unendlichen wie folgt berechnet werden kann, $\Phi(r = \infty, \theta) = 0$:

$$z_g = \frac{1}{\exp(\Phi(r, \theta))} - 1 \qquad (6.47)$$

Aus diesem Grunde nennt man $\alpha = \exp(\Phi)$ die Rotverschiebungsfunktion.

▶   ⇒ Vertiefung 6.5: Wie schnell kann ein Pulsar rotieren?

6.4.2   Elektrodynamik um rotierende Sterne

Das Mitschleppen verändert vor allem die Maxwell'schen Gleichungen, etwa im achsensymmetrischen Falle (Camenzind 2007),

$$\nabla \cdot \vec{E} = 4\pi \rho_e, \quad \nabla \times (\alpha \vec{E}) = -\frac{\partial \vec{B}}{\partial t} + (\vec{B} \cdot \nabla \omega) R \vec{e}_\phi \qquad (6.48)$$

$$\nabla \cdot \vec{B} = 0, \quad \nabla \times (\alpha \vec{B}) = \frac{\partial \vec{E}}{\partial t} - (\vec{E} \cdot \nabla \omega) R \vec{e}_\phi + 4\pi \alpha \vec{j} \qquad (6.49)$$

$\vec{e}_\phi = (1/R)\partial_\phi$ ist der Einheitsvektor in axialer Richtung mit dem Zylinderradius R. Wie man sieht, führt die differenzielle Rotation der Raum-Zeit zu einer Verscherung von elektrischen und magnetischen Feldern, die natürlich nur in der Nähe von kompakten Objekten wichtig wird – z. B. in der Nähe der Oberfläche eines rotierenden Neutronensterns, wo $d\omega/dr$ gerade maximal wird. Es ist instruktiv, die elektrischen und magnetischen Felder in poloidale und toroidale Komponenten aufzuspalten, $\vec{B} = \vec{B}_p + B^\phi \vec{e}_\phi$ und $\vec{E} = \vec{E}_p + E^\phi \vec{e}_\phi$, und das poloidale magnetische Feld durch das Vektorpotenzial darzustellen, $\vec{B}_p = \nabla \times (A^\phi \vec{e}_\phi)$. Damit werden auch Induktionsgleichung und Ampere-Gleichung entsprechend zerlegt:

$$\frac{\partial A^\phi}{\partial t} = -\alpha\, E^\phi \tag{6.50}$$

$$\frac{\partial B^\phi}{\partial t} = R\vec{B}_p \cdot \nabla\omega - \vec{e}_\phi \cdot (\nabla \times \alpha \vec{E}_p) \tag{6.51}$$

$$\frac{\partial E^\phi}{\partial t} = R\vec{E}_p \cdot \nabla\omega - \mathcal{G}_2[A^\phi] - 4\pi\alpha j^\phi \tag{6.52}$$

$$\frac{\partial \vec{E}_p}{\partial t} = \nabla \times (\alpha B^\phi \vec{e}_\phi) - 4\pi\alpha \vec{j}_p. \tag{6.53}$$

In der Nähe des kompakten Objektes ist der Gradient von ω praktisch nur radial (s. Gl. 6.46), sodass jetzt ein radiales magnetisches Feld (wie etwa ein Dipol) damit eine poloidale Stromdichte erzeugt und ein poloidales elektrisches Feld ein toroidales elektrisches Feld. $\mathcal{G}_2 = \vec{e}_\phi \cdot [\nabla \times \alpha \vec{B}_p]$ ist der sogenannte Grad-Shafranov-Operator für die poloidale Flussfunktion $\Psi = R A^\phi$, die durch den Divergenzoperator bestimmt ist, sodass gilt:

$$\vec{B}_p = \frac{1}{R} \nabla\Psi \times \vec{e}_\phi. \tag{6.54}$$

Die poloidalen magnetischen Felder sind eindeutig durch die Flussfunktion Ψ bestimmt, wie dies auch schon in der Elektrodynamik in der Minkowski-Raum-Zeit gilt. Dieser Verscherungseffekt lässt sich nicht abschalten, sodass die Rotation des Neutronensterns dauernd toroidales Magnetfeld aufbaut, oder anders gesagt, poloidale Ströme längs der offenen Dipolfeldlinien erzeugt. Dieser grundlegende Effekt wird von fast allen Forschern vergessen und ist leider in seinen Konsequenzen bisher nicht ausgearbeitet worden. Dieser Effekt spielt bei den Jets von Schwarzen Löchern wahrscheinlich eine wichtige Rolle.

6.5 Neutronensterne als Radiopulsare

Neutronensterne sind 1967 zum ersten Mal als Radiopulsare entdeckt worden (Abb. 6.17). Heute sind über 2000 solcher Objekte katalogisiert (s. ATNF Pulsar Homepage, https://www.atnf.csiro.au/research/pulsar/psrcat/). Rotierende Neutronensterne erscheinen nur dann als Radiopulsare, wenn sie eine kräftige Magnetosphäre tragen, deren magnetisches Moment nicht parallel zur Rotationsachse liegt (Abb. 6.18). Die Radiostrahlung der Pulsare entsteht durch Plasma, das von der magnetischen Polregion wegfließt. Durch die Rotation der Sterne ergibt sich so ein Leuchtturmeffekt (Abb. 1.9). Nur wenn der Strahlenkegel eines magnetischen Pols

Abb. 6.17 Mit dieser
Dipolanlage hat Jocelyn Bell
1967 die ersten Radiopulsare
vermessen: *We put up over a
thousand posts and strung
more than 2000 dipoles
between them.* Die Quelle
war der Pulsar PSR 1919+21
mit einer Periode von
1,377 s, von Hewish als
LGM 1 bezeichnet. This
detection was presented as
an after-dinner speech with
the title of *Petit Four* at the
Eighth Texas Symposium on
Relativistic Astrophysics and
appeared in the *Annals of the
New York Academy of
Science,* vol. 302, pages
685–689, 1977. (Bild:
Copyright © 1979–2006 Big
Ear Radio Observatory,
North American
AstroPhysical Observatory
(NAAPO). Reproduced by
permission)

die Sichtlinie eines Radioteleskopes trifft, registriert dies einen kurzen Radiopuls. Deswegen sind bei Weitem nicht alle Pulsare sichtbar.

Jocelyn Bell und ihr Doktorvater Antony Hewish entdeckten den ersten Pulsar bei der Suche nach Radioquellen am 28. November 1967 (Abb. 6.17). Für diese Untersuchung wurden in einem breiten Feld sämtliche Quellen erfasst, die binnen kurzer Zeit starke Schwankungen in ihrer Strahlungsintensität aufwiesen. Die Signale des später als PSR B1919+21 bezeichneten Pulsars zeichneten sich durch ungewöhnliche Regelmäßigkeit der abgestrahlten Wellen aus, sodass Bell und Hewish sie zunächst für ein künstliches Signal – eventuell einer extraterrestrischen Zivilisation – hielten (Little Green Man 1). Antony Hewish wurde 1974 für die Entdeckung der Pulsare mit dem Nobelpreis für Physik ausgezeichnet.

Der erste Physiker, der gleich nach ihrer Entdeckung hinter Pulsaren rotierende Neutronensterne vermutete, war Thomas Gold 1968/69. Eine Fachkonferenz lehnte jedoch zunächst seinen entsprechenden Vortrag als zu absurd ab und erachtete dies noch nicht einmal als diskussionswürdig. Später wurde seine Interpretation jedoch bestätigt.

6.5.1   Was ist ein Pulsar?

Ein Pulsar ist ein rotierender Neutronenstern, dessen Rotationsachse nicht mit der Magnetfeldachse übereinstimmt, sodass ein Doppelkegel (Bikonus) emittier-

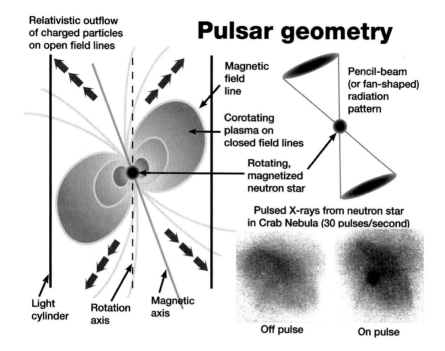

Abb. 6.18 Ein Radiopulsar ist ein schnell rotierender Neutronenstern, dessen magnetisches Moment nicht parallel zur Rotationsachse liegt. Dadurch entsteht ein Leuchtturmeffekt, wenn Plasma von den Polkappen mit fast Lichtgeschwindigkeit abfließt und dabei Radiostrahlung erzeugt. Die Feldstärken an den Polen betragen Millionen bis zu 100 Mrd. T. Die Magnetosphäre eines Pulsars wird durch den Lichtzylinder in zwei Gebiete aufgeteilt – in eine geschlossene Magnetosphäre innerhalb des Lichtzylinders und in eine offene, die den Lichtzylinder verlässt. Am Lichtzylinder $R_{LC} = cP/2\pi = 47.750\,P$ Kilometer würden Plasmateilchen mit Lichtgeschwindigkeit rotieren. (Grafik: NASA, mit freundlicher Genehmigung © NASA)

ter Strahlung wie bei einem Leuchtturm mit der Rotationsperiode des Sterns mitrotiert (Abb. 6.19). In besonderen Fällen kann diese Strahlung die Erde treffen, was beim Beobachter den Eindruck gepulster Strahlung vermittelt. Die Linien in Abb. 6.18 illustrieren die Pulsarmagnetosphäre in Form von Isokonturlinien des Magnetfeldes: Man erkennt eine dominant toroidale (schlauchartige) Magnetfeldstruktur. Der Radio-Beam veranschaulicht die Strahlungskeulen, die immer wieder infolge der Rotation einen geeignet orientierten Beobachter treffen. Der Lichtzylinder ist dadurch definiert, dass ein an das Magnetfeld gebundenes Teilchen an diesem Radius gerade mit Lichtgeschwindigkeit rotiert, $R_{LC} = c/\Omega = cP/2\pi$, wobei $\Omega = 2\pi/P$ die Winkelfrequenz des rotierenden Sterns bedeutet. Bei einer Rotationsperiode von einer Millisekunde beträgt der Lichtzylinderradius gerade einmal 50 km, also etwa fünf Sternradien. Innerhalb des Lichtzylinders sind die Magnetfelder geschlossen (Abb. 6.19) und bilden eine toroidale Struktur wie bei der Erdmagnetosphäre.

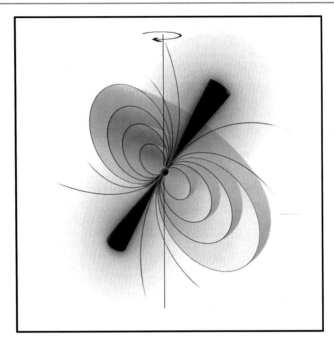

Abb. 6.19 Toroidale Struktur der Pulsarmagnetosphäre innerhalb des Lichtzylinders. Innerhalb des Lichtzylinders c/Ω sind die dipolartigen magnetischen Flächen geschlossen, außerhalb bleiben sie offen. Entlang der Dipolachsen werden Teilchen beschleunigt, die die Radiostrahlung erzeugen und damit zu einer Art Leuchtturmeffekt führen. (Grafik: © Camenzind)

An den Polkappen werden durch die schnelle Rotation Teilchen elektrisch bis auf TeV-Energien beschleunigt, die dann Gammaphotonen emittieren. Es bildet sich ein sogenannte elektrischer Gap wie in einer Kathodenstrahlröhre. Diese Paare annihilieren wieder zu Elektron-Positron-Paaren. Da die Gammaphotonen nicht entweichen können, entsteht eine regelrechte Teilchenkaskade. Die Elektron-Positron-Paare entweichen schließlich aus der Polregion entlang der offenen Feldlinien und bilden so den **Pulsarwind.** Die Radiostrahlung entsteht in diesem Pulsarwind und ist nur eine Art diagnostische Strahlung des Pulsarwindes. Dieser Pulsarwind füllt im Krebsnebel das innere blaue Gebiet (Abb. 1.7) mit Elektron-Positron-Paaren auf, die dann Synchrotronstrahlung emittieren. Die Radiostrahlung der Pulsare ist jedoch trotz intensiver Forschung der letzten 40 Jahre immer noch nicht in allen Details verstanden (Abb. 6.20).

6.5.2 Abbremsrate und Pulsardiagramm

Durch ein genaues Vermessen der Ankunftszeiten dieser Pulse gelingt es, die Rotationsperioden der Pulsare bis auf 10^{-12} S genau zu bestimmen (Abb. 6.21). Deshalb kann auch die zeitliche Veränderung der Periode $\dot{P}$ bestimmt werden (Beispiel Krebspulsar: Abb. 6.20). Im Falle des Krebspulsars betrug die

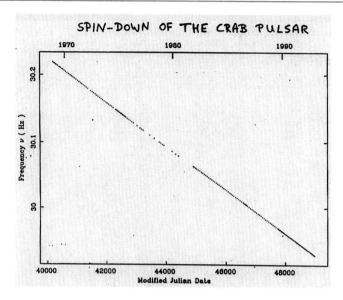

Abb. 6.20 Gemessener Spin-Down des Krebspulsars. Pulsare verlieren beständig an Rotationsenergie durch die Abstrahlung des Pulsarwindes. Dadurch verlangsamt sich die gemessene Rotationsfrequenz. (Grafik: aus Lyne und Kramer 2005, mit freundlicher Genehmigung © Andrew Lyne)

Rotationsperiode 2007 33,1 ms, die Abbremsrate $\dot{P} = 4,22 \times 10^{-13}$ s/s. Millisekundenpulsare weisen jedoch wesentlich geringere Abbremsraten auf: Die Verteilung der beobachteten Perioden P ist in Abb. 6.22 dargestellt. Die meisten Pulsare haben Perioden im Bereich von einer Sekunde, das Maximum liegt bei etwa fünf Sekunden. Es ist jedoch klar zu sehen, dass noch eine weitere Klasse von Pulsaren existiert, deren Perioden sehr kurz sind. Dies sind die sogenannten **Millisekundenpulsare,** deren Abbremsrate ungemein klein ausfällt. Die ersten Pulsare dieser Art wurden erst 1982 entdeckt (wie PSR 1937+21).

Pulsare werden heute in verschiedene Klassen eingeteilt. Neben den eigentlichen Radiopulsaren gibt es noch Röntgen- und Gamma-Pulsare, insbesondere auch viele Pulsare, die nur im Gammabereich mit dem Fermi-Satelliten gefunden worden sind. **Magnetare** sind besonders exotische Objekte, die relativ langsam rotieren, aber extrem hohe Abbremsraten aufweisen, im Bereich von $\dot{P} \simeq 10^{-12}$. Dies deutet auf extrem starke Magnetfeldstärken hin. Man schätzt, dass etwa 10 % aller Neutronensterne zu dieser Sternklasse zählen. Aufgrund des Pirouetteneffekts (Drehimpulserhaltung) rotieren Neutronensterne unmittelbar nach dem Kollaps mit Rotationsperioden im Millisekundenbereich. Ein Magnetar entsteht nur dann, wenn die Rotationsperiode unter zehn Millisekunden liegt und der Vorläuferstern ein relativ starkes Magnetfeld besaß. Andernfalls entsteht ein gewöhnlicher Neutronenstern bzw. Pulsar. Die Ursache sind Konvektionszonen in der ultradichten Neutronenmaterie, die unmittelbar nach dem Kollaps mit Rotationsperioden von zehn Millisekunden rotieren. Rotiert der Gesamtstern schneller, so setzt ein Dynamoeffekt ein, der die

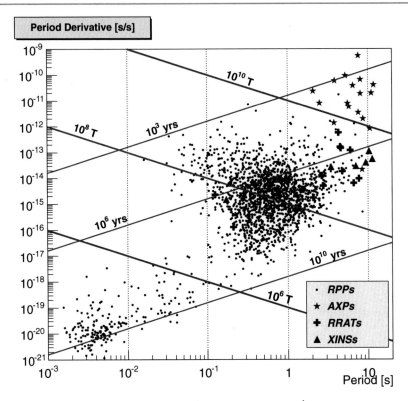

Abb. 6.21 Die Verteilung der Perioden und deren zeitliche Ableitung $\dot{P}$ für Pulsare verschiedener Typen. Die wichtigsten Klassen sind: klassische Radiopulsare (RPPs, Punkte), Magnetare (AXPs, Sterne) und Röntgen- und Gammapulsare (XINSs, Dreiecke). Dieses Diagramm enthält sehr viel Information über die Pulsarpopulation: Man kann daraus das Pulsaralter abschätzen $\tau = P/2\dot{P}$, die Stärke des Magnetfeldes B_* sowie die sogenannte Spin-Down-Leistung $\dot{E}_{\text{Rot}}$ in Watt. Die jüngsten Pulsare sind gerade einmal einige tausend Jahre alt, die ältesten so alt wie das Universum. (Grafik: © Camenzind, Daten aus ATNF Pulsar Katalog Manchester et al. 2005)

enorme kinetische Energie der Konvektionswirbel innerhalb von etwa zehn Sekunden in Magnetfeldenergie umwandelt.

Dabei entsteht ein Magnetfeld, das mit 10^{11} T tausendmal so stark ist wie das eines gewöhnlichen Neutronensterns. Die Massendichte, die einem derartigen Magnetfeld über seine Energiedichte in Kombination mit der Äquivalenz von Masse und Energie nach Einstein zugeordnet werden kann, liegt im Bereich einiger Dutzend Kilogramm pro Kubikmillimeter. Ein solches Magnetfeld ist so stark, dass es die Struktur des Quantenvakuums verändert, sodass der materiefreie Raum doppelbrechend wird.

Man kennt mehr als ein Dutzend Röntgenquellen in unserer Milchstraße, die als Kandidaten für Magnetare angesehen werden. Diese Objekte zeigen in unregelmäßigen Abständen Gamma- und Röntgenausbrüche mit einer Dauer von wenigen Zehntel Sekunden. In dieser kurzen Zeit wird typischerweise so viel hochenergetische Strahlungsenergie freigesetzt, wie die Sonne in etwa 10.000 Jahren im gesamten Spektrum abstrahlt. Diesem kurzen und extremen Strahlungspuls folgt eine

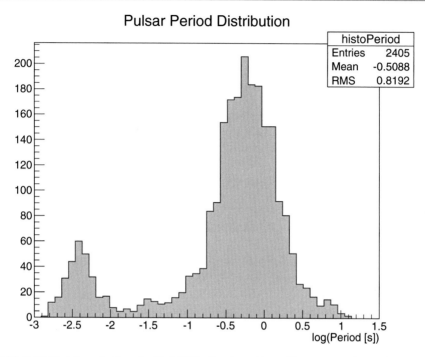

Abb. 6.22 Verteilung der Perioden für 2400 Radiopulsare. Dieses Histogramm zeigt zwei Maxima: die normalen Pulsare mit einer mittleren Rotationsperiode von 0,7 s und die Millisekundenpulsare mit einer mittleren Rotationsperiode von drei Millisekunden. (Grafik: © Camenzind, Daten aus ATNF Pulsar Katalog (Manchester et al. 2005))

mehrminütige Relaxationsphase, in der die Strahlung abnimmt und dabei periodische Schwankungen im Bereich von mehreren Sekunden aufweist, der Rotationsperiode des Magnetars. Diesen großen Ausbrüchen folgen in den Stunden bis Jahren danach meist weitere kleinere. Man nennt diese Strahlungsquellen daher auch Soft Gamma Repeater (SGR). Eine statistische Analyse dieser Ausbrüche zeigt eine auffällige Verwandtschaft mit der von Erdbeben. In der Tat nimmt man an, dass es sich dabei um Brüche in der äußeren Kruste des Magnetars handelt, die wie bei allen Neutronensternen aus einem Plasma von Elektronen und kristallin angeordneten Eisen- und anderen Atomkernen besteht. Als Ursache dafür werden Kräfte des Magnetfeldes angesehen, die auf diese feste Kruste einwirken.

Die größeren Ausbrüche führt man auf großräumige *Flares* eines instabil gewordenen Magnetfeldes zurück, wie sie sich qualitativ ähnlich auch auf der Sonnenoberfläche ereignen und dort die sogenannten Flares erzeugen. Danach würde die beobachtete hochenergetische Strahlung von einem Feuerball aus heißem Plasma auf der Oberfläche des Magnetars ausgesandt, der für einige Zehntel Sekunden durch das starke Magnetfeld lokal gebunden ist, was Feldstärken über 10^{10} T erfordert. Die Intensität der ausgesandten Strahlung wird auch damit in Verbindung gebracht, dass die Strahlung diesen Feuerball ungehindert durchdringen kann, da das starke

Magnetfeld die freien Elektronen daran hindert, mit der elektromagnetischen Welle zu schwingen.

Die **Rotating Radio Transients** (RRATs) sind erstmals im Jahre 2005 als Transient Radio Bursts beschrieben worden. Dies war das Ergebnis einer gezielten Suche nach einzelnen Bursts im Bereich der Radiostrahlung anstatt wie vorher üblich, nach Pulsaren mithilfe von zeitlich exakt wiederholenden Signalen zu fahnden. Die Breite der einzelnen Radiopulse liegt zwischen zwei und 30 Millisekunden. Die RRATs zeigen Periodensprünge wie normale Pulsare. Im Radiobereich sind die Pulse, wenn eingeschaltet, stark moduliert ohne Anzeichen einer Modulationsfrequenz.

▶   ⇒ Vertiefung 6.6: Welche Pulsare befinden sich innerhalb von 200 pc?

6.5.3 Der Pulsar als magnetischer Rotator

Ein Pulsar ist ein perfekter Rotator, dessen Energie durch das Trägheitsmoment $I \simeq 0,4\,MR^2$ und die Rotationsperiode P gegeben ist

$$E_{\text{Rot}} = \frac{1}{2}\,I\Omega^2 = 2\pi^2\,\frac{I}{P^2}. \tag{6.55}$$

Solche Neutronensterne können im Prinzip mit einer minimalen Periode P_c rotieren, die der Zerreißgrenze entspricht

$$P_c = \frac{2\pi}{\Omega_K(R)} = \frac{2\pi R}{c}\sqrt{\frac{c^2 R}{GM}} \simeq 0,6\,\text{ms}. \tag{6.56}$$

Dies gilt für $M = 1,4\,M_\odot$ und $R = 10$ km. Die beobachtete Abbremsung ergibt deshalb direkt ein Maß für den Rotationsenergieverlust

$$\boxed{\dot{E}_{\text{Rot}} = -4\pi^2\,I\,\frac{\dot{P}}{P^3} \simeq 10^{-2}\,L_\odot\,\frac{\dot{P}}{10^{-15}}\left(\frac{s}{P}\right)^3.} \tag{6.57}$$

Die kürzeste beobachtete Periode liegt bei 1,4 ms. Bis heute sind keine Radiopulsare gefunden worden, die schneller rotieren. Die beobachtete Radiostrahlung (sowie Röntgen- und Gammastrahlung in einigen Fällen) stellt nur einen geringen Bruchteil dieses Energieverlustes dar. Die meiste Energie geht in einen Paarwind, der durch die rotierende Magnetosphäre auf beträchtliche Energien beschleunigt wird (s. Krebsnebel). Aus der Form des Krebsnebelspektrums (Abb. 1.7) kann man ableiten, dass der Paarwind mit einem Lorentz-Faktor von 10^6 auf den Innenrand des Nebels prallt und dann Synchrotronstrahlung erzeugt. Die Nebelstrahlung von $10^5\,L_\odot$ geht auf diesen Energieverlust des zentralen Neutronensterns zurück.

Die Abbremsung des Pulsars ist auf den Energieverlust durch den Paarwind zurückzuführen. Die einfachste Annahme beruht darauf, die Abstrahlung eines Vakuumdipols zu verwenden. Ein reines Dipolfeld stellt ein magnetisches Moment $\vec{p}$ dar, gegeben durch die Polfeldstärke B_*, $p = B_* R^3 / 2\mu_0$ in Einheiten von Tesla m^3. Die im Zeitmittel in Richtung $\vec{n}$ abgestrahlte Energie beträgt (Poynting Vektor),

$$E_{\text{Dipol}} = -\frac{\mu_0}{4\pi} \frac{2\Omega^4 |\vec{p}|^2}{3c^3} \sin^2 \alpha, \tag{6.58}$$

wobei α der Winkel zwischen $\vec{p}$ und der Rotationsachse ist. Daraus resultiert ein Strahlungsverlust von

$$\dot{E}_{\text{mag}} = -\frac{B_*^2 R^6 \Omega^4 \sin^2 \alpha}{24\pi \mu_0 c^3} = -\frac{2\pi^3 B_*^2 R^6 \sin^2 \alpha}{3\mu_0 c^3 P^4} = -\frac{B_*^2 R^3 \Omega \sin^2 \alpha}{24\pi \mu_0} \frac{R^3}{R_{\text{LC}}^3}. \tag{6.59}$$

Ein paralleler Rotator strahlt überhaupt nicht ab, und das Maximum der Abstrahlung erfolgt für den orthogonalen Rotator, $\alpha = 90$ Grad. Zusammen mit der Rotationsverlustformel (6.57) folgt daraus eine Abschätzung der Polstärke, wenn wir über den unbekannten Winkel α mitteln, $< \sin^2 \alpha > = 1/2$,

$$B_* \simeq \sqrt{\frac{12\mu_0 c^3 I P \dot{P}}{\pi^3 R^6}} = 3 \times 10^{16} \text{ Tesla } \sqrt{P \dot{P}/\text{s}}. \tag{6.60}$$

Typische Pulsare haben $\dot{P} \simeq 10^{-14}$ und weisen daher Feldstärken im Bereich von etwa 100 Mio. T an den Polen auf. Magnetare sind offensichtlich die Neutronensterne mit den höchsten Feldern, sie weisen durchaus Feldtärken im Bereich von 10–100 Mrd. Tesla auf.

6.5.4 Spindown-Alter und die Entwicklungszeit

Nach der Dipolabstrahlung entwickelt sich ein Pulsar wie folgt in der Zeit

$$I\Omega\dot{\Omega} \propto -B_*^2 \Omega^4 \quad \mapsto \quad \dot{\Omega} = -C\,\Omega^3, \tag{6.61}$$

wobei C eine Konstante ist. Für die Lösung gehen wir von folgendem Ansatz aus:

$$\Omega(t) = \Omega_{\text{in}} \left[1 + \frac{\Omega_{\text{in}}^2}{\Omega_0^2} \frac{t}{T_0} \right]^{-1/2}. \tag{6.62}$$

Ω_{in} ist die Winkelgeschwindigkeit des Pulsars bei der Geburt $t = 0$. Damit gewährleisten wir, dass für

$$t = T_0 \;:\; \Omega(t = T_0) = \Omega_{\text{in}} \frac{1}{\Omega_{\text{in}}/\Omega_0} = \Omega_0, \tag{6.63}$$

sofern wir so lange warten, bis $\Omega_0 \ll \Omega_{in}$, z. B. P_0 Sekunden, P_{in} Millisekunden. Durch Differenzieren von (6.62) ergibt dies

$$\dot{\Omega}(t) = -\frac{\Omega_{in}}{2T_0} \frac{\Omega_{in}^2}{\Omega_0^2} \left[1 + \frac{\Omega_{in}^2}{\Omega_0^2} \frac{t}{T_0}\right]^{-3/2} \tag{6.64}$$

oder

$$\dot{\Omega}(t) = -\frac{1}{2T_0} \frac{1}{\Omega_0^2} \Omega^3(t). \tag{6.65}$$

Dies beweist, dass der Ansatz (6.62) die Pulsargleichung löst. Diese Gleichung können wir nach T_0 auflösen

$$T_0 = \frac{\Omega(t)}{-2\dot{\Omega}} \frac{\Omega^2(t)}{\Omega_0^2}, \tag{6.66}$$

und damit erhalten wir das sogenannte **Spin-down-Alter** für $t = T_0$

$$\boxed{T_0 = \frac{\Omega(T_0)}{-2\dot{\Omega}} \frac{\Omega_0^2}{\Omega_0^2} = \left(\frac{\Omega}{-2\dot{\Omega}}\right)_{t=T_0} = \left(\frac{P}{2\dot{P}}\right)_{t=T_0}.} \tag{6.67}$$

Der Faktor $1/2$ hängt also mit der Energieverlustformel zusammen. Eine andere Abhängigkeit von Ω ergibt eine andere Lösung und damit ein etwas anderes Alter. Beispiel: $P = 3,17$ ms, $\dot{P} = 10^{-20}$ s/s gibt $T_0 = 5$ Mrd. Jahre.

Charakteristische Entwicklungszeit eines Pulsars
Die über alle Inklimnationswinkel α gemittelte Dipolabstrahlung beträgt

$$\dot{E}_{mag} = -\frac{2\pi^3 B_*^2 R^6 \sin^2 \alpha}{3\mu_0 c^3 P^4} \simeq -\frac{\pi^3 B_*^2 R^6}{3\mu_0 c^3 P^4}. \tag{6.68}$$

Daraus folgt für $I\Omega\dot{\Omega} = \dot{E}_{mag}$ die Lösung

$$\boxed{\Omega(t) = \Omega_{in} \left[1 + \frac{t}{t_*}\right]^{-1/2}} \tag{6.69}$$

mit der charakteristischen Entwicklungszeit t_*, gegeben durch

$$t_* = \frac{3\mu_0 I c^3}{\pi^3 B_*^2 R^6} \frac{1}{\Omega_{in}^2} \simeq \frac{6\mu_0 M c^2}{5\pi^3 B_*^2 R^3} \frac{R_{LC}^{in}}{R} \frac{1}{\Omega_{in}}. \tag{6.70}$$

Dabei haben wir das Trägheitsmoment ersetzt durch $I \simeq 2MR^2/5 \simeq 10^{38}$ kg m^2. Diese Formel zeigt, dass die Abbremszeit zu tun hat mit dem Verhältnis der magnetischen Energie des Sterns, $B_*^2 R^3/4\pi\mu_0$, und seiner Ruheenergie, Mc^2. Die charakteristische Entwicklungszeit fällt umso kürzer aus, je stärker das Magnetfeld B_* und je schneller die Rotation bei der Geburt ist:

$$t_* = 3400\,\text{a} \left(\frac{10^8\,\text{Tesla}}{B_*} \right)^2 \left(\frac{P_{\text{in}}}{30\,\text{ms}} \right)^2. \tag{6.71}$$

Ein Pulsar wie der Krebspulsar entwickelt sich in 1000 Jahren, ein Magnetar mit der tausendfachen Feldstärke in nur einigen Tagen und ein Millisekundenpulsar mit einer Periode von einigen Millisekunden und mit $B_* \simeq 100.000$ Tesla im Laufe von Millionen von Jahren (Abb. 6.22).

▶ ⇒ Vertiefung 6.7: Energieverlust durch Pulsarwind?

6.5.5 Die jüngsten und ältesten Pulsare

Einem Mönch in Flandern fiel am 11. April 1054 eine helle Scheibe am Nachmittag auf – dies war die Erstbeobachtung des Lichts einer Supernovaexplosion, die erstmals auf der Erde wahrgenommen wurde. Bekannter ist, dass am 04. Juli 1054 ein chinesischer Hofastronom einen Stern entdeckte, der auch tagsüber neben der Sonne sichtbar war. Auch in Nordamerika stellen Zeichnungen diese Supernovaexplosion

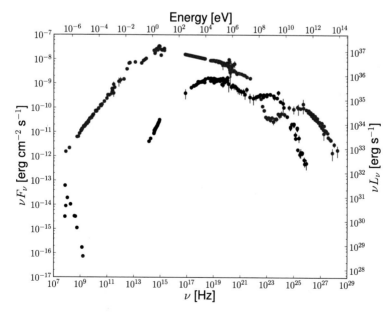

Abb. 6.23 Spektrum des Krebsnebels (blau) und des gemittelten Spektrums des Krebspulsars (schwarz). Die Leuchtkraft ergibt sich aus einer Distanz von 2 kpc. (Grafik: Bühler und Blandford 2014, mit freundlicher Genehmigung © Report Progress Physics; Meyer 2010)

dar, aus der der Nebel anschließend entstand. Insgesamt konnten bisher 13 zeit-
nahe historische Quellen zu diesem Himmelsereignis von 1054 gefunden werden.
Der nebelartige Überrest wurde 1731 von John Bevis sowie, davon unabhängig, von
Charles Messier am 28. August 1758 entdeckt. Diese Entdeckung war für Messier
der Auslöser zur Erstellung des Messier-Katalogs, in dem der Krebsnebel als ers-
tes Objekt M1 eingeordnet ist. Der Name Krebsnebel wurde 1844 von Lord Rosse
geprägt, der den Nebel mit seinem großen Spiegelteleskop detailliert beobachtete
und auch zeichnete. Anhand der Ähnlichkeit der Filamente mit Krebsbeinen stellte
er fest: *Er sieht aus wie ein Krebs.* 1948 konnte der Nebel mit der Radioquelle Taurus A und 1964 mit der Röntgenquelle Taurus X-1 identifiziert werden. 1968/1969
konnte der Pulsar PSR B0531+21 im optischen Bereich als Zentralstern des Krebsnebels identifiziert werden, der später in allen Wellenlängenbereichen (von Radio
bis Gamma) nachgewiesen worden ist (Abb. 6.23 und 6.24; Tab. 6.2).

Der Vela-Pulsar PSR B0833-45 liegt im Sternbild Segel des Schiffs. Er wurde
1968 entdeckt. 1977 konnte er als einer der wenigen Pulsare auch im optischen
Bereich als Überrest einer Supernova identifiziert werden. Er ist nur 250 pc entfernt
und entstammt der Vela-Supernova; sie ist die räumlich nächstgelegene, die aus den
bekannten Überresten der vergangenen 50.000 Jahre ermittelt werden konnte. Die
Rotationsdauer des Pulsars beträgt 89 ms, ihre Zunahme 10,7 Nanosekunden pro
Tag. Daraus folgt ein recht junges Pulsaralter von ca. 11.000 Jahren.

Im Frühjahr des Jahres 386 konnten chinesische Astronomen für kurze Zeit einen
neuen Stern im Sternbild Schützen beobachten. Sie wurden vermutlich Zeugen einer
Supernovaexplosion. Das Röntgenteleskop Chandra fand 2000 neue Beweise dafür,

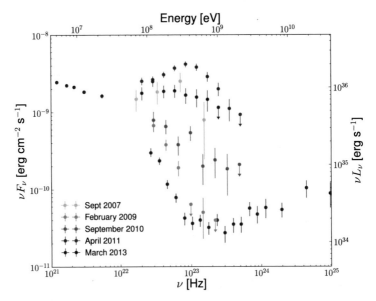

Abb. 6.24 Die Spektren der mit Fermi-LAT beobachteten Flares im Gamma-Bereich des Krebsnebels. Kein anderer Pulsarnebel zeigt bisher solche Flares. (Grafik: Bühler und Blandford 2014,
mit freundlicher Genehmigung © Report Progress Physics)

Tab. 6.2 Vergleich junge und alte Neutronensterne in der Milchstraße

SNR	Pulsar	Periode P	Abbrems-rate $\dot{P}$	Alter historisch	Spin-Down
SN 1987A	therm. NStern	–	–	33 a	–
Cas A	therm. NStern	–	–	350 a	–
3C 58	PSR J0205+6449	65,68 ms	$1,9 \times 10^{-13}$	830 a	5400 a
Krebsnebel	PSR B0531+21	33,50 ms	$4,2 \times 10^{-13}$	960 a	1240 a
G11.2-0.3	PSR J1811-1925	65 ms	$4,40 \times 10^{-14}$	1750 a	24.000 a
MSH15-52	PSR B1509-58	0,1506 s	$1,54 \times 10^{-12}$	*185 AD	1536 a
Kes 75	PSR J1846-0258	0,326 s	$7,08 \times 10^{-12}$	$\simeq$1700 a	726 a
Vela	PSR B0833-45	89,3 ms	10,7 ns/Tag	11.300 a	11.000 a
1. Pulsar	PSR J1919+20	1,337 s	$1,35 \times 10^{-15}$	–	15 Mio. a
Erster MSP	PSR B1937+21	1,558 ms	$1,05 \times 10^{-19}$	–	234 Mio. a
Hulse-Taylor	PSR B1913+16	59,03 ms	$8,63 \times 10^{-18}$	–	107 Mio. a
Binär-Pulsar	PSR B1957+20	1,607 ms	$1,68 \times 10^{-20}$	–	1,6 Mrd. a
Double	PSR J0737-3039A	22,69 ms	$1,76 \times 10^{-18}$	–	203 Mio. a
Pulsar	PSR J0737-3039B	2,77 s	$8,92 \times 10^{-16}$	–	49 Mio. a

dass es sich bei einem Pulsar in jener Himmelsregion tatsächlich um den Überrest der historischen Supernova handelt (Abb. 6.25). Mithilfe von Chandra konnte der Pulsar exakt in der Mitte des Supernovaüberrestes G11.2-0.3 aufgespürt werden. Dies ist ein sehr deutlicher Hinweis darauf, dass dieser sich 14-mal pro Sekunde um sich selbst drehende Neutronenstern während der Supernovaexplosion im Jahr 386 entstanden ist und somit ein Alter von 1625 Jahren hat.

▶ ⇒ Vertiefung 6.8: Interpretation Krebsnebel-Spektrum?

6.5.6 Struktur der Pulsarmagnetosphäre

Das Standardmodell einer Pulsarmagnetosphäre wurde 1969 von Goldreich und Julian entwickelt. Danach ist die rotierende Magnetosphäre mit Plasma gefüllt, das mit dem Neutronenstern mit Winkelgeschwindigkeit Ω korotiert. Goldreich und Julian betrachteten den parallelen Rotator (magnetisches Dipolmoment $\vec{\mu}$ parallel zu

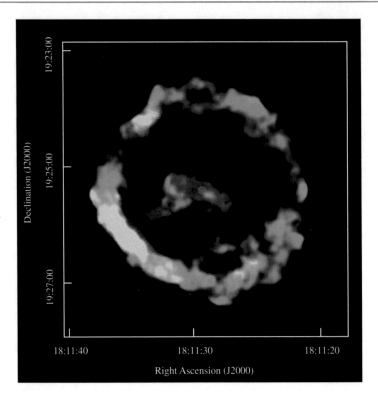

Abb. 6.25 Vergleich der Röntgenemission mit der Radioemission im Pulsarwindnebel G11.2-0.3. Rot: Photonen mit Energie 0,6–1,65 keV; Grün: 3,5 cm Radio; Blau: 4–9 keV Photonen. Alle Beobachtungen haben etwa fünf Bogensekunden Auflösung. (Bild: Chandra/VLA, mit freundlicher Genehmigung © NASA)

Ω), später wurde das Modell für schiefe Rotatoren erweitert. Dieses Plasma hält ein korotierendes elektrisches Feld $\vec{E} \approx -\vec{v}_{\text{rot}} \times \vec{B}/c$, was einer lokalen Ladungsdichte entspricht,

$$\rho_{\text{GJ}}/\epsilon_0 = \nabla \cdot \vec{E} \approx -2\vec{\Omega} \cdot \vec{B}/c, \qquad (6.72)$$

der sogenannten **Goldreich-Julian-Dichte.** Die ganze Magnetosphäre korotiert in dem Sinne, dass die Driftgeschwindigkeit $\vec{v}_D = \vec{E} \times \vec{B}/B^2$ gleich der Komponente von $\vec{v}_{\text{rot}}$ senkrecht zu $\vec{B}$ ausfällt. Ein wesentliches Element des Modells ist die Existenz eines elektrischen Stroms I_{GJ}, der längs offenen Feldlinien fließt, die den Lichtzylinder $R_{\text{LC}} = c/\Omega$ queren. Sie zeigten, dass diese offenen Feldlinien verdreht werden und damit ein Drehmoment auf den Stern ausüben. Dieser Strom beträgt $I_{\text{GJ}} \approx \mu\Omega^2/c$, und die entsprechende Spin-Down-Leistung ergibt sich zu $\dot{E}_{\text{GJ}} \approx \mu_0\Omega^4\mu^2/c^3$, sehr ähnlich zur Dipolstrahlung (Abb. 6.26 und 6.27).

Ein selbst-konsistentes Modell muss jedoch zeigen, wie und wo Plasma erzeugt wird und muss die Gebiete in der Magnetosphäre erzeugen mit $E_\parallel \neq 0$, sogenannte **Gaps,** wo Teilchen auf hohe Energien beschleunigt werden. Bisher sind solche Modelle nur im kräftefreien Fall modelliert worden. Sie müssen auch auf-

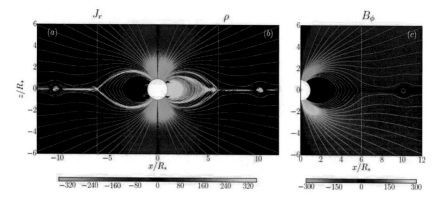

Abb. 6.26 Achsensymmetrische Magnetosphäre eines Typ I-Rotators nach 100 Rotationsperioden. (Grafik: Chen und Beloborodov 2014, mit freundlicher Genehmigung © Astrophysical Journal)

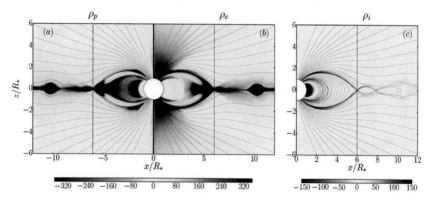

Abb. 6.27 Achsensymmetrische Magnetosphäre eines Rotators. Von links nach rechts die Ladungsdichte der Positronen, Elektronen und Ionen. Da B_ϕ an der Äquatorebene das Vorzeichen ändert, wird die obere Hemisphäre von der unteren Hemisphäre durch eine stromführende Schicht getrennt (sogenannte *current sheet*). Diese Ströme werden über den Pulsarnebel und die Polkappen geschlossen. (Grafik: Chen und Beloborodov 2014, mit freundlicher Genehmigung © Astrophysical Journal)

zeigen, wo die Pulsarstrahlung erzeugt wird, wie das Plasma in Magnetosphäre fließt und wo es wegtransportiert wird. Diese Probleme wurden schon früh in der Pulsarforschung erkannt und als schwierig deklariert. Drei Arten von Gaps wurden vorgeschlagen: Gaps an der Polkappe, sogenannte Slot Gaps und Outer Gaps (Abb. 6.18).

Paarerzeugung stellt sich in zwei Möglichkeiten ein: mittels Gammaphotonen, die aus der Krümmungsstrahlung resultieren und dann in Paare $e^\pm$ annihilieren. In vielen Pulsaren ist dieser Mechanismus nur effizient in Bereichen innerhalb des Lichtzylinders, $r \ll R_{LC}$, wo die Magnetfelder besonders stark sind. In jungen Pulsaren können Paare auch in der Nähe des Lichtzylinders durch Photon-Photon-Prozesse erzeugt werden. Solche Rotatoren werden im Folgenden als **Typ I** bezeichnet. Pulsare mit Paarerzeugung in Bereichen $r \ll R_{LC}$ werden als **Typ II** bezeichnet.

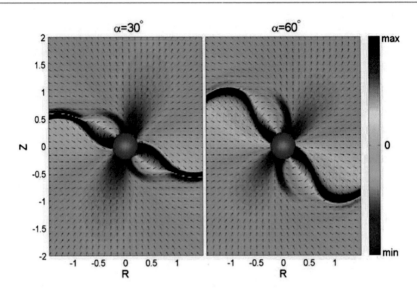

Abb. 6.28 Die Struktur einer kräftefreien Pulsarmagnetosphäre bei einer Inklination des magnetischen Pols um 30 und 60 Grad in der Ebene (Ω, μ), R und Z sind in Einheiten des Lichtzylinderradius. Die Farben zeigen die Verteilung der Ladungsdichte in der Magnetosphäre. Pfeile deuten die Richtung des Magnetfeldes an. (Grafik: Bai und Spitkovsky 2010, mit freundlicher Genehmigung © Astrophysical Journal)

Ein achsensymmetrischer Pulsar ist charakterisiert durch seinen Radius R_* $\approx$ 10 Kilometer, seine Winkelgeschwindigkeit Ω und das magnetische Dipolmoment μ (parallel oder antiparallel zu Ω). Diese Parameter bestimmen die Energieskala des Problems. Der Neutronenstern ist praktisch ein idealer Leiter, sodass die Rotation einen Spannungsabfall Φ_{pc} $\approx$ $\mu\Omega^2/c^2$ in der Polkappe erzeugt. Dies entspricht einer Teilchenbeschleunigung bis zu Lorentz-Faktoren von $\gamma_{LC} = e\Phi_{pc}/m_e c^2$. Die Simulation der Magnetosphäre startet dann mit $\Omega = 0$ und dem Vakuumdipolfeld. Dann wird der Neutronenstern langsam angedreht: Ω wächst mit der Zeit linear an, bis zum Endzustand mit $t_0 = 10R_*/c$ (Abb. 6.28).

Abb. 6.27 zeigt die Magnetosphäre des parallelen Rotators mit $R_{LC} = 6$ und $\mu = 1,5 \times 10^4$ nach 2,6 Rotationsperioden (Chen und Beloborodov 2014). Die Energiedichte wird praktisch überall durch das elektromagnetische Feld dominiert, und die Entladung findet einen Weg, die notwendige Ladungsdichte aufzubauen, die durch das elektrische Feld verlangt wird. Diese Lösung ist sehr ähnlich einer kräftefreien Lösung (Abb. 6.18). Die geschlossene Magnetosphäre innerhalb des Lichtzylinders weist $B_\phi = 0$ auf und $\vec{j} = 0$, während die offene Feldzone elektrische Ströme und damit auch einen Poynting-Fluss aufweist. Dies erzeugt einen Y-Punkt in der Nähe des Lichtzylinders R_{LC}.

Es gibt zwei verschiedene Bereiche mit negativer und positiver Stromdichte j_r. Negativer Strom fließt in der Polkappenregion um die magnetische Achse. Positiver Strom konzentriert sich auf eine Stromschicht, die den Übergang von B_ϕ zwischen geschlossener und offener Magnetosphäre herstellt. Außerhalb des Lichtzylinders erstreckt sich die Stromschicht längs der Äquatorebene, um den Flip von B_ϕ und B_r quer zur Äquatorebene auszugleichen. Die Ladungsdichte $\rho = \epsilon_0 \nabla \cdot \vec{E}$ entspricht dem Wert im kräftefreien Modell. Insbesondere ist die Stromschicht positiv außerhalb des Y-Punktes und negativ innerhalb des Y-Punktes geladen. Die beiden Ströme werden durch verschiedene Mechanismen gefüttert. Der negative Strom in der Polregion wird von Elektronen aufgebaut, die der Polkappe entzogen werden. Hier findet sich praktisch keine Aktivität. Signifikante Aktivität beim achsensymmetrischen Pulsar verlangt Paarerzeugung bei $r \sim R_{\mathrm{LC}}$ (als Typ I bezeichnet); dies verlangt nach einer signifikanten optischen Tiefe gegenüber Photon-Photon-Kollision. Falls Paarerzeugung im Bereich $r \ll R_{\mathrm{LC}}$ (Typ II) erfolgt, wird der Rückstrom unterbunden, und die achsensymmetrische Magnetosphäre relaxiert zu einer dome+torus-Konfiguration mit unterdrückten Strömen und Paarerzeugung. Viele Pulsare können jedoch nur Paare innerhalb des Lichtzylinders erzeugen, $r \ll R_{\mathrm{LC}}$. Im Rahmen dieser Modelle ist das nur durch schiefe Rotatoren möglich.

Diese numerischen Experimente (Chen und Beloborodov 2014) zeigen zum ersten Mal, dass eine realistische Magnetosphäre tatsächlich ähnlich der kräftefreien Lösung ist. Sie zeigen, wie Teilchenbeschleunigung und $e^\pm$-Entladung sich selbst organisieren. Das häufig zitierte Trio *Polkappen-Gap, Slot Gap und Outer Gap* tritt jedoch in den numerischen Simulationen nicht auf. Weder paralleler, noch antiparalleler Rotator können Paarerzeugung in der Polkappe aufbauen. Teilchenbeschleunigung und Paarerzeugung konzentrieren sich auf die stromführenden Schichten, die sich entlang der Randzone zur geschlossenen Feldstruktur erstrecken.

Dieses numerische Experiment bestätigt zum ersten Mal das phänomenologische Modell, wonach die Gammaquelle in einer Beschleunigung der Teilchen längs der Randzone zur geschlossenen Magnetosphäre liegt. Dies erklärt die Pulsprofile der GeV-Emission von Pulsaren. Die Winkelverteilung wird allerdings nicht genau wiedergegeben. Sie hängt davon ab, wie $E_\parallel$ und die $e^\pm$-Entladung sich in der Magnetosphäre organisieren.

▶ ⇒ Vertiefung 6.9: Alter und Emissionsstärke im Pulsar-Diagramm?

6.5.7 MHD-Pulsarwinde

Paarerzeugung an der Polkappe oder entlang von Stromschichten populiert die offene Magnetosphäre mit einem Plasma, dessen Dichte $n_\pm$ die Goldreich-Julian-Dichte n_{GJ} bei Weitem übertrifft. Die Annahme der Ladungsseparation im GJ-Modell ist daher nicht gerechtfertigt. Eine realistischere Beschreibung beruht auf der Magnetohydrodynamik (MHD), die von einer unendlichen Leitfähigkeit im Plasma ausgeht. Die Struktur einer solchen Pulsarmagnetosphäre bei einer Inklination des magnetischen Pols um 60 Grad in der Ebene (Ω, μ) zeigt Abb. 6.29. Die letzte geschlossene Feldlinie endet im Y-Punkt am Lichtzylinder. Eine Stromschicht trennt die geschlossene von der offenen Magnetosphäre. In der Windzone jenseits des Lichtzylinders trennen die beiden stromführenden Schichten wie im achsensymmetrischen Modell

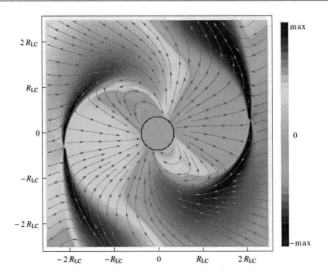

Abb. 6.29 Die Struktur einer MHD-Pulsarmagnetosphäre bei einer Inklination des magnetischen Pols um 60 Grad in der Ebene (Ω, μ). Die letzte geschlossene Feldlinie endet im Y-Punkt am Lichtzylinder. Eine Stromschicht trennt die geschlossene von der offenen Magnetosphäre. Im Unterschied zu den kräftefreien Magnetosphären tauchen hier keine Slot Gaps und Outer Gaps auf. (Grafik: Bai und Spitkovsky 2010, mit freundlicher Genehmigung © Astrophysical Journal)

Feldlinienbereiche mit entgegengesetzten Feldlinien. Im Unterschied zu den kräftefreien Magnetosphären tauchen hier keine Slot Gaps und Outer Gaps auf.

Viele Sterne verlieren Masse und Energie in der Form eines Windes. Die Mechanismen der Beschleunigung sind meistens bekannt. In sehr heißen Sternen beispielsweise treibt der Strahlungsdruck die Materie nach außen, wohingegen im Falle der Sonne der Gasdruck ausreicht. Bei Pulsaren entfallen diese Möglichkeiten. Neutronensterne weisen aber ein sehr starkes Magnetfeld auf, und man kann erwarten, dass dieses, gekoppelt mit der Rotation, den Wind antreibt (Abb. 6.30). Das Problem dabei liegt in der Zusammensetzung des Windes. Aufgrund der sehr starken Schwerkraft an der Sternoberfläche können nur elektrische Felder signifikante Mengen an Materie von dort entfernen, und die Energie steckt zunächst nur im Poynting-Fluss der Magnetfelder. Auf der Strecke zum Pulsarwindnebel muss also ein signifikanter Teil des Poynting-Flusses in kinetische Energie des Elektron-Positron-Plasmas umgewandelt werden.

Der Wind eines Pulsars lässt sich nicht direkt beobachten. Erst wenn er auf ein Hindernis trifft, wird seine Energie in Strahlung umgesetzt, die dann zu irdischen Detektoren gelangen kann. Es sind einige solche Beispiele durch ihre Röntgen- und optische Abstrahlung bekannt – der weitaus am besten beobachtete Fall ist der des Krebsnebels. In diesem Fall trifft der Wind mit einem Lorentz-Faktor von 10^6 auf den Innenrand des Krebsnebels, wie man aus dem Spektrum und der bekannten Magnetfeldstärke im Nebel ableiten kann. Dies stimmt nun gar nicht überein mit dem eines unbeschleunigten, vom Magnetfeld dominierten Windes. Irgendwo auf der Strecke zwischen Polkappe und 0,1 Lichtjahren muss der Elektron-Positron-Wind kräftig

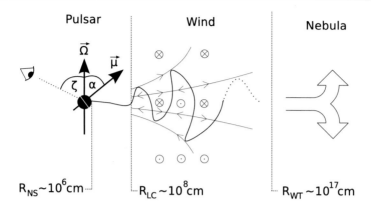

Pulsar **Wind** **Nebula**

$R_{NS} \sim 10^6$ cm $R_{LC} \sim 10^8$ cm $R_{WT} \sim 10^{17}$ cm

Abb. 6.30 Struktur der Pulsarmagnetosphäre vom Stern bis zum Pulsarnebel. Die Geometrie des Systems wird unter einem Winkel ζ bezüglich der Spin-Achse betrachtet, der magnetische Dipol ist um den Winkel α geneigt. Im Falle des Krebsnebels ist $\zeta \simeq 60$ Grad und $\alpha \simeq 45$ Grad. Der Pulsarwind propagiert in der Äquatorebene über zehn Größenordnungen in der Distanz, bevor er im Abstand von etwa 1/10 Lichtjahr auf den Pulsarwindnebel trifft und abgebremst wird. (Grafik: aus Bühler und Blandford 2014, mit freundlicher Genehmigung © Report Progress Physics)

beschleunigt werden. Dieser widersprüchliche Sachverhalt ist unter Astrophysikern als das σ-Paradoxon bekannt, konventionell bezeichnet σ das Verhältnis der Energie im Magnetfeld zu der in der Materie. An der Polkappe beträgt $\sigma \simeq 10^6$, wie man aus Polkappenmodellen berechnen kann. Der Krebspulsar injiziert $\dot{N}_\pm \simeq 10^{38}$ Paare pro Sekunde in den Krebsnebel mit Lorentz-Faktoren $\gamma_\pm \simeq 10^6$, was einem Energiefluss von $L_{kin} \simeq 4 \times 10^{31}$ W entspricht. Diese Teilchen verteilen sich in einem Torus in der Äquatorebene, der in Synchrotronstrahlung glüht (Abb. 6.24). Entstehen diese Paare in der Polkappe, dann herrscht dort eine Teilchendichte $n_{pc} \simeq 10^{18}$ Paaren pro Kubikzentimeter. Diese Teilchendichte entspricht einer optischen Dichte $\tau_\pm \simeq 1$ in der Polkappe.

6.6 Neutronensterne als Röntgendoppelsterne

Es gibt viele Doppelsternsysteme, die Neutronensterne als Partnerstern enthalten (ganz in Analogie zu Weißen Zwergen). Füllt der Partnerstern das Roche-Volumen aus, so fließt Materie ab und bildet um den Neutronenstern eine Akkretionsscheibe (Abb. 6.31). Der Materiefluss auf den kompakten Stern kann in zwei Varianten auftreten:

- als Sternwind vom Begleiter, der in den Anziehungsbereich des kompakten Sterns gerät. Solche Sternwinde werden häufig bei Hauptreihensternen und Riesen hoher Masse gefunden,
- bei Sternen, welche die Roche-Grenze überschreiten, fließt Materie über den Lagrange-Punkt L1 zum kompakten Partner. Ein solcher Materiefluss kann mehrere 100 Mio. Jahre anhalten.

6.6.1 Akkretion auf Neutronensterne

Aufgrund der Drehimpulserhaltung stürzt das Material nicht direkt auf den kompakten Partner, sondern bildet zunächst eine **Akkretionsscheibe** um den entarteten Stern (Abb. 6.31). Liegt zusätzlich ein Magnetfeld vor, so kommt es auf seine Stärke an, wie sehr die Akkretionsscheibe verformt wird (Abb. 6.32). Aufgrund der hohen Temperatur in der Akkretionsscheibe ist die dortige Materie ionisiert und trägt je Teilchen eine Ladung. Diese Ladung bewirkt bei Bewegung innerhalb der Akkretionsscheibe einen Strom, welcher ein Magnetfeld ausbildet und daher mit dem Magnetfeld des akkretierenden Objektes koppelt. Ist das Magnetfeld des akkretierenden Objektes schwach, so ist die Akkretionsscheibe weitgehend flach. Je stärker das Magnetfeld wird, umso größer ist der vom akkretierenden Objekt aus gemessen Radius, ab welchem das Magnetfeld zum akkretierenden Objekt hin die umliegende Materie aufgrund der Kopplung aus der Akkretionsscheibe reißt und entlang der Magnetfeldlinien zu den Polen hinführt. Daher haben akkretierende Objekte mit starken Magnetfeldern keine Akkretionsscheibe.

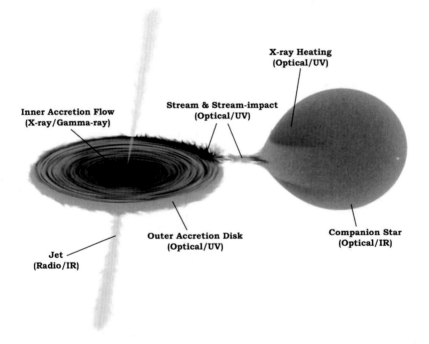

Abb. 6.31 Schema eines engen Röntgendoppelsternsystems. Ein normaler Stern (sonnenartig) füllt seine Roche-Grenze aus und treibt einen feinen Plasmastrahl in Richtung des Neutronensterns. Dieses Plasma besitzt Drehimpuls und bildet deshalb innerhalb der Roche-Fläche eine Akkretionsscheibe. Durch Reibung im Scheibenplasma bewegt sich diese langsam auf spiralförmigen Bahnen auf den Neutronenstern (oder Weißen Zwerges oder Schwarzes Loch) zu, erhitzt sich dabei und kühlt durch Emission thermischer Röntgenstrahlung. (Grafik: aus Heynes 2010, © R. Heynes)

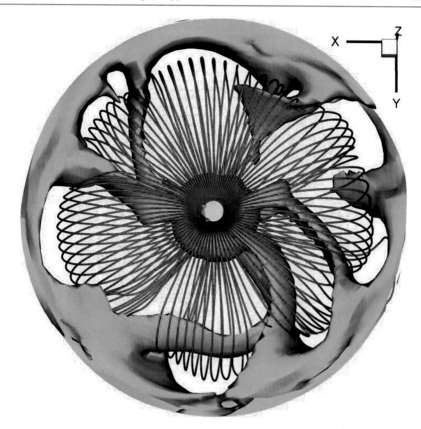

Abb. 6.32 Wechselwirkung des Dipolfeldes eines Sterns mit der Akkretionsscheibe. (Grafik: Simulation Marina Romanova, mit freundlicher Genehmigung © Marina Romanova)

6.6.2   Klassen von Röntgendoppelsternen

Man unterteilt die Systeme nach der Masse des Begleiters:

- Läuft ein Stern mit einer Masse von mehr als zehn Sonnenmassen in einem Doppelsternsystem um den gemeinsamen Schwerpunkt mit einem kompakten Begleiter, so handelt es sich entweder um einen Be-Stern, einen O-Stern oder einen Blauen Überriesen (sogenanntes HMXB = High Mass X-Ray Binary). Das Gas wird zu dem kompakten Stern mittels Sternwind transferiert oder im Falle der Be-Sterne beim Durchgang durch eine zirkumstellare Gasscheibe akkretiert. Die Umlaufdauer beträgt einige Tage bis zu Tausenden von Tagen. Dabei sind die Bahnen häufig elliptisch. Im Optischen dominiert das Licht des massereichen Sterns.

- Liegt die Masse des Begleiters des kompakten Sterns bei weniger als zwei Sonnenmassen, so wird er als ein Röntgendoppelstern geringer Masse bezeichnet (sogenanntes LMXB = Low Mass X-Ray Binary). Der Stern transferiert Masse über den Lagrange-Punkt zum kompakten Stern, wobei die Umlaufdauer des Doppelsternsystems von Bruchteilen von Tagen bis zu einigen Tagen reicht. Der Begleiter befindet sich entweder nahe der Hauptreihe, ist ein Weißer Zwerg oder ein entwickelter Heliumstern. Die Begleiter sind in diesem Falle schwierig zu beobachten, da im Optischen die Akkretionsscheibe dominiert. Die Hauptreihenbegleiter entstehen in Doppelsternen, in denen der massereichere Stern eine Kernkollapssupernova durchlaufen hat. Die Weißen Zwerge oder Heliumsterne umkreisen überwiegend einen kompakten Stern, der durch einen Akkretion- oder einen Evolution-induzierten Kollaps entstanden ist.
- Röntgendoppelsterne mit Begleitern mittlerer Masse und dem Spektraltyp A oder F werden recht selten beobachtet (sogenannte IMXBs). Die Ursache liegt darin, dass Phasen mit starkem Sternwind wie bei HMXB sehr kurz sind und ein Massentransfer wie bei LMXB über die Roche-Grenze nicht stabil ist. Weil der kompakte Stern massereicher ist als der Donor, verkürzt sich die Bahnachse, was den Massetransfer verstärkt. In der Folge sind die Zeiträume mit hinreichend starkem Massetransfer recht kurz.

Verglichen mit dem galaktischen Feld treten in Kugelsternhaufen Röntgendoppelsterne ungewöhnlich häufig auf. Es handelt sich dabei um kataklysmische Veränderliche (Weiße Zwerge als Partner), LMXBs (Röntgendoppelsterne geringer Masse) sowie ihre Nachfolger, die Millisekundenpulsare. Die Ursache der Überhäufigkeit wird in der großen Sterndichte in diesen Sternhaufen vermutet, welche bis zu 1000 Sterne pro Kubikparsec im Vergleich zu weniger als einem Stern pro Kubikparsec im galaktischen Feld betragen. Entsprechend häufig kommt es in Kugelsternhaufen zu engen Begegnungen zwischen Sternen mit der Möglichkeit der Bildung eines engen Doppelsternsystems durch Gezeiteneinfang, Massenaustausch in einem engen Doppelsternsystem und durch Kollisionen. Bezogen auf die Sternmasse ist die Dichte von LMXBs um einen Faktor 100 größer als im allgemeinen galaktischen Feld. Mithilfe des NASA-Röntgenteleskops Chandra hat ein Team von Astronomen die Vermutung bestätigt, dass im dichten Zentrum von Kugelsternhaufen durch enge Begegnungen von Einzelsternen neue Röntgendoppelsternsysteme entstehen können. Diese Doppelsterne haben damit eine andere Entstehungsgeschichte als ihre Verwandten außerhalb von Kugelsternhaufen.

▶ $\Rightarrow$ Vertiefung 6.10: Die Eddington-Akkretionsleuchtkraft für NSterne?

6.7 Pulsare in Doppelsternsystemen

Aus Beobachtungen an Doppelsternsystemen ist es zwar gelungen, die Massen der Neutronensterne zu bestimmen (Abb. 6.33), jedoch nicht ihre Radien. Die Bestimmung der Massen erfolgt an Neutronensternen in Doppelsternsystemen, wobei sich vor allem Radiopulsare sehr gut eignen. Die Methoden zur Massenbestimmung werden im Folgenden kurz beschrieben. Die gemessenen Massen der Neutronensterne liegen alle im Bereich der kritischen Masse von 1,4 $M_\odot$ mit einer geringen Streuung. Diese Tatsache hängt wohl mit der Bildung der Neutronensterne im Supernovakollaps zusammen, ist aber im Wesentlichen nicht verstanden.

Berücksichtigt man die relativistischen Effekte, dann sind die Bahnen auch nicht mehr genaue Ellipsenbahnen. Dies führt zur berühmten Periheldrehung der Merkurbahn um 43 Bogensekunden pro Jahrhundert. Alle Planeten im Sonnensystem weisen eine solche Periheldrehung auf. Besonders extrem wird dieser Effekt in Doppelsternsystemen, die aus zwei Neutronensternen bestehen, da die entsprechenden Bahnperioden häufig im Bereich von Stunden liegen. Drei weitere Post-Kepler'sche Effekte lassen sich hier beobachten und auswerten.

6.7.1 Pulsare als Uhren

Die Nützlichkeit der Puslare zu Tests der ART beruht auf ihrer Eigenschaft als genaue kosmische Uhr. Ihre große Masse (circa 1,4 Sonnenmassen) und enorme Kompaktheit (nur 20 km Durchmesser) machen Pulsare zu massiven Schwungrädern, die nur sehr schwer aus dem Tritt zu bringen sind. Mit der Regelmäßigkeit ihrer Umdrehung kann deshalb ein Radiosignal als Tick einer Uhr registriert werden, deren Genauigkeit in vielen Fällen mit denen einer hoch präzisen Atomuhr verglichen werden kann. Es sind die Millisekundenpulsare, welche die beste Stabilität haben und, wie der Name verrät, Rotationsperioden von nur 1,4 bis 60 Millisekunden aufweisen.

Da Radiopulsare sehr genaue Uhren darstellen, können sie zur exakten Vermessung von Doppelsternsystemen herangezogen werden. Heute sind über 70 Radiopulsare in Doppelsternsystemen bekannt. Die häufigsten Partner sind Weiße Zwerge, in einigen Systemen findet man normale Sterne als Partner (B-Sterne), und in seltenen Fällen ist der Partner ebenfalls ein Neutronenstern. Das bekannteste dieser Systeme ist sicher PSR 1913+16, der Nobelpreis-Pulsar von Taylor und Hulse.

6.7.2 Was ist Pulsar-Timing?

Um den Rotationszustand eines Radiopulsars festzustellen, messen Radioastronomen die Ankunftszeiten der Radiosignale so exakt wie möglich (sogenannte *times of arrival,* oder TOAs), typischerweise mit einer Genauigkeit von einigen Mikrosekunden. Die Bewegung der Erde um die Sonne bedeutet, dass ein Observatorium bezüglich des Neutronensterns gewissen Beschleunigungen unterliegt. Ein solcher

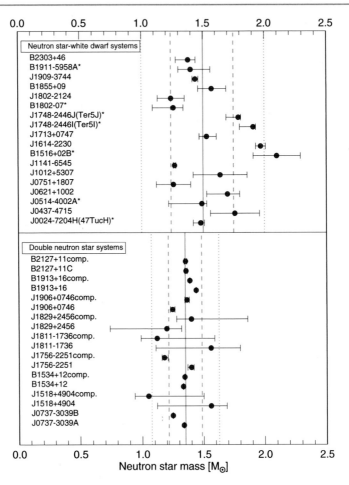

Abb. 6.33 Massen von Neutronensternen in Doppelsternsystemen, wobei der eine Partner ein Radiopulsar (PSR) ist. Vertikale Linien entsprechen der mittleren Masse für Neutronensterne mit Weißen Zwergen (oben), bzw. für Doppelneutronensternsysteme (DNS). Alle diese Systeme enthalten mindestens einen Radiopulsar. Die Methode der Massenbestimmung beruht auf Pulsar-Timing mit Post-Kepler'schen Effekten in einem engen Doppelsternsystem. Im Vergleich dazu sind die Massen aus Röntgendoppelsternsystemen wesentlich ungenauer. (Daten: aus Kiziltan et al. 2013, mit freundlicher Genehmigung © Astrophysical Journal)

Beobachter ist deshalb kein Inertialsystem im Sinne der Speziellen Relativitätstheorie. Das Schwerpunktsystem des Sonnensystems (SSBC) stellt jedoch in guter Näherung ein solches Inertialsystem dar. Radioastronomen transformieren deshalb die TOAs der Radiopulsare in dieses System mittels der JPL Ephemeriden JPL DE405 (Abb. 6.34). Die Transformation zwischen dieser Zeit und der beobachteten Ankunftszeit t ist durch folgende Beziehung bestimmt:

$$t_{SSB} - t = \frac{\vec{r} \cdot \vec{s}}{c} + \frac{(\vec{r} \cdot \vec{s})^2 - |\vec{r}|^2}{2cd} + \Delta t_{E\odot} + \Delta t_{S\odot} - \Delta t_{DM}. \qquad (6.73)$$

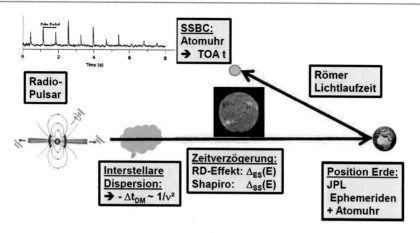

Abb. 6.34 Ein Pulsar ist eine perfekte Uhr. Die Propagation des Pulsarsignals wird durch interstellare Dispersion verschoben und unterliegt beim Durchgang an der Sonne verschiedenen Post-Newton'schen Effekten – gravitative Rotverschiebung und ein quadratischer Doppler-Effekt – sowie Shapiro-Zeitverzögerung. Die Ankunftszeiten der Pulse (TOA) werden mit einer Atomuhr im Schwerpunktsystem SSBC des Sonnensystems registriert. (Grafik: © Camenzind)

$\vec{r}$ ist die Position der Erde bezüglich SSB, $\vec{s}$ ist ein Einheitsvektor in der Richtung zum Pulsar, der sich in einer Entfernung d befindet. c bedeutet die Lichtgeschwindigkeit. Der erste Term ist nichts anderes als die Laufzeit Erde-SSB. Für praktisch alle Pulsare kann die Krümmung der Wellenfront vernachlässigt werden (der zweite Term). Die Ausdrücke $\Delta t_{E\odot}$ and $\Delta t_{S\odot}$ sind die Einstein- und Shapiro-Korrekturen im Sonnensystem (s. Abschn. 6.7.4). Die Dispersion der Radiosignale im interstellaren Raum führt zu einer frequenzabhängigen Verzögerung der TOAs Δt_{DM}.

Durch Vermessen von zehn bis 20 baryzentrischen TOAs, die über einige Monate verteilt sind, kann ein relativ einfaches Modell auf die TOAs angewendet und optimiert werden. Aufgrund dieses Modells werden die nächsten Ankunftszeiten vorhergesagt. Das Modell beruht auf einer Taylor-Entwicklung der Rotationsfrequenz $\Omega = 2\pi/P$ um einen Referenzwert Ω_0 zu einer Referenzepoche T_0. Die Pulsphase Φ folgt dann als Funktion der baryzentrischen Zeit T (Kramer 2006)

$$\Phi(T) = \Phi_0 + (T - T_0)\,\Omega_0 + \frac{1}{2}(T - T_0)^2\,\dot{\Omega}_0 \qquad (6.74)$$

mit Φ_0 als der Pulsphase zur Zeit T_0. Dazu benötigen wir gewisse Schätzwerte für die Position, das Dispersionsmaß und die Periode P. Aufgrund dieses Modells berechnen wir nun die Differenz zwischen der beobachteten und vorhergesagten Puls-Phase.

Die ersten Residuen aus diesen Fits zeigen dann systematische Trends auf, wenn zu wenig Parameter in das Timing-Modell einbezogen worden sind. Ein Fehler in der Periode P führt zu einem linearen Trend, ein Fehler in $\dot{P}$ weist einen quadratischen Trend auf. Zusätzliche Effekte entstehen, wenn die Position des Pulsars nicht stimmt. Ein Positionsfehler von einer Bogensekunde bewirkt eine periodische Schwingung übers Jahr mit einer Amplitude von 5 ms, wenn der Pulsar in der Ekliptik steht. Eine falsche Eigenbewegung produziert eine jährliche Schwankung mit linear zunehmender Amplitude.

Diese Timing-Prozedur wird typischerweise wöchentlich oder einmal im Monat durchgeführt. Aus dieser Analyse ergeben sich fünf Parameter für einen Pulsar zu einer gegebenen Epoche (s. Tab. 6.3):

- die Rotationsperiode P, typischerweise auf zwölf Stellen genau,
- die Abbremsrate $\dot{P}$,
- zwei Himmelskoordinaten (Richtung am Himmel),
- das Dispersionsmaß DM.

Das wichtigste Ergebnis aus diesen Untersuchungen ist das sogenannte $P - \dot{P}$-Diagramm der Radiopulsare (s. Abb. 6.22). Dieses Diagramm ist eine Art Hertzsprung-Russel-Diagramm der Neutronensterne.

Heute sind über 2000 Pulsare vermessen, etwa 70 haben sich als Doppelsternsysteme herausgestellt. Dies sind natürlich die besonders interessanten Objekte, da unter Umständen die Massen der beiden Objekte bestimmt werden können. Interessanterweise weisen Pulsare in Kugelsternhaufen häufig einen Partnerstern auf. Bewegt sich ein Pulsar in einem Doppelsternsystem, dann verursacht die Bewegung um das gemeinsame Massenzentrum regelmäßige Veränderungen in den Pulsankunftszeiten, genau wie die Bewegung der Erde dies auch tut.

Tab. 6.3 Timing-Daten der zwei bekanntesten Binärpulsarsysteme (Nach Camenzind 2007). Die Zahlen in Klammern geben die Fehler an. In der ersten Gruppe sind die fünf astrometrischen Parameter für Radiopulsare zu finden, die zweite Gruppe enthält die klassischen Bahnelemente eines Doppelsterns und die dritte Gruppe die sogenannte Post-Kepler'schen Bahnelemente

Parameter	PSR B1913+16	PSR B1534+12
Rotationsperiode P [ms]	59,029997929613(7)	37,90444048785528(5)
Abbremsrate $\dot{P}$ [10^{-18}]	8,62713(8)	2,42253(3)
Rektaszension (J2000)	19:15:28,0002	15:37:09,95994(2)
Deklination (J2000)	16:06:27,4043	11:55:55,6561(3)
Dispersion [pc cm^{-3}]	168,770	11,619(12)
Timing-Genauigkeit [μs]	15	3
Bahnperiode P_b [d]	0,322997462	0,42073729933(3)
Exzentrizität e	0,6171308(4)	0,2736775(5)
Halbachse $a_p \sin i/c$ [sec]	2,3417592(19)	3,729464(3)
Periastron-Länge ω_0 [Grad]	226,57528(6)	267,44746(16)
Periastron-Durchgang T_0 [MJD]	46443,99588319(3)	48778,82595096
Periastron-Drehung $\dot{\omega}$ [Grad/a]	4,226621(11)	1,755794(19)
Grav/Doppler-Effekt γ_{RD} [ms]	4,295(2)	2,071(6)
Shapiro-Effekt r [μs]	–	6,7(1,3)
Bahninklination $s = \sin i$	–	0,983(8)
Bahnzerfall $\dot{P}_b$ [10^{-12}]	−2,422(6)	−0,129(14)

Der erste Radiopulsar als Mitglied eines Doppelsternsystems wurde 1974 von Russel Hulse und Joseph Taylor entdeckt. Der sichtbare Neutronenstern, PSR B1913+16 (so benannt nach seinen Himmelskoordinaten), ist ein Pulsar mit einer Periode von 59 ms. Bereits kurz nach seiner Entdeckung war klar, dass es sich hierbei um ein einzigartiges Testsystem für die Relativitätstheorie handelt. In der Tat findet man zwei Neutronensterne vor, von denen einer als Radiopulsar sichtbar ist und somit eine sehr genaue Vermessung seiner Bewegung um den Systemschwerpunkt erlaubt. Indem gemessen wird, wie sich die Laufzeit der Pulse über eine Bahnbewegung verändert, kann die Raum-Zeit dieses Systems genau bestimmt werden. Für die genausten Pulsare können heute Variationen in der Ankunftszeit der Pulse mit einer Genauigkeit von mehreren $100\,\mathrm{ns}$ oder besser gemessen werden. Dies entspricht einer Strecke von weniger als $100\,\mathrm{m}$. Mit dieser Genauigkeit kann die Position des Pulsars auf seiner Bahn über eine Entfernung von mehreren 1000 Lichtjahren hinweg bestimmt werden. Eine solche Genauigkeit hatten Joseph Taylor und Kollegen zwar noch nicht zur Verfügung, aber dennoch gelang es ihnen über Jahre hinweg zu messen, dass die Bahn des Pulsars um rund $3{,}5\,\mathrm{m}$ pro Jahr schrumpft. Dieser Wert war in perfekter Übereinstimmung mit der Vorhersage der ART, dass ein derartiges System aufgrund der Abstrahlung von Gravitationswellen Energie verlieren sollte, was zur stetigen Verkleinerung der Bahn führt. Dies war der erste Beweis für die Existenz von Gravitationswellen. Die Entdeckung von PSR B1913+16 wurde dann im Jahre 1993 auch mit dem Nobelpreis für Physik an Hulse und Taylor ausgezeichnet.

6.7.3 Klassische Bahnelemente im Doppelsternsystem

Der Pulsar und sein Begleiter bewegen sich in guter Näherung auf elliptischen Bahnen um den gemeinsamen Massenmittelpunkt (Abb. 6.35). In erster Näherung können die Bahnen als klassische 2-Körper-Bahnen behandelt werden. Die klassischen Bahnelemente sind in Abb. 6.35 zu finden. Der Ursprung des Koordinatensystems liegt im Massenmittelpunkt des Doppelsternsystems. Die Referenzebene liegt senkrecht zur Beobachtungsrichtung. Zu jedem Zeitpunkt liegt die Bahn tangential zu einer Kepler-Ellipse (oskulierende Orbits). Das Periastron des Pulsarorbits befindet sich unter einem Winkel ω zur Knotenlinie, gemessen in der Bahnebene. Weitere Elemente der Bahn sind die Halbachse a, die Exzentrizität e sowie die Periastrondurchgangszeit T_0. Bezüglich der gewählten Achsen $\vec{e}_P$ und $\vec{e}_Q$ (Abb. 6.35) gilt für die relative Position, $\vec{x} = \vec{x}_2 - \vec{x}_1$,

$$\vec{x} = -a[(\cos E - e)\,\vec{e}_P + \sqrt{1 - e^2}\,\sin E\,\vec{e}_Q]. \tag{6.75}$$

$\vec{e}_P$ ist ein Einheitsvektor in der Periastronrichtung, $\vec{e}_Q$ ein Einheitsvektor senkrecht dazu in der Bahnebene. E ist dabei die **exzentrische Anomalie,** die den relativen Abstand wie folgt definiert:

$$r = |\vec{x}| = a(1 - e\cos E). \tag{6.76}$$

Abb. 6.35 Klassische
Bahnelemente im
Doppelsternsystem: relativer
Abstand r, Knotenline Ω,
Perihelwinkel ω und
Anomalie f. (Grafik: ©
Camenzind)

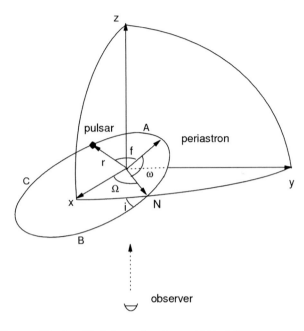

E ist dann durch die nichtlineare **Kepler-Gleichung** bestimmt (Abb. 6.36):

$$E(t) - e \sin E(t) = \frac{2\pi}{P_b} (t - T_0) \equiv M(t). \tag{6.77}$$

Diese Gleichung für $E(M)$ kann durch ein Newton'sches Verfahren gelöst werden,
Startwert $E_0 = M$,

$$E_{n+1} = E_n - f(E_n)/f'(E_n), \quad f(E_n) \equiv E_n - M - e \sin(E_n). \tag{6.78}$$

E hängt mit der wahren Anomalie v wie folgt zusammen

$$\cos v = \frac{\cos E - e}{1 - e \cos E}. \tag{6.79}$$

Bezüglich des Massenmittelpunktes werden die beiden Bahnen durch

$$\vec{x}_1 = -(M_2/M)\,\vec{x}, \quad \vec{x}_2 = (M_1/M)\,\vec{x} \tag{6.80}$$

beschrieben. Falls die Bahnperiode P_b sich säkular verändert, $P_b = P_B^0 + \dot{P}_b(t - T_0)$,
gilt die verallgemeinerte Kepler-Gleichung

$$E(t) - e \sin E(t) = 2\pi \left[\frac{(t - T_0)}{P_b^0} - \frac{\dot{P}_b}{2} \left(\frac{t - T_0}{P_b^0} \right)^2 \right]. \tag{6.81}$$

Abb. 6.36 Die wahre Anomalie v und die exzentrische Anomalie E im 2-Körper-Problem. Als Anomalie bezeichnet man in der Astronomie den momentanen Winkel eines Himmelskörpers zur Periapsis seiner Bahnellipse. Die exzentrische Anomalie E folgt aus der mittleren Anomalie M mittels der Kepler-Gleichung $E - e \sin E = M$. (Grafik: © Camenzind)

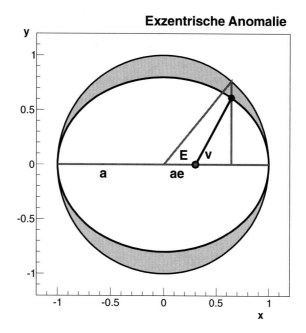

6.7.4 Post-Kepler'sche Effekte in Binärsystemen

Wie bei der Propagation von Signalen im Sonnensystem beeinflusst die Relativität auch die Propagation der Pulsarsignale in einem Doppelsternsystem. Die dominanten Effekte sind folgende (Camenzind 2007):

- **Linearer Doppler-Effekt:** Pulsare in Doppelsternsystemen werden dadurch gefunden, dass ihre Perioden auf Zeitskalen von Stunden und Tagen nicht konstant bleiben. Genau wie die Spektren durch den Doppler-Effekt bestimmt werden, so ist auch die beobachtete Periode P vom Doppler-Effekt abhängig, da sich die Richtung der Geschwindigkeit des Pulsars periodisch mit seiner Bewegung ändert.
- **Lichtlaufzeit durch das Binärsystem:** Aufgrund der endlichen Ausbreitungsgeschwindigkeit eines Signals werden die Ankunftszeiten der Pulse durch die Bahnbewegung des Pulsars moduliert (s. Gl. 6.75):

$$\Delta t_R = x_1 \left[\sin \omega (\cos E - e) + \sqrt{1 - e^2} \cos \omega \sin E \right] \quad (6.82)$$

mit einer Amplitude (Abb. 6.37)

$$x_1 = \frac{a_1 \sin i}{c}. \quad (6.83)$$

Dabei haben wir die Projektionen verwendet

$$\vec{e}_P \cdot \vec{n} = -\sin i \sin \omega, \quad \vec{e}_Q \cdot \vec{n} = -\sin i \cos \omega. \tag{6.84}$$

- **Quadratischer Doppler-Effekt und Rotverschiebung:** Das Pulsarsignal erleidet im Gravitationsfeld des Binärsystems eine phasenabhängige Rotverschiebung sowie einen quadratischen Doppler-Effekt (Abb. 6.38)

$$\boxed{\Delta t_E = \gamma_{RD} \sin E} \tag{6.85}$$

mit der Amplitude

$$\gamma_{RD} = \frac{G M_2 (M_1 + 2M_2)}{c^2 a (M_1 + M_2)} \frac{e P_b}{2\pi}. \tag{6.86}$$

Die Halbachse kann aus diesem Ausdruck über das 3. Kepler'sche Gesetz eliminiert werden, sodass

$$\gamma_{RD} = e \left(\frac{P_b}{2\pi} \right)^{1/3} \frac{G^{2/3} M_2 (M_1 + 2M_2)}{c^2 (M_1 + M_2)^{4/3}}. \tag{6.87}$$

Wenn die Massen in Einheiten von Sonnenmassen ausgedrückt werden, ergibt sich

$$\gamma_{RD} = e \left(\frac{P_b}{2\pi} \right)^{1/3} T_\odot^{2/3} \frac{m_2 (m_1 + 2m_2)}{(m_1 + m_2)^{4/3}} \tag{6.88}$$

mit der fundamentalen Konstante

$$\boxed{T_\odot \equiv \frac{G M_\odot}{c^3} = 4,925490947 \, \mu s,} \tag{6.89}$$

die aus der Messung der Shapiro-Laufzeitverzögerung am Sonnenrand folgt. Es ist zu beachten, dass dieser Effekt in zirkularisierten Systemen ($e = 0$) verschwindet (konstante gravitative Rotverschiebung und konstanter quadratischer Doppler-Effekt).

- **Periastrondrehung in exzentrischen Systemen:** Die Post-Newton'sche Gravitation ist äquivalent zu einem Störpotenzial im effektiven Newton'schen Potenzial. Dies führt zu einer Drehung der Kepler-Ellipse in Richtung des Umlaufes. Die exakte Analyse des Post-Newton'schen Kepler-Problems ergibt die Periastronverschiebung pro Orbit um den Winkel (s. Kap. 7.1.3)

$$\boxed{\Delta\phi = \frac{6\pi G (M_1 + M_2)}{c^2 a (1 - e^2)}.} \tag{6.90}$$

Im Vergleich zur Periheldrehung des Merkurs ist es die Gesamtmasse des Doppelsternsystems, welche die Verschiebung verursacht. Diese Verschiebung ist sehr gering. Aber dadurch, dass das System sehr viele Umläufe pro Jahr macht, ergibt sich über Jahre eine merkliche Verschiebung von einigen Graden. Verwenden wir das 3. Kepler'sche Gesetz zur Elimination der Halbachse, so erhalten wir für die zeitliche Periastrondrehung

$$\dot{\omega} = \frac{\Delta\phi}{P_b} = 3 \left(\frac{P_b}{2\pi}\right)^{-5/3} \frac{(T_\odot M)^{2/3}}{1 - e^2}. \tag{6.91}$$

Hier ist die Masse $M = m_1 + m_2$ in Einheiten von Sonnenmassen zu nehmen. Ist der Partnerstern kein kompaktes Objekt (z. B. ein B-Stern), so wird die relativistische Periastrondrehung durch Newton'sche Effekte der Gezeitenwirkung dominiert .

- **Die Shapiro-Laufzeitverzögerung:** Wie im Sonnensystem tritt auch eine gravitative Laufzeitverzögerung auf, die durch den gekrümmten Raum des Partnersterns zustande kommt (Abb. 6.39, der sogenannte Shapiro-Effekt, der im Sonnensystem nachgewiesen worden ist). Dies ist der Effekt mit der geringsten Amplitude. Im System PSR 1913+16 konnte dieser Effekt bisher nicht gemessen werden, da die Timing-Genauigkeit nicht ausreicht. Allgemein gilt:

$$\Delta t_S = -r \ln\left[1 - e\cos E - s[\sin\omega(\cos E - e) + \sqrt{1 - e^2}\cos\omega\sin E]\right] \tag{6.92}$$

Für ein zirkularisiertes System (WZ als Partner) fällt die Shapiro-Laufzeitverzögerung besonders einfach aus, wenn wir die Werte der Einstein-Theorie verwenden:

$$\Delta t_S = -2T_\odot m_2 \ln\left[1 - \sin i \sin \Phi_b\right]. \tag{6.93}$$

Die beiden Parameter $r = 2T_\odot m_2$ und $s = \sin i$

$$s = x \left(\frac{P_b}{2\pi}\right)^{-2/3} T_\odot^{-1/3} M^{2/3} m_2^{-1} \tag{6.94}$$

sind ebenfalls Post-Kepler'sche Parameter der Timing-Formel.

- **Der Bahnzerfall durch Abstrahlung von Gravitationswellen:** Einstein hat bereits 1917 gezeigt, dass ein zeitabhängiges Massenquadrupolmoment Q_{ik} zur Abstrahlung von Gravitationswellen führt (Camenzind 2007):

$$\frac{dE}{dt} = -\frac{G}{45c^5} \sum_{i,k=1}^{3} \dddot{Q}_{ik}\dddot{Q}_{ik}. \tag{6.95}$$

Im Unterschied zur Larmor-Formel der Elektrodynamik, bei der die zweite Zeitableitung des elektrischen Dipolmoments eingeht, sind es in der Gravitation die dritten Zeitableitungen des spurlosen Massenquadrupolmoments

$$Q_{ik}(t) = \int_M \rho_0(t, \vec{x}) \left(3x^i x^k - \delta_{ik}\vec{x}^2\right) d^3x \tag{6.96}$$

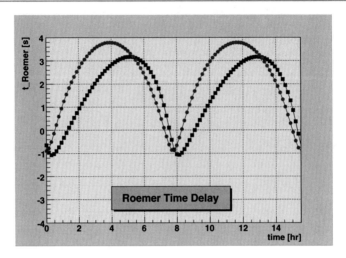

Abb. 6.37 Verschiebung der Pulsankunftszeiten durch den Lichtlaufzeiteffekt im System PSR 1913+16. Infolge der Periastrondrehung verschiebt sich auch die Doppler-Kurve über die Jahre. Die Amplitude beträgt typischerweise einige Sekunden. (Grafik: © Camenzind)

zur Massendichte ρ_0. Eine längliche Rechnung ergibt dann die bekannte **Formel für den Energieverlust eines Doppelsternsystems durch Abstrahlung von Gravitationswellen**

$$< \frac{dE}{dt} > = -\frac{32}{5} \frac{G^4 M_1^2 M_2^2 (M_1 + M_2)}{a^5 c^5 (1-e^2)^{7/2}} \left(1 + \frac{73}{24} e^2 + \frac{37}{96} e^4 \right). \qquad (6.97)$$

Da die Gesamtenergie E eines Doppelsternsystems mit der Halbachse verknüpft ist, führt die Veränderung der Gesamtenergie E zu einer Abnahme der Halbachse und damit zu einer Abnahme der Bahnperiode P_b (s. Tab. 6.4; Abb. 6.40)

$$\frac{\dot{P}_b}{P_b} = \frac{3}{2} \frac{\dot{a}}{a} = -\frac{96}{5} \frac{G^3 m_1 m_2 (m_1 + m_2)}{c^5 a^4} f(e) \qquad (6.98)$$

mit

$$f(e) \equiv \left(1 + \frac{73}{24} e^2 + \frac{37}{96} e^4 \right) (1-e^2)^{-7/2}. \qquad (6.99)$$

Alle Post-Kepler'schen Effekte können durch die Bahnperiode P_b, die Massen M_1 und M_2 des Systems, die Exzentrizität e und die sehr genau bekannte Größe $T_\odot$ ausgedrückt werden. Damit erhalten wir die sogenannte **direkte Timing-Formel** (Damour und Taylor 1992)

$$t_{SSB} - T_0 = F[T; P_b^0, e_0, T_0, \omega_0, x_0; \dot{\omega}, \gamma_{RD}, \dot{P}_b, r, s]. \qquad (6.100)$$

Sie erlaubt die Berechnung der Verschiebung der Pulsankunftszeiten im Baryzentrum des Sonnensystems (Zeit t_{SSB}) für gegebene Zeiten T im Pulsarsystem. Diese

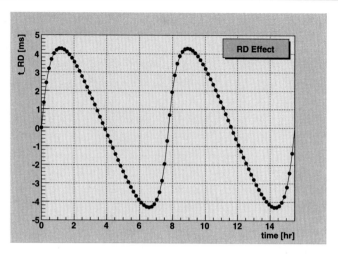

Abb. 6.38 Verschiebung der Pulsankunftszeiten durch den quadratischen Doppler-Effekt im System PSR 1913+16. Hier liegt die Amplitude im Bereich von Millisekunden. (Grafik: © Camenzind)

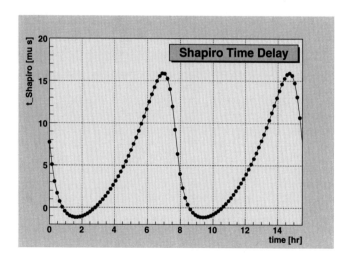

Abb. 6.39 Die Shapiro-Zeitverzögerung im System PSR 1913+16 beträgt nur 15 μs in der Amplitude und kann deshalb nicht beobachtet werden. (Grafik: © Camenzind)

Timing-Formel hängt von zehn Parametern ab, den fünf Kepler'schen Parametern P_b^0, e_0, T_0, ω_0 und x_0 sowie von fünf **Post-Kepler'schen Parametern** $\dot{\omega}$, γ_{RD}, $\dot{P}_b$ und zwei Parametern r und s, die mit der Shapiro-Laufzeitverzögerung zusammenhängen. Aus einer ersten Schätzung der Post-Kepler'schen Elemente wird man die Pulsankunftszeiten mit den beobachteten vergleichen und daraus dann die exakten Werte ableiten. Für diese Prozedur sind die Ephemeriden der Erdposition erforderlich (JPL Daten DE405) sowie die Umrechnung der lokalen Atomzeit TAI in die SSB-Zeit (JPL Daten TDB). Aus diesen Post-Kepler'schen Parametern kann man

Tab. 6.4 Kompakte Doppelsternsysteme mit gemessenem Bahnzerfall im Vergleich zum theoretisch erwarteten Wert (Antoniadis 2014)

System	Com	P_{spin}	P_b	m_p	m_c	Ecc	$\dot{P}_b^{GR}$	$\dot{P}_b^{obs,b}$
Name	Typ	[ms]	[h]	$[M_\odot]$	$[M_\odot]$	e	$[\times 10^{-13}]$	$[\times 10^{-13}]$
J0737−3039	PSR	22.7	2.5	1.3381(7)	1.2489(7)	0.08	−1.24787(13)	−1.252(17)
B1534+12	NS	37.9	10.1	1.3330(4)	1.3455(4)	0.27	−0.1366(3)	−0.19244(5)
J1756−2251	NS	28.5	7.7	1.312(7)	1.258(17)	0.18	−0.22(1)	−0.21(3)
J1906+0746	NS	144	3.98	1.323(11)	1.290(11)	0.08	−0.52(2)	−0.565(6)
B1913+16	NS	59.0	7.8	1.4398(2)	1.3886(2)	0.61	−2.402531(14)	−2.396(5)
B2127+11C	NS	30.5	8.0	1.358(10)	1.354(10)	0.18	−3.95(13)	−3.961(2)
PSR+WD:								
J0348+0432	WD	39.1	2.5	2.01(4)	0.172(3)	10^{-6}	−0.258(11)	−0.273(45)
J0751+1807	WD	3.4	6.3	1.26(14)	0.13(2)	10^{-6}	–	−0.031(14)
J1012+5307	WD	5.2	14.4	1.64(22)	0.16(2)	10^{-6}	−0.11(2)	−0.15(15)
J1161−6545	WD	393.9	4.8	1.27(1)	1.02(1)	0.17	−0.403(25)	−0.401(25)
J1738+0333	WD	5.9	8.5	1.46(6)	0.181(7)	10^{-7}	−0.027(19)	−0.0259(32)
WD Binary:								
J0651+2844	WD	–	0.212	0.26(4)	0.50(4)	0	−8.2(17)	−9.8(28)

Abb. 6.40 Gemessene Verschiebung in der Periastron-Durchgangszeit im Doppelsternsystem PSR 1913+16. Die Parabel ist die theoretisch erwartete Kurve. Durch die Abstrahlung von Gravitationswellen wird die Bahn immer enger, sodass sich die Durchgangszeit verkürzt. (Grafik: nach Weisberg et al. 2010, mit freundlicher Genehmigung © Astrophysical Journal)

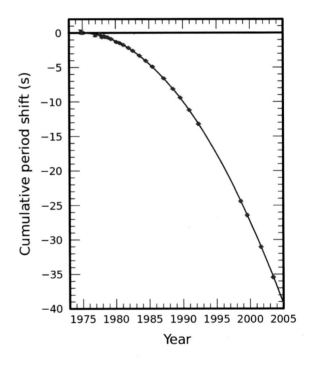

Tab. 6.5 Timing-Daten für den ersten Doppel-Pulsar PSR 0737-3039A+B (nach Camenzind 2007). Die erste Gruppe von Daten enthält die astrometrischen Informationen, die zweite Gruppe die klassischen Bahnelemente eines Doppelsternsystems und die dritte Gruppe listet die Post-Kepler'schen Parameter. Die letzte Gruppe enthält einige abgeleitete Größen

Pulsar	J0737-3039A	J0737-3039B
Pulsarperiode P [ms]	22,69937855615(6)	2773,4607474(4)
Abbremsrate $\dot{P}$	$1,74(5) \times 10^{-18}$	$0,88(13) \times 10^{-15}$
Epoche (MJD)	53156,0	53156,0
Rektaszension (J2000)	07:37:51,24927(3)	–
Deklination (J2000)	-30:39:40,7195(5)	–
Dispersion [pc cm^{-3}]	48,920(5)	–
Timing-Genauigkeit [μs]	17	2169
Bahnperiode P_b [d]	0,10225156248(5)	–
Exzentrizität e	0,0877775(9)	–
Halbachse $a_p \sin i/c$ [lt-s]	1,415032(1)	1,5161(16)
Periastronlänge ω_0 [Grad]	87,0331(8)	87,0331 + 180,0
Periastrondurchgang T_0 [MJD]	53155,9074280(2)	–
Periastronshift $\dot{\omega}$ [Grad/a]	16,89947(68)	–
Grav/Doppler-Effekt γ_{RD} [ms]	0,3856(26)	–
Shapiro-Zeitverzögerung r [μs]	6,21(33)	–
Bahninklination $s = \sin i$	0,99974(-39,+16)	–
Bahnzerfall $\dot{P}_b$ [10^{-12} s/s]	−1,252(17)	–
Charakteristisches Alter [Mio. a]	210	50
Dipolfeldstärke [Tesla]	$6,3 \times 10^5$	$1,6 \times 10^8$
Spin-Down-Leistung $\dot{E}$ [W]	$5,8 \times 10^{27}$	$1,6 \times 10^{23}$
Massenfunktion [$M_\odot$]	0,29096571(87)	0,3579(11)
Distanz $d(DM)$ [pc]	500	–
Totale Masse [$M_\odot$]	2,58708(16)	
Massenverhältnis $R = m_A/m_B$	1,0714(11)	
Bahninklination [Grad]	88,69(76)	–
Geodätische Präzessionsperiode [a]	75	71

jetzt die Massen der beiden Neutronensterne sehr genau bestimmen (Abb. 6.42). Alle so bestimmten Neutronensternmassen streuen sehr gering um den Wert 1,35 Sonnenmassen (Abb. 6.33; Tab. 6.5).

Der Doppelpulsar ist das derzeit beste Testlabor für die ART (Abb. 6.42). In keinem System werden mehr Effekte der ART beobachtet. Doch es ist nicht nur die Anzahl und Stärke der Effekte, sondern auch die Genauigkeit, mit der sie gemessen werden können, was dieses System so einzigartig macht. Zusätzlich stellt uns dieses System gleich zwei Pulsaruhren zur Verfügung. Das ist für Tests der ART unglaublich wertvoll, da dies zu sehr allgemeinen Randbedingungen führt und somit nicht nur die ART, sondern gleichzeitig eine große Klasse alternativer Theorien einem harten Test unterzieht.

6.7.5 Der erste Doppelpulsar

Dreißig Jahre lang war der sogenannte Hulse-Taylor-Pulsar das Nonplusultra für Tests der ART in starken Gravitationsfeldern. Es dauerte bis zum Frühjahr 2003, bis ein System entdeckt wurde, das PSR B1913+16 in den Schatten stellen sollte. Dieses System beinhaltet einen 23-ms-Pulsar, der sich in nur 147 min mit seinem Begleiter um den gemeinsamen Schwerpunkt bewegt. Die Bahnperiode war damit deutlich kürzer als die 7,75 h des Hulse-Taylor-Pulsars. Die eigentliche Sensation kam aber einige Monate nach der Entdeckung dieses Systems, als ein weiteres pulsierendes Signal in den Daten gefunden wurde. Es gehörte zu einem 2,8-s-Pulsar, der sich um den gleichen Massenschwerpunkt bewegt. Man hatte die Radiosignale des begleitenden Neutronensterns entdeckt und damit das erste Doppelsternsystem, bei dem beide Sterne aktive Radiopulsare sind. Der offizielle Name dieses einzigartigen Pulsarpaars ist PSR J0737-3039A (für den 23-ms-Pulsar) und PSR J0737-3039B (für den 2,8-s-Pulsar), in Fachkreisen einfach als Doppelpulsar bekannt (Abb. 6.41).

Der erste relativistische Effekt wurde schon am zweiten Tag nach der Entdeckung des Doppelpulsars gemessen. Man konnte eine Drehung der Pulsarbahn mit einer Rate von 17 Grad pro Jahr messen. Eine derartige Präzession des Orbits ist von der ART her erwartet und wird im Sonnensystem z. B. für Merkur gemessen. Im Vergleich zu Merkur ist die Bahndrehung beim Doppelpulsar gigantisch. Die Merkurbahn braucht rund drei Millionen Jahre für eine komplette Umdrehung. Der Doppelpulsarorbit schafft dies gerade einmal in 21 Jahren. Mit anderen Worten, in relativ wenigen Jahren erhalten wir als Beobachter einen Blick auf die Bahn des Pulsarpaars von allen Seiten, was eine Reihe neuartiger Tests ermöglicht. So kann man mit diesem System auf einzigartige Weise testen, ob es im Universum ein bevorzugtes Bezugssystem für die Gravitation gibt, was der ART widerspräche.

Abb. 6.41 Schematische Darstellung des Doppelpulsars PSR J0737-3039A+B. Wir blicken praktisch in die Bahnebene. Die beiden Pulsare laufen in 147 min um den gemeinsamen Schwerpunkt. (Grafik: © Camenzind)

Auch wurde die bereits beim Hulse-Taylor-Pulsar gemessene Abnahme der Bahn aufgrund der Gravitationswellenabstrahlung nach nur sechs Jahren mit einer Genauigkeit von 0,2 % bestimmt. Darüber hinaus erlaubt der Doppelpulsar die Messung eines Effekts, der beim Hulse-Taylor-Pulsar bisher noch nicht beobachtet werden konnte. Dies verdanken wir einem glücklichen Umstand: Der Doppelpulsar ist gerade so orientiert, dass dessen Orbit fast von der Kante sichtbar ist, d. h., er steht fast senkrecht zur Himmelsebene (Neigungswinkel: 88,7 Grad). Dies bedeutet, dass bei Konjunktion die Radiosignale den Begleiter in einem Abstand von nur 20.000 km passieren, und die gekrümmte Raum-Zeit des Begleiters die Laufzeit seiner Radiosignale verlängert (sogenannter Shapiro-Effekt, Abb. 6.42). Diese Laufzeitverzögerung, gemessen als Funktion der Orbitalphase, erlaubt einen weiteren Test der ART mit einer Genauigkeit von 0,04 %. Dies ist bisher der extremste Test, den die ART in starken Gravitationsfeldern bestanden hat.

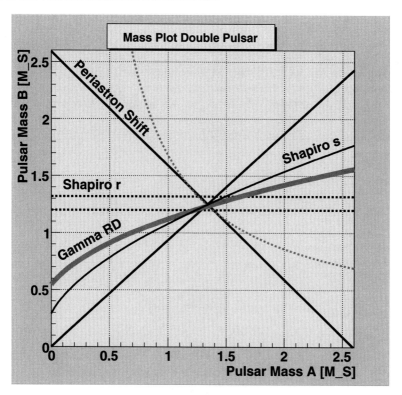

Abb. 6.42 Massenplot des Systems DNS PSR0737-3039A+B. Da die Periastrondrehung $\dot{\omega}$ nur von der Summe der beiden Massen abhängt, ergibt sich daraus eine Diagonale im Massenplot. Der quadratische Doppler-Effekt γ_{RD} bestimmt dann einen Schnittpunkt in der Massenebene. Damit sind die Massen bereits eindeutig festgelegt. Die Shapiro-Parameter r und s sind mit dieser Lösung konsistent. Die Abnahme der Bahnperiode $\dot{P}_b$ ergibt eine hyperbelartige Kurve in der Massenebene, die auch durch den gemeinsamen Schnittpunkt geht. Daten nach Tab. 6.3. (Grafik: © Camenzind)

Vor Kurzem ist es gelungen, noch einen anderen von Einstein vorhergesagten
Effekt nachzuweisen – die relativistische geodätische Präzession (Abb. 6.43). Dabei
führt die relativistische Spin-Bahn-Kopplung zu einer Präzession der Rotationsachse
des Pulsars. Das ist ein völlig anderer Effekt als die Präzession durch die Gezeitenwirkung, wie wir sie von der Erde her kennen. Die Polachse der Erde taumelt in
einem 26.000-Jahreszyklus, weil die Erde nicht exakt kugelförmig ist. Die Periode
der relativistischen Präzession beträgt bei der Erde etwa 67 Mio. Jahre. Dieser Effekt
ist bei unserem Planeten nicht nachzuweisen. Beim Doppelpulsar ist es umgekehrt:
Dort dominiert die relativistische Präzession, die Gezeitenpräzession spielt keine
Rolle. Sie führt zu einer Präzession des Neutronenstern-Spins $\vec{S}$ um den Bahndre-
himpulsvektor $\vec{L}$

$$\Omega_{GP} = \frac{3}{2}\frac{GM}{c^3 r^3}(\vec{v} \times \vec{r}), \quad \frac{d\vec{S}}{dt} = \vec{\Omega}_{GP} \times \vec{S}. \tag{6.101}$$

Die gegenseitigen Bedeckungen der Pulsare erlauben es, die Veränderungen der
Rotationsachse eines der beiden Pulsare zu messen. Vier Jahre lang haben die For-
scher dazu das Objekt mit dem Green-Bank-Radioteleskop beobachtet. Die Relativi-
tätstheorie sagt für PSR J0737-3039 eine Präzession von 5,07 Grad pro Jahr voraus,
Breton und sein Team haben 4,77 Grad pro Jahr gemessen (Breton et al. 2008).
Im Rahmen der Genauigkeit von 0,65 Grad stimmen die Ergebnisse überein. Die
Allgemeine Relativitätstheorie hat damit einen weiteren Test bestanden.

Abb. 6.43 Die
relativistische Gravitation
bewirkt eine Präzession der
Spin-Achse der Pulsare. Da
die Magnetosphäre von
Pulsar B sehr ausgedehnt ist,
wird die Radiostrahlung von
Pulsar A im Plasma dieser
Magnetosphäre absorbiert.
Aus der Verschiebung dieser
Absorptions-Dips im Laufe
der Zeit kann man die
Verschiebung der
Spin-Achse messen. (Grafik
aus Breton et al. 2008, mit
freundlicher Genehmigung
© Science)

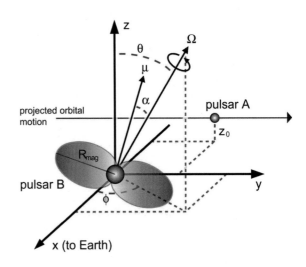

6.7.6 Ein Dreifachsystem mit Pulsar testet Einstein

Eine überraschende neue Entdeckung zeigt jetzt einen Millisekundenpulsar mit einer Periode von 2,7 ms und einer Masse von 1,437 Sonnenmassen innerhalb eines Dreifachsternsystems mit zwei Weißen Zwergen als Begleitsternen mit Massen von 0,1975 und 0,4103 Sonnenmassen (Ransom et al. 2014; Abb. 6.44). Dieses System liefert den Stellarastronomen eine einmalige Chance, mit ihren Modellrechnungen die Entstehung eines solchen Systems zu erklären. Das System erscheint unter einer Inklination von 39,2 Grad. Die mittels Pulsar-Timing gemessenen Parameter (Abb. 6.45) sind in Tab. 6.6 gelistet.

Dieses exotische System (Abb. 6.44) kann auch dazu beitragen, Einsteins Theorie der Allgemeinen Relativität genauer zu überprüfen. Denn nach dem Starken Äquivalenzprinzip ist der Effekt der Gravitation auf einen Körper unabhängig von dessen Natur oder innerer Struktur, sprich gravitativer Bindung. Das bedeutet, dass die Schwerkraftwirkung des äußeren Weißen Zwergs für den zweiten Weißen Zwerg und den Pulsar identisch sein müssten. Trifft das Einstein'sche Prinzip unter diesen Extrembedingungen nicht zu, muss es kleine Unterschiede in der Schwerkraftwirkung geben. Indem man die Intervalle der Radiopulse des Pulsars extrem genau vermessen wird, kann man testen, ob es eine solche Abweichung vom Starken Äquivalenzprinzip gibt. Ransom und seine Kollegen wollen dieses Prinzip testen, indem sie die gravitative Wirkung des äußeren Zwergsterns auf den inneren Weißen Zwerg sowie auf den Pulsar untersuchen und miteinander vergleichen.

▶ ⇒ Vertiefung 6.11: Schrumpfung der Bahn von PSR1913+16?

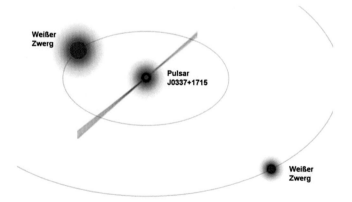

Abb. 6.44 Das System J0337+1715 besteht aus einem Millisekundenpulsar, der mit einem Weißen Zwerg ein inneres enges Doppelsternsystem mit einer Bahnperiode von 1,63 Tagen bildet, das wiederum von einem weiteren Weißen Zwerg in 327 Tagen umkreist wird. Nach neueren Modellvorstellungen hat dieses bemerkenswerte System drei Phasen von Massenübertragung zwischen den Partnern und dazu eine Supernovaexplosion überlebt und ist dabei dynamisch stabil geblieben. Dieses System dient in Zukunft als Test für das Starke Äquivalenzprinzip. (Grafik: © Camenzind)

Tab. 6.6 Gemessene Parameter des Pulsar-Tripel-Systems. (Nach Ransom et al. 2014)

Parameter	Symbol	Wert
Systemwerte:		
Rektaszension	RA	$03^h 37^m 43^s, 82589(13)$
Deklination	Dec	$17° 15' 14'', 828(2)$
Dispersionsmaß	DM	$21, 3162(3)\,\mathrm{pc\,cm^{-3}}$
Referenzepoche	T_0	MJD 55920, 0
Timing-Genauigkeit		$1, 34\,\mu s$
Spin-Down Parameter:		
Pulsar-Rotationsfrequenz	f	$365, 953363096(11)\,\mathrm{Hz}$
Abbremsparameter	$\dot{f}$	$-2, 3658(12) \times 10^{-15}$
Innerer Pulsarorbit:		
Projizierte Halbachse längs Sichtlinie	$(a\sin i)_I$	$1, 21752844(4)$ lt-s
Bahnperiode	$P_{b,I}$	$1, 629401788(5)$ d
Exzentrizität $(e\sin\omega)_I$	$\epsilon_{1,I}$	$6, 8567(2) \times 10^{-4}$
Exzentrizität $(e\cos\omega)_I$	$\epsilon_{2,I}$	$-9, 171(2) \times 10^{-5}$
Halbachse projiziert längs Sichtlinie	$(a\sin i)_O$	$74, 6727101(8)$ lt-s
Bahnperiode	$P_{b,O}$	$327, 257541(7)$ d
Exzentrizität $(e\sin\omega)_O$	$\epsilon_{1,O}$	$3, 5186279(3) \times 10^{-2}$
Exzentrizität $(e\cos\omega)_O$	$\epsilon_{2,O}$	$-3, 462131(11) \times 10^{-3}$
Projizierte innere Halbachse	$(a\cos i)_I$	$1, 4900(5)$ lt-s
Projizierte äußere Halbachse	$(a\cos i)_O$	$91, 42(4)$ lt-s
Pulsar-Parameter:		
Pulsarperiode	P	$2, 73258863244(9)$ ms
Abbremsrate	$\dot{P}$	$1, 7666(9) \times 10^{-20}$
Dipolmagnetfeldstärke	B	$2, 2 \times 10^4\,\mathrm{T}$
Spin-Down-Leistung	$\dot{E}$	$3, 4 \times 10^{27}\,\mathrm{W}$
Charakteristisches Alter	τ	$2, 5 \times 10^9$ Jahre
Bahngeometrie:		
Innere Pulsarhalbachse	a_I	$1, 9242(4)$ lt-s
Innere Exzentrizität	e_I	$6, 9178(2) \times 10^{-4}$
Innere Periastronlänge	ω_I	$97°, 6182(19)$
Äußere Pulsarhalbachse	a_O	$118, 04(3)$ lt-s
Inklination des innern Orbits	i_I	$39°, 254(10)$
Massen:		
Masse des Pulsars	m_p	$1, 4378(13)\,M_\odot$
Masse des innern Begleiters	m_{cI}	$0, 19751(15)\,M_\odot$
Masse des äußern Begleiters	m_{cO}	$0, 4101(3)\,M_\odot$

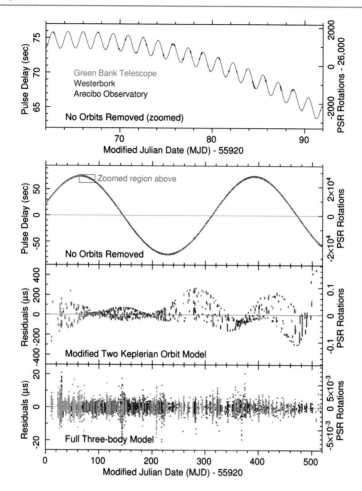

Abb. 6.45 Timing-Daten zum System J0337+1715, das aus einem Millisekundenpulsar besteht, der von zwei Weißen Zwergen umkreist wird. Der äußere Weiße Zwerg umkreist das innere Doppelsternsystem in 327 Tagen. (Grafik: aus Ransom et al. 2014, mit freundlicher Genehmigung © Nature)

▶ ⇒ Vertiefung 6.12: $a(t)$ durch Gravitationswellenabstrahlung?

▶ ⇒ Vertiefung 6.13: Massenplot für den Doppelpulsar.

6.8 Magnetfelder der Neutronensterne

Neutronensterne sind im Allgemeinen stark magnetisierte Körper. Diese Felder resultieren aus dem Kollaps des konvektiven Kerns eines massereichen Sterns. Es können Magnetfeldstärken bis zu zehn Milliarden Tesla entstehen. Neben Masse M, Radius

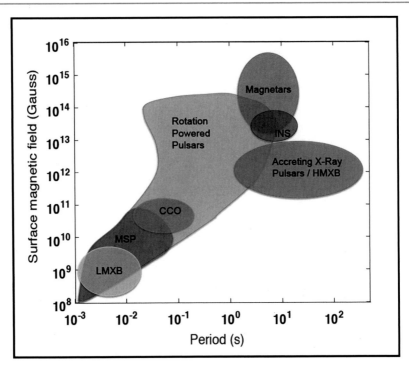

Abb. 6.46 Neutronensterne werden nach ihren Rotationsperioden und Magnetfeldstärken klassifiziert. Beachte: 1 T = 10.000 Gauß. MSP: Millisekundenpulsar; INS: isolierter Neutronenstern; LMXB: massearme Doppelsternsysteme; HMXB: massereiche Doppelsternsysteme; Magnetare: extrem magnetisierte Pulsare; CCO: Central Compact Objects in Supernovaüberresten sind punktförmige Quellen von Röntgenstrahlung nahe den Zentren von Supernovaüberresten (wie Cas A). Bei einigen CCOs konnte die Rotationsperiode aus einer periodischen Veränderlichkeit der Röntgenstrahlung bestimmt werden und liegt bei Werten um 0,1 s. (Grafik: aus Harding 2013)

R und Rotationsperiode P ist damit auch die Feldstärke B_* an den magnetischen Polen eine charakteristische Größe eines Neutronensterns, die es zu bestimmen gilt (Abb. 6.46).

Im Laufe der Jahre haben sich mehrere Klassen von magnetisierten Neutronensternen herausgebildet. Neben den eigentlichen Radiopulsaren, deren Energieabgabe aus der Rotation gespeist wird, gibt es noch eine Menge anderer Objekte. Die Röntgenspektren der **Central Compact Objects** in Supernova Remnants (CCOs) zeigen eine Schwarzkörpertemperatur von 0,2 bis 0,5 Kiloelektronvolt bei einer Leuchtkraft von 10^{26} bis 10^{27} W. Der daraus abgeleitete Durchmesser der Strahlungsquelle liegt bei 0,3 bis drei Kilometern, wenn die Röntgenstrahlung als thermische Strahlung interpretiert wird. Dieser Wert ist erheblich kleiner als der typische Durchmesser eines Neutronensterns von 20 km, der in einer Kernkollapssupernova geboren wird. Unter der Annahme, dass die Atmosphäre der Neutronensterne aufgrund eines vorangegangenen Akkretionsereignisses überwiegend aus Kohlenstoff besteht, ergibt sich allerdings ein Radius von zehn bis zwölf Kilometern. Die Energieverteilung der Röntgenstrahlung kann dann durch eine **Atmosphäre aus Kohlenstoff** interpretiert werden. Im Fall von Cassiopeia A konnte auch ein überraschend schneller Temperaturabfall von einem bis zwei Prozent innerhalb von nur zehn Jahren beobachtet werden (Abb. 6.55). Beispiele dieser Art sind Cas A, Puppis A, RCW 103 und Kes 79. Die Position der CCOs liegt nahe den Zentren von Supernovaüberresten, und die Neutronensterne konnten weder im Bereich der Radiostrahlung noch der Gammastrahlung nachgewiesen werden. Sie liegen auch nicht innerhalb von Pulsarwindnebeln, bei denen ein Pulsar mit hochenergetischer Partikelstrahlung Energie in den Supernovaüberrest transportiert, wie etwa im Krebsnebel. Deshalb wird ausgeschlossen, dass es sich bei den CCOs um Pulsare handelt, deren Strahlungskegel nicht in Richtung der Erde ausgerichtet ist. Aus der Expansionsgeschwindigkeit der Nebel wird das Alter der Supernovaübereste mit einem kompakten zentralen Objekt auf einige 1000 Jahre geschätzt mit einer Obergrenze von 20.000 Jahren.

Ein **Magnetar** ist ein Neutronenstern, dessen Magnetfeld das 1000-Fache des bei Neutronensternen üblichen Wertes aufweist. Man schätzt, dass etwa 10 % aller Neutronensterne zu dieser Sternklasse zählen. Man kennt mehr als ein Dutzend Röntgenquellen in unserer Milchstraße, die als Kandidaten für Magnetare angesehen werden. Diese Objekte zeigen in unregelmäßigen Abständen Gamma- und Röntgenausbrüche mit einer Dauer von wenigen Zehnteln Sekunden. In dieser kurzen Zeit wird typischerweise so viel hochenergetische Strahlungsenergie freigesetzt, wie die Sonne in etwa 10.000 Jahren im gesamten Spektrum abstrahlt.

6.8.1 Ursprung der Magnetfelder

Die Vorläufersterne der Neutronensterne waren in ihrem zentralen Bereich voll konvektiv. Konvektion zusammen mit einer differenziellen Rotation sind die besten Voraussetzungen für Dynamoprozesse, die Magnetosphären aufbauen, wie bei Planeten und der Sonne. Durch differenzielle Rotation entstehen zunächst toroidale Felder, deren Stärke durch den thermischen Druck begrenzt wird. Damit können im Innern dieser Sterne toroidale Feldstärken von 10.000 T ohne Weiteres aufgebaut werden. Diese Felder bleiben im Kollaps erhalten, werden jedoch dabei enorm verstärkt. Ein junger Neutronenstern kann am Übergang zwischen Core und Kruste problemlos toroidale Felder von 10^{11} T halten.

Magnetfelder, wenn auch sehr stark, spielen keine Rolle im hydrostatischen Gleichgewicht eines Neutronensterns. Dies zeigt ein Vergleich der Gravitationsenergie mit der Magnetfeldenergie

$$\frac{|E_{\text{grav}}|}{E_{\text{mag}}} \simeq \frac{GM^2/R}{\pi B^2 R^3/3\mu_0} \simeq 3\pi \mu_0 G \left(\frac{M}{\Phi}\right)^2 \geq 10^6. \tag{6.102}$$

$\Phi \simeq \pi R^2 B$ ist dabei der magnetische Fluss, der im Stern eingeschlossen ist. Dabei benutzen wir typische Feldstärken aus der Beobachtung.

6.8.2 Zeitliche Entwicklung der Magnetfelder

Isolierte Neutronensterne sind die stärksten Magnete des Universums. Die thermische Entwicklung eines Neutronensterns ist an die Magnetfeldstruktur gekoppelt. Im Innern des Neutronensterns bilden die Ionen ein Coulomb-Gitter, während die Elektronen sich wie ein freies Quantengas verhalten. In diesem Grenzfall kann das Plasma mittels MHD beschrieben werden, die Elektronen tragen den Strom $\vec{J} = -en_e\vec{v}_e$. Die zeitliche Entwicklung der Magnetfeldstärke folgt deshalb aus dem Induktionsgesetz mit Hall-Term auf dem Hintergrund eines Neutronensterns (Viganò 2013)

$$\frac{\partial \vec{B}}{\partial t} = -\vec{\nabla} \times \left[\frac{c^2}{4\pi\sigma} \vec{\nabla} \times (e^{\Phi}\vec{B}) + \frac{c}{4\pi en_e} (\vec{\nabla} \times (e^{\Phi}\vec{B})) \times \vec{B} \right]. \qquad (6.103)$$

Der erste Term auf der rechten Seite beschreibt die Ohm'sche Dissipation, während der zweite Term durch den Hall-Effekt entsteht. Wenn der Hall-Term dominiert, ist die Induktionsgleichung vom hyperbolischen Typ, sonst parabolisch.

Die Induktionsgleichung muss simultan mit der Wärmeleitungsgleichung gelöst werden. Mit Magnetfeldern sind Wärmeleitfähigkeit und elektrische Leitfähigkeit anisotrop. Daher lautet die relativistische Wärmeleitungsgleichung

$$c_v e^{\Phi} \frac{\partial T}{\partial t} + \vec{\nabla} \cdot (e^{2\Phi}\vec{F}) = e^{2\Phi}(Q_j - Q_\nu). \qquad (6.104)$$

Dabei ist c_v die spezifische Wärme pro Volumen und $\vec{F}$ der thermische Wärmefluss in Diffusionsnäherung

$$\vec{F} = -e^{-\Phi}\hat{\kappa} \cdot \vec{\nabla}(e^{\Phi}T). \qquad (6.105)$$

$\hat{\kappa}$ ist der thermische Leitfähigkeitstensor. Q_ν beschreibt die Neutrinoemission pro Volumen und Zeit, und

$$Q_j = \frac{J^2}{\sigma} \qquad (6.106)$$

ist die Joul'sche Dissipationsrate zum Strom J, definiert als $\vec{J} = e^{-\Phi}(c/4\pi)(\vec{\nabla} \times (e^{\Phi}\vec{B}))$. Die elektrische Leitfähigkeit σ hängt von der Elektronenstreuung ab, welche die Relaxationszeit definiert τ_e: $\sigma = e^2 n_e \tau_e/m_e^{\star}$, wobei $m_e^{\star}$ die effektive Masse und n_e die Elektronendichte bezeichnen. Da die Elektronendichte in der Kruste um vier Größenordnungen variiert und die Temperatur um einen Faktor 100–1000 abfällt im Laufe eines Pulsaralters, variiert die elektrische Leitfähigkeit sowohl mit dem Radius als auch mit der Zeit.

Zur numerischen Lösung dieses Problems berechnet man zuerst ein Neutronensternmodell zu gegebener Zustandsgleichung, zusammen mit den mikrophysikalischen Parametern, die von der Temperatur abhängen: spezifische Wärme, thermische und elektrische Leitfähigkeiten sowie Neutrinoemissivitäten (Viganò 2013). Diese Größen hängen von der lokalen Temperatur, Dichte, Zusammensetzung und Magnetfeldstärke ab.

Ohne Magnetfelder ist die Temperaturentwicklung eines Neutronensterns durch 1D-Transfermodelle beschrieben. Die Geburtstemperatur $T_{\mathrm{init}} \gtrsim 10^{10}$ K fällt unter 10^9 Kelvin nach einigen Dekaden durch effizientes Neutrinokühlen. Nach einigen 100 Jahren wird der Stern isotherm, außer in der Hülle $\rho \lesssim 10^{10}\,\mathrm{g\,cm^{-3}}$, wo ein starker Temperaturgradient immer vorhanden ist. Im Dichtebereich $\rho \sim 10^{11}$–10^{14} g pro Kubikzentimeter fällt die Temperatur unter die Schmelztemperatur des Ionengitters, und das ionenreiche Plasma bildet nun die feste Kruste.

Objekte mit stärkeren Magnetfeldern (insbesondere Magnetare) sind systematisch heißer im Vergleich zu nichtmagnetisierten Modellen. Das unterstützt die These, wonach Magnetzerfall die Emission von Magnetaren bewirkt. Abb. 6.47 zeigt die Entwicklung der Magnetfeldstruktur mit einem anfänglich rein poloidalen Dipolfeld von $B_p^0 = 10^{14}$ g in der Kruste. Nach etwa 1000 Jahren hat das poloidale Feld über den Hall-Effekt ein toroidales Quadrupolfeld erzeugt, mit einer Stärke vergleichbar zum Poloidalfeld mit B_φ negativ in der Nordhälfte und positiv in der Südhälfte. Von da an bestimmt das Toroidalfeld die Entwicklung mit starken Strömen in der inneren Kruste. Dabei wird das Magnetfeld zusammengequetscht, was in einer vermehrten Dissipation resultiert. Ohm'sche Dissipation und die entsprechende Aufheizung ändern die Temperaturverteilung. Nach etwa 1000 Jahren ist der Äquator etwa um einen Faktor drei heißer als die Pole. In der Folge bestimmt die Dissipation der Ströme das Temperaturbild.

Starke tangentiale Magnetfelder (B_θ und B_φ) in der Kruste und in der Hülle isolieren die Oberfläche vom Inneren ab. In einer Dipolstruktur ist das Magnetfeld praktisch radial an den Polen, was die Polregion thermisch mit dem Inneren verknüpft; im Vergleich dazu ist die Äquatorregion praktisch thermisch durch die tangentialen Felder isoliert vom Inneren. Die Polregionen erscheinen daher heißer als die Äquatorzonen.

In Abb. 6.48 sind die Entwicklungswege im P–$\dot{P}$-Pulsardiagramm gezeigt für verschiedene Anfangswerte der Magnetfeldstärke, zusammen mit Timing-Eigenschaften

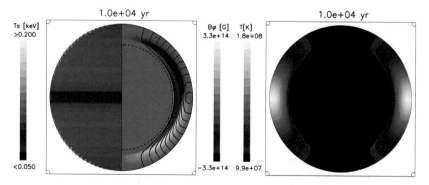

Abb. 6.47 Snapshots der Entwicklung von Magnetfeldern in der Kruste eines Neutronensterns mit einer Dipolfeldstärke von 10^{14} G nach 10.000 Jahren. Links: Die linke Hälfte zeigt die Oberflächentemperatur in Farbe, während die rechte Hälfte die Struktur der Magnetosphäre in der Kruste darstellt (durchgezogene Linien: poloidale Felder; Farbe: toroidale Feldstärke). Rechts: Temperaturkarte. Der Core mit der Neutronenflüssigkeit ist isotherm. Die Dicke der Kruste wurde um einen Faktor 4 vergrößert. (Grafik: Viganò 2013, mit freundlicher Genehmigung © Daniele Viganò)

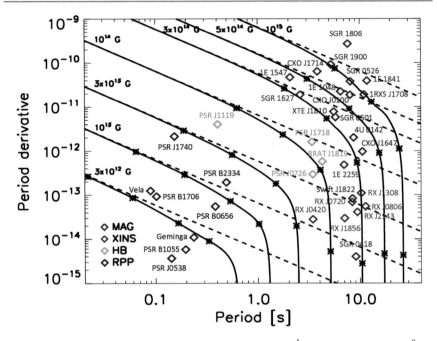

Abb. 6.48 Zeitliche Entwicklung der Magnetfelder im $P-\dot{P}$-Pulsardiagramm mit $B_p^0 =$ $3 \times 10^{12}, 10^{13}, 3 \times 10^{13}, 10^{14}, 3 \times 10^{14}, 10^{15}$ G. Sterne markieren das reale Alter $t =$ 1000, 10.000, 100.000 und 500.000 Jahren, während gestrichelte Kurven die Entwicklung ohne Magnetfeldzerfall zeigen. (Grafik: Viganò et al. 2015, mit freundlicher Genehmigung © Daniele Viganò)

von Röntgenpulsaren. Die Unterschiede in den Eigenschaften der Neutronensterne können deshalb im Wesentlichen auf ihre Geburtseigenschaften zurückgeführt werden. Insbesondere spielt die Magnetfeldstärke eine wesentliche Rolle. Für Objekte mit $B_p \lesssim 10^{10}$ T hat das Magnetfeld keinen großen Einfluss auf die Röntgenleuchtkraft. Besonders Radiopulsare weisen eine Röntgenemission auf, die durch die Standardkühlung gegeben ist. Neutronensterne mit $B_p^0 \sim 3$–5×10^{10} T zeigen sich als Magnetare und XINS. Einige extreme Exemplare verlangen Polstärken bis zu $B_p^0 = 10^{11}$ T.

6.8.3 Recycling und Millisekundenpulsare

Was die Menschen versuchen, kann die Natur schon lange – Recycling. Zutaten sind ein Doppelsternsystem mit einem alten Neutronenstern. Die schnelle Rotation der Millisekundenpulsare kann nicht auf die Geburt des Neutronensterns in einer Supernova zurückgehen, da sie im $P - \dot{P}$-Diagramm weit unterhalb der Geburtslinie liegen. In Abb. 6.21 sind neben den gewöhnlichen Radiopulsaren, die eine Periode um eine Sekunde besitzen und den Großteil der beobachteten Pulsare ausmachen, noch zwei weitere Gruppen von Pulsaren zu sehen. Links unten im Diagramm, mit sehr viel

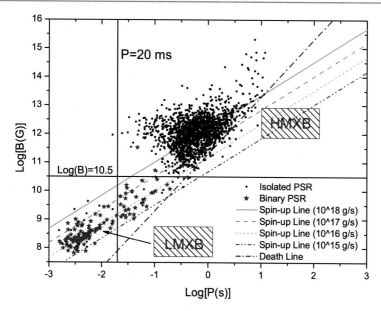

Abb. 6.49 Recycling von Neutronensternen. Die minimale Akkretionsrate beträgt 10^{15} g/s, um tote Pulsare wieder zum Leben zu erwecken. Alte Neutronensterne rotieren langsam, haben schwache Magnetfelder und liegen damit unterhalb der sogenannten Death-Line (blaue Linie) und können durch Akkretion aufgedreht werden (sogenannte Spin-up-Linien). (Grafik: Yuanyue Pan et al. 2013)

kürzeren Perioden (im Millisekundenbereich), schwächeren Magnetfeldern (10.000 bis 1 Mio. T) und einer vier bis sechs Größenordnungen langsameren Abbremsung liegen die Millisekundenpulsare (MSPs). Sie sind ein bis zehn Milliarden Jahre alt und damit sehr viel älter als normale Pulsare. Die meisten Millisekundenpulsare befinden sich in Doppelsternsystemen. Man vermutet, dass sie ursprünglich alte, langsam rotierende Neutronensterne waren. Durch Akkretion – die Übertragung von Masse und Drehimpuls – von ihrem Begleitstern werden sie in einer Art Recycling-prozess zu neuer und schneller Rotation angetrieben (Abb. 6.49).

Die Gleichgewichtsperiode, die im Akkretionsprozess erreicht werden kann, beträgt

$$P_{eq} = 2,4\,\text{ms} \left(\frac{B_*}{10^5\,T}\right)^{6/7} \left(\frac{M}{M_\odot}\right)^{-5/7} \left(\frac{\dot{M}}{\dot{M}_{Edd}}\right)^{-3/7} \left(\frac{R}{10\,\text{km}}\right)^{18/7}. \quad (6.107)$$

$\dot{M}_{Edd} \simeq 10^{18}\,\text{g/s}$ ist die Eddington-Akkretionsrate für Neutronensterne. Diese Gleichgewichtsperioden sind in Abb. 6.49 als Funktion der Magnetfeldstärke und parametrisiert durch Akkretionsraten dargestellt (Ho Wynn et al. 2013).

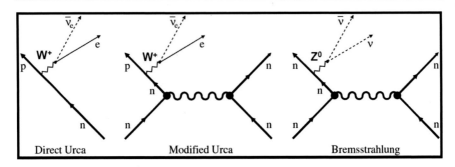

Abb. 6.50 Neutrinoemission kühlt junge Neutronensterne. Der direkte Urca-Prozess ist zwar unterdrückt, Neutronen können jedoch mit anderen stark wechselwirken und dabei in Protonen zerfallen (sogenannter modifizierter Urca-Prozess) oder über neutrale Ströme (Z^0-Zerfall) Neutrinos emittieren. (Grafik: © Camenzind)

6.8.4 Magnetfelder akkretierender Neutronensterne

Magnetfelder beeinflussen auch die Akkretion auf Neutronensterne. Im Frühjahr 1971 beobachteten Riccardo Giacconi und seine Mitarbeiter mit dem ersten Röntgensatelliten Uhuru eine bereits seit einigen Jahren bekannte helle Röntgenquelle. Dabei stellten sie fest, dass diese Quelle mit einer Periode von knapp fünf Sekunden und großer Regelmäßigkeit pulsiert. Mit Centaurus X-3 hatten sie den ersten **Röntgenpulsar** entdeckt. Ein Beispiel für einen weiteren Röntgenpulsar ist Hercules X-1 in einem Abstand von 15.000 Lichtjahren. Er wurde 1971 von dem Satelliten Uhuru entdeckt. Inzwischen sind über 500 solcher Systeme in der Milchstraße bekannt. Das grundlegende Modell für die Entstehung der Pulsformen der emittierten Röntgenstrahlung geht von zwei kleinen Emissionsgebieten aus, die sich an den beiden magnetischen Polen der akkretierenden Neutronensterne befinden. Rotiert der Neutronenstern, so wandern die Gebiete durch das Sichtfeld, sodass die beobachtete Gesamthelligkeit variiert.

▶   ⇒ Vertiefung 6.14: Herleitung der Gleichgewichtsperiode P_{eq}.

6.9   Cassiopeia A und SN 87A – die beiden jüngsten Neutronensterne

Neutronensterne werden extrem heiß geboren – durch den zentralen Kollaps auf den Proto-Neutronenstern entstehen Temperaturen im Bereich von 20–35 MeV. Junge Neutronensterne kühlen nicht über die Oberfläche aus, sondern durch Neutrinostrahlung aus dem Core (Abb. 6.51). Neutronen können nicht direkt in Protonen zerfallen, da der Fermi-See der Elektronen aufgefüllt ist.

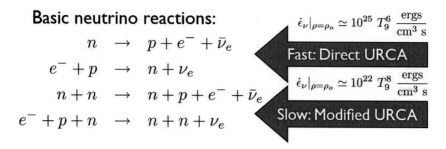

Basic neutrino reactions:

$$n \rightarrow p + e^- + \bar{\nu}_e$$
$$e^- + p \rightarrow n + \nu_e$$
$$n + n \rightarrow n + p + e^- + \bar{\nu}_e$$
$$e^- + p + n \rightarrow n + n + \nu_e$$

$$\dot{\epsilon}_\nu|_{\rho=\rho_o} \simeq 10^{25}\, T_9^6\; \frac{\text{ergs}}{\text{cm}^3\,\text{s}}$$

Fast: Direct URCA

$$\dot{\epsilon}_\nu|_{\rho=\rho_o} \simeq 10^{22}\, T_9^8\; \frac{\text{ergs}}{\text{cm}^3\,\text{s}}$$

Slow: Modified URCA

Abb. 6.51 Die zwei wesentlichen Prozesse bei der Kühlung von Neutronensternen: die beiden URCA-Prozesse DURCA und MURCA. (Grafik: Camenzind)

6.9.1 Wie kühlen Neutronensterne?

In der Astrophysik versteht man unter dem **Urca-Prozess** eine Reaktion, bei der ein Neutrino emittiert wird (Abb. 6.50 und 6.51). Dies findet bei der Kühlung von Weißen Zwergen und Neutronensternen statt. Dieser Prozess wurde zum ersten Mal von George Gamow und Mario Schoenberg diskutiert bei einem Besuch des Casinos da Urca in Rio de Janeiro. Schoenberg soll dabei Folgendes zu Gamow gesagt haben: *The energy disappears in the nucleus of the supernova as quickly as the money disappeared at that roulette table.* In Gamows südrussischem Dialekt bedeutet Urca auch so viel wie Gangster.

Der direkte Urca-Prozess ist nur dann möglich, wenn die Protonenkonzentration genügend hoch ausfällt. In entarteter Materie können nur Teilchen mit Energien $\simeq k_B T$ (in der Fermi-Fläche) an Reaktionen teilhaben, da für die anderen Teilchen die Prozesse durch das Pauli-Prinzip geblockt werden. Wenn die Fermi-Impulse der Elektronen und Protonen zu klein im Vergleich zum Fermi-Impuls der Neutronen ausfallen, dann wird der Prozess unterdrückt. Unter den typischen Bedingungen im

Abb. 6.52 Der Effekt von Pairing und PBF auf die Oberflächentemperatur eines Neutronensterns. Bei der Neutrino-Kühlung spielen zwei Effekte eine wichtige Rolle: Für $T_c < 700$ Mio. K werden Neutronen durch Pairing superfluid, und bei diesem Phasenübergang kann eine verstärkte Neutrinostrahlung auftreten. (PBF = Pair Breaking and Formation). (Grafik: © Camenzind)

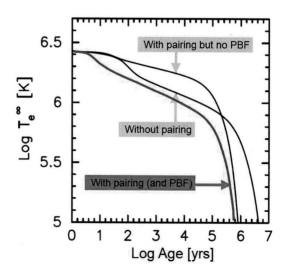

Inneren eines Neutronensterns muss dazu der Anteil an Protonen die Grenze von 10 % überschreiten.

Im modifizierten Urca-Prozess resultiert eine stark temperaturabhängige Volumenemissivität von $\simeq 10^{19}\,(T/10^9\,\text{K})^8\,\text{W/m}^3$. Bei einer Core-Temperatur von einer Milliarde Grad Kelvin entsteht daher eine Neutrinoleuchtkraft von $L_\nu \simeq 4 \times 10^{31}\,\text{W}$, oder rund 100.000 Sonnenleuchtkräften. Die entsprechende Oberflächentemperatur beträgt jedoch nur etwa drei Millionen Grad Kelvin, was einer Gammaleuchtkraft von $3 \times 10^{27}\,\text{W}$ oder nur rund sieben Sonnenleuchtkräften entspricht. Fällt die Core-Temperatur jedoch auf 100 Mio. Grad Kelvin, dann nimmt die Neutrinoleuchtkraft um den Faktor 10^8 ab, und Kühlung erfolgt nur noch über die Oberfläche. Dies geschieht nach etwa 100.000 Jahren (Abb. 6.55).

Der Vergleich der Theorie der Kühlung von Neutronensternen (Abb. 6.52) mit der Beobachtung kann Aufschluss über die innere Struktur von Neutronensternen ergeben (Abb. 6.53). Die Kühlung der Neutronensterne hängt von verschiedenen Parametern ab, wie Masse, Zustandsgleichung, Struktur des Cores und der Hülle, sowie von Magnetfeldern. In den letzten Jahren hat sich auch die Datenlage über thermische Neutronensterne stark verbessert – Daten für 55 isolierte Neutronensterne können z. B. in Potekhin et al. 2020 gefunden werden. In massereichen Neutronensternen kann der direkte Urca-Prozess zu einer schnellen Kühlung führen. Dies könnte die geringe Leuchtkraft in einigen der Quellen in Abb. 6.53 erklären. Suprafluide Sterne kühlen auch schneller im Photonen-dominierten Ast der Kühlungskurve, da die Wärmeleitfähigkeit $C(T)$ etwas reduziert wird. Das könnte erklären, warum einige XINS etwas heißer ausfallen (am rechten Rand von Abb. 6.53). Das könnte aber auch bedeuten, dass der suprafluide Gap etwas unterdrückt wird (Abb. 6.53 unten).

6.9.2   Cassiopeia A – der jüngste Neutronenstern in der Milchstraße

Cassiopeia A (Cas A) ist ein Supernovaüberrest im Sternbild Cassiopeia in rund 11.000 Lichtjahren Entfernung, der einen Durchmesser von ca. zehn Lichtjahren hat (Abb. 6.54). Er ist der Überrest einer Supernovaexplosion, die auf der Erde um das Jahr 1680 hätte beobachtet werden können, wenn sie nicht hinter Gas- und Staubwolken stattgefunden hätte. Möglicherweise erschien die Supernova als ein Stern sechster Größe, den der Astronom John Flamsteed am 16. August 1680 als Stern 3 Cassiopeiae katalogisierte, der aber seither nicht mehr auffindbar ist. Heute ist Cassiopeia A die stärkste extrasolare Radioquelle am Himmel. Sie wurde 1947 entdeckt, die optische Identifizierung gelang 1950.

Anhand eines Lichtechos ist es gelungen, die historische Supernova spektral zu beobachten. Ein Lichtecho entsteht durch die Streuung an Staubteilchen der interstellaren Materie. Da der Staub außerhalb der Sichtlinie Erde zur Supernova liegt, ist der Weg länger, und noch heute kann der Explosionsblitz untersucht werden. Mithilfe des MIPS-Instruments am Hubble-Weltraumteleskop konnte das Infrarotspektrum der Supernova untersucht werden. Es gehört zum Typ IIb. Bei Cas A handelt es sich demnach um den Supernovaüberrest einer Kernkollapssupernova eines ehemaligen Roten Überriesen, der seine wasserstofffreie Atmosphäre durch Sternwind vor der

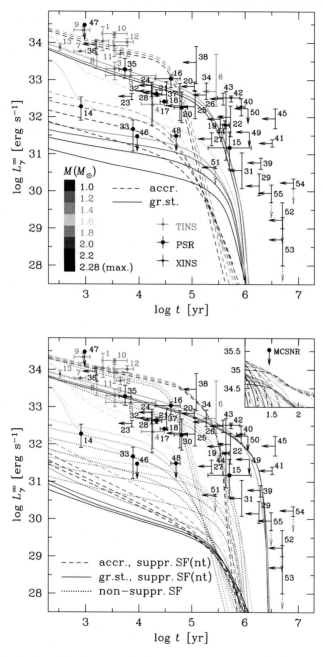

Abb. 6.53 Beobachtete Leuchtkraft der Neutronensterne als Funktion des Alters. Die 55 Neutronensterne sind in Potekhin et al. 2020 gelistet. Die Kühlungskurven sind für verschiedene Massen von 1,0 bis 2,2 Sonnenmassen gerechnet (von oben nach unten). TINS: thermally emitting isolated neutron stars; PSR: Pulsare; XINS: X-ray emitting isolated neutrons stars (z. B. CCOs). Unten: Kühlungskurven mit vermindertem suprafluidem Gap. (Grafik: © Potekhin et al. 2020)

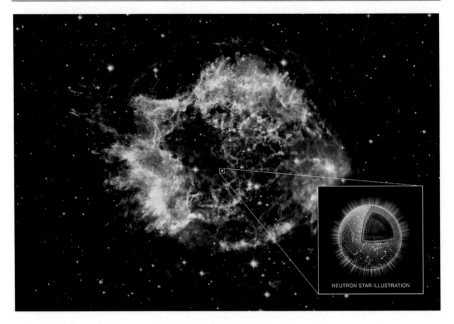

Abb. 6.54 Zentrum von Cassiopeia A mit Neutronenstern. (Bild: NASA/HST/Spitzer/ Chandra/http://gallery.spitzer.caltech.edu, mit freundlicher Genehmigung © NASA)

Explosion verloren hat. Es ist deshalb zu erwarten, dass ein Neutronenstern gebildet worden ist.

Bei Beobachtungen mit dem Röntgenteleskop Chandra konnte eine punktförmige Röntgenquelle nahe dem Zentrum von Cas A gefunden werden (Abb. 6.54). Da weder im Optischen noch im Bereich der Röntgenstrahlung eine Variabilität der Quelle gefunden werden konnte, ist es sehr unwahrscheinlich, dass es sich um eine kataklysmische Veränderliche im Vordergrund oder einen aktiven galaktischen Kern im Hintergrund von Cas A handelt. Das Röntgenspektrum lässt sich am besten beschreiben als das eines Neutronensterns mit einem polaren Fleck mit einer Temperatur von circa 2,8 Mio. K.

Die von Chandra beobachtete rasche Abkühlung im Neutronenstern von Cas A (Abb. 6.55) ist der erste direkte Beweis dafür, dass die Kerne solcher Neutronensterne tatsächlich aus supraflüssiger und supraleitfähiger Materie bestehen. Der Beginn der Suprafluidität tritt in Materialien auf der Erde bei extrem geringen Temperaturen nahe dem absoluten Nullpunkt ein (etwa bei Helium), aber in Neutronensternen kann sie bei Temperaturen von fast einer Milliarde Grad Kelvin einsetzen. Bis jetzt gab es eine sehr große Unsicherheit bei den Abschätzungen dieser kritischen Temperatur. Die Studie an Cas A engt die entsprechende kritische Temperatur auf einen Wert zwischen einer halben Milliarde und knapp einer Milliarde Grad Kelvin ein (Shternin et al. 2011).

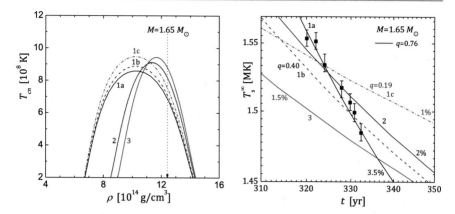

Abb. 6.55 Nach 300 Jahren fällt die Temperatur im Inneren des Neutronensterns auf 700 Mio. Grad Kelvin ab. Ab dieser Temperatur (T_{cn} links) werden Neutronen suprafluid – Neutronen paaren sich und emittieren zwei Neutrinos. Damit ergibt sich eine schnelle Kühlung. In diesem Zustand ist gerade der Neutronenstern im Supernovaüberrest Cassiopeia A, der zurzeit eine Temperatur von 1,5 Mio. Grad Kelvin an der Oberfläche aufweist. Dies ist zurzeit der jüngste bekannte Neutronenstern. (Grafik: Elshamouti 2013, mit freundlicher Genehmigung © Astrophysical Journal)

6.9.3 Neutronenstern in SN 1987A?

SN 1987A ist die erdnächste Supernova vom Typ II, die seit der Supernova 1604 beobachtet werden konnte. Sie wurde am 24. Februar 1987 entdeckt und fand in der Großen Magellan'schen Wolke statt. Diese ist etwa 48.000 Parsec entfernt. Seither suchen Astronomen nach der Leiche des Sterns. Jetzt scheinen sie fündig geworden zu sein. Wie eine internationale Gruppe um Phil Cigan von der Universität Cardiff in Wales 2020 in Cigan et al. (2019) berichtet, ist sie in der Explosionswolke auf eine kompakte Konzentration leuchtender Staubpartikel gestoßen (Abb. 6.56). Cigan geht davon aus, dass sich darin der Neutronenstern verbirgt. Zwar werde dessen eigenes Licht blockiert, ähnlich wie ein Scheinwerfer im Nebel. Doch bei Wellenlängen kleiner als einen Millimeter bringe die Emission des Neutronensterns den Staub zum Leuchten. Die Staubmenge taxieren die Auoren zwischen 0,2 und 0,7 Sonnenmassen. Der Staub ist mit 18 bis 23 Grad über dem absoluten Nullpunkt vergleichsweise warm. Die beste Erklärung dafür sei ein heißer Neutronenstern als Heizquelle im Inneren der Staubwolke.

Die beobachtete Emission von einer Staubwolke im SNR von SN 1987A an der Position, wo der Neutronenstern nach der asymmetrischen Explosion erwartet wird, könnte mit der Strahlung eines jungen Neutronensterns erklärt werden (Dany Page et al. 2020). Die Explosionsszenarios mit einem Stern der Ausgangsmasse von 18–20 Sonnenmassen favorisieren zudem die Bildung eines Neutronensterns von etwa 1,6 Sonnenmassen und nicht eines Schwarzen Lochs. Kühlung durch Neutrinos ergibt nach 30 Jahren die beobachtete Leuchtkraft.

▶ ⇒ Vertiefung 6.15: Wie lauten die relativistischen Kühlungsgleichungen?

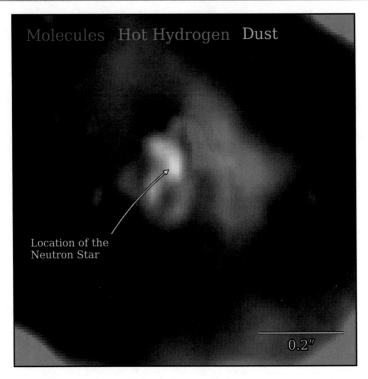

Abb. 6.56 Direkt kann man den Neutronenstern im Supernovaüberrest SN 1987A nicht sehen. Er verbirgt sich vermutlich hinter einer Wolke aus Staub (hellblau). Die Staubmenge taxieren die Forscher zwischen 0,2 und 0,7 Sonnenmassen. Der Staub ist mit 18 bis 23 Grad über dem absoluten Nullpunkt vergleichsweise warm. Die beste Erklärung dafür ist ein heißer Neutronenstern als Heizquelle im Innern der Staubwolke. Aufgenommen wurden die Bilder zwischen Juni und September 2015 mit den ALMA-Teleskopen in Chile. Sie zeigen die strahlende Staubwolke mit einer Ausdehnung, die etwa der 5000-fachen Distanz zwischen der Erde und der Sonne entspricht. (Grafik: Cardiff University)

6.10　20.000 Pulsare mit SKA

Das SKA (Square Kilometer Array) wird das größte und bei Weitem empfindlichste Radioteleskop der Welt sein (Abb. 6.57). Aufgrund der Kombination aus technischer Innovation, beispielloser Vielseitigkeit und Empfindlichkeit wird das SKA in den nächsten 50 Jahren ein Eckpfeiler der weltweiten Bemühungen sein, das Universum, seine Gesetze sowie seine Herkunft und Entwicklung zu verstehen. SKA soll ab Ende dieses Jahrzehnts Einblicke ins Weltall liefern. In Australien und Südafrika werden dazu ab 2020 rund 3000 Parabolantennen aufgestellt und zusammengeschaltet, jede von ihnen jeweils 15 m groß. Weitab von menschlichen Störungen werden die Antennen in der Wüste stehen. Die endgültige Fertigstellung des dann leistungsfähigsten Teleskops ist für 2030 vorgesehen. Der SKA-Teleskopverbund ist extrem

Abb. 6.57 Das Square Kilometre Array (SKA) ist ein geplantes Radioteleskop, welches eine Gesamtsammelfläche von ungefähr einem Quadratkilometer aufweisen soll, das in einem Frequenzbereich von 50 MHz bis mindestens 14 GHz operieren wird. Der niederfrequente Teil des Observatoriums (50–350 MHz) wird an dem hierfür optimalen Standort in West-Australien gebaut, während die mittel- und hochfrequenten Teile im südlichen Afrika errichtet werden. Dort werden sie den südafrikanischen SKA-Vorläufer MeerKAT ergänzen. Der hochfrequente Teil wird aus einer Vielzahl von parabolförmigen Antennen mit einem Durchmesser von 15 mn bestehen. Diese Antennen werden im Frequenzbereich zwischen 350 MHz bis 14 GHz arbeiten. SKA wird etwa 20.000 Pulsare entdecken im Vergleich zu den gut 2000 Pulsaren, die heute bekannt sind. (Grafik: SKA Konsortium)

teuer. Die gesamten Investitionskosten für die erste Phase werden auf 650 Mio. Euro geschätzt. Dies macht aber nur rund zehn Prozent der vollen SKA-Ausbaustufe aus.

Das SKA (Abb. 6.57) wird mit einer effektiven Empfangsfläche von einer Million Quadratmetern das mit Abstand größte Radioteleskop der Welt sein. Es wird in einem Frequenzbereich von 50 MHz bis 14 GHz operieren. Die gesamte Sammelfläche ermöglicht eine 50-mal höhere Empfindlichkeit und eine 10.000-mal höhere Messgeschwindigkeit für Himmelskarten im Vergleich zu den besten heutigen Radioteleskopen. Das SKA wird es ermöglichen, tiefer in das frühe Universum zu schauen und bislang unbekannte Phänomene beobachten zu können. Tausende einzelne Empfängertypen erstrecken sich spiralförmig über eine Distanz von bis zu 3000 km von den Zentralstationen in Südafrika und Australien. Diese Anordnung ermöglicht eine detailgenaue Kartierung von großskaligen Strukturen, wie z. B. die unserer Milchstraße, oder von kleinen Punktquellen, wie z. B. die ersten Galaxien unseres Universums. Das SKA wird in zwei Bauabschnitten gebaut, Phase 1 und Phase 2. In der Anfangsphase wird das SKA rund 10 % der endgültigen Sammelfläche aufweisen. Erste wissenschaftliche Ergebnisse werden für das Jahr 2030 erwartet.

Bei der Suche nach Pulsaren wird das SKA durch die schnelle Kartierung des Himmels die Chancen erhöhen, schon in Phase 1 ein Schwarzes-Loch-Pulsarsystem zu finden. Nichtsdestotrotz ist das Vermessen der Eigenschaften von Pulsaren und deren Entdeckung stark abhängig von der Qualität der Daten, mit denen sich die

Ankunftszeit der Pulse messen lassen, und somit abhängig von der Empfindlichkeit des Teleskops. Mit Phase 1 können zwar Gravitationswellen detektiert und sehr massereiche Schwarze Löcher vermessen werden, aber um Gravitationswellen zu studieren und auch stellare Schwarze Löcher zu untersuchen, brauchen wir das vollständige SKA in Phase 2 (Keane et al. 2015).

Auf theoretischer Seite sollte es nun endlich gelingen, das Problem der dreidimensionalen Pulsarmagnetosphären zu lösen. Dies ist nur mit ausgeklügelten numerischen Methoden möglich. Viele Daten, die der Fermi-Satellit gewonnen hat, können als Referenz herangezogen werden. Auch Fermi wird in Zukunft fehlen, ein neues Instrument für den Gammahimmel ist noch nicht in Sicht.

6.11   Neutronensterne – die Zukunft beginnt gerade

Neben den Schwarzen Löchern, die mit ihren Horizonten und Singularitäten an die Grenzen unserer Vorstellungen von Raum und Zeit gehen, gibt es Neutronensterne, die ebenfalls ein Grenzgebiet unserer Kenntnis der Natur darstellen: Mit einer Masse von einer bis zwei Sonnenmassen, die auf eine Kugel mit rund zwanzig Kilometer Durchmesser komprimiert ist, herrschen in ihnen unvorstellbare Drücke und Dichten. Neutronensterne sind damit ideale Testkörper für diverse Vorhersagen der Allgemeinen Relativitätstheorie. Sie ermöglichen es sogar, alternative Ansätze der Gravitation zu testen und in gewissen Bereichen auszuschließen.

Neutronensterne stellen zudem ideale Systeme dar, um die Eigenschaften der Materie bei höchsten Drücken und Dichten zu erforschen. Sie sind einmalige Labore für die Kern- und Elementarteilchenphysik wie auch für die Gravitationsphysik. Spezielle Neutronensterne sind Pulsare und Magnetare mit den stärksten Magnetfeldern im Universum. Neben der direkten Beobachtung von Pulsarstrahlung können deren innere Eigenschaften gravitativ in Doppelsternsystemen und speziell mit Doppelpulsaren ausgemessen werden, wenn die Gravitationskraft des Partners den Stern deformiert und die Rotationsrichtung beeinflusst. Das äußert sich dann auch in der Bewegung der Neutronensterne. Außerdem lässt sich mit Pulsaren das Gravitationsfeld von Schwarzen Löchern genauestens vermessen und damit Grundlagen der Allgemeinen Relativitätstheorie testen. Hierzu zählen zentrale Aussagen wie das No-Hair-Theorem und die Zensur: Es gibt keine nackten Singularitäten. Dies sind besonders reine Tests der relativistischen Gravitation. Zur Zeit sucht man noch nach solchen Pulsaren um Schwarze Löcher, die hoffentlich mit SKA gefunden werden.

Von besonderem Interesse ist das Verschmelzen von zwei Neutronensternen zu einem schnell rotierenden Schwarzen Loch – ein Prozess, der sich im Universum stündlich ereignet. Hier vollzieht sich der vollständige Kollaps des Quark-Gluon-Plasmas zu etwas, was wir nicht kennen und was hinter einem Horizont verborgen bleibt. Kein Computer der Welt ist heute imstande, diesen Kollaps auch nur annähernd zu simulieren – innerhalb von Millisekunden verdichtet sich das Quark-Gluon-Plasma auf Planck-Dichte und erreicht Temperaturen im Bereich von Planck-Temperaturen.

6.12 Zusammenfassung

Neutronensterne sind für mich die interessantesten Objekte der Milchstraße, die jedoch in optischen Surveys wie Gaia nicht auftauchen, sondern nur in Radio- und Röntgen-Surveys. Neutronensterne wurden bereits in den 1930er-Jahren vorhergesagt, wurden von den Astronomen jedoch erst 1967 als Radiopulsare entdeckt. Neutronensterne bestehen im Wesentlichen aus einer Neutronenflüssigkeit, umgeben von einer Kruste aus schweren neutronenreichen Kernen. Da die Zentraldichte in Neutronensternen etliche Kernmateriedichten beträgt, ist die genaue Zustandsgleichung für diese Art Materie immer noch nicht gut verstanden. Neutronensterne existieren bis zu einer Massenobergrenze von etwa zwei Sonnenmassen, bei höheren Massen kollabieren sie auf ein Schwarzes Loch. Junge Neutronensterne tragen im Allgemeinen starke Magnetosphären, was zum Pulsarphänomen führt – Radiopulsare sind schnell rotierende, stark magnetisierte Neutronensterne.

6.13 Lösungen zu Aufgaben

Die Lösungen zu den Aufgaben sind auf https://link.springer.com/ zu finden.

Literatur

Akmal A, Pandharipande VR, Ravenhall DG (1998) Equation of state of nuclear matter and neutron star structure. Phys Rev C 58(APR):1804

Annala E et al (2020) Evidence for quark-matter cores in massive neutron stars. Nature Physics 16(9):907-910

Antoniadis J (2014) Gravitational radiation from compact binary pulsars. In: Gravitational wave astrophysics. Astrophys Space Sci Proc 40:1–22. arXiv:1407.3404

ATNF Pulsarkatalog: https://www.atnf.csiro.au/people/pulsar/psrcat

Bai X-N, Spitkovsky A (2010) Modeling of gamma-ray pulsar light curves with force-free magnetic field. ApJ 715:1282–1301. arXiv:0910.5741

Bauswein A (2006) Die Struktur schnell rotierender Neutronensterne. Diplomarbeit, Technische Universität Darmstadt

Baym G, Pethick CJ, Sutherland P (1971a) The ground state of matter at high densities – equation of state and stellar models. ApJ 170:299

Baym G, Bethe HA, Pethick CJ (1971b) Neutron star matter. Nucl Phys A 175:225

Baym G et al (2018) From hadrons to quarks in neutron stars: a review. Rep Prog Phys 81:0569902. arXiv:1707.04966

Breton RP et al (2008) Relativistic spin precession in the double pulsar. Science 321:104

Buchdahl HA (1959) General relativistic fluid spheres. Phys Rev 116:1027

Bühler R, Blandford RD (2014) The surprising crab pulsar and its nebula: a review. Report Prog Phys 77:066901. arXiv:1309.7046

Camenzind M (2007) Compact objects in astrophysics – white dwarfs, neutron stars and black holes. Springer, Heidelberg

Chen AY, Beloborodov AM (2014) Electrodynamics of axisymmetric pulsar magnetosphere with electron-positron discharge: a numerical experiment. arXiv:1406.7834

Cigan P et al (2019) High angular resolution ALMA images of dust and molecules in the SN 1987A ejecta. arXiv:1910.02960

Cottam J, Paerels F, Mendez M (2002) Gravitationally redshifted absorption lines in the X-ray burst spectra of a neutron star. Nature 420:51–54

Damour T, Taylor JH (1992) Strong-field tests of relativistic gravity and binary pulsars. Phys Rev D 45:1840

Douchin F, Haensel P (2001) A unified EoS of dense matter and neutron star structure. A&A, 380:151 (SLy4)

Elshamouti KG et al (2013) Measuring the cooling of the neutron star in Cassiopeia A with all Chandra x-ray observatory detectors. ApJ 777:22. arXiv:1306.3387

Feynman RP, Metropolis N, Teller E (1949) Equation of state of elements based on the generalized Fermi-Thomas theory. Phys Rev 75:1561

Gandolfi S et al (2012) The equation of state of neutron matter, symmetry energy, and neutron star structure. EPJA 50(2014):10. arXiv:1307.5815

Harding A (2013) The neutron star zoo. Front Phys 8:679–692. arXiv:1302.0869

Hynes RI (2010) Multiwavelength observations of accretion in low-mass x-ray binary systems. arXiv:1010.5770

Ho Wynn C G et al (2013) Equlibrium spin pulsars unite neutron star populations. arXiv:1311.1969

Keane EF, Bhattacharya B, Kramer M et al (2015) A cosmic census of radio pulsars with the SKA. Proc Sci PoS(AASKA14):040. arXiv:1501.00056

Kiziltan B, Kottas A, De Yoreo M, Thorsett SE (2013) The neutron star mass distribution. ApJ 778:66. arXiv:1309.6635

Kojo T, Powell PD, Song Y, Baym G (2014) Phenomenological QCD equation of state for massive neutron stars. arXiv:1412.1108

Kramer M (2006) Pulsare als kosmische Uhren. Sterne Weltraum 45:30–37

Lattimer JM, Steiner AW (2014) Constraints on the symmetry energy using the mass-radius relation of neutron stars. arXiv:1403.1186

Li J, Spitkovsky A, Tchekhovskoy A (2012) Resistive solutions for pulsar magnetospheres. ApJ 746:60. arXiv:1107.0979

Lyne AG, Kramer M (2005) Gravitational labs in the sky. Phys World 3:29–30

Manchester RN, Hobbs GB, Teoh A, Hobbs M (2005) The ATNF pulsar catalogue. AJ 129:1993–2006

Meyer M (2010) Modellierung des Spektrums des Krebsnebels und Suche nach Oszillationseffekten verborgener Photonen in Röntgendaten. Diplomarbeit Institut für Experimentalphysik, Uni Hamburg

Page Dany et al (2020) NS 1987A in SN 1987A. arXiv:2004.06078

Potekhin AY et al (2020) Thermal luminosities of cooling neutron stars. arXiv:2006.15004

Ransom SM et al (2014) A millisecond pulsar in a stellar triple system. Nature 505:520–524. arXiv:1401.0535

Shternin PS et al (2011) Cooling neutron star in the Cassiopeia A supernova remnant: evidence for superfluidity in the core. Mon Not Roy Astron Soc 412:L108–L112. arXiv:1012.0045

Steiner AW, Lattimer JM, Brown EF (2010) The equation of state from observed masses and radii of neutron stars. ApJ 722:33–54. arXiv:1005.0811

Viganò D (2013) Magnetic fields in neutron stars. PhD thesis University of Alicante. arXiv:1310.1243

Viganò D et al (2015) Magnetic fields in neutron stars. arXiv:1501.06735

Weisberg JM, Nice DJ, Taylor JH (2010) Timing measurements of the relativistic binary pulsar PSR B1913+16. ApJ 722:1030–1034. arXiv:1011.0718

Yakovlev DG, Pethick CJ (2010) Neutron star cooling. ARA&A 42:169

Yuanyue Pan, Wang Na, Zhang Chengmin (2013) Binary pulsars in magnetic field versus spin period diagram. Astroph Space Sci 346:119-125. arXiv:1304.2489

Schwarze Löcher sind reine Geometrie

7

Inhaltsverzeichnis

Elektronisches Zusatzmaterial Die elektronische Version dieses Kapitels enthält Zusatzmaterial, das berechtigten Benutzern zur Verfügung steht. https://doi.org/10.1007/978-3-662-62882-9_7.

▶ Nach der Allgemeinen Relativitätstheorie können nicht beliebig massereiche Neutronensterne existieren. Eine realistische Obergrenze dürfte
bei 2,0 $M_\odot$ liegen. Wird auf einen Neutronenstern immer mehr Materie
abgelagert, so muss er kollabieren. Es bildet sich ein Schwarzes Loch mit
Radius r_H in Form eines Horizonts, hinter dem jede Form von Materie verschwindet (Abb. 7.1). Die Gravitation ist in diesem Bereich so stark, dass
selbst Photonen nicht entweichen können. Ein Schwarzes Loch ist damit
wie folgt definiert (Abb. 7.2):

- Das Schwarze Loch ist eine **globale Vakuumlösung der
  Einstein'schen Feldgleichungen**, $R_{\mu\nu} = 0$, **die asymptotisch flach
  ist (Minkowski)**
- und einen **Ereignishorizont** besitzt.

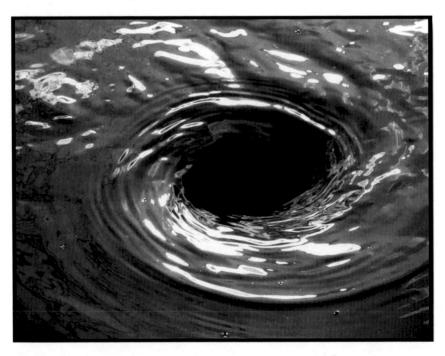

Abb. 7.1 Ein Schwarzes Loch ist wie ein Wasserstrudel. Alles strömt mit Überschall hinein, nichts
kann jedoch entkommen. (Grafik: © Camenzind)

Ein Schwarzes Loch benötigt keine Materie zur Konstruktion, es besteht nur aus Feld und ist damit eine Art Instanton-Lösung der Einstein'schen Theorie. Der Begriff **Schwarzes Loch** wurde 1967 von John Archibald Wheeler geprägt und verweist auf den Umstand, dass elektromagnetische Wellen, wie etwa sichtbares Licht, den Ereignishorizont nicht verlassen können und der in einem Detektor daher vollkommen schwarz erscheint. Ein Schwarzes Loch ist ein absolut stabiler Grundzustand der Gravitation: Stört man das Schwarze Loch etwa durch Gezeitenkräfte, dann werden diese Störungen wieder in Form von Gravitationswellen abgestrahlt.

Wie viele Arten von Schwarzen Löchern gibt es? Ein Eindeutigkeitstheorem von Werner Israel besagt, dass ein Schwarzes Loch vollständig durch Masse, elektrische Ladung und Drehimpuls charakterisiert ist. Das veranlasste John Archibald Wheeler zur Aussage, **Schwarze Löcher haben keine Haare.** Man spricht deshalb

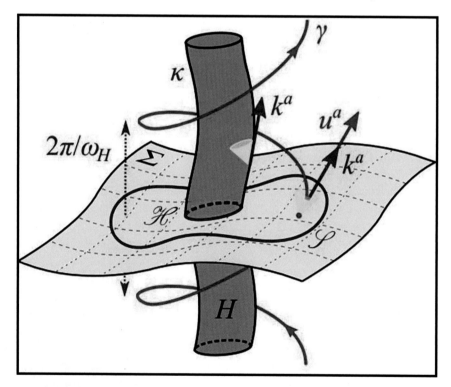

Abb. 7.2 Ein Schwarzes Loch ist ein vierdimensionales Objekt und wird als Nullröhre **H** in einer asymptotisch flachen Raum-Zeit definiert – der Tangentialvektor k^α an die Fläche **H** ist ein Nullvektor, $k^2 = 0$. Das bedeutet, dass die Lichtkegel sich nach innen anschließen. Die Nullfläche **H** rotiert im Allgemeinen mit einer Winkelgeschwindigkeit ω_H. γ beschreibt die Trajektorie einer Kreisbahn eines Asteroiden um das Schwarze Loch. (Grafik: aus Gralla 2012, mit freundlicher Genehmigung © Samuel Gralla)

im Englischen auch vom sogenannten **Glatzen-Theorem** (engl. No-Hair-Theorem). Elektrische Ladung spielt in der Astrophysik keine Rolle: Es gibt keine global geladenen Körper. Deshalb sind astronomische Schwarze Löcher eindeutig durch ihre Masse und ihren Drehimpuls (auch Spin genannt) bestimmt. Das ist bei normalen stellaren Körpern nicht der Fall: Das Gravitationsfeld der Erde ist durch abzählbar viele Massenmultipolmomente gegeben.

▶   ⇒ Vertiefung 7.1/7.2: Definition eines Schwarzen Lochs?

7.1   Das nichtrotierende Schwarze Loch

Der deutsche Astronom Karl Schwarzschild (1873–1916) hatte bereits 1916 aus der Einstein'schen Formulierung der Gravitationsgesetze, erschienen 1915 als Allgemeine Relativitätstheorie, die Geometrie der Raum-Zeit in der Umgebung eines nicht-rotierenden Sterns abgeleitet (Schwarzschild 1916). Wenig später berechnete er aus Einsteins Feldgleichungen auch die Raum-Zeit-Krümmung innerhalb des Sterns. Beide Arbeiten legte er Einstein vor, der sie sofort begeistert veröffentlichte. Kurz darauf verstarb Schwarzschild. Aus seinen Ableitungen folgte, dass es für jede Masse einen kritischen Radius gibt. Wird dieser unterschritten, existiert keine Kraft mehr in der Natur, die der Gravitation noch etwas entgegensetzen könnte. Unweigerlich setzt bei Erreichen dieser Ausdehnung der Kollaps zum Schwarzen Loch ein.

7.1.1   Die Schwarzschild-Metrik

Das Linienelement nichtrotierender Schwarzer Löcher ist allein durch die Masse M des Objektes bestimmt (globale Schwarzschild-Lösung von 1916)

$$ds^2 = \exp(2\Phi(r))\, c^2 dt^2 - \frac{dr^2}{B^2(r)} - r^2(d\theta^2 + \sin^2\theta\, d\phi^2)\,, \qquad (7.1)$$

wobei nun gilt

$$\exp(2\Phi(r)) = 1 - \frac{2GM}{c^2 r}, \quad B^2(r) = 1 - \frac{2GM}{c^2 r}. \qquad (7.2)$$

Photonen, die in der Nähe des Schwarzschild-Radius $R_S = 2GM/c^2$ emittiert werden, erreichen den asymptotischen Bereich mit unendlicher Rotverschiebung. Die Sphäre mit Radius $r_H = R_S$ wird deshalb als **Horizont** bezeichnet. Im Unterschied zu einem Neutronenstern besteht ein Schwarzes Loch nur aus Feldenergie, die Materie spielt keine Rolle mehr. Dies gilt allerdings nicht mehr am Punkt $r = 0$, wo die Krümmungstensoren divergieren, hier treten unendliche Gezeiteneffekte auf – ein Raumschiff, das auf das Zentrum eines Schwarzen Lochs zusteuert, wird in Stücke zerrissen. Man spricht hier von einer Singularität des Schwarzen Lochs, die allerdings durch den Horizont vor den Blicken eines Beobachters verdeckt bleibt. Diese Singularität wird durch Quanteneffekte regularisiert. Im Bereich von Planck-Radien, $r \leq L_P = 10^{-35}$ m, wird der Krümmungstensor endlich. In diesem Bereich wird alle Materie in Gravitation umgewandelt.

▶   ⇒ Vertiefung 7.3: Ist die Schwarzschild-Raum-Zeit Ricci-flach?

7.1.2   Der Horizont

Ein Ereignishorizont ist in der Allgemeinen Relativitätstheorie eine Grenzfläche in der Raum-Zeit, für die gilt, dass Ereignisse jenseits dieser Grenzfläche prinzipiell nicht sichtbar für Beobachter sind, die sich diesseits der Grenzfläche befinden. Mit Ereignissen sind Punkte in der Raum-Zeit gemeint, die durch Ort und Zeit festgelegt sind. Der Ereignishorizont bildet eine Grenze für Informationen und kausale Zusammenhänge, die sich aus der Struktur der Raum-Zeit und den Gesetzen der Physik, insbesondere in Bezug auf die Lichtgeschwindigkeit, ergeben. Der Radius des Ereignishorizonts wird Schwarzschild-Radius genannt.

Jedes Schwarze Loch hat einen solchen Ereignishorizont (Abb. 7.3). Dessen Form und Größe hängt laut dem Stand heutiger Modelle und Erkenntnisse davon ab, wie groß seine Masse ist, ob es rotiert und ob es geladen ist. Im Allgemeinen hat der Ereignishorizont eines Schwarzen Loches die Form eines Rotationsellipsoids; im Sonderfall eines nichtrotierenden, elektrisch ungeladenen Schwarzen Lochs ist er wie erwartet kugelförmig. Der Radius ist dann allein durch die Masse bestimmt

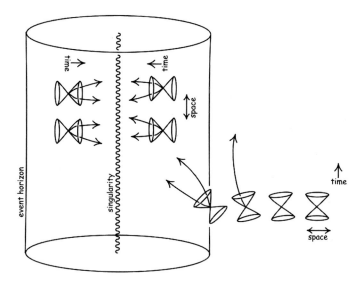

Abb. 7.3 Kausale Struktur eines nichtrotierenden Schwarzen Lochs. Die Lichtkegel drehen langsam nach innen, sodass sie innerhalb des Horizonts auf die Singularität zugerichtet sind. (Grafik: © Camenzind)

$$\boxed{R_H = R_S = \frac{2GM}{c^2} = \frac{2GM_\odot}{c^3} c \frac{M}{M_\odot} = 2{,}95325\,\text{km}\,\frac{M}{M_\odot}.} \tag{7.3}$$

Dieser Schwarzschild-Radius skaliert linear mit der Masse M des Schwarzen Lochs und ist durch die Shapiro-Konstante $GM_\odot/c^3$ sehr genau bekannt. Theoretisch unterliegt die Masse keinen Einschränkungen, sie ist nur durch den Bildungsprozess gegeben. Der Schwarzschild-Radius beträgt beispielsweise für die Sonne lediglich 2,95 km und für die Erde weniger als ein Zentimeter.

Der Schwarzschild-Radius stellt also eine Grenze dar, mit der sich das Schwarze Loch vom Rest des Universums abkapselt. Unterhalb dieser Grenze kann kein Signal das Loch verlassen, ein außenstehender Beobachter kann deshalb kein Ereignis mehr erkennen. Sobald sich der Ereignishorizont ausgebildet hat, wird die Raum-Zeit in zwei Zonen unterteilt: Außerhalb des Horizonts können wir beliebig mit elektromagnetischen Wellen (Licht-, Radiowellen etc.) kommunizieren, Ereignisse beobachten usw. Innerhalb des Horizonts gelten jedoch andere Regeln. Signale können nicht mehr beliebig zwischen Ereignissen ausgetauscht werden, sondern müssen unausweichlich zum Zentrum fallen – die Singularität verschluckt sie.

▶   ⇒ Vertiefung 7.4: Kausale Struktur beim Kollaps auf Schwarzes Loch?

7.1.3   Das Kepler-Problem und die Apsidendrehung

Gibt es noch Kepler-Bahnen um das Schwarze Loch? Die Bewegung einer Testmasse folgt aus der Geodätengleichung. Diese kann aus dem Energieintegral

$$\mathcal{L} = \frac{1}{2} g_{\mu\nu} \frac{dx^\mu}{d\tau} \frac{dx^\nu}{d\tau} \tag{7.4}$$

hergeleitet werden. Hier verwenden wir die Einstein'sche Summenkonvention. Im Falle der Schwarzschild-Metrik ergibt dies

$$\mathcal{L} = \frac{1}{2}\left[\left(1 - \frac{2M}{r}\right)\dot{t}^2 - \frac{\dot{r}^2}{1 - 2M/r} - r^2\dot{\theta}^2 - r^2\sin^2\theta\,\dot{\phi}^2\right]. \tag{7.5}$$

Hier gilt $\dot{r} \equiv dr/d\tau$ etc. Daraus folgen die kanonischen Impulse

$$p_t = \frac{d\mathcal{L}}{d\dot{t}} = \left(1 - \frac{2M}{r}\right)\dot{t} \tag{7.6}$$

$$p_r = -\frac{d\mathcal{L}}{d\dot{r}} = \left(1 - \frac{2M}{r}\right)^{-1}\dot{r} \tag{7.7}$$

$$p_\theta = -\frac{d\mathcal{L}}{d\dot{\theta}} = r^2\dot{\theta} = 0 \tag{7.8}$$

$$p_\phi = -\frac{d\mathcal{L}}{d\dot{\phi}} = r^2\sin^2\theta\,\dot{\phi}. \tag{7.9}$$

Wir beschränken uns hier auf Bewegungen in der Äquatorebene, $\theta = \pi/2$. Stationarität und Achsensymmetrie ergeben

$$\frac{dp_t}{d\tau} = \frac{d\mathcal{L}}{dt} = 0, \quad \frac{dp_\phi}{d\tau} = \frac{d\mathcal{L}}{d\phi} = 0. \tag{7.10}$$

Deshalb sind Energie

$$p_t = \left(1 - \frac{2M}{r}\right)\dot{t} = E = \text{const} \tag{7.11}$$

und Drehimpuls erhalten

$$p_\phi = r^2 \sin^2\theta\,\dot{\phi} = r^2\dot{\phi} = L = \text{const}. \tag{7.12}$$

Damit erhalten wir aus der Lagrange-Funktion (7.5)

$$\frac{E^2}{1 - 2M/r} - \frac{\dot{r}^2}{1 - 2M/r} - \frac{L^2}{r^2} = 1. \tag{7.13}$$

Daraus ergibt sich die **radiale Bewegungsgleichung** für Testkörper in der Äquatorebene

$$\boxed{\left(\frac{dr}{d\tau}\right)^2 + \left(1 - \frac{2M}{r}\right)\left(1 + \frac{L^2}{r^2}\right) = E^2} \tag{7.14}$$

zusammen mit der Bahndrehimpulserhaltung

$$\frac{d\phi}{d\tau} = \frac{L}{r^2}. \tag{7.15}$$

Die radiale Gleichung kann durch ein effektives Potenzial ausgedrückt werden,

$$\boxed{\left(\frac{dr}{d\tau}\right)^2 = E^2 - \mathcal{V}^2,} \tag{7.16}$$

wobei

$$\mathcal{V}^2 = \left(1 - \frac{2M}{r}\right)\left(1 + \frac{L^2}{r^2}\right). \tag{7.17}$$

Ebenso wie bei der Diskussion von Planetenbahnen im Gravitationspotenzial der Sonne (gebundene Kepler-Bahnen) kann man Bahnen in einem effektiven Potenzial eines Schwarzen Loches für die Schwarzschild-Metrik diskutieren. Die Form dieses Potenzials unterscheidet sich allerdings vom analogen Newton'schen Potenzial (Abb. 7.4).

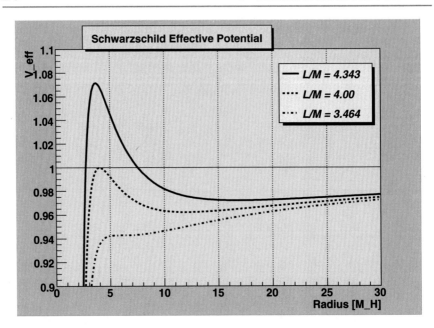

Abb. 7.4 Effektives Potenzial der Schwarzschild-Geometrie als Funktion des Bahndrehimpulses L/M. Der Radius ist in Einheiten des Gravitationsradius GM/c^2, und GM/c ist die natürliche Einheit des Bahndrehimpulses L pro Masse. Das Potenzial verschwindet am Schwarzschild-Radius und erreicht ein Maximum für $L/M > 3{,}464$. Für diesen kritischen Wert bildet das Potenzial einen Sattelpunkt bei $r = 6GM/c^2$ aus. Dies definiert die marginal stabile Kreisbahn oder auch ISCO genannt. (Grafik: © Camenzind)

Die Minima der Potenzialkurven legen gerade die stabilen Kepler-Bahnen in der Äquatorebene des Lochs fest. Die Potenzialkurven für die spezifischen Drehimpulse L/M größer 3,464 zeigen ein ausgeprägtes Maximum. Reicht die Gesamtenergie E einlaufender Teilchen aus, um diesen Potenzialberg zu überwinden, so fällt das Teilchen in das Loch. Ist die Gesamtenergie kleiner als das Maximum von $\mathcal{V}$, so wird das Teilchen am Potenzialwall gestreut. Es kann dann den Bereich des Lochs wieder verlassen oder sich bei weiterem Energieverlust auf einer elliptischen Bahn einschwingen. Im Potenzialminimum nimmt das Teilchen eine stabile Kreisbahn mit konstantem Radius ein.

Bei dem bestimmten Wert $L/M = 3{,}464$ taucht ein Wendepunkt im Potenzialverlauf auf (unterste Kurve). Bekanntlich verschwindet in Wendepunkten auch die zweite Ableitung – hier die des Potenzials nach dem Radius r. Diese spezielle Kurve kennzeichnet die engste Bahn um das Schwarze Loch, den **Radius marginaler Stabilität oder ISCO**. Hier ist gerade noch eine stabile Rotation um das Loch möglich. Wird jedoch das Teilchen gestört, sodass es sich nur ein wenig nach innen bewegt, fällt es in das Loch. Die Raum-Zeit-Struktur des statischen Schwarzen Lochs verbietet enge stabile Kreisbahnen nahe am Loch.

Wir wollen nun die möglichen Bewegungen in der Äquatorebene etwas genauer studieren. Für Bewegungen einer Masse m mit Energie E und Drehimpuls L in der Äquatorebene folgt die Bewegungsgleichung für $u(\phi) = 1/r(\phi)$ aus (7.14)

$$\left(\frac{du}{d\phi}\right)^2 = f_3(u) \equiv \frac{E^2}{L^2} - (1 - 2Mu)\left(\frac{1}{L^2} + u^2\right). \tag{7.18}$$

$r(\phi)$ ist die radiale Distanz vom Zentrum. Die totale Energie E und Drehimpuls L folgen aus den Anfangsbedingungen $u(\phi = 0)$ und $u'(\phi = 0)$. Dies ist ein Polynom dritten Grades in u, und die Geodäten sind durch die Nullstellen bestimmt:

$$f_3(u) = \frac{E^2 - 1}{L^2} + \frac{2M}{L^2}u - u^2 + 2Mu^3 = 0. \tag{7.19}$$

Im Allgemeinen gibt es zwei Fälle: Entweder sind alle drei Lösungen reell, oder eine ist reell und die anderen beiden sind konjugiert komplex.

Es ist günstig, diese Gleichung wie folgt zu parametrisieren:

$$\left(\frac{du}{d\phi}\right)^2 = (u_p + u_a)(1 - 2Mu_p)(1 - 2Mu_a)/2M \tag{7.20}$$

$$- (1 - 2Mu)\left[u_p + u_a - 2M(u_p^2 + u_a^2 + u_p u_a) + 2Mu^2\right]/2M.$$

Dabei verwenden wir folgende Definitionen:

$$\frac{E^2}{L^2} - (1 - 2Mu_p)\left(\frac{m^2}{L^2} + u_p^2\right) = 0 \tag{7.21}$$

und

$$\frac{E^2}{L^2} - (1 - 2Mu_a)\left(\frac{m^2}{L^2} + u_a^2\right) = 0. \tag{7.22}$$

$u_p = 1/r_p$ und $u_a = 1/r_a$ repräsentieren die minimale (Periastron) und maximale Distanz (Apastron) einer gebundenen Bahn.

Wir faktorisieren nun Gl. (7.20)

$$\left(\frac{du}{d\phi}\right)^2 = 2M(u - u_p)(u - u_a)(u - u_3). \tag{7.23}$$

Dabei gilt

$$u_3 = \frac{1}{2M} - (u_p + u_a). \tag{7.24}$$

In Gl. (7.23) gilt $(u - u_p)(u - u_a) \leq 0$ für $u \in [u_a, u_p]$. Eine reelle Lösung verlangt daher auch $u - u_3 < 0$.

Wie im klassischen Kepler-Problem definieren wir nun die Exzentrizität e, den semi-latus Rectum p und die Länge a der Halbachse

$$\frac{2}{p} = u_p + u_a \qquad (7.25)$$

$$e = \frac{u_p - u_a}{u_p + u_a} \qquad (7.26)$$

$$2a = \frac{1}{u_p} + \frac{1}{u_a} = r_p + r_a \qquad (7.27)$$

$$u_p = \frac{1+e}{p} \qquad (7.28)$$

$$u_a = \frac{1-e}{p} \qquad (7.29)$$

$$u_3 = \frac{1}{2M} - \frac{2}{p} \qquad (7.30)$$

$$\frac{1}{pa} = u_p u_a \qquad (7.31)$$

$$p = a(1 - e^2). \qquad (7.32)$$

Die Bedingung $u_a < u_p < u_3$ verlangt nun

$$\frac{1}{2M} - \frac{2}{p} \geq \frac{1+e}{p} \qquad (7.33)$$

oder

$$p \geq 2M(3 + e). \qquad (7.34)$$

Es gibt insbesondere keine Kreisbahnen ($e = 0$) im Bereich $r < 6GM/c^2$. Man nennt deshalb die innerste Kreisbahn mit $r = 6GM/c^2$ **ISCO** (engl. *innermost stable circular orbit*).

Mit diesen Parametern können wir das Polynom $f_3(u)$ faktorisieren

$$f_3(u) = 2M\left(u - \frac{1-e}{p}\right)\left(u - \frac{1+e}{p}\right)\left(u - \frac{1}{2M} + \frac{2}{p}\right). \qquad (7.35)$$

Durch Vergleich mit der ursprünglichen Funktion ergeben sich daraus totale Energie und Drehimpuls

$$\frac{M}{L^2} = \frac{1}{p^2}\left[p - M(3 + e^2)\right] \qquad (7.36)$$

$$\frac{1 - E^2}{L^2} = \frac{1}{p^3}\left[(p - 4M)(1 - e^2)\right]. \qquad (7.37)$$

Wie im Kepler-Problem führen wir auch hier den Ansatz

$$u = \frac{1 + e\cos\chi}{p}, \tag{7.38}$$

ein, wobei nun χ eine Art relativistische Anomalie darstellt. Dabei gilt im Apastron $\chi = \pi$ und im Periastron $\chi = 0$. χ erfüllt nun folgende Gleichung:

$$\left(\frac{d\chi}{d\phi}\right)^2 = 1 - 2\mu(3 + e\cos\chi)$$
$$= (1 - 6\mu + 2\mu e) - 4\mu e\cos^2\chi/2. \tag{7.39}$$

Dabei ist $\mu = M/p$. Dies können wir auflösen nach

$$\pm\frac{d\chi}{d\phi} = \sqrt{1 - 6\mu + 2\mu e}\sqrt{1 - k^2\cos^2\chi/2}, \tag{7.40}$$

wobei

$$k^2 = \frac{4\mu e}{1 - 6\mu + 2\mu e}. \tag{7.41}$$

Die Lösung folgt aus dem Jacobi-Integral

$$F(\psi, k) = \int_0^\psi \frac{d\gamma}{\sqrt{1 - k^2\sin^2\gamma}} \tag{7.42}$$

mit dem Winkel $\psi = (\pi - \chi)/2$. Damit gilt für ϕ

$$\phi = \frac{2}{\sqrt{1 - 6\mu + 2\mu e}} F(\pi/2 - \chi/2, k). \tag{7.43}$$

Der Ursprung von ϕ liegt im Apastron, $\chi = \pi$. Eine spezielle Lösung ist in Abb. 7.5 gezeigt mit den Parametern $e = 0,5$ und $p = 10GM/c^2$.

Unter normalen Bedingungen ist $\mu \ll 1$, sodass wir (7.39) nach μ entwickeln können:

$$-d\phi = d\chi\,(1 + 3\mu + \mu e\cos\chi) \tag{7.44}$$

Integriert ergibt dies

$$-\phi = (1 + 3\mu)\chi + \mu e\sin\chi\,\text{const}. \tag{7.45}$$

In einem Umlauf ändert sich χ um 2π und damit ϕ um $2\pi(1+3\mu)$. Die Verschiebung des Periastrons beträgt damit pro Umlauf

$$\boxed{\Delta\phi = \frac{6\pi M}{p} = \frac{6\pi GM}{c^2 a(1 - e^2)}.} \tag{7.46}$$

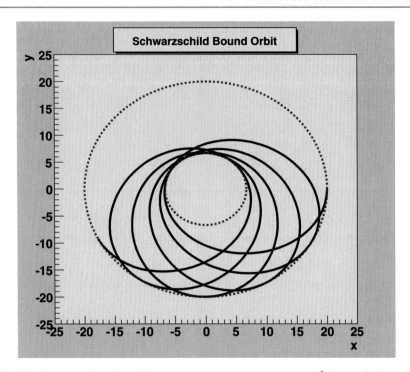

Abb. 7.5 Gebundene Bahn in der Nähe eines Schwarzen Lochs mit $E < mc^2$, Exzentrizität $e = 0,5$ und $p = 10 GM/c^2$. Die Achsen sind in Einheiten von GM/c^2. Der Körper pendelt zwischen einem minimalen r_p und einem maximalen Radius r_a und beschreibt eine Rosettenbahn. (Grafik: © Camenzind)

Dies ergibt für Merkur eine Verschiebung des Perihels um 43 Bogensekunden pro Jahrhundert.

Die Herleitung für die Apsidendrehung zeigt, dass der klassische Ausdruck (7.46) nur beschränkt gültig ist. Die volle Verschiebung des Periastrons folgt aus dem vollständigen Jacobi-Integral

$$\Delta\phi = 2\left(\sqrt{\frac{2M}{u_0}}\, K([u_p - u_a]/u_0) - \pi\right),\qquad (7.47)$$

wobei

$$K(m) = F(\pi/2, m) = \int_0^{\pi/2} d\theta\, \frac{1}{\sqrt{1 - m \sin^2\theta}}\qquad (7.48)$$

und

$$u_0 = \frac{1}{2M} - (2u_a + u_p) = \frac{1}{2M} - \frac{3 - e}{p}.\qquad (7.49)$$

Nun können wir die Verschiebung in Potenzen von M/p entwickeln

$$\Delta\phi = 2\left(\frac{2}{\sqrt{1 - 2M(3-e)/p}} K\left(\frac{4eM/p}{1 - 2M(3-e)/p}\right) - \pi\right)$$

$$= \frac{6\pi M}{p} + \frac{3\pi M^2}{2p^2}(18 + e^2) + \frac{45\pi M^3}{2p^3}(6 + e^2) + \cdots. \tag{7.50}$$

Für Merkur findet man $M_\odot/p \simeq 10^{-8}$, und dies führt zu einem relativen Fehler von $1{,}2 \times 10^{-7}$, wenn nur der erste Term genutzt wird. Bei Binärpulsaren findet man typisch $M_p/p \simeq 10^{-6}$, und der relative Fehler wäre dann etwa 10^{-5}.

▶ ⇒ Vertiefung 7.5: Apsidendrehung Stern S2 im galaktischen Zentrum?

7.1.4 Lichtablenkung und Photonensphäre

Auch Photonen unterliegen der Gravitation eines Schwarzen Lochs. Dazu beschiessen wir ein Schwarzes Loch mit einem Laser (Abb. 7.6). Je näher ans Loch wir zielen, umso stärker wird der Laserstrahl abgelenkt. Kommt er dem Loch zu nahe, wird er vom Horizont verschluckt. Tangiert er gerade den Photonorbit mit Radius $3GM/c^2$, dann bleibt er an diesem Radius gefangen. Bei leichter Störung verschwindet er jedoch im Horizont.

Ein besonders interessanter Ort in der Nähe eines Schwarzen Lochs ist seine **Photonensphäre,** wo Photonen auf Kreisbahnen laufen können (Abb. 7.7). Dieser Bereich ist 50 % weiter außerhalb als der Ereignishorizont, $r_{ph} = 3GM/c^2$. Wenn Sie von dieser Photonsphäre eines Schwarzen Lochs nach draußen blicken, würde der halbe Himmel völlig schwarz erscheinen, die andere Hälfte wäre ungewöhnlich hell, und was sich hinter Ihrem Kopf befindet, würde in der Mitte erscheinen.

7.2 Schwarze Löcher und modernes Vakuum

Echte Einsteinianer glauben an die Existenz von Singularitäten mit all ihren Konsequenzen. Moderne Einsteinianer, wie etwa Abhay Ashtekar und Martin Bojowald, nehmen immerhin an, dass Quanteneffekte die singulären Zustände ausbügeln und zu einer endlichen Physik in diesen Bereichen führen. Ganz Wagemutige ersetzen gar das klassische Vakuum durch ein modernes Vakuum mit einer endlichen Dichte und negativem Druck. Das expandierende Universum hat uns gezeigt, dass das kosmische Vakuum nicht leer ist, sondern eine endliche Dichte aufweist, von der wir aber bisher nicht verstehen, wie sie zustande kommt. Sie hat wahrscheinlich mit der Vakuumstruktur der Gravitation als Eichtheorie zu tun.

Könnte es also sein, dass auch das Vakuum im Inneren des Schwarzen Lochs nicht Nichts ist, sondern eine endliche Dichte ρ_V aufweist – ganz in Analogie zum Universum? Emil Mottola vom Los Alamos National Laboratory und Pawel

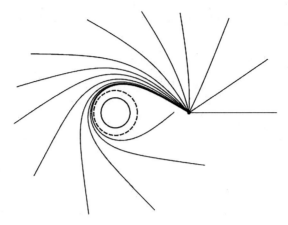

Abb. 7.6 Ablenkung der Lichtstrahlen einer isotropen Strahlungsquelle in der Nähe eines nichtrotierenden Schwarzen Lochs. Der gestrichelte Kreis markiert den Photonorbit mit Radius $3GM/c^2$, der ausgezogene Kreis den Horizont. (Grafik: © Camenzind)

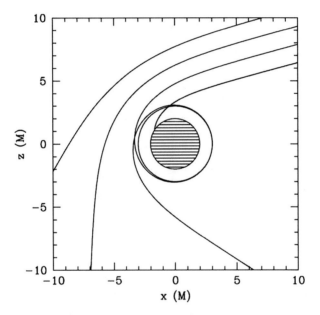

Abb. 7.7 Laserstrahlen um ein Schwarzes Loch. Mehrere Lichtstrahlen treffen das Schwarze Loch, emittiert von rechts oben. Wenn ein Lichtstrahl den Photonorbit tangential trifft, spiraliert er mehrmals um das Schwarze Loch, während alle anderen Strahlen entweder nur abgelenkt werden oder vom Loch verschluckt werden. Der schattierte Bereich kennzeichnet den Horizont. (Grafik: © Camenzind)

Mazur von der University of South Carolina schlugen bereits 2001 ein völlig neuartiges Modell vor (Mazur und Mottola 2004), das eine ernsthafte Alternative zur Singularität eines Schwarzen Lochs darstellen könnte. Sie nannten diese Objekte **Gravasterne** (eine Zusammensetzung aus Gravitation, Vakuum und Stern). Die beiden US-Astrophysiker weisen daraufhin, dass sich seit dem Entwurf der Idee von Schwarzen Löchern durch Karl Schwarzschild im Ersten Weltkrieg das Bild unseres Universums gewaltig verändert hat. Mottola und Mazur beschäftigen sich seit Langem mit den Problemen des Zusammenspiels von Quantentheorie und Gravitation. Sie setzten sich intensiv mit Quantenfluktuationen im Raum, der Zeit und in Energiefeldern auseinander. Selbst der leer scheinende Raum ist niemals wirklich leer, wenn alles auf der Einteilung der winzigsten Skala untersucht wird. Quantenfluktuationen können die Schwerkraft beeinflussen, diese Phänomene waren aber den Vordenkern der Schwarzen Löcher noch nicht bekannt.

Was ist nun solch ein Gravastern, und wie entsteht er? Genau wie ein Schwarzes Loch bildet sich ein Gravastern aus einem kollabierenden, sehr massereichen Stern. Am Ende steht jedoch nicht die Singularität, sondern eine Blase, die von einer dünnen Materieschale umgeben ist (Abb. 7.8). Wie genau dieser Bildungsprozess abläuft, ist bis jetzt nicht bekannt. Bevor sich jedoch beim kollabierenden Stern der Ereignishorizont ausbilden kann, durchläuft die nun schon stark gekrümmte Raum-Zeit einen Quantenphasenübergang. Es entsteht ein sogenanntes gravitatives Bose-Einstein-Kondensat (genannt GBEC). Allgemein ausgedrückt, verhalten sich in einem Bose-Einstein-Kondensat die Atome wie ein einziges großes Atom, da alle dieselben Quanteneigenschaften annehmen. Die Raum-Zeit im kollabierenden Stern ist durch ihre starke Krümmung sehr energiereich und geht nun in das neuartige GBEC über. Es ist denkbar, dass sich beim Kollaps eine Art inverse Inflation abspielt, bevor die Materie Planck-Energie und Planck-Dichte erreicht, wie es sich im frühen Universum abgespielt hat – nur in umgekehrter Reihenfolge. Im Kollaps eines Neutronensterns von 2,5 Sonnenmassen wird die Planck-Dichte von 10^{87} g/cm^3 schon bei einem Radius von 10^{-18} cm erreicht, also weit vor der Planck-Skala. Auch die Temperatur wächst im Inneren des kollabierenden Quark-Gluon-Plasmas, da $RT =$ const in einem relativistischen adiabatischen Kollaps gilt. Die Temperatur steigt damit im Supernovakollaps etwa um 23 Größenordnungen, d. h. von 10^{11} Kelvin auf 10^{34} Grad Kelvin, was schon weit über der Planck-Temperatur von 10^{32} Grad Kelvin liegt. Damit würde das stark verdichtete und erhitzte Quark-Gluon-Plasma vor Erreichen der Planck-Energie zu einem Bounce führen und dann in einen Vakuumzustand bis zum Horizont expandieren. Gravitativ bedingte Quanteneffekte schlagen im Kollaps nicht erst auf der Planck-Skala zu, sondern schon lange vorher – die klassischen Betrachtungen müssen also lange vorher schon zusammenbrechen. Das haben die Einsteinianer übersehen.

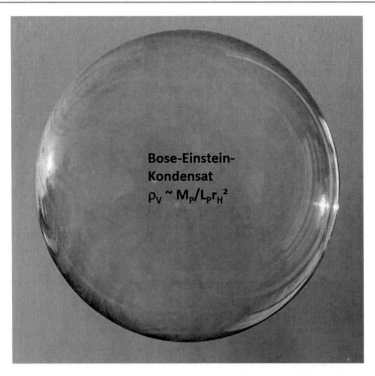

Abb. 7.8 Struktur des Gravasterns. Im Außenraum entspricht er der Schwarzschild-Lösung für nichtrotierende Schwarze Löcher. Dieser Bereich ist materiefrei und asymptotisch flach. Das Innere des Gravasterns besteht aus Vakuumenergie, die durch die Planck-Masse $M_P \simeq 10^{19}\,m_p$ und den Horizontradius r_H bestimmt ist. Diese Vakuumblase wird von einer dünnen Schale abgeschlossen, die den Übergang zum klassischen Vakuum vermittelt. (Grafik: © Camenzind)

Die Entweichgeschwindigkeit liegt bei einem Gravastern stets knapp unterhalb der Lichtgeschwindigkeit, weshalb Photonen sogar entweichen können. Was aber geschieht im umgekehrten Fall, wenn Photonen oder Materie auf einen Gravastern treffen? Wir müssen uns fragen, ob diese dann auch wie bei einem Schwarzen Loch einfach verschluckt werden. Genaues weiß man darüber leider nicht: Es könnte aber sein, dass die eindringende Materie ebenfalls einem Phasenübergang unterworfen wird und im Inneren Teil des Bose-Einstein-Kondensats wird (Abb. 7.8). Hierdurch wird der Radius des Gravasterns anwachsen, wie auch durch Materieakkretion der Horizont eines Schwarzen Lochs anwächst. Das allerdings wäre für die beobachtenden Astronomen bitter, denn die Materie würde wie beim Schwarzen Loch einfach verschluckt. Ein Gravastern wäre damit eine Art Vakuumwandler, denn er würde normale (baryonische) Materie in Dunkle Energie umformen.

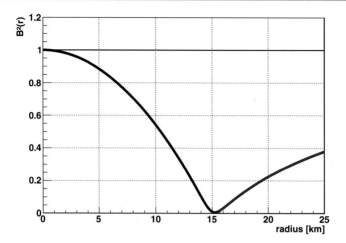

Abb. 7.9 3-Geometrie eines Gravasterns mit 5,2 Sonnenmassen. Im Außenraum entspricht dies der Schwarzschild-Lösung für nichtrotierende Schwarze Löcher. Dieser Bereich ist materiefrei und asymptotisch flach. Das Innere des Gravasterns besteht aus Vakuumenergie, die durch die Planck-Masse M_P und den Horizont bestimmt ist. Die metrische Funktion $B^2(r)$ wie auch das Gravitationspotenzial $\exp(2\Phi(r))$ sind völlig regulär und erreichen am Horizont ihr Minimum mit verschwindender Ableitung. (Grafik: © Camenzind)

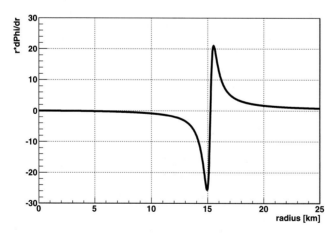

Abb. 7.10 Gravitationskraft $r\, d\Phi/dr$ als Funktion des Radius. Im Inneren des Gravasterns ist Gravitation abstoßend, im Außenbereich jedoch anziehend. Am Horizont entsteht eine extreme Übergangsschicht mit rasch wechselnder Gravitation. Die radialen Gezeitenkräfte, durch Φ'' repräsentiert, nehmen dort extreme Werte an. (Grafik: © Camenzind)

Der Gravastern-Theorie wird im Allgemeinen nur wenig Interesse entgegengebracht, da sie auf einer sehr spekulativen Form der Quantengravitation aufbaut. Der Gravastern hat aber den physikalischen Vorteil, dass im Inneren alles nicht-singulär bleibt – die Krümmung des Raumes bleibt selbst bei $r = 0$ endlich. Dies folgt aus der Betrachtung des Riemann-Tensors $R^2_{323}(r)$ (6.32), der in der Raum-Zeit (7.1) die Krümmung einer Kugelschale mit Radius r beschreibt (Abb. 7.9 und 7.10),

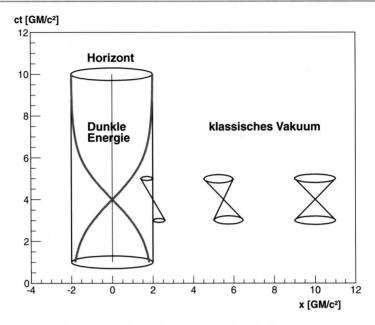

Abb. 7.11 Raum-Zeit-Diagramm eines Vakuumsterns. Die kausale Struktur eines Vakuumsterns ist
völlig regulär. Insbesondere sind die Lichtkegel im Zentrum des Sterns wieder minkowskisch. Laserstrahlen vom Zentrum aus emittiert können jedoch den Horizont nicht durchqueren (graue Linien).
Eine solche Struktur entsteht auch in der quantentheoretischen Renormierung der Schwarzschild-
Metrik, allerdings ist dann die Abweichung von Schwarzschild auf die innersten Planck-Radien
beschränkt. (Grafik: © Camenzind)

$$R^2_{323} = \frac{1 - B^2(r)}{r^2} = \frac{2GM(r)}{c^2 r^3} = \frac{8\pi G \rho_V}{3c^2}, \qquad (7.51)$$

im Inneren des Sterns, $r < R$. Die Vakuumdichte ρ_V ist verantwortlich für die
Masse $M(r)$ innerhalb des Radius r, wie in einem Neutronenstern, $B^2(r) =
1 - 2GM(r)/c^2 r$, mit $M(r) = 4\pi r^3 \rho_V/3$, da ρ_V konstant. Auch die Lichtke-
gelstruktur ist nichtsingulär im Inneren des Gravasterns (Abb. 7.11). Während im
Schwarzen Loch die Lichtkegel im Inneren alle auf die Singularität ausgerichtet
sind, sehen sie auf der Achse des Gravasterns wie in der Minkowski-Raum-Zeit aus.
Ein Laserstrahl, bei $r = 0$ emittiert, kann jedoch das Innere nicht verlassen und
wird an der Oberfläche entlangkriechen. Dieser Teil der Raum-Zeit sieht aus wie ein
de Sitter-Universum innerhalb des Ereignishorizonts. Im Unterschied dazu kann die
Singularität im klassischen Schwarzen Loch keine Photonen emittieren, da Raum
und Zeit dort gar nicht existieren.

▶   ⇒ Vertiefung 7.6: Lösung der TOV-Gleichung für Gravasterne?

7.3   Das rotierende Schwarze Loch

Alle Objekte des Universums besitzen einen Drehimpuls (Sonne, Planeten usw.), so auch ein Schwarzes Loch. Sie werden nicht mehr durch die Schwarzschild-Metrik beschrieben. Rotierende Schwarze Löcher sind allein durch ihre Masse M_H und ihren Drehimpuls J_H gekennzeichnet (das ist das sogenannte **Glatzen-Theorem**) und sind globale Lösugen der Einstein'schen Vakuumgleichungen $R_{ab} = 0$, die einen Horizont aufweisen.

7.3.1   Die Kerr-Lösung

Die allgemeinste Lösung der Gleichungen (7.56) bis (7.60) ist von Roy Kerr 1963 auf vielen Umwegen gefunden worden (Kerr 1963). Sie wird als **Kerr-Lösung** bezeichnet. Das Linienelement enthält nun auch einen nichtdiagonalen Term:

$$ds^2 = \alpha^2 \, c^2 dt^2 - R^2 (d\phi - \omega \, dt)^2 - \exp(2\mu_r) \, dr^2 - \rho^2 \, d\theta^2. \qquad (7.52)$$

Die fünf Funktionen α, R, ω, μ_r und ρ hängen vom Radius r und vom Breitenwinkel θ ab, jedoch nicht von t und nicht von ϕ (achsensymmetrische Lösung).

Im asymptotischen Bereich $r \gg GM/c^2$ erweist sich M als die Masse des Lochs (in geometrischen Einheiten GM/c^2), da $\alpha^2(r) \simeq 1 - 2M/r$, und a als der spezifische Drehimpuls der Quelle, $J_H = aM$ ist dann der Gesamtdrehimpuls. Der Drehimpuls ist die Quelle der Winkelfrequenz ω, da für $r \gg r_H$ gilt

$$\omega(r) \simeq \frac{2G J_H}{c^2 r^3} \, . \qquad (7.53)$$

Diese Funktion ist verantwortlich für das Mitschleppen der Inertialsysteme (engl. Frame-Dragging) und ist ein völlig neues Phänomen in der Welt der Gravitation (s. Box: Im Schlepptau der Raum-Zeit).

7.3.2   Horizont und Ergosphäre

Für ein nichtrotierendes Schwarzes Loch ist der Horizontradius durch den Schwarzschild-Radius R_S gegeben ($J_H = 0$)

$$r_H = R_S = 2 \frac{G M_H}{c^2} = 2{,}95 \, \text{km} \, \frac{M}{M_\odot} \, . \qquad (7.54)$$

Raum-Zeit rotierender Sterne

Rotierende Objekte wie Neutronensterne oder Schwarze Löcher werden in der Einstein-Theorie durch folgendes Linienelement beschrieben,

$$ds^2 = \alpha^2 c^2 dt^2 - \exp(2\psi)(d\phi - \omega \, dt)^2 - \exp(2\mu_1)\, dr^2 - \exp(2\mu_2)\, d\theta^2 \,, \tag{7.55}$$

das durch fünf Funktionen bestimmt ist (Camenzind 2007).

Im Falle einer Vakuum-Raum-Zeit ergeben sich folgende Gleichungen:

$$\bar{\Delta}\alpha - \frac{R^2}{2\alpha}\left(\nabla\omega \cdot \nabla\omega\right) = 0 \tag{7.56}$$

$$\text{Div}\left(\frac{R}{\alpha}\nabla\omega\right) = 0 \tag{7.57}$$

$$\alpha\,\text{Div}\left(\frac{1}{\alpha}\nabla\psi\right) + \frac{R^2}{2\alpha^2}\left(\nabla\omega \cdot \nabla\omega\right) = 0 \tag{7.58}$$

$$\Delta(\mu_2, \mu_3) - \frac{R^2}{2\alpha^2}(\nabla\omega \cdot \nabla\omega) - \frac{2}{\alpha}\,\Psi_A(\nabla_A\alpha) = 0 \tag{7.59}$$

$$R_{23} = 0\,. \tag{7.60}$$

Die erste Gleichung ist die Verallgemeinerung der Poisson-Gleichung für die Rotverschiebungsfunktion α mit dem 2D-Laplace-Operator $\bar{\Delta}$. Auch die Vortizität $\omega(r, \theta)$ des Raumes trägt als Quelle bei.

Die zweite Gleichung besagt: Es ist keine Quelle für die Vortizität vorhanden. Bei Neutronensternen ist der Drehimpuls die Quelle der Vortizität ω.

Die dritte Gleichung bestimmt die Radiusfunktion $\psi(r, \theta)$, denn $R = exp(\psi)$ ist der Zylinderradius. Die vierte Gleichung bestimmt im Wesentlichen die Krümmung der Meridionalebene, die durch die beiden metrischen Funktionen μ_1 und μ_2 ausgedrückt wird ($A = r, \theta$). Die fünfte Gleichung besagt: Es gibt keine anisotropen Spannungen.

Diese Gleichungen können für Neutronensterne nur numerisch gelöst werden (Camenzind 2007), im Falle eines Schwarzen Lochs liegt eine analytische Lösung vor – die Kerr-Lösung. Am einfachsten ist es, zu zeigen, dass die Kerr-Lösung Ricci-flach ist. Dazu müssen die Riemann-Tensoren berechnet werden.

Kerr – Raum-Zeit rotierender Schwarzer Löcher
Rotierende Schwarze Löcher sind achsensymmetrische stationäre Vakuum-Raum-Zeiten, die folgendem Ansatz genügen und einen Horizont aufweisen

$$ds^2 = \alpha^2 c^2 dt^2 - R^2 (d\phi - \omega\, dt)^2 - \exp(2\mu_r)\, dr^2 - \rho^2\, d\theta^2 \,. \qquad (7.61)$$

Drehimpuls erzeugt ein nichtdiagonales metrisches Element $g_{t\phi}$. Dies ist der wesentlich neue Teil im Vergleich zur Schwarzschild-Metrik.

Das **Wunder der Kerr-Lösung** besteht darin, dass die fünf metrischen Funktionen durch drei elementare Funktionen gegeben sind,

$$\Delta = r^2 - 2Mr + a^2 \qquad (7.62)$$

$$\rho^2 = r^2 + a^2 \cos^2 \theta \qquad (7.63)$$

$$\Sigma^2 = (r^2 + a^2)^2 - a^2 \Delta \sin^2 \theta \,. \qquad (7.64)$$

$\Delta(r)$ ist die sogenannte Horizontfunktion, der Radius des Horizonts ist durch die Nullstelle von Δ gegeben, $\Delta(r_H) = 0$,

$$r_H = M + \sqrt{M^2 - a^2} \,. \qquad (7.65)$$

Es treten nur zwei freie Parameter M und a auf. Die metrischen Funktionen lauten damit

$$\alpha^2 = \frac{\rho^2 \Delta}{\Sigma^2}, \quad R = \frac{\Sigma}{\rho} \sin\theta \qquad (7.66)$$

$$\omega = \frac{2aMr}{\Sigma^2}, \quad e^{\mu_r} = \frac{\rho}{\sqrt{\Delta}} \,. \qquad (7.67)$$

Die Parameter M und a sind frei, nicht durch die Einstein'schen Gleichungen bestimmt und haben die Dimension einer Länge. M repräsentiert die Masse, $a = J_H/M$, häufig auch dimensionslos $a = cJ_H/GM^2$ mit $-1 \le a \le 1$, den spezifischen Drehimpuls des rotierenden Schwarzen Lochs. Um die Koordinatensingularität am Ereignishorizont zu vermeiden, kann die Metrik auf Kerr-Schild-Koordinaten transformiert werden (Camenzind 2007).

Die Kerr-Metrik beschreibt ausschließlich die Geometrie eines Schwarzen Lochs, denn schnell rotierende Neutronensterne haben nicht zu vernachlässigende Multipolmomente und unterschiedliche Dichtegradienten, sodass sich deren Raum-Zeit-Geometrie erst in einem gewissen Abstand von der Oberfläche des Sterns an die Kerr-Metrik annähert.

Neutronensterne von $1{,}4\, M_\odot$ haben einen Radius von $\simeq 2{,}5\, R_S$, sind also bereits sehr kompakt. Besitzt die kollabierende Materie Drehimpuls, so erhält auch das

Loch einen Drehimpuls und rotiert. Hier gilt für den Horizontradius, $\alpha(r_H) = 0$, d. h. $\Delta(r_H) = 0$ und damit

$$r_H = \frac{GM}{c^2} + \sqrt{\left(\frac{GM}{c^2}\right)^2 - \frac{a^2}{c^2}}, \qquad (7.68)$$

wobei $a = J_H/M_H$ den spezifischen Drehimpuls darstellt mit $|a| \leq (GM/c) = 0{,}5R_{SC}$. Häufig wird daher der dimensionslose Kerr-Parameter a verwendet mit $-1 < a < 1$ zur Kennzeichnung des Horizonts

$$\boxed{r_H = \frac{GM}{c^2}\left(1 + \sqrt{1 - a^2}\right).} \qquad (7.69)$$

Im Grenzwert $a \to \pm 1$ strebt der Horizontradius gegen den Gravitationsradius GM/c^2. Für ein maximal rotierendes Loch (sogenannte Extrem-Kerr-Lösung), $a = 1$, beträgt der Horizontradius nur noch $0{,}5\ R_S$. Es ist interessant, den spezifischen Drehimpuls für einen Millisekundenpulsar auszurechnen:

$$a_* = \frac{J_*}{M_*} = 0{,}4\, R_*^2 \Omega_* = 0{,}4\, \frac{R_*}{R_S}\sqrt{0{,}5\frac{R_S}{R_*}}\, R_S c\, \frac{P_c}{P} \leq 0{,}5\, R_S c. \qquad (7.70)$$

Ein kritisch rotierender Neutronenstern, $P \simeq P_c$, würde gerade $a_* \simeq 0{,}5 R_S c$ erreichen. Dies ist die Bedeutung der extremen Kerr-Lösung mit $a = 1$: Hier rotiert der Horizont kritisch, was in diesem Falle der Lichtgeschwindigkeit entspricht. Der Horizont rotiert im Allgemeinen mit einer Winkelgeschwindigkeit Ω_H

$$\Omega_H \equiv \omega(r_H) = \frac{1}{2}\frac{a}{GM/c}\frac{c}{r_H} \qquad (7.71)$$

gegenüber den Fixsternen. Dies entspricht einer **Rotationsperiode** P_H von

$$\boxed{P_H = \frac{2\pi}{\Omega_H} \simeq 0{,}8\,\text{ms}\,\frac{GM/c}{a}\frac{M}{10\,M_\odot}.} \qquad (7.72)$$

Diese Rotation des Horizonts ist allerdings nicht direkt messbar, wie etwa bei der Sonne, sondern kann nur indirekt, wenn überhaupt, erschlossen werden.

Der Horizont eines schnell rotierenden Schwarzen Lochs ist von der sogenannten **Ergosphäre** umgeben (Abb. 7.12 und 1.11), die sich am Äquator bis zu einem Schwarzschild-Radius erstreckt. Der Rand der Ergosphäre ist wie folgt gegeben

$$r_E(\theta) = M + \sqrt{M^2 - a^2\cos^2\theta}. \qquad (7.73)$$

Ein Körper kann innerhalb der Ergosphäre nicht ruhen; würde er dies tun, so wäre der Tangentialvektor seiner Weltlinie raumartig, d. h., der Körper würde sich mit Überlichtgeschwindigkeit bewegen. Weitere Untersuchungen zeigen, dass ein Körper innerhalb der Ergosphäre immer in Richtung der Drehung des Schwarzen Lochs

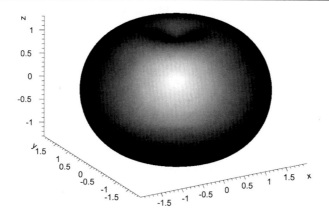

Abb. 7.12 Struktur eines rotierenden Schwarzen Lochs. Die äußerste Begrenzung ist die Ergosphäre (Ergoregion), dann schließt sich der Horizont an, und im Zentrum liegt die Ringsingularität,
wo die Riemann-Tensoren divergieren (siehe auch Abb. 1.11). Diese Ringsingularität ist allerdings
hinter dem Horizont versteckt. Auch das Innere des Schwarzen Lochs besteht nur aus Geometrie,
nicht aus Materie. (Grafik: © Camenzind)

um die Drehachse des Schwarzen Lochs rotieren muss (jede Form von Materie wird
zur Mitrotation gezwungen). Dies ist ein absolut neues Phänomen, das in der Newton'schen Physik nicht existiert.[1] Innerhalb der Ergosphäre können Körper zudem
negative Energie besitzen. Damit ist es möglich, aus dem Schwarzen Loch Energie
zu extrahieren. Physikalisch sind dazu starke Magnetfelder notwendig.

Die Quelle der Gravitation eines rotierenden Schwarzen Lochs ist eine Ringsingularität innerhalb des Horizonts, wo die Komponenten des Krümmungstensors
divergieren. Dies ist in Analogie zu sehen zu einem elektrischen Ringstrom, der ein
magnetisches Dipolfeld erzeugt. Das ist natürlich eine mathematische Singularität,
in Realität sollte dieser Massenstrom räumlich ausgedehnt sein. Eine Lösung dieses
Problems ist etwa im Rahmen der Quantengravitation möglich.

7.3.3   Die innerste Kreisbahn ISCO

Nicht alles in der Umgebung Schwarzer Löcher muss unbedingt in sie hineinfallen.
Um ein Schwarzes Loch ist ebenso eine stabile Rotation auf Quasi-Kepler-Bahnen
möglich wie bei den Planeten um die Sonne. Es gibt allerdings eine charakteristische
Grenze, die markiert, wo keine stabile Rotation mehr möglich ist: Diese Grenze ist
die **marginal stabile Bahn.** Etwas aussagekräftiger ist die alternative Bezeichnung
ISCO, die für **innermost stable circular orbit,** also für die innerste stabile Kreisbahn

---

[1] Auch die Rotation der Erde erzeugt eine Mitrotation, die zu einer Präzession von Gyroskopen führt.
Dieser Effekt der Einstein'schen Gravitationstheorie ist mit dem Stanford-Experiment **Gravity
Probe B, GPB,** nachgewiesen worden, das 2005–2006 im Orbit war. Es handelt sich hier um eines
der schwierigsten Präzisionsexperimente der Physik.

steht. Ein Objekt, das sich auf kleineren Abständen als der marginal stabilen Bahn
bewegt, muss entweder in das Loch fallen oder auf einer ungebundenen Bahn den
Bereich des Lochs verlassen.

Für Schwarzschild (Spin-Parameter $a = 0$) liegt die marginal stabile Bahn bei
sechs Gravitationsradien oder drei Schwarzschild-Radien. Für den extremen Kerr-
Fall (Spin-Parameter $a = 1$) fällt der ISCO mit dem Horizontradius zusammen und
liegt bei nur einem Gravitationsradius (Abb. 7.13). Allgemein berechnet sich die
Lage des ISCOs nach folgender Gleichung, die auf Bardeen 1970 zurückgeht

$$r_{\text{ISCO}} = \frac{GM}{c^2} \left(3 + Z_2 - \sqrt{(3 - Z_1)(3 + Z_1 + 2Z_2)} \right) \tag{7.74}$$

mit den Hilfsfunktionen

$$Z_1 = 1 + (1 - a^2)^{1/3}[(1 + a^2)^{1/3} + (1 - a^2)^{1/3}], \quad Z_2 = \sqrt{3a^2 + Z_1^2}. \tag{7.75}$$

In der Nähe dieser Bahn zirkuliert Materie mit einer Geschwindigkeit von 30–50 %
der Lichtgeschwindigkeit.

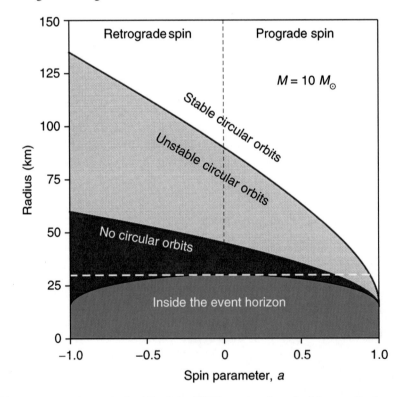

Abb. 7.13 Radius der marginal stabilen Bahn (ISCO) um ein rotierendes Schwarzes Loch von zehn
Sonnenmassen als Funktion des dimensionslosen Spin-Parameters a. Für andere Massen skalieren
die Radien einfach linear mit der Masse des Schwarzen Lochs. (Grafik: © Camenzind)

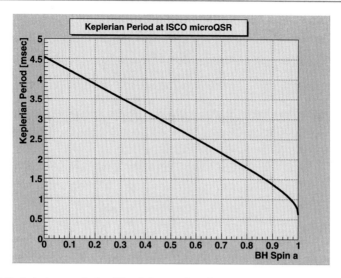

Abb. 7.14 Periode der marginal stabilen Bahn um ein rotierendes Schwarzes Loch von zehn Sonnenmassen in Millisekunden als Funktion des dimensionslosen Kerr-Parameters a. Für andere Massen skaliert die Periode einfach linear mit der Masse des Schwarzen Lochs. (Grafik: © Camenzind)

Ein Asteroid, der sich auf der marginal stabilen Bahn eines Microquasars von zehn Sonnenmassen bewegt, hat eine Umlaufperiode von wenigen Millisekunden (Abb. 7.14). Diese Periode variiert um einen Faktor acht je nach Drehimpuls des Schwarzen Lochs. Da es Planeten um Neutronensterne gibt, ist es durchaus denkbar, dass auch Planeten um Schwarze Löcher existieren. Solche Planeten würden sich in wenigen Millisekunden um das Schwarze Loch bewegen. Natürlich ist diese Idee utopisch, da Gezeitenkräfte den Planeten in kurzer Zeit auflösen würden.

Frame Dragging – im Schlepptau der Raum-Zeit
Ein rotierendes Schwarzes Loch zwingt am Horizont alles (Beobachter, Materie, Photonen, Magnetfelder etc.), in seine Umlaufrichtung und mit gleicher Winkelgeschwindigkeit zu rotieren. Das verwundert nicht, denn das Loch ist die Raum-Zeit selbst, die rotiert. Dieses **Mitschleppen von Objekten und des Bezugssystems** bezeichnen wir mit dem englischen Fachbegriff **Frame Dragging** (engl. frame: Bezugssystem; to drag: ziehen). Es kann deshalb auch keine statischen Beobachter mehr nahe am Kerr-Loch geben. Das passende Beobachtersystem, das man dann in der Kerr-Metrik verwendet, nennt man den Bardeen-Beobachter oder das lokal nichtrotierende Bezugssystem, wie es James Bardeen 1971 selbst nannte. Dieser Beobachter rotiert mit der Raum-Zeit mit der Winkelfrequenz ω. Ein solcher Beobachter weist daher keinen Drehimpuls auf.

Die metrische Funktion $\omega(r, \theta)$ bezeichnet daher die **Frame-Dragging-Frequenz:** Sie steigt erst kurz vor dem Horizont stark an. Die Rotation der Raum-Zeit wird deshalb erst im Bereich innerhalb der Ergosphäre wichtig. Die Ergosphäre beginnt bei jedem Kerr-Loch in der Äquatorialebene bei einem Radius von einem Schwarzschild-Radius und zieht sich dann zu den Polen des Horizonts (Abb. 1.11). **Ergoregion** nennt man den Bereich zwischen dem Horizont und der Ergosphäre. Die Ergoregion markiert daher gerade die Grenze, ab der die raumzeitliche Rotation dominant wird. Zu gegebenem spezifischem Drehimpuls λ eines Teilchens ergibt sich die Rotation des Teilchens gegenüber den Fixsternen wie folgt

$$\Omega = \omega + \frac{\alpha^2}{R^2} \frac{\lambda}{1 - \omega\lambda}. \qquad (7.76)$$

Dieser Ausdruck ist ganz fundamental und gilt immer in jeder rotierenden Raum-Zeit. Die Winkelgeschwindigkeit wird am Horizont gerade ω, da am Horizont der Rotverschiebungsfaktor α verschwindet.

Frame-Dragging ist mit Magnetfeldern um Schwarze Löcher von besonderer Relevanz. Magnetfelder in der Akkretionsscheibe werden durch Frame-Dragging mitgezogen und verstärkt. Die Winkelfrequenz Ω_H, mit der die Raum-Zeit am Ereignishorizont $r = r_H$ rotiert, folgt aus $\Omega_H = \omega(r_H, \theta)$. Anschaulich werden global poloidale Magnetfelder in der Nähe von Kerr-Löchern verdrillt. Die Feldlinien werden zusammengequetscht und in Rotation versetzt.

▶   ⇒ Vertiefung 7.7: Was versteht man unter Bardeen-Beobachter?

▶   ⇒ Vertiefung 7.8: Was versteht man unter Frame-Dragging?

7.3.4   Strahlungseffizienz eines Schwarzen Lochs

Um kosmische Schwarze Löcher bilden sich jedoch häufig sogenannte **Akkretionsscheiben,** da das umgebende Gas Drehimpuls besitzt und vom Gravitationsfeld des Schwarzen Lochs angezogen wird (Abb. 7.15). Dadurch bildet sich eine Akkretionsströmung auf das Schwarze Loch zu. Turbulenz in der Strömung sorgt für eine Umverteilung des Drehimpulses in der Scheibe (Abramowicz 2013). Fachleute nennen das Drehimpulstransport. Im Prinzip sorgt die Wechselwirkung der vielen Teilchen untereinander dafür, dass sich ihr Rotationsverhalten ändert. Die Schlüsselrolle im Drehimpulstransport spielt die sogenannte magnetische Turbulenz. Spätestens an der marginal stabilen Bahn, also wenige Gravitationsradien vor dem Ereignishorizont des Schwarzen Lochs, wird die Scheibe abgeschnitten. Hier bricht die stabile

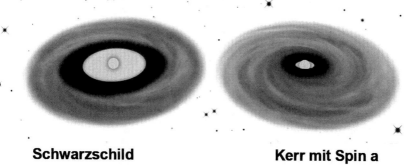

ISCO = Innermost Stable Circular Orbit
➜ Hängt vom Drehimpuls a ab

Schwarzschild **Kerr mit Spin a**

Abb. 7.15 Eine massereiche Akkretionsscheibe um ein rotierendes Schwarzes Loch bildet einen Innenrand aus, der bei der marginal stabilen Bahn (ISCO) liegt und damit vom Drehimpuls des Schwarzen Lochs abhängt. Von hier aus strömt das Plasma direkt im freien Fall spiralförmig auf den Horizont zu und verschwindet dort mit Lichtgeschwindigkeit. (Grafik: © Camenzind)

Kepler-Rotation zusammen, denn so nahe am Akkretor sind keine stabilen gebundenen Bahnen mehr möglich. Für ein maximal rotierendes Schwarzes Loch von 100 Mio. Sonnenmassen im Zentrum eines Quasars liegt die marginal stabile Bahn beim Ereignishorizont, bei etwa 150 Mio. Kilometern oder einer Astronomischen Einheit.

Mithilfe von gleich vier Weltraumobservatorien der NASA konnten amerikanische Astronomen ermitteln, wo genau die Grenze der Akkretionsscheibe um ein Schwarzes Loch liegt. Wenn das Material sehr schnell in ein stellares Schwarzes Loch fällt, sollte die Akkretionsscheibe bis etwa 40 km an den Ereignishorizont des Schwarzen Lochs heranreichen. Die Astronomen sind sich aber uneinig, wie weit die Akkretionsscheibe an den Ereignishorizont heranreicht, wenn das Material nur sehr langsam in das Schwarze Loch fällt. In der Tat hängt der Innenrand nicht nur vom Drehimpuls ab, sondern auch vom Massenfluss in der Scheibe. Bei hohem Massenfluss liegt der Innenrand tatsächlich an der marginal stabilen Bahn, bei geringem Massenfluss wandert der Innenrand jedoch langsam nach außen.

Die Energie eines Teilchens mit Masse m auf einer Kreisbahn mit Radius r ist wie folgt gegeben (Camenzind 2007)

$$E = mc^2 \frac{1 - 2r_g/r + a\sqrt{r_g/r}}{\sqrt{1 - 3r_g/r + 2a\sqrt{r_g/r}}}. \tag{7.77}$$

Ebenso folgt der Drehimpuls L der Bahn zu

$$L = m\sqrt{GMr} \frac{1 - 2a\sqrt{r_g/r} + a^2}{\sqrt{1 - 3r_g/r + 2a\sqrt{r_g/r}}}. \tag{7.78}$$

Für $a = 1$ erhalten wir die maximal mögliche Bindungsenergie der marginal stabilen Bahn

$$E_{\text{Bind}}/mc^2 = 1 - E/mc^2 \equiv \epsilon_H(a = 1) = 1 - 1/\sqrt{3} = 0{,}423 \, . \qquad (7.79)$$

Da in der Akkretion das Plasma von unendlich bis zur marginal stabilen Bahn fällt, können 42 % der Ruhemasse des Plasmas in Strahlungsenergie umgewandelt werden. Bei einem nichtrotierenden Schwarzen Loch wären dies nur $\epsilon_H(a = 0) = 1 - 2\sqrt{2}/3 = 6\,\%$ der Ruhemasse. Akkretion auf ein Schwarzes Loch ist damit der effizienteste Prozess der Umwandlung von Ruheenergie in Strahlungsenergie, insbesondere wenn das Schwarze Loch schnell rotiert. Das ist der Grund, weshalb Quasare so leuchtkräftige Objekte sind, trotz ihrer kosmischen Distanz. Die Akkretionsleistung ergibt sich dann aus der Akkretionsrate $\dot{M}$, typischerweise gegeben in Einheiten von Sonnenmassen pro Jahr,

$$\boxed{L_{\text{acc}} = \epsilon_H(a) \, \dot{M}c^2 \, .} \qquad (7.80)$$

$\epsilon_H(a)$ variiert zwischen 6 % für nichtrotierende Löcher und bis zu 42 % im Falle der extremen Kerr-Lösung, $a = GM/c$. Akkretion auf Schwarze Löcher ist damit der effizienteste Prozess bei der Umsetzung von Ruheenergie in Strahlung (Abb. 7.16).

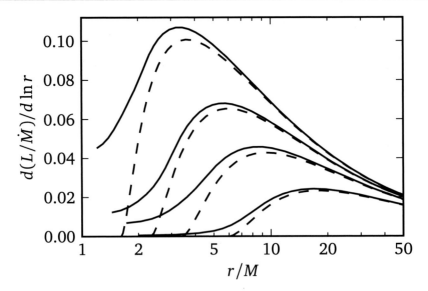

Abb. 7.16 Emissionsprofile nach GRMHD-Simulationen (durchgezogene Linien) im Vergleich zu Standardmodellen für Spin-Parameter $a = 0$, $a = 0{,}7$, $a = 0{,}90$ und $a = 0{,}98$. (Grafik: aus Narayan und McClintock 2013, mit freundlicher Genehmigung © R. Narayan)

7.4 Photonen in der Kerr-Geometrie

Da wir das Innere eines Schwarzen Lochs nicht erforschen können, kehren wir zu einigen seiner weiteren Eigenschaften im Außenbereich zurück. In Einsteins Allgemeiner Relativitätstheorie gestaltet sich die Lichtausbreitung recht kompliziert. Raum und Zeit sind nicht unabhängig voneinander, sondern bilden ein Kontinuum. Diese vierdimensionale Raum-Zeit gehorcht nun aber der nichteuklidischen Geometrie. Es gilt nach wie vor, dass sich Lichtteilchen, die Photonen mit Ruhemasse null und Testteilchen endlicher Ruhemasse entlang von Geodäten ausbreiten. Die Geodäten unterscheiden sich jedoch, je nachdem ob das Teilchen eine Ruhemasse hat oder nicht. Die Geodäten für Photonen heißen auch Nullgeodäten und folgen aus der Nullbedingung $ds^2 = 0$.

Relativistisches Ray-Tracing dient nun dazu, die optische Erscheinung dieser leuchtenden Akkretionsscheiben relativistisch korrekt abzubilden. Diesen Prozess nennt man auch rendern (Abb. 7.17). Die Strahlung wird im Wesentlichen von zwei Effekten beeinflusst: von der Gravitation des Schwarzen Lochs selbst und der Bewegung des Strahlungsemitters, also des Plasmas in der Akkretionsscheibe. Das Schwarze Loch beeinflusst wie jede Masse die Strahlung, die in seiner Nähe emittiert wird. Dieses Phänomen kann nur mit der Allgemeinen Relativitätstheorie verstanden werden: Strahlung bewegt sich dabei im Allgemeinen auf einer gebogenen Bahn durch eine von Massen (oder anderen Energieformen) gekrümmten Raum-Zeit. Dies illustrierte ja die Abb. 7.17. Die Lichtablenkung ist in der Nähe des Horizonts so stark, dass wir auch hinter den Horizont blicken können (Abb. 7.19). Betrachtet man Strahlung in einem Teilchenbild, so kann man sich das so veranschaulichen, dass die

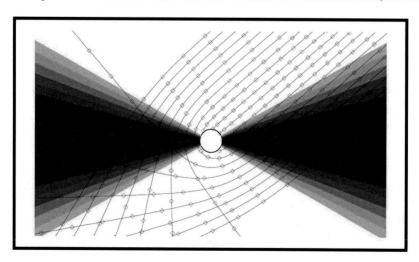

Abb. 7.17 Relativistisches Ray-Tracing dient nun dazu, die optische Erscheinung der leuchtenden Akkretionsscheiben relativistisch korrekt abzubilden. Diesen Prozess nennt man auch rendern. Lichtstrahlen, die zu nahe an den Horizont kommen, werden verschluckt, andere kräftig abgelenkt. Es gibt auch Lichtstrahlen, die gerade einmal um das Loch herumlaufen und dann wieder zurückkommen. (Grafik: © Camenzind)

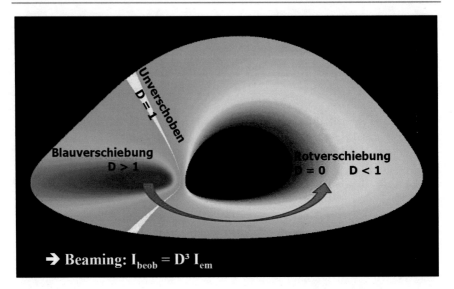

Abb. 7.18 Bild einer Scheibe um ein maximal rotierendes Schwarzes Loch, Inklination: 75 Grad. Scheiben um Schwarze Löcher sind in der Astronomie so klein, dass sie räumlich nicht aufgelöst werden können. Wir beobachten also Strahlung von verschiedenen Teilen der Scheibe, die sich dann zu einem Gesamtspektrum addieren. Doppler-Beaming und gravitative Rotverschiebung sind dabei die wichtigsten Effekte. Der Teil der Scheibe, die auf uns zu rotiert, würde blau erscheinen, der Teil, der von uns weg rotiert, entsprechend rot. Dazwischen liegt ein unverschobener Bereich (weiß). In der Nähe des Horizonts gewinnt immer die Gravitationsrotverschiebung. (Grafik: © Camenzind)

Lichtteilchen vom Gravitationsfeld festgehalten werden. Sie verlieren dabei Energie, werden also röter, was man als Gravitationsrotverschiebung (engl. *gravitational redshift*) bezeichnet. Bei sehr kompakten Massen wie Schwarzen Löchern ist dieser Effekt verständlicherweise sehr drastisch: Die Krümmung der Raum-Zeit ist so groß, dass ab einem kritischen Abstand zum Loch jede Form von Strahlung festgehalten wird. Dieser Abstand heißt Ereignishorizont. Er ist letztendlich der Grund für die absolute Schwärze von Schwarzen Löchern (Abb. 7.18).

7.4.1   Rotverschiebungs- und Doppler-Faktor

Der **Rotverschiebungsfaktor** oder Doppler-Faktor $D = f_{\text{Beob}}/f_{\text{Emitter}}$ ist nun der geeignete Parameter, um die Verfärbung von Strahlung anzugeben. f bedeutet die Frequenz der Strahlung. Speziell relativistisch folgt der Doppler-Faktor aus der Beziehung $D = 1/\gamma(1 + \vec{v} \cdot \vec{n}/c)$, $\vec{n}$ ist die Beobachtungsrichtung, $\vec{v}$ die Geschwindigkeit des Plasmas und γ der Lorentz-Faktor. In der Kerr-Geometrie wird dieser Ausdruck durch die gravitative Rotverschiebung α ergänzt:

$$D = \frac{\alpha_E}{\gamma_E(1 + \vec{v} \cdot \vec{n}/c)} \tag{7.81}$$

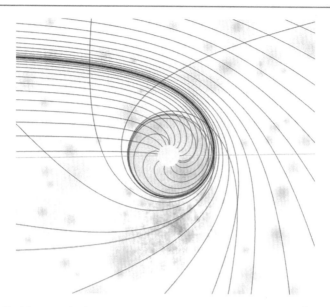

Abb. 7.19 Strahlengänge in der Kerr-Geometrie. Photonentrajektorien in der Äquatorebene der Kerr Geometrie. Nahe am Horizont ist der Mitnahmeeffekt (engl. *Frame-Dragging*) durch den Drehimpuls so stark, dass die Trajektorien in die Rotationsrichtung abgelenkt werden. In größerer Entfernung vom Horizont ist dieser Effekt bereits nicht mehr spürbar – das Frame-Dragging-Potenzial $\omega(r)$ fällt mit der dritten Potenz in r ab. (Grafik: © Camenzind)

Hier sehen wir die Bedeutung der Funktion α_E als Rotverschiebungsfaktor an der Position des Emitters. Wir erinnern uns, dass am Horizont gilt: $\alpha_E = 0$. Die Verfärbung hat physikalisch ihre Ursache in einem Energieverlust oder Energiegewinn der Strahlung, während sie sich in der Raum-Zeit ausbreitet. Ist der D-Faktor kleiner als eins, so handelt es sich um einen Energieverlust oder eine Rotverschiebung. Ist er größer als eins, nennt man es eine Blauverschiebung. Ist er identisch eins, so gibt es keine Verschiebung der Strahlung im elektromagnetischen Spektrum. Die Strahlung kommt bei einem $D = 1$ so beim Beobachter an, wie sie emittiert wurde. Ein Extremfall ist der verschwindende Rotverschiebungsfaktor, $D = 0$, dann wird die Strahlung aufgrund der dominierenden Gravitationsrotverschiebung vollständig verschluckt – die Strahlung verliert ihre gesamte Energie. Der Wert $D = 0$ wird am Horizont Schwarzer Löcher angenommen und ist in der Abb. 7.18 als fast kreisförmiges Gebiet im Zentrum erkennbar. Das ist das eigentliche Schwarze Loch.

Wie bereits diskutiert, beeinflusst nicht nur das Loch die Strahlung, sondern auch die Akkretionsscheibe. Das Plasma rotiert in der Akkretionsscheibe um das Loch. Diese Rotation ist überlagert von einer Einfallbewegung, weil das Loch das Material anzieht. Insgesamt hat man ein relativ komplexes Geschwindigkeitsfeld des strahlenden Plasmas. Die Relativbewegung zwischen Plasma und Beobachter beeinflusst natürlich die gemessene Strahlung. Die Relativbewegung hängt davon ab, wie die Scheibe zum Beobachter orientiert ist. Es reicht die Angabe eines Neigungswinkels, der sogenannten Inklination, wie die Scheibe gekippt ist. Die Inklination bezieht sich auf den Winkel, den eine Senkrechte zur Scheibe mit der Sichtlinie zum Beobachter einschließt. Eine Inklination von null Grad bedeutet entsprechend, dass der Betrachter direkt von oben auf die Scheibenfläche schaut (engl. *face-on*), wohingegen 90 Grad Inklination einer Aufsicht auf die Scheibenkante entsprechen (engl. *edge-on*). Die Rotation der Akkretionsscheibe um ihre Symmetrieachse bewirkt, dass sich ein Teil der zum Beobachter geneigten Scheibe auf den Beobachter zu bewegt, während sich der gegenüberliegende Teil von ihm entfernt. Die elektromagnetische Welle wird also anschaulich im ersten Fall gestaucht und im zweiten Fall gedehnt, während sie sich zum Beobachter fortpflanzt. Dieses Phänomen ist der bekannte Doppler-Effekt und wohlbekannt bei akustischen Wellen, wenn sich eine Schallquelle auf einen Beobachter zubewegt bzw. von ihm entfernt. Durch diesen kinematischen Effekt gibt es also eine Doppler-Rotverschiebung beim sich entfernenden Teil der Akkretionsscheibe und eine Doppler-Blauverschiebung beim sich annähernden Teil. Extrem wird dieser Effekt bei maximal geneigten Scheiben, also bei 90 Grad Inklination, und er verschwindet völlig bei Scheiben, auf die der Beobachter senkrecht von oben blickt, also bei null Grad.

7.4.2 Ansichten einer Akkretionsscheibe

Der Doppler-Effekt ist auch bei Newton'schen Scheiben beobachtbar, weil er nur die Rotation der Strahlungsquelle benötigt (etwa bei Sternen). Die relativistischen Effekte verzerren dieses klassische Phänomen. Die Spezielle Relativitätstheorie (SRT) modifiziert den klassischen Doppler-Effekt für Geschwindigkeiten des Strahlungsemitters, die vergleichbar mit der Lichtgeschwindigkeit werden. Der Strahlungskegel wird dann in Bewegungsrichtung fokussiert. Diesen Effekt nennt man **Beaming**. Zeigt diese fokussierte Vorzugsrichtung vom Beobachter weg, so spricht man von Rückbeaming (engl. *back beaming*); zeigt sie auf den Beobachter, so handelt es sich um Vorwärtsbeaming (engl. *forward beaming*). Die Rotationsgeschwindigkeiten nehmen in der Form eines Kepler-Gesetzes (wie bei den Planeten im Sonnensystem) von außen nach innen zu. Bei Akkretionsscheiben um Schwarze Löcher können diese Rotationsgeschwindigkeiten ohne Weiteres am Innenrand der Scheibe relativistisch werden, d. h. vergleichbar mit der Lichtgeschwindigkeit. Bei einer rotierenden, geneigten Scheibe gibt es daher Vor- und Rückwärtsbeaming. Charakteristisch für das Vorwärtsbeaming ist der blau eingefärbte Bereich (hier links vom Loch, mit einem hier gemessenen Maximalwert von $D = 1{,}2$; Abb. 7.18).

Abb. 7.20 zeigt, wie ein Torus in der Nähe der marginal stabilen Bahn eines schnell rotierenden Kerr-Lochs abgebildet wird, gesehen unter einer Inklination von 60 Grad. Ein Teil der Abstrahlung nach hinten ist in der Nähe des Horizonts nach vorne abgelenkt und ist als heller Ring um den Horizont zu sehen (sogenanntes sekundäres Bild). Unter höherer Inklination wird auch der Teil des Torus, der hinter dem Schwarzen Loch liegt, nach vorne abgebildet (sozusagen aufgeklappt). Das sekundäre Bild wird stark verzogen, und es ist sogar ein tertiäres Bild als Ring ganz schwach sichtbar.

Stellare Schwarze Löcher können auch in Zukunft räumlich nicht aufgelöst werden. Ein Schwarzes Loch, das sich dazu eignet, ist das im galaktischen Zentrum mit

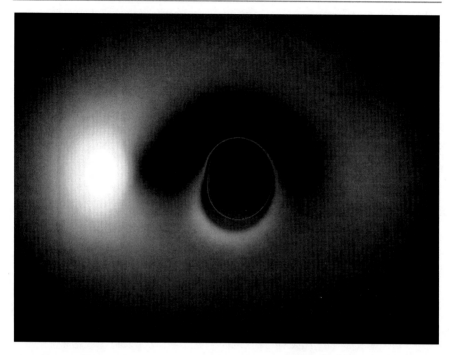

Abb. 7.20 Abbildung eines Torus in der Nähe der marginal stabilen Bahn um ein Kerr-Loch. Der Torus wird unter einer Inklination von 60 Grad betrachtet. Ein Teil der Abstrahlung nach hinten wird in der Nähe des Horizonts nach vorne abgelenkt und ist als heller Ring um den Horizont zu sehen (sogenanntes sekundäres Bild). Die Blauverschiebung des auf uns zu rotierenden Teils erzeugt durch das Doppler-Beaming einen hellen Spot (links zu sehen). (Grafik: aus Zink 2002, mit freundlicher Genehmigung © Burkhard Zink)

einer Masse von vier Millionen Sonnenmassen. Mit Sub-Millimeter-Interferometrie könnte es in Zukunft gelingen, die Akkretionsscheibe um dieses Loch aufzulösen (Abb. 7.21).

7.4.3 Das erste Bild eines Schwarzen Lochs

Kann man Schwarze Löcher sehen? Natürlich nicht! Was man sehen kann ist Plasma aus der näheren Umgebung eines Schwarzen Lochs, also z. B. Emission von einer heißen Akkretionsscheibe. Das scheiterte bisher allerdings am Auflösungsvermögen der Teleskope.

Das Ereignishorizontteleskop (EHT, Event Horizon Telescope, Abb. 7.23) – eine erdumspannende Anordnung von heute zehn bodengebundenen Radioteleskopen, durch internationale Zusammenarbeit entstanden – wurde entwickelt, um Bilder von Schwarzen Löchern und deren Jets aufzunehmen. Im April 2019 zeigten die EHT-Forscher in koordinierten Pressekonferenzen auf der ganzen Welt, dass es ihnen gelungen ist. Sie präsentierten den ersten direkten visuellen Nachweis für ein supermassereiches Schwarzes Loch und seinen Schatten (Abb. 7.22, Event Hori-

Abb. 7.21 Mit dem Event-Horizon-Teleskop EHT will man den Horizont des Schwarzen Lochs im galaktischen Zentrum auflösen. Der Durchmesser der Ringstruktur beträgt etwa 54 μas. EHT erreicht eine Auflösung von 20 μas bei einer Frequenz von 230 GHz. (Grafik: © Camenzind)

zon Telescope Collaboration 2019a). Dieser Durchbruch wurde in einer Reihe von sechs Artikeln angekündigt, die in einer Sonderausgabe von *The Astrophysical Journal Letters* veröffentlicht wurden (EHT Collaboration 2019a). Das Bild (Abb. 7.22) zeigt das Schwarze Loch und seine Umgebung im Zentrum von Messier 87, einer massereichen elliptischen Galaxie im nahegelegenen Virgo-Galaxienhaufen. Dieses Schwarze Loch liegt 55 Mio. Lichtjahre von der Erde entfernt und hat eine Masse von 6,5 Mrd. Sonnenmassen.

Charakteristische Daten zu Messier 87

- Distanz zu M87 im Virgohaufen: $d = (16,8 \pm 0,8)$ Mpc.
- Masse des zentralen Schwarzen Lochs: $M = (6,5 \pm 0,7) \times 10^9\, M_\odot$.
  Vermuteter Spin des Schwarzen Lochs: $a = 0,90 - 0,95$.
- Gravitationsradius des Schwarzen Lochs:
  $GM/c^2 = 66\, \text{AE} = (3,8 \pm 0,4)\, \mu\text{as}$.
- ISCO-Bereich: $R_{\text{ISCO}} = 2GM/c^2 = 132\, \text{AE}$.
- Winkeldurchmesser ISCO-Bereich:
  $\theta = (4GM/c^2)/d = 8,0 \times 10^{-11}\, \text{rad} = 16,4\, \mu\text{as}$.
- EHT Auflösung: $\theta_R = \lambda/\text{BL}_{\text{max}} = 1,3\, \text{mm}/13.000\, \text{km} = 20,6\, \mu\text{as}$.
- Winkeldurchmesser Photonring: $\theta_p = 2\sqrt{27}GM/(c^2 d) = 40\, \mu\text{as}$.

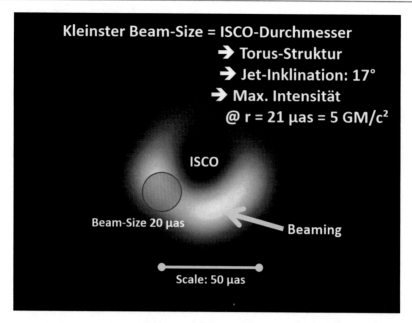

Abb. 7.22 Mit dem Event-Horizon-Teleskop EHT kann man den Horizont des Schwarzen Lochs im Zentrum von M87 auflösen. EHT umfasste acht Teleskope auf der ganzen Welt und erreichte eine Auflösung von 20 Mikrobogensekunden bei einer Frequenz von 230 GHz (Beam-Size). Die Ausdehnung des hellen Rings, der den ISCO-Bereich umgibt, beträgt 50 Mikrobogensekunden. (Grafik: ©Camenzind)

Das Zentrum der elliptischen Galaxie M87 besitzt zwei spezielle Eigenschaften, die es zu einem geeigneten Kandidaten für das Projekt machen: Es ist zum einen dank seiner ungewöhnlichen Größe und zum anderen wegen seiner relativen Nähe zur Erde gut zu sehen und damit ein perfektes Studienobjekt für Wissenschaftler, die mit dem weltumspannenden Teleskopverbund nun endlich ein Instrument besitzen, um ein solch exotisches Objekt direkt zu beobachten. Die Galaxie ist auch als starke Radioquelle namens Virgo A bekannt und sehr aktiv (Abb. 1.16). Aus ihrem Kern schießt ein mindestens 5000 Lichtjahre langer Jet – Magnetfelder und Plasma, das in der Akkretionsscheibe des Schwarzen Lochs im Zentrum beschleunigt wird und in Form eines stark gebündelten Strahls senkrecht zu dieser Scheibe mit nahezu Lichtgeschwindigkeit ausströmt.

Das Bild in Abb. 7.22 wurde bei 1,3 mm Wellenlänge gewonnen und zeigt klar eine ringförmige Struktur mit einer dunklen Zentralregion – die als Schatten des Schwarzen Lochs interpretiert wird. Um dieses sehr massereiche und kompakte Objekt bewegt sich mit hohen Geschwindigkeiten ein heißes Plasma. Die ringförmige Struktur auf dem Bild ist nichts anderes als Synchrotronstrahlung des heißen Plasmas um das Massenmonster, dessen Licht von ihm selbst wie durch eine Linse umgelenkt und verstärkt wird. Nach einer rund 55 Mio. Lichtjahre langen Reise trifft es dann auf die Teleskope des EHT-Verbundes. Die stärkste Energieerzeugung in einer Scheibe um ein schnell rotierendes Schwarzes Loch erfolgt nicht am Innenrand, durch die

Lage des ISCOs bestimmt, sondern bei etwa fünf Gravitationsradien Abstand vom Loch (s. Abb. 7.16). Das bestimmt das Maximum der Helligkeit in der ringförmigen Struktur, die in der Tat bei etwa fünf Gravitationsradien liegt (Abstand vom Zentrum 20 μas). Innerhalb des ISCOs entsteht praktisch keine Strahlung (dunkles Zentrum). Nach außen fällt die Helligkeit rasch ab. Die Aufhellung im unteren Teils des Ringes wird durch Beaming erklärt.

Der Zusammenschluss des EHT war eine gewaltige Herausforderung, die den Ausbau und die Verbindung eines weltweiten Netzwerks von acht bereits existierenden Teleskopen erforderte, die an einer Vielzahl von anspruchsvollen hochgelegenen Standorten zum Einsatz kamen (Abb. 7.23). Zu diesen Orten gehörten Vulkane in Hawaii und Mexiko, Berge in Arizona und der spanischen Sierra Nevada, die chilenische Atacama-Wüste und die Antarktis. Die EHT-Beobachtungen verwenden eine Technik, die als Interferometrie mit sehr langen Basisstrecken (VLBI) bezeichnet wird, die Teleskopanlagen auf der ganzen Welt synchronisiert und die Rotation unseres Planeten ausnutzt, um ein riesiges, erdumspannendes Teleskop zu simulieren, das bei einer Wellenlänge von 1,3 mm beobachtet. VLBI ermöglicht dem EHT eine Winkelauflösung von 20 Mikro-Bogensekunden – genug, um eine Zeitung in New York aus einem Café in Paris zu lesen. Im April 2017 verlinkten die Wissenschaftler zum ersten Mal acht Teleskope rund um den Globus und bildeten auf diese Weise ein virtuelles Teleskop, dessen Öffnung nahezu dem Durchmesser der Erde entsprach.

Mit der Errichtung des EHT und den Beobachtungen an M87 ist der Höhepunkt jahrzehntelanger Beobachtungsarbeit in technischer und theoretischer Hinsicht erreicht. Dieses Beispiel für globale Teamarbeit erforderte eine enge Zusammenar-

Abb. 7.23 Das Event Horizon Telescope (EHT) hat ein neues Fenster zum Universum geöffnet. EHT umfasst ab 2020 elf Teleskope auf der ganzen Welt und erreicht eine Auflösung von zehn Mikrobogensekunden bei einer Frequenz von 230–450 GHz. (Grafik: © NRAO)

beit von Forschern aus der ganzen Welt. Dreizehn Partnerinstitutionen arbeiteten bei der Schaffung des EHT zusammen und nutzten dabei sowohl die bereits vorhandene Infrastruktur als auch die Unterstützung durch eine Vielzahl von Behörden. Die wichtigsten Mittel wurden von der US National Science Foundation (NSF), dem Europäischen Forschungsrat (ERC) der EU und Fördereinrichtungen in Ostasien bereitgestellt.

Die Beobachtungen gehen weiter. Seit Ende 2018 ist auch NOEMA, das zweite IRAM-Observatorium in den französischen Alpen, Teil des weltweiten Verbundes. Mit seinen zwölf hochempfindlichen Antennen wird dieses Observatorium das leistungsfähigste des EHT auf der nördlichen Hemisphäre sein. In der Beobachtungsperiode 2017 entstanden auch Bilder von Sagittarius A*, dem supermassereichen Schwarzen Loch im Zentrum der Milchstraße. Dieses erscheint etwa gleich groß (es ist zwar etwa tausendmal näher als das Schwarze Loch in M 87, hat dafür aber rund tausendmal mehr Masse), ist dadurch dynamischer und die Bilder sind deshalb unschärfer. Es ist bisher nicht gelungen, den Schatten aufzulösen. Gegenwärtig sind nur die Schatten der Schwarzen Löcher von M 87 und unserer Milchstraße groß genug, um beobachtet zu werden.

7.5 Entropie eines Schwarzen Lochs

Ein Schwarzes Loch hat viele erstaunliche Eigenschaften. In diesem Abschnitt zeigen wir, wie man mit einfachen algebraischen Manipulationen wesentliche Eigenschaften des Kerr-Lochs herleiten kann.

7.5.1 Geometrie des Horizonts

Der Horizont des Schwarzen Lochs ist eine geschlossene 2-Fläche, die jedoch durch die Rotation abgeplattet ist (Abb. 7.24). Die Metrik dieses Ellipsoids kann in Kugelkoordinaten ausgedrückt werden:

$$ds_H^2 = \rho_H^2 \, d\theta^2 + R_H^2 \, d\phi^2 \,, \tag{7.82}$$

wobei die beiden Radien ρ_H und R_H aus der Kerr-Metrik folgen:

$$\rho_H^2 = r_H^2 + a^2 \cos^2 \theta = 2M_H r_H - a^2 \sin^2 \theta \tag{7.83}$$

$$R_H = \frac{\Sigma_H}{\rho_H} \sin \theta = \frac{2M r_H \sin \theta}{\sqrt{r_H^2 + a^2 \cos^2 \theta}} \,, \tag{7.84}$$

R_H ist eine Art Zylinderradius. Der Umfang am Äquator, $\theta = \pi/2$, beträgt

$$C_H = 2\pi \, R_H = 4\pi \, GM/c^2 = 2\pi \, R_S \tag{7.85}$$

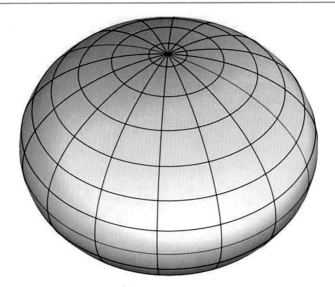

Abb. 7.24 Ein rotierender Horizont sieht wie eine rotierende Seifenblase aus. Wie die Oberfläche der Erde kann dieses Ellipsoid auch durch Breiten- (θ) und Längengrade (ϕ) gekennzeichnet werden. (Grafik: © Camenzind)

und ist unabhängig vom Drehimpuls. Das gilt nicht für die Oberfläche A_H des Horizonts, die sich wie folgt aus einer normalen 2-Fläche berechnen lässt:

$$
\begin{aligned}
A_H &= \int_0^\pi \int_0^{2\pi} \sqrt{g_{\theta\theta}\, g_{\phi\phi}}\, d\phi\, d\theta \\
&= 2\pi \int_0^\pi \sqrt{\sin^2\theta\, \Sigma^2}\, d\theta \\
&= 4\pi\,(r_H^2 + a^2) = 8\pi\,(GM/c^2)\,r_H
\end{aligned}
\tag{7.86}
$$

Nur im Falle des nichtrotierenden Horizonts, $a = 0$, beträgt diese $4\pi r_H^2$, mit anderen Worten, der Radius r ist nicht der Kugelradius der rotierenden Sphäre – was man auch von einem rotierenden Objekt erwartet. Die Boyer-Lindquist-Koordinaten sind gerade so deformiert, dass der Horizont eine Fläche mit $r = \text{const}$ darstellt. Im Vergleich zu einem nichtrotierenden Loch hat das rotierende Loch immer eine kleinere Horizontfläche. Bremsen wir also ein rotierendes Loch ab, dann nimmt die Horizontfläche zu.

7.5.2 Massenformel

Der israelische Physiker Jacob Bekenstein hat nun bereits Anfang der 1970er-Jahre gesehen, dass man mit dieser Formel etwas jonglieren kann. Wir starten vom Ausdruck für A_H, ersetzen a durch den Drehimpuls $J_H = a M_H$ und r_H^2 durch die Oberfläche A_H

$$A_H = 4\pi(r_H^2 + a^2) = 4\pi r_H^2 + 4\pi \, \frac{J_H^2}{M_H^2} = \frac{A_H^2}{16\pi M_H^2} + 4\pi \, \frac{J_H^2}{M_H^2}. \qquad (7.87)$$

Wir schreiben von nun an für die Masse auch M_H. Diese Beziehung lösen wir nach der Masse auf und erhalten so in geometrischen Einheiten $G = 1 = c$

$$\boxed{M_H = M_H(A_H, J_H) = \sqrt{\frac{A_H}{16\pi} + 4\pi \, \frac{J_H^2}{A_H}}.} \qquad (7.88)$$

Das bedeutet physikalisch, dass die **totale Energie** $M_H c^2$ **eines rotierenden Schwarzen Lochs** (sprich Masse nach Einstein) zwei Anteile hat: eine Ruhemasse entsprechend dem ersten Ausdruck, häufig auch als **irreduzible Masse** M_{irr} bezeichnet, und eine Rotationsenergie im zweiten Ausdruck. Dabei addieren sich die beiden Teile quadratisch und nicht linear, wie es sich relativistisch gehört.

7.5.3 Oberflächengravitation

Die Variation dieser Energie nach der Oberfläche definiert die sogenannte Oberflächengravitation κ_H und die Variation nach dem Drehimpuls die Rotation Ω_H

$$\frac{\kappa_H}{8\pi} = \left(\frac{\partial M_H}{\partial A_H}\right)_{J_H}, \quad \Omega_H = \left(\frac{\partial M_H}{\partial J_H}\right)_{A_H}. \qquad (7.89)$$

Dabei folgt in physikalischen Einheiten

$$\boxed{\kappa_H = \frac{c^2(r_H - r_g)}{2r_g r_H}.} \qquad (7.90)$$

$r_g = GM/c^2$ ist der Gravitationsradius und Ω_H ist durch (7.71) gegeben. Von der Dimension her betrachtet ist κ_H eine Beschleunigung, also sozusagen das g auf dem Horizont. Hier ist schon ersichtlich, dass κ_H auf dem Horizont konstant bleibt, obschon er abgeplattet ist, und dass κ_H im Falle der extremen Kerr-Geometrie mit $a = 1$ verschwindet, da dann $r_H = r_g$.

7.5.4 Hauptsätze der Schwarz-Loch-Entwicklung

Durch Arbeiten von James Bardeen, Brandon Carter, Stephen Hawking und anderen in den 1970er-Jahren wurde offenbar, dass es große, zunächst formale Ähnlichkeiten zwischen dem Verhalten stationärer Schwarzer Löcher und den Gesetzen der Thermodynamik gibt. Zunächst konnte man zeigen, dass die Gravitation κ_H auf der Oberfläche (auf dem Ereignishorizont) eines solchen Schwarzen Lochs konstant ist. Dies entspricht dem **0. Hauptsatz der Thermodynamik,** der besagt, dass die Temperatur eines sich im thermischen Gleichgewicht befindlichen Systems überall im System die gleiche ist. Aus Gl. (7.88) erhält man sofort, dass die Massenveränderung eines Schwarzen Lochs im Verlauf seiner Entwicklung proportional zum Produkt aus Gravitation auf der Oberfläche und der Veränderung der Oberfläche sowie des Drehimpulses ist:

$$\boxed{dM_H = \frac{\kappa_H}{8\pi} dA_H + \Omega_H \, dJ_H} \tag{7.91}$$

Dies entspricht dem **1. Hauptsatz der Thermodynamik.** Für thermodynamische Systeme lautet der formal analoge 1. Hauptsatz, dass die Veränderung der Energie E proportional zum Produkt aus Temperatur und Veränderung der Entropie sowie der geleisteten Arbeit ist:

$$dE = T \, dS + dW \tag{7.92}$$

Daraus hat man geschlossen, dass κ_H etwas mit der Temperatur eines Schwarzen Lochs zu tun haben sollte und die Oberfläche A_H etwas mit dessen Entropie. Diese Ausdrücke sind aber nur bis auf eine Konstante bestimmt. Die Entropie S ist eine Art Maß für die Anzahl Mikrozustände im System. Ein Satz von Hawking aus dem Jahr 1971 besagt ferner, dass die Oberfläche eines Schwarzen Lochs im Verlauf der Entwicklung nur zunehmen kann, $\delta A_H > 0$. Entsprechend kann die Entropie eines thermodynamischen Systems nur zunehmen, nach dem 2. Hauptsatz der Thermodynamik, $\delta S > 0$. Schließlich kann die Gravitation auf der Oberfläche eines Schwarzen Lochs nicht in endlicher Zeit den Wert null erreichen. Analog sagt der 3. Hauptsatz der Thermodynamik, dass die Temperatur eines thermodynamischen Systems nicht in endlicher Zeit den Wert null erreichen kann.

Es entsteht also eine verblüffende Parallele dieser beiden Prozesse, wenn man die Begriffe wie folgt austauscht (Tab. 7.1): Gravitation auf der Oberfläche κ_H des Schwarzen Lochs und Temperatur T_H, Masse M_H des Schwarzen Lochs und Energie, Oberfläche A_H des Schwarzen Lochs und Entropie S_H. Diese überraschende, aber zunächst rein formale Tatsache konnte dann erst mittels der Hawking-Strahlung erklärt werden, mit deren Hilfe man einem Schwarzen Loch aufgrund seiner der Schwarzkörperstrahlung entsprechenden Strahlung eine Temperatur T_H zuordnen kann (Hawking 1976). Hawking zeigte 1974, dass

$$\boxed{T_H = \frac{\hbar}{2\pi k_B c} \kappa_H \simeq 6{,}17 \times 10^{-8} \, K \, \frac{M_\odot}{M_H} \frac{\sqrt{1-a^2}}{1+\sqrt{1-a^2}} \, ,} \tag{7.93}$$

wobei κ_H die Gravitation auf der Oberfläche des Schwarzen Lochs bezeichnet. $\hbar$ ist das Planck'sche Wirkungsquantum, k_B die Boltzmann-Konstante. Hat aber das Schwarze Loch eine Temperatur, so macht es auch Sinn, von der Thermodynamik Schwarzer Löcher zu sprechen. Für astrophysikalische Löcher ist diese Temperatur so gering, dass sie im normalen Photonengas immer untergeht.

Tab. 7.1 Die vier Hauptsätze der Schwarz-Loch-Entwicklung stehen in einem Eins-zu-eins-Verhältnis zu den vier Hauptsätzen der klassischen Thermodynamik. Der 3. Hauptsatz impliziert insbesondere, dass eine extreme Kerr-Lösung mit $a = 1$ im Kosmos nie gefunden wird

Hauptsatz	Thermodyn. System	Schwarzes Loch
Nullter	$T = $ const im Gleichgewicht im therm. Gleichgewicht	$\kappa_H = $ const auf Kerr-Horizont für stationäre SL
Erster	$dE = T\,dS + dW$	$dM_H = \frac{\kappa_H}{8\pi}\,dA_H + \Omega_H\,dJ_H$
Zweiter	Entropie nimmt zu, $\delta S \geq 0$ für alle Prozesse	Oberfläche nimmt zu, $\delta A_H \geq 0$ sparabreak für alle Prozesse mit SL
Dritter	$T = 0$ wird nie erreicht	$\kappa_H = 0$ ($a = 1$) wird nie erreicht

7.5.5 Bekenstein-Entropie eines Schwarzen Lochs

Da wir jetzt den wahren Ausdruck für die Temperatur kennen, folgt auch der wahre Ausdruck für die **Entropie eines Schwarzen Lochs**

$$\boxed{S_H = \frac{k_B c^3}{4\hbar G}\,A_H = \frac{k_B}{4}\,\frac{\text{Horizontflaeche}}{(\text{Planck} - \text{Laenge},\ 1{,}6 \times 10^{-33}\,\text{cm})^2}}\ . \tag{7.94}$$

Dabei ist $\Lambda_P = \sqrt{\hbar G/c^3} = 10^{-35}$ m als Planck-Länge definiert. Die Entropie eines Schwarzen Lochs wird also dadurch gewonnen, dass wir die Oberfläche des Schwarzen Lochs in Planck-Zellen triangulieren und dann die Anzahl Planck-Zellen abzählen (Abb. 7.25). Die gesamte Entropie des Schwarzen Lochs ist gleich der Fläche des Ereignishorizonts. Die einzelnen Flächenelemente des Ereignishorizonts entsprechen dem Quadrat der Planck-Länge. Dies entspricht einer gewaltigen Entropie für stellare Schwarze Löcher:

$$S_H = \frac{16\pi k_B}{4\hbar}\,M_H^2 = 1{,}05 \times 10^{77}\,k_B \left(\frac{M_H}{M_\odot}\right)^2\ . \tag{7.95}$$

Im Vergleich dazu beträgt die Entropie in der Sonne $S_\odot \simeq 10^{58}\,k_B$. Da die Entropie quadratisch mit der Masse des Schwarzen Lochs skaliert, nimmt die Entropie von supermassereichen Schwarzen Löchern in galaktischen Kernen noch exotischere Werte an.

Warum ist die Entropie durch die Oberfläche bestimmt und nicht durch das Volumen? Und was hat diese Entropie zu bedeuten? Bedeutet diese Flächenabhängigkeit, dass sich bei einem Schwarzen Loch die Freiheitsgrade auf dem Ereignishorizont befinden? Die Quantenfreiheitsgrade eines Schwarzen Lochs hängen also mit seiner Oberfläche zusammen. Gibt es also keine Quantenfreiheitsgrade in seinem Inneren? Genaues dazu weiß man heute noch nicht. Es könnte sein, dass innere Freiheitsgrade einfach von außen nicht zugänglich sind. Oder aber sie werden von den Oberflächenfreiheitsgraden dominiert bzw. sie entsprechen eins-zu-eins den Oberflächenfreiheitsgraden. Diese dritte Möglichkeit bezeichnet man auch als **holografisches**

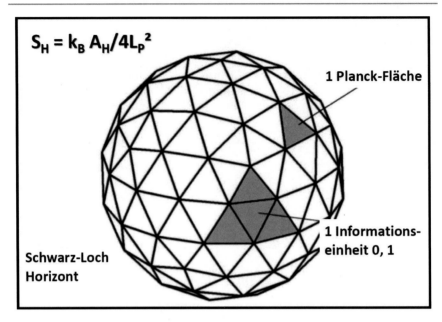

Abb. 7.25 Die Entropie eines Schwarzen Lochs misst die Anzahl Planck-Zellen auf dem Horizont.
Die einzelnen Flächenelemente des Ereignishorizonts entsprechen dem Quadrat der Planck-Länge
$L_P = 10^{-35}$ m. (Grafik: © Camenzind)

Prinzip, das von Gerardus 't Hooft und Leonard Susskind entwickelt wurde. So wie
ein Hologramm auf einem zweidimensionalen Fotofilm Informationen über einen
dreidimensionalen Gegenstand speichert, so könnte auch jedem inneren Freiheitsgrad ein gleichwertiger Freiheitsgrad auf der Oberfläche entsprechen. Demnach gäbe
es im Inneren des Schwarzen Lochs keine unabhängigen Vorgänge, die sich nicht
auf dem Ereignishorizont widerspiegeln. Jede Information wird auf der Fläche des
Ereignishorizonts kodiert. Tatsächlich kennt man mittlerweile Beispiele für Quanten-
theorien, bei denen eine höherdimensionale Theorie einer niedrigerdimensionalen
Theorie zu entsprechen scheint – und zwar nicht nur bei einem Schwarzen Loch.
Womöglich kann man unser gesamtes Universum durch eine Theorie beschreiben,
die nur zwei statt drei Raumdimensionen kennt, analog zu einem Hologramm. Das
holografische Prinzip hat also durchaus gewisse Chancen, ein zentrales Prinzip oder
zumindest ein weiterführender Gedanke einer Quantengravitationstheorie zu sein.
Allerdings bleibt abzuwarten, ob es sich wirklich bewährt.

▶   ⇒ Vertiefung 7.9: Wie lauten die Planck-Einheiten der Physik?

7.5.6 Rotationsenergie Schwarzer Löcher

Die **Rotationsenergie** eines Schwarzen Lochs ergibt sich durch Subtraktion der Ruheenergie

$$E_{\text{rot}} = c^2 (M_H - M_{\text{irr}}) = c^2 \left[\sqrt{M_{\text{irr}}^2 + \frac{J_H^2}{4 M_{\text{irr}}^2}} - M_{\text{irr}} \right] \qquad (7.96)$$

oder

$$E_{\text{rot}} = M_H c^2 \left[1 - \sqrt{\frac{1}{2}(1 + \sqrt{1 - a^2})} \right] \simeq 5 \times 10^{54} \, a^2 \, M_{H,8} \, \text{Joule}, \qquad (7.97)$$

wobei $M_{H,8}$ die Masse des Schwarzen Lochs in Einheiten von 100 Mio. Sonnenmassen ist. Das Maximum dieser Rotationsenergie beträgt

$$E_{\text{Rot,max}} = (1 - \sqrt{1/2}) M_H c^2 = 0,29 \, M_H c^2, \qquad (7.98)$$

d. h. 29 % der totalen Energie eines schnell rotierenden Schwarzen Lochs steckt in der Rotation. Nur im Falle langsam rotierender Objekte addieren sich die Energien linear,

$$E_{\text{rot}} \simeq \frac{1}{2} I_H \Omega_H^2, \quad I_H = M_H r_H^2. \qquad (7.99)$$

Im Vergleich zu massereichen Rotatoren derselben Masse steckt in einem rotierenden Schwarzen Loch wesentlich mehr Energie. In diesem Sinne besitzt ein akkretierendes Schwarzes Loch zwei Energiekanäle: Akkretionsenergie und Rotationsenergie. Wenn es gelingt, diese Rotationsenergie über die Lebensdauer eines Schwarzen Lochs anzuzapfen (z. B. durch magnetische Kopplung in der Ergosphäre), dann ist dieser Energiekanal vergleichbar zum Akkretionskanal. Diese magnetische Kopplung ist ähnlich zur magnetischen Kopplung des Pulsarwindes bei rotierenden Neutronensternen. Hier ist der Abbau der Rotationsenergie direkt über die Abbremsung des Pulsars beobachtbar.

▶ ⇒ Vertiefung 7.10: Welche Eigenschaften hat das Schwarze Loch in M87?

7.5.7 Was ist Entropie?

Entropie ist kein einfacher Begriff der Physik. Entropie hängt ursprünglich sehr eng mit dem Begriff der Wärme zusammen und ist in der Thermodynamik wesentlich für den 2. und 3. Hauptsatz. Die Entropie S (Einheit J/K) ist eine extensive Zustandsgröße eines physikalischen Systems und verhält sich bei Vereinigung mehrerer Systeme additiv wie das Volumen, $S = S_1 + S_2$, $S = S(E, V, N)$.

Betrachten wir etwa ein Kartenspiel mit N Karten oder eine Bibliothek mit N Büchern. In diesen Systemen gibt es nur eine Anordnung, die völlig geordnet ist – Karten in ihrer Reihenfolge oder Bücher schön alphabetisch geordnet. Wir drücken nun den Grad der Unordnung eines Systems durch die Zahl Ω der möglichen Zustände aus. Für völlige Ordnung gilt $\Omega = 1$ (alle Bücher alphabetisch geordnet), mit zunehmender Unordnung nimmt Ω schnell zu. Da Ω sehr schnell wächst, ist eine geeignete Definition von Entropie

$$\boxed{S = k_B \ln(\Omega)\,.}$$
(7.100)

Aus historischen Gründen wird Entropie in Einheiten der Boltzmann-Konstanten k_B gemessen. Da $\ln(x \cdot y) = \ln(x) + \ln(y)$ ist, erfüllt diese Definition die geforderte Additivität.

Statistisch und quantenmechanisch beschreibt Entropie die Zahl möglicher Mikrozustände, durch die der beobachtete Makrozustand des Systems realisiert werden kann.

Ein Mikrozustand beschreibt ein physikalisches System vollständig. In der klassischen Physik ist er durch die Positionen und Geschwindigkeiten aller Teilchen charakterisiert. Die Gesamtheit aller Mikrozustände, die mit bestimmten makroskopischen Vorgaben vereinbar sind, bezeichnet man als Makrozustand (thermodynamischer Zustand). Typische Vorgaben sind: Gesamtenergie E, Temperatur T, Volumen V, Druck P oder Zahl der Teilchen N. Die Thermodynamik beschäftigt sich mit Änderungen dieser thermodynamischen Zustandsgrößen. Die Zahl der in einem Makrozustand enthaltenen Mikrozustände kann daher enorm groß sein.

Die Bewegung der Teilchen in einem für einen Makrozustand typischen Mikrozustand ist ungeordnet – die Teilchen bewegen sich in alle möglichen Richtungen und können sich an allen möglichen Orten aufhalten. Mikrozustände, in denen sich die Teilchen z. B. geordnet in eine Richtung bewegen oder in denen sie nur einen Teil des zur Verfügung stehenden Raumes einnehmen, sind vergleichsweise extrem selten.

Anhand des Beispiels einer Bibliothek erkennt man auch folgendes Verhalten:

- Wenn man die Bibliothek nur den Lesern überlässt, so wird die Unordnung mit der Zeit zunehmen, nie abnehmen.
- Es gibt einen Maximalwert der Unordnung – wenn alle Bücher möglicherweise verstellt sind. Auch wenn sich durch weitere Benutzer der Bibliothek die Reihung der Bücher verändert, bleibt der Grad der Unordnung bestehen.
- Nur durch ein Eingreifen von außen (durch den Bibliothekar) kann die Unordnung wieder abnehmen.

Es war daher völlig überraschend, dass sich die Oberfläche A_H eines Schwarzen Lochs wie die Entropie verhält. Naiv war zu erwarten, dass die Entropie proportional zum Volumen ausfällt.

7.5.8 Informationsverlustparadoxon

Eng verwandt mit der Entropie ist das sogenannte Informationsproblem Schwarzer Löcher: Kann Information in einem Schwarzen Loch verschwinden? Entropie kann nicht verschwinden, wie wir oben gesehen haben. Stürzt ein Körper in ein Schwarzes Loch, so wird dadurch keine Entropie vernichtet, sondern die Entropie des Schwarzen Lochs wächst mindestens um den Entropiebetrag des Körpers an (meist sogar viel stärker). Nun hängen Entropie und Information eng miteinander zusammen, sodass sich die Frage nach dem möglichen Verschwinden von Information in einem Schwarzen Loch fast zwangsläufig stellt.

Nach ihrer Definition sind Schwarze Löcher Bereiche, aus denen nichts mehr entweichen kann. Geht man nun weg von der klassischen Allgemeinen Relativitätstheorie und will man quantenmechanische Effekte mitberücksichtigen, so ändert sich die Situation fundamental, wie Stephen Hawking 1975 zeigte (Hawking 1976). Ein grundlegendes Konzept in der Quantenfeldtheorie sind Teilchen-/Antiteilchen-Paare (zum Beispiel Elektron und Positron), die auch im Vakuum für kurze Zeit spontan entstehen können. Befindet sich ein solches Paar in der Nähe des Ereignishorizonts eines Schwarzen Lochs, so kann es passieren, dass eines der beiden Teilchen den Ereignishorizont durchquert und verschwindet, während das zweite im Außenbereich verbleibt.

Ein Beobachter weit außerhalb des Schwarzen Lochs registriert dann nur das zweite Teilchen, also einen Massen- oder Energiefluss weg vom Schwarzen Loch aufgrund der Energieerhaltung. Auf diese Weise kommt es zu einem Strahlungsphänomen, welches als Hawking-Strahlung bezeichnet wird. Einen experimentellen Beweis für die Hawking-Strahlung allgemein gibt es nicht. Die Hawking-Strahlung wird, ähnlich der thermischen Strahlung, welche ein das Licht absorbierender Körper aussendet, beschrieben durch ihre Temperatur proportional zur inversen Masse des Schwarzen Lochs. Insbesondere kann die Hawking-Strahlung also keine feinere strukturelle Information enthalten und aus dem Schwarzen Loch heraus transportieren. Diese Beobachtung führt nun zum sogenannten **Informationsverlustparadoxon**. Obwohl der Energieverlust des Schwarzen Lochs bei einer Paartrennung sehr klein sein wird (und dabei noch umso kleiner, je größer die Masse des Schwarzen Lochs ist), so könnte doch das gehäufte Auftreten dieses Mechanismus das Schwarze Loch sogar ganz verdampfen lassen. Alle dem Schwarzen Loch übersandte Information würde auf diese Weise komplett verloren gehen, da sie durch die Hawking-Strahlung nicht wieder zu reproduzieren wäre.

Nun ist aber ein Grundpfeiler der Quantenphysik die Reversibilität (Umkehrbarkeit) der stattfindenden Prozesse, was in der beschriebenen Situation dann nicht der Fall ist. Dieses Informationsverlustparadoxon war der Gegenstand einer bekannten Wette der Physiker Stephen Hawking und Kip Thorne gegen John Preskill. Im Jahre

1997 wetteten die Ersteren, dass die Situation so ist, wie oben beschrieben: Es gibt keine, wie auch immer geartete Möglichkeit, Information aus einem verdampften Schwarzen Loch wieder zu extrahieren. Dagegen wettete Preskill, dass, weil möglicherweise das Verständnis der Zusammenhänge von Allgemeiner Relativitätstheorie und Quantenphysik noch nicht ausgereift genug sei, es letztendlich eine Möglichkeit gäbe, die Information aus dem Schwarzen Loch zurückzugewinnen.

Zur allgemeinen Überraschung gab Hawking die Wette 2004 auf und erklärte sich mit Preskills Standpunkt konform. Die Gründe dafür, obwohl in einer Publikation dargelegt, bleiben trotzdem etwas im Dunkeln und könnten mit Fortschritten in der sogenannten String-Theorie zu tun gehabt haben. Legt man aber mathematisch rigorose Maßstäbe an, so erscheinen viele mit dem Informationsverlustparadoxon verbundene Fragen und Antworten spekulativ.

Letztlich können all diese Fragen wohl nur durch eine Quantentheorie der Gravitation endgültig gelöst werden, denn nur eine solche Theorie kann Quantenmikrozustände eines Schwarzen Lochs korrekt beschreiben. Sie muss den obigen Zusammenhang zwischen Entropie und Horizontfläche wiedergeben; denn man hat heute kaum noch Zweifel an der fundamentalen Gültigkeit dieser tiefgreifenden Beziehung. Insofern hat die Betrachtung der Entropie Schwarzer Löcher einen wichtigen Prüfstein für solche Theorien geliefert, an dem diese sich messen lassen müssen. Die beiden besten Kandidaten (String-Theorie und Loop-Quantengravitation) scheinen hier erste Erfolge vorweisen zu können. Meines Wissens ist die Entropie Schwarzer Löcher heute die einzige Beziehung, die Allgemeine Relativitätstheorie (also Gravitation) und Quantentheorie sowie Thermodynamik miteinander verknüpft. Ob daraus abgeleitete Ideen wie das holografische Prinzip sich bewähren, wird man sehen. In jedem Fall stellt die Entropie Schwarzer Löcher sicher einen ganz wesentlichen Meilenstein auf dem Weg zu einer Quantentheorie der Gravitation dar.

▶   ⇒ Vertiefung 7.11: Bedeutung der Entropie eines Schwarzen Lochs?

7.5.9 Singularitäten und Quantengravitation

Immer wenn in der Physik Singularitäten auftreten, ist etwas faul an der Theorie. Dazu gibt es eine Menge Beispiele aus der Geschichte der Physik. Sind also die Singularitäten der Schwarzen Löcher ein Zeichen dafür, dass die Grenzen der Einstein'schen Theorie der Gravitation erreicht sind? Die Theorie einer Quantengravitation soll die Quantentheorie und die Allgemeine Relativitätstheorie in Einklang bringen. Doch die Suche nach ihr ist seit fast 70 Jahren ein ungelöstes Problem, gewissermaßen der **heilige Gral** der Grundlagenphysik. Ein guter Kandidat ist die Schleifenquantengravitation (engl. *Loop Quantum Gravity*), die sich in den letzten 20 Jahren vielversprechend entwickelt hat.

In der Natur kennen wir vier Kräfte: die elektromagnetische, die schwache, die starke und die Gravitationskraft. Obwohl im Alltag so vertraut, ist die Gravitation die physikalisch am schlechtesten verstandene Kraft. Im Gegensatz zu den anderen Kräften wehrt sie sich dagegen, quantisiert zu werden. Die Quantisierung der anderen Kräfte resultiert in der Quantenelektrodynamik, Quantenflavourdynamik und Quantenchromodynamik. Jede dieser Theorien, beschrieben im Standardmodell der Materie, wurde an großen Beschleunigeranlagen präzise vermessen und experimentell extrem gut bestätigt.

Das Problem bei der Gravitation besteht darin, dass diese eigentlich keine Kraft ist – Gravitation is Krümmung. Ein Planet umrundet einen Stern nicht, weil Austauschteilchen (sprich Gravitonen) zwischen beiden eine Kraft vermitteln. Das so intuitive Bild der Austauschteilchen ist grundlegend für Quantenfeldtheorien. Beispielsweise vermitteln in der Quantenelektrodynamik virtuelle Photonen die Coulomb-Kraft zwischen elektrisch geladenen Teilchen. Auf die Gravitation ist dieses Bild jedoch nicht anwendbar. Der Planet umrundet den Stern, anstatt auf einer geraden Linie zu fliegen, weil der Stern die Geometrie der Raum-Zeit krümmt.

Eine grundlegende Eigenschaft der Allgemeinen Relativitätstheorie ist, dass die Geometrie nicht vorgegeben ist. Sie muss dynamisch, im Gleichklang mit der vorhandenen Materie aus den Einstein'schen Gleichungen bestimmt werden. Die Allgemeine Relativitätstheorie ist somit eine hintergrundunabhängige Theorie: In ihr gibt es keine ausgezeichnete (Minkowski-)Metrik – oder irgendeine andere Hintergrundsmetrik. Vielmehr ist die Metrik selbst eine dynamische Variable. An diesem Prinzip der Hintergrundunabhängigkeit scheiterten alle bisherigen Versuche, eine gültige Theorie der Quantengravitation zu formulieren. Quantenfeldtheorien sind allesamt hintergrundabhängige Theorien. Die Axiome der Quantenfeldtheorie, also der Anwendung der Quantentheorie auf die Materie(felder), wie das im Standardmodell der Teilchenphysik geschieht, verlangen in der Tat zwingend, dass man einen Hintergrund vorgibt. Eine gegebene klassische Feldtheorie wie Maxwells Theorie des Elektromagnetismus wird quantisiert, indem man eine Algebra der Feldoperatoren angibt und diese dann auf einem Hilbert-Raum realisiert.

Der Stachel im Fleisch der Physiker sind die Singularitäten in Schwarzen Löchern und im Urknall, weil dort nach der Allgemeinen Relativitätstheorie Energie, Dichte, Druck und Krümmung unendlich werden und Raum und Zeit verschwinden. Eine solche Singularität markiert die Stelle, an der die bekannten Gesetze der Physik versagen, und bedeutet somit das Ende der Gültigkeit klassischer Theorien. Als Einzige können Theoretische Physiker weiterhelfen – mit leistungskräftigen, realistischen Modellen und Berechnungen. In diesem Sinne sind Abhay Ashtekar, Physik-Professor an der Pennsylvania State University, und sein ehemaliger Postdoc Martin Bojowald dabei, das Geheimnis der Schwarzen Löcher zu lüften. Ihr verblüffendes Resultat: Alles, was die Schwerkraftmonster verschlungen haben, speien sie eines Tages auch wieder aus.

Für die makroskopische Charakterisierung Schwarzer Löcher reichen die Allgemeine Relativitätstheorie sowie Quantisierungen der Materie und Strahlung aus. Für ein Verständnis der Zentralregion bedarf es aber einer Theorie der Quantengravitation, die auch Raum und Zeit quantenphysikalisch beschreiben. Die Quantengeometrie ist nicht nur ein erfolgversprechender Kandidat dafür, sondern sie hat sich bereits dabei bewährt, das Singularitätsproblem aus der Welt zu schaffen – nämlich in der Kosmologie. Martin Bojowald konnte zeigen, wie sich die ominöse Urknallsingularität vermeiden lässt, wenn die Zeit nicht kontinuierlich fließt, sondern getaktet voranschreitet: Dann ist der Urknall nicht der Anfang von allem, sondern nur ein Übergang – das Ende eines in sich zusammengestürzten Universums und zugleich der Beginn der Ausdehnung eines neuen.

Hawkings 1976 veröffentlichtes Paradoxon war folglich nur ein scheinbares. Nach Ansicht von Ashtekar vernachlässigte Hawking die Quantennatur der Geometrie nahe der klassischen Singularität, und diese kleinen Effekte kehren die Schlussfolgerung über den Informationsverlust um. Das augenscheinliche Paradoxon entstand, weil man darauf insistierte, die klassischen Raum-Zeit-Begriffe bis hin zur Singularität anzuwenden. Das ist ein wenig so, als wolle man in der Quantenmechanik die klassischen Elektronenbahnen ernsthaft im Atom verfolgen.

Aus der Perspektive der Quantengeometrie verschwinden Materie und Energie also nicht in der Singularität oder werden in Hawking-Strahlung umgewandelt, sondern bleiben in einem zusammengeklumpten Haufen erhalten. Doch in seinem Mittelpunkt ist die Dichte nicht unendlich hoch – das verbieten die Gesetze der Quantengeometrie. Die Materie ist dort völlig entartet und durch die starke Raum-Zeit-Krümmung deformiert. Aber die grundlegenden physikalischen Eigenschaften sind noch da und kommen mit all ihren Ladungen und Quantenzahlen irgendwann wieder zum Vorschein. Und wenn das Schwarze Loch rotierte oder elektrisch geladen war, dann rotiert der kompakte Materiehaufen noch immer und strahlt weiterhin Drehimpuls in Form von Gravitationswellen ab bzw. bleibt elektrisch geladen und hört nicht auf, elektromagnetische Strahlung loszuschicken.

Über den genauen Zustand der zerquetschten Materie können Physiker keine Aussagen machen. Denn für die extremen Verhältnisse gibt es noch keine gute Theorie. Aber es muss sich um physikalische Zustände handeln, wie sie auch weniger als eine Milliardstel Sekunde nach dem Urknall geherrscht haben. Die Zustandsgrößen sind für die Quantengeometrie allerdings nicht entscheidend. *Auf die Details der Materieeigenschaften kommt es bei den allgemeinen Aussagen unseres Modells nicht an,* freut sich Bojowald. Das sehen Kritiker, insbesondere aus der Perspektive der String-Theorie, allerdings anders.

7.6   Schwarze Löcher als astronomische Objekte

Schwarze Löcher sind die kompaktesten Objekte des Kosmos (Abb. 7.26). Sie bilden eine Art Grundzustand der Gravitation. Der Nachweis der Schwarzen Löcher ist schwierig, da die Oberfläche dieser Objekte nach Definition nicht strahlen kann.

7.6.1   Stellare Schwarze Löcher

Man sucht deshalb nach Doppelsternsystemen mit kompakten Partnern, deren Masse die Obergrenze für Neutronensterne übersteigt (Tab. 7.2). Diese Systeme zeigen im Allgemeinen schnell veränderliche Röntgenstrahlung (mit Flickering im Bereich von Millisekunden). Die besten Kandidaten sind heute X-7 in Messier 33 (Abb. 7.27), Cygnus X–1 (hat einen O-Stern mit Masse von $20 - 25\ M_\odot$ als Partner), GX 339-4,

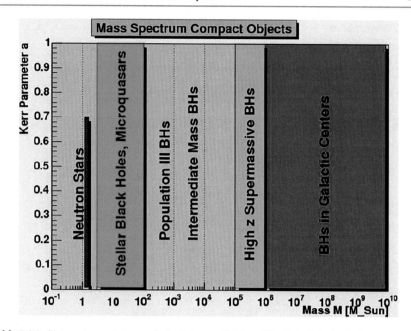

Abb. 7.26 Glatzenebene: Astronomische Schwarze Löcher (SL) sind allein durch ihre Masse und ihren Drehimpuls (Kerr-Parameter a) bestimmt. Wir unterscheiden heute drei Massenbereiche: (i) stellare SL (Mikroquasare), (ii) intermediäre SL, die noch hypothetisch sind, (iii) SL in Zentren von Galaxien (Quasare, Radiogalaxien). (Grafik: © Camenzind)

LMC X-1 und A0620-00 (mit massearmen Begleitern). Es handelt sich dabei jeweils um *spektroskopische Doppelsterne*. Dabei kann die Masse des Schwarzen Lochs aus der Massenfunktion abgeleitet werden

$$f(M_1, M_2, \sin i) = \frac{M_2^3 \sin^3 i}{(M_1 + M_2)^2} = \frac{v_1^3 P}{2\pi G}. \tag{7.101}$$

Typischerweise kann M_1 aus dem Spektraltyp des optischen Begleiters abgeleitet und $\sin i$ aus Bedeckung abgeschätzt werden. Damit erhält man dann eine Untergrenze an die Masse M_2 des kompakten Begleiters. Im Falle von Cyg X-1 ergibt sich $M_2 \simeq (10 - 15)\, M_\odot$. Die Massenfunktionen der massearmen Systeme betragen einige Sonnenmassen. Im Falle von A0620–00 ist der Partnerstern ein K–Zwerg mit $0,7\, M_\odot$, das System hat eine Bahnperiode von $7,75$ h, und die Doppleramplitude beträgt 450 km/s. Damit können wir die Massenfunktion nach der Masse M_2 des kompakten Begleiters auflösen:

$$M_2 = \frac{P v_1^3}{2\pi G} \frac{1}{\sin^3 i} \left(1 + \frac{M_1}{M_2}\right)^2 \tag{7.102}$$

Da keine Bedeckungen sichtbar sind, gilt $i < 80^o$, und deshalb bekommt man eine untere Schranke an die Masse des kompakten Begleiters

$$M_2 > 3,18\, M_\odot, \quad M_1 = 0,7\, M_\odot. \tag{7.103}$$

Tab. 7.2 Stellare Schwarze Löcher mit Bahnperiode, stellarem Partner, Massen und Spin

Objekt	Bahnperiode	Donorstern	Masse BH [$M_\odot$]	Spin a
GRS1915+105	33,5 d	K/M III	$10,1 \pm 0,6$	$> 0,95$
V404 Cyg	6,470 d	K0 IV	12 ± 2	–
Cyg X-1	5,600 d	O9.7ab	$14,8 \pm 1,0$	$0,96 - 0,99$
LMC X-1	3,909 d	O9 IIIa	$10,9 \pm 1,4$	$0,92 \pm 0,5$
M33 X-7	3,45 d	O7 III	$15,6 \pm 1,4$	$0,84 \pm 0,05$
XTE J1819-254	2,816 d	B9 III	$7,1 \pm 0,3$	–
GRO J1655-40	2,620 d	F3 IV	$6,3 \pm 0,3$	$0,6 - 0,8$
LMC X-3	1,704 d	B3 V	$7,6 \pm 1,2$	$0,2 - 0,4$
IC X-10	34,4 h	W He 35	$24 - 33$	–
GX 339-4	1,7557 d	B0 V	$> 5,8$	$0,93 \pm 0,04$
XTE J1550-564	1,542 d	G8 IV	$9,1 \pm 0,6$	$0,34 \pm 0,2$
4U 1543-47	1,125 d	A2 V	$9,4 \pm 1,0$	$0,75 - 0,85$
H 1705-250	0,520 d	K3 V	$6,0 \pm 2$	–
GS1124-168	0,433 d	K3 V	$7,0 \pm 0,6$	–
GS2000+25	0,345 d	K3 V	$7,5 \pm 0,3$	–
A 0620-00	0,325 d	K4 V	$6,6 \pm 0,25$	$0,0 - 0,2$
XTE J1650-500	0,321 d	K4 V	$3,8 \pm 0,5$	–
GRS1009-45	0,283 d	K7 V	$5,2 \pm 0,6$	–
GRO J0422+32	0,212 d	M2 V	4 ± 1	–
XTE J1118+480	0,171 d	K5 V	$6,8 \pm 0,4$	–

Diese Masse liegt eindeutig über der Massengrenze von 2,0 Sonnenmassen für stabile Neutronensterne.

In den letzten Jahren sind im Röntgen- und im Radiobereich neue Kandidaten für stellare Schwarze Löcher entdeckt worden (1E 1740.7-2942, GRS1915+105, GRO J1655-40), die sich teilweise im Bereich des galaktischen Zentrums befinden. Die beiden letzten Quellen sind sogenannte Mikroquasare, da sie relativistische Jets aufweisen, die eine Geschwindigkeit von 0,92 c zeigen. Es ist interessant, dass auch die stellaren Schwarz-Loch-Kandidaten relativistische Jets aufweisen, in Analogie zu den supermassereichen Schwarzen Löchern in elliptischen Galaxien. An sich enthält unsere Galaxis wahrscheinlich etwa eine Million stellarer Schwarzer Löcher, doch nur wenige sind bis heute gefunden worden.

Mikroquasare

Im Gegensatz zu einem Quasar, bei dem es sich um einen aktiven Galaxienkern mit einem supermassereichen Schwarzen Loch handelt, besteht ein Mikroquasar aus einem Doppelsternsystem mit einem stellaren Schwarzen Loch oder einem Neutronenstern als Partner. Dieser kollabierte Kern, der Neutronenstern oder das Schwarze Loch, wird dabei von einem normalen Stern in einem sehr engen Orbit umkreist. Dabei akkretiert das komprimierte Objekt Materie von dem Begleitstern und stößt

Abb. 7.27 Der beste Kandidat für ein stellares Schwarzes Loch befindet sich in der Dreiecksgalaxie Messier 33 – die Röntgenquelle X-7, die periodisch alle 3,45 Tage durch den Begleitstern verdeckt wird. Dadurch konnte die Masse des Schwarzen Lochs sehr genau zu 15,7 Sonnenmassen bestimmt werden. Der Begleitstern ist ein blauer Überriese mit 70 Sonnenmassen und $T_{\mathrm{eff}} = 35.000$ Kelvin, der periodisch die Röntgenquelle bedeckt. (Grafik: © NASA/CXC/M. Weiss)

diese in Form von bipolaren Jets aus. Der Mikroquasar zeigt dabei ebenso wie ein Quasar starke und variable Radioemissionen, die häufig als Radiojets beobachtet werden können, sowie eine Akkretionsscheibe, die im Optischen und Röntgenbereich sehr leuchtstark ist. Die Akkretionsscheibe bildet sich durch einen Materietransfer auf das kompakte Objekt aus.

7.6.2 Mittelschwere Schwarze Löcher

Mittelschwere Schwarze Löcher von einigen hundert bis wenigen tausend Sonnenmassen entstehen möglicherweise infolge von Sternenkollisionen und -verschmelzungen. Anfang 2004 veröffentlichten Forscher Ergebnisse einer Untersuchung von Nachbargalaxien mit dem Weltraumteleskop Chandra, in der sie Hinweise auf mittelschwere Schwarze Löcher in sogenannten ultrahellen Röntgenquellen (ULX) fanden. Danach gab es allerdings aufgrund von Beobachtungen mit dem VLT und dem Subaru-Teleskop starke Zweifel daran, dass ULX mittelschwere Schwarze Löcher sind. Neue Kandidaten sind die Zentren der Kugelsternhaufen Omega Centauri in der Milchstraße und Mayall II in der Andromeda-Galaxie vermutet, sowie in der Spiralgalaxie Messier 82 und in einer Zwerg-Seyfert-Galaxie.

7.6.3 Schwarze Löcher in Zentren von Galaxien

Es gibt Galaxien, die extrem helle Zentren aufweisen. Die Aktivität spielt sich hier im Kerngebiet innerhalb von weniger als 1 pc ab. Kerne von Galaxien, die ihre Aktivität auf solche kompakte Zentralbereiche konzentrieren, heißen *aktive galaktische Kerne oder AGN* (= Active Galactic Nuclei). Die Aktivität des zentralen Bereichs hängt mit der Existenz eines supermassereichen Schwarzen Lochs zusammen.

Das Schwarze Loch in Messier 87 und NGC 3115

Messier 87 ist eine sehr aktive Galaxie, die als Radioquelle als Virgo A, als Röntgenquelle auch als Virgo X-1 bezeichnet wird. Die etwa 48 Mio. Lichtjahre entfernte Galaxie befindet sich nahe dem Zentrum des Virgo-Galaxienhaufens, dessen größtes Mitglied sie ist, obwohl sie an Helligkeit im visuellen Bereich des Spektrums von M49 übertroffen wird. Die Masse von M87 beträgt innerhalb eines Radius von 100.000 Lichtjahren (32 kpc) etwa zwei bis drei Billionen Sonnenmassen (Abb. 7.28).

Seit den 1970er-Jahren versuchten Astronomen erfolgreich die Massen von Schwarzen Löchern in den Zentren von Galaxien zu messen. 1978 publizierte Wallace Sargent eine erste Studie der Dynamik der Sterne im Zentrum der elliptischen Galaxie M87 – M87 sollte ein Schwarzes Loch mit fünf Milliarden Sonnenmassen enthalten. Diese Publikation führte zu regen Diskussionen für und wider die Existenz eines solchen Lochs. Doch einige Jahre später folgten Massenbestimmungen für M32 (1984) und auch für Andromeda M31 (1988). Nach zehn Jahren heftiger Auseinandersetzungen wurde jedoch klar, dass die Existenz solcher Löcher in den Zentren der Nachbargalaxien nicht mehr negiert werden kann. Insbesondere

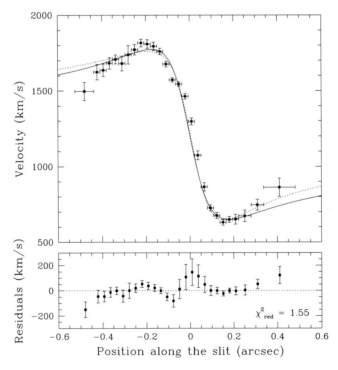

Abb. 7.28 Die Rotation der nuklearen Scheibe im Zentrum von M87 mit Hubble vermessen. (Grafik: aus Macchetto et al. 1997, mit freundlicher Genehmigung © Astrophysical Journal)

Untersuchungen in den 1990er-Jahren mit dem Hubble-Teleskop mit superber Auflösung brachten über 50 solcher Schwarzer Löcher in den Nachbargalaxien zutage (Tab. 7.3). Das Schwarze Loch von M87 ist so groß, dass sein Ereignishorizont fast zweimal so groß wie die Bahn des Zwergplaneten Pluto um die Sonne ist. Damit bietet das Objekt eine realistische Chance, dass mit der nächsten Generation von Großteleskopen der Ereignishorizont direkt beobachtet werden kann. Die Winkelausdehnung in M87 ist vergleichbar mit der im galaktischen Zentrum – M87 ist 2000-mal weiter entfernt, dafür ist die Masse des Schwarzen Lochs auch fast 2000-mal größer. Das wäre dann der erste direkte Beweis für die Existenz Schwarzer Löcher – alle bisherigen Indizien sind indirekter Natur: Für die extreme Konzentration von Materie auf engstem Raum fehlt jedoch eine andere plausible Erklärung.

In den letzten 15 Jahren hat deshalb eine fieberhafte Suche nach diesen Schwarzen Löchern in den Zentren der nächstgelegenen Galaxien eingesetzt (Genzel 2014). Wir werden in Abschn. 7.6.3 darüber sprechen, dass auch unser galaktisches Zentrum ein solches Schwarzes Loch mit einer Masse von etwa 2,4 Mio. Sonnenmassen beherbergt. Mit dem heute erreichbaren Auflösungsvermögen von 0,05 Bogensekunden (HST) wird es nicht gelingen, die unmittelbare Nachbarschaft der Schwarzen Löcher zu beobachten. Es bleibt deshalb nur die Möglichkeit, die schnelle Bewegung von Sternen oder von Gas in der weiteren Umgebung eines galaktischen Zentrums zu untersuchen und damit eine **kinematische Evidenz** für die Existenz einer zentralen dunklen Massenansammlung (MDO) zu finden. Im Abstand des Virgo-Haufens bedeutet dies mit HST eine Auflösung bis etwa 5 pc vom Zentrum. Dies ist noch weit entfernt vom Schwarzschild-Radius des Objektes:

$$R_S = 2\,\frac{GM}{c^2} = 3\,\mathrm{km}\,\frac{M}{M_\odot} \simeq 20\,\mathrm{AE}\,\frac{M}{10^9\,M_\odot}\,. \tag{7.104}$$

Die Existenz eines solchen supermassereichen Objektes im Zentrum bedeutet, dass alle typischen Geschwindigkeiten wie Rotationsgeschwindigkeiten und Dispersion der Sterne zum Zentrum ansteigen und dass gleichzeitig auch das Masse-Leuchtkraft-Verhältnis M/L zum Zentrum hin zunimmt.

Nachweis von Schwarzen Löchern in Nachbargalaxien
In den letzten Jahren haben sich drei Methoden herausgebildet, diese dunklen Massen in den Zentren von Galaxien zu finden (Genzel 2014):

- über **stellare Kinematik** (Rotation und Dispersion der Sterne, Abb. 7.29),
- mittels **Rotation von nuklearen Gasscheiben, wie etwa im M87,**
- mittels **Rotation von kalten Maserscheiben.**
  Der Maser (Microwave Amplification by Stimulated Emission of Radiation, Mikrowellenverstärkung durch angeregte Strahlungsemission) ist die dem Laser entsprechende Strahlungsquelle für den Mikrowellenbereich. Ein Maser erzeugt kohärente elektromagnetische Wellen, die (heute) einen Frequenzbereich von 10^5 Hz bis 10^{11} Hz (entsprechend 100 kHz bis 100 GHz) umfassen, entsprechend

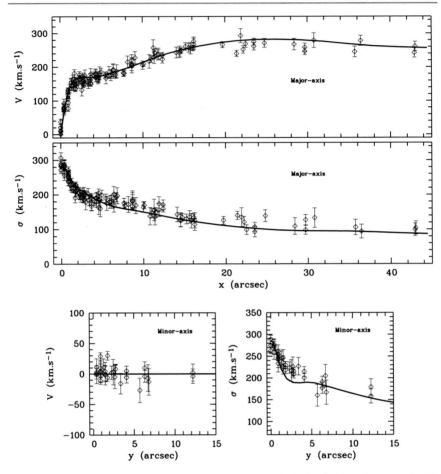

Abb. 7.29 Geschwindigkeitsdispersion σ und Rotationsgeschwindigkeit V der Sterne in der S0-Galaxie NGC 3115. Im Zentrum steigt die Geschwindigkeitsdispersion auf 300 km/s an - ein Wert, den man nur durch die Existenz eines zentralen supermassereichen Schwarzen Lochs erklären kann. (Daten: aus Emsellem 1998, mit freundlicher Genehmigung © Astrophysical Journal)

einem Wellenlängenbereich von Kilometern bis Millimetern. Derart kleine Wellenlängen sind mit Molekülschwingungen oder magnetischen Dipolübergängen in Atomen realisierbar. Der Maser wird durch stimulierte Emission in Zusammenhang mit einer Besetzungsinversion erzeugt. Das bedeutet, dass mehr Atome oder Moleküle seines aktiven Mediums im oberen angeregten Energiezustand des betreffenden Strahlungsübergangs als im unteren Energiezustand sein müssen. Die Inversion ist eine Abweichung vom thermischen Gleichgewicht und muss durch geeignete Energiezufuhr, auch Pumpen genannt, erreicht werden (optische Anregung durch die Strahlung des AGN). So überraschte es, als in den 1960er-Jahren mit Radioteleskopen Objekte im Kosmos entdeckt wurden, die natürliche Maserstrahlung aussenden - vor allem die 18-cm-Linie des OH-Moleküls, aber auch die 1,35-cm-Linie des Wassermoleküls.

Die Sterne im zentralen Bereich von elliptischen Galaxien bewegen sich mit Geschwindigkeiten von 300–400 km/s. Setzen wir nun eine zentrale Masse M_H in ein solches Gebilde, so sehen die Sterne die Gravitationskraft dieses Objektes bis zu einem Radius R_D

$$R_D \simeq \frac{GM_H}{\sigma_*^2} = \frac{GM_H}{c^2} \frac{c^2}{\sigma_*^2} = 44\,\mathrm{pc} \left(\frac{\sigma_*}{300\,\mathrm{km/s}}\right)^{-2} \frac{M_H}{10^9\,M_\odot}. \tag{7.105}$$

Dieser Einflussradius beträgt damit typischerweise etwa eine Million Schwarzschild-Radien. Innerhalb dieses Radius bewegen sich Sterne und Gas nur noch unter dem Einfluss des zentralen Körpers. Dieser Radius entspricht genau dem Auflösungsvermögen von HST im Virgo-Haufen. Für M87 ergibt dies einen Winkeldurchmesser von

$$\Theta_D = \frac{R_D}{d} = 2{,}3\,\mathrm{arcsec} \frac{M_H}{6 \times 10^9\,M_\odot} \left(\frac{\sigma_*}{400\,\mathrm{km/s}}\right)^{-2} \frac{16\,\mathrm{Mpc}}{d}. \tag{7.106}$$

Die S0-Galaxie NGC 3115 in einer Entfernung von nur 8,4 Mpc hat sich als ideales Objekt erwiesen. Mit erdgebundenen Teleskopen kann man die schnell rotierende Scheibe nachweisen (Abb. 7.29). Gleichzeitig steigt die Geschwindigkeitsdispersion der Sterne stark zum Zentrum hin an. Dies ist Evidenz dafür, dass sich im Zentrum eine Massenansammlung befindet, die das Masse-Leuchtkraft-Verhältnis ansteigen lässt. Aus diesen Überlegungen erhält man eine zentrale dunkle Masse von mindestens einer Milliarde Sonnenmassen.

Mit HST fand man eine zentrale Dispersion von sogar 600 km/s. Die Geschwindigkeitsprofile zeigen zudem Flügel mit Geschwindigkeiten von mindestens 1200 km/s. Diese Beobachtungen implizieren eine Masse von $2 \times 10^9\,M_\odot$ im Zentrum von NGC 3115.

Damit ist die kinematische Evidenz für die Existenz von supermassereichen Schwarzen Löchern in den Zentren von Galaxien der nächsten Umgebung für mindestens 35 Objekte erbracht (Tab. 7.3). M 87 weist damit eine der höchsten Massen von $\simeq 6 \times 10^9\,M_\odot$ auf.

Seit den späten 1990er-Jahren zeigen Beobachtungen immer deutlicher, dass im Zentrum jeder elliptischen Galaxie und jedes Bulges einer Spiralgalaxie ein Schwarzes Loch zu finden ist, das einige Promille der Masse der elliptischen Galaxie bzw. des Bulges hat (Tab. 7.3). Bei elliptischen Galaxien im Massebereich von einer Million bis zehn Milliarden Sonnenmassen wurde diese **M-Sigma-Relation** genannte Beziehung gefunden (Abb. 7.30).

Neueste Studien an Galaxien unserer Nachbarschaft ergeben folgende Korrelation:

$$M_H = 1{,}3 \times 10^8\,M_\odot \left(\frac{\sigma_*}{200\,\mathrm{km/s}}\right)^{4{,}24 \pm 0{,}41} \tag{7.107}$$

Tab. 7.3 Schwarze Löcher in Nachbargalaxien (nach McConnell und Ma 2013)

Galaxie	Typ	d [Mpc]	σ_* [km/s]	$L_{V,\text{Spher}}$ [$L_\odot$]	M_{Bulge} [$M_\odot$]	M_H [$M_\odot$]
GC	SBc	0,008	103	–	$1,1 \times 10^{10}$	$(4,4 \pm 0,2) \times 10^6$
M31	Sb	0,80	160	$7,3 \times 10^9$	$3,7 \times 10^{10}$	$(1,5 \pm 1,0) \times 10^8$
M32	E2	0,86	75	$4,8 \times 10^8$	$8,0 \times 10^8$	$(3,1 \pm 0,5) \times 10^6$
M87	E0	16,7	325	$2,0 \times 10^{11}$	$6,0 \times 10^{11}$	$(6,3 \pm 0,4) \times 10^9$
M84	E1	18,5	296	$6,0 \times 10^{10}$	$3,6 \times 10^{11}$	$(8,5 \pm 1,2) \times 10^8$
N821	E4	23,4	209	$2,9 \times 10^9$	$1,3 \times 10^{11}$	$(1,8 \pm 0,8) \times 10^8$
N1023	S0	10,5	205	$1,0 \times 10^{10}$	$6,5 \times 10^{10}$	$(4,0 \pm 0,4) \times 10^7$
N1068	SB	15,7	151	$1,5 \times 10^{11}$	$2,3 \times 10^{11}$	$(8,6 \pm 1,0) \times 10^6$
N1277	S0	70,0	333	$3,0 \times 10^{10}$	$5,0 \times 10^{10}$	$(1,7 \pm 0,5) \times 10^{10}$
N2778	E2	37,7	175	$1,2 \times 10^{10}$	$7,6 \times 10^{10}$	$(1,4 \pm 1,2) \times 10^7$
N3379	E0	10,7	206	$1,7 \times 10^{10}$	$6,8 \times 10^{10}$	$(4,6 \pm 1,2) \times 10^8$
N4261	E2	32,6	315	$4,5 \times 10^{10}$	$3,6 \times 10^{10}$	$(5,5 \pm 1,2) \times 10^8$
N4742	E4	15,5	90	$6,2 \times 10^9$	$6,2 \times 10^9$	$(1,4 \pm 0,4) \times 10^7$
N3115	S0	9,5	230	$1,7 \times 10^{10}$	$1,2 \times 10^{11}$	$(1,0 \pm 0,8) \times 10^9$
N3245	S0	21,5	205	$1,7 \times 10^{10}$	$6,8 \times 10^{10}$	$(2,2 \pm 0,6) \times 10^8$
N3377	E6	11,0	145	$6,4 \times 10^9$	$1,6 \times 10^{10}$	$(1,9 \pm 0,9) \times 10^8$
M105	E1	9,8	206	$2,0 \times 10^{10}$	$6,7 \times 10^{10}$	$(4,2 \pm 1,1) \times 10^8$
N3384	E1	11,5	143	$7,1 \times 10^9$	$2,0 \times 10^{10}$	$(1,1 \pm 0,5) \times 10^7$

(Fortsetzung)

Diese M-σ Relation wurde zum ersten Mal im Jahre 2000 durch zwei Forscher-gruppen entdeckt. Frühere Studien deuteten auf eine Korrelation zwischen der Masse eines Schwarzen Lochs und der Leuchtkraft der Galaxie hin. Diese Beziehung hatte jedoch eine zu große Streuung in den Fehlern. Die M-σ Relation führte in der Tat zu einer Inflation an Untersuchungen an den Kernen von Galaxien. Diese Resultate implizierten, dass die Existenz eines Schwarzen Lochs im Kern einer Galaxie weit-

Tab. 7.3 (Fortsetzung)

Galaxie	Typ	d [Mpc]	σ_* [km/s]	$L_{V,\mathrm{Spher}}$ $[L_\odot][L_\odot]$	M_{Bulge} $[M_\odot]$	M_H $[M_\odot]$
N3608	E1	22,1	182	$1,9 \times 10^{10}$	$9,7 \times 10^{10}$	$(4,7 \pm 1,0) \times 10^8$
N3842	E1	98,4	270	$1,9 \times 10^{11}$	$1,5 \times 10^{12}$	$(9,7 \pm 3,0) \times 10^9$
N4291	E2	26,6	242	$1,9 \times 10^{10}$	$1,3 \times 10^{11}$	$(9,2 \pm 3,0) \times 10^8$
N4342	S0	23,0	225	$1,9 \times 10^9$	$1,2 \times 10^{10}$	$(3,6 \pm 1,2) \times 10^8$
N4473	E4	15,2	190	$1,8 \times 10^{10}$	$9,2 \times 10^{10}$	$(1,0 \pm 0,5) \times 10^8$
N4564	S0	15,9	162	$8,1 \times 10^9$	$4,4 \times 10^{10}$	$(9,4 \pm 2,5) \times 10^7$
M104	Sa	10,3	240	$4,4 \times 10^{10}$	$2,7 \times 10^{11}$	$(5,3 \pm 1,0) \times 10^8$
M60	E1	16,5	376	$6,1 \times 10^{10}$	$4,9 \times 10^{11}$	$(4,7 \pm 1,2) \times 10^9$
N4697	E4	12,5	177	$2,3 \times 10^{10}$	$1,1 \times 10^{11}$	$(2,0 \pm 0,2) \times 10^8$
N4889	E4	103,2	347	$3,0 \times 10^{11}$	$1,7 \times 10^{12}$	$(2,1 \pm 1,6) \times 10^{10}$
N5845	E3	25,9	234	$6,7 \times 10^9$	$3,7 \times 10^{10}$	$(4,9 \pm 1,5) \times 10^8$
N6251	E2	106,0	290	$9,3 \times 10^{10}$	$5,6 \times 10^{11}$	$(5,3 \pm 3,0) \times 10^8$
N7052	E4	70,9	266	$8,3 \times 10^{10}$	$2,9 \times 10^{11}$	$(3,3 \pm 2,0) \times 10^8$
N7332	S0	20,6	122	$7,9 \times 10^9$	$1,5 \times 10^{10}$	$(1,3 \pm 0,6) \times 10^7$
N7457	S0	13,2	67	$2,1 \times 10^9$	$7,0 \times 10^9$	$(3,5 \pm 1,2) \times 10^6$

reichende Konsequenzen für die Bildung der Galaxien hat. Auch kann man diese Beziehung jetzt dazu verwenden, die Massen der Schwarzen Löcher in weit entfernten Galaxien abzuschätzen, was vorher nicht möglich war. So kann dadurch z. B. die Masse des Schwarzen Lochs in Quasaren bestimmt werden. Das Quasarstadium einer Galaxie ist die Epoche in der Entwicklung einer Galaxie, wo das zentrale Schwarze Loch kräftig wächst. Auch M87 war früher einmal ein heller Quasar.

Das kleinste supermassereiche Schwarze Loch hat eine Masse von einer Million Sonnenmassen. Die Existenz von Schwarzen Löchern mit Massen im Bereich von $10^4 - 10^6$ Sonnenmassen wird durch die M-σ Relation impliziert, ist jedoch nicht gesichert. In einigen massearmen Galaxien der Nachbarschaft, die aktive Kerne enthalten (sogenannte Seyfert-Galaxien), wurden solche Löcher gefunden, die Massen sind allerdings mit großen Fehlern behaftet. Ebenso gibt es keine Evidenz für

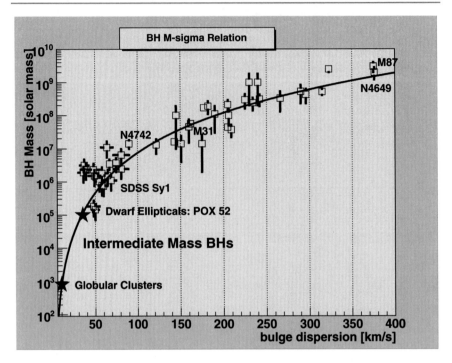

Abb. 7.30 Magorrian-Relation zwischen der Geschwindigkeitsdispersion der Sterne im Bulge einer Galaxie und der Masse des zentralen Schwarzen Lochs, $M_H \propto \sigma_*^4$. Die Lochmasse M_H skaliert mit der Geschwindigkeitsdispersion σ_* in der vierten Potenz. Die Geschwindigkeitsdispersion (Einheit km/s) misst man spektroskopisch mit einem Spaltspektrografen, die Massenbestimmung supermassereicher Schwarzer Löcher ist über verschiedene Methoden möglich. Die Fortsetzung dieser Beziehung zu sehr massearmen Objekten wie Zwerggalaxien ($\sigma_* \simeq 50$ km/s) und Kugelsternhaufen ($\sigma_* \simeq 10$ km/s) ist eher problematisch. (Grafik: © Camenzind)

Schwarze Löcher mit einer Masse von etwa 1000 Sonnenmassen in Kugelsternhaufen. Auch nach oben gibt es offenbar eine Massengrenze, ultraschwere Schwarze Löcher mit Massen über 10^{10} Sonnenmassen sind bisher nicht gefunden worden. Offenbar wird das Wachstum der Schwarzen Löcher abrupt gebremst, wenn das Futter im Zentrum einer Galaxie ausgeht (Abb. 7.31).

▶   ⇒ Vertiefung 7.12: Zeitliche Entwicklung Schwarzer Löcher?

Masse Schwarzer Löcher und die Masse der Galaxien
Wie die meisten Galaxien enthält auch NGC 1277, 220 Mio. Lichtjahre entfernt im Sternbild Perseus gelegen, ein supermassereiches Schwarzes Loch in ihrem Zentrum. Doch dieses Schwarze Loch wurde ursprünglich zu groß geschätzt: Beobachtungen eines deutsch-amerikanischen Forscherteams zeigten, dass es 59 % der Masse des zentralen Bulges der Galaxie enthält – normal sind es nur 0,1 %. Mit dem 17-Milliardenfachen der Sonnenmasse würde das Schwarze Loch zu den größten zählen, die bislang von den Astronomen aufgespürt wurden. Diese Masse wurde in späteren Untersuchungen bis zu 1,2 Mrd. Sonnenmassen zurückgestuft.

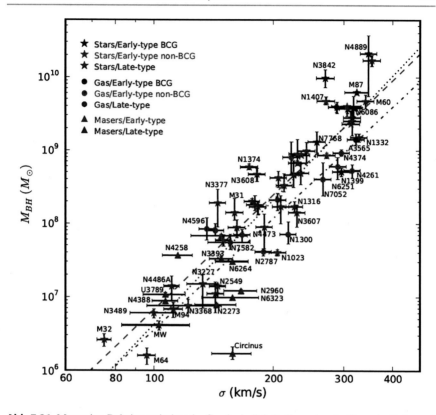

Abb. 7.31 Magorrian-Relation zwischen der Geschwindigkeitsdispersion der Sterne im Bulge und der Schwarz-Loch-Masse, aufgeschlüsselt nach verschiedenen Messmethoden (Sterne, Gas oder Maser). (Grafik: aus McConnell und Ma 2013, mit freundlicher Genehmigung © Astrophysical Journal)

NGC 1277 ist eine sogenannte *linsenförmige Galaxie* – ein Übergangstyp zwischen Spiral- und elliptischen Galaxien, auch als S0-Galaxie bezeichnet. Solche Sternsysteme sind scheibenförmig und besitzen in ihrer Mitte eine Verdickung, die von den Astronomen Bulge genannt wird. Bisherige Massenbestimmungen zeigen einen deutlichen Zusammenhang zwischen der Masse dieser Bulges und der Masse des zentralen Schwarzen Lochs – danach wäre für NGC 1277 ein Schwarzes Loch mit der 30-millionenfachen Masse der Sonne zu erwarten. NGC 1277 und NGC 4486B fallen also völlig aus dem Rahmen (Abb. 7.32).

Es gilt heute als so gut wie sicher, dass alle Zentren von massereichen Galaxien mit Massen von hunderten bis tausenden Milliarden Sonnenmassen Schwarze Löcher beherbergen. Astronomen haben herausgefunden, dass die Masse von solchen supermassiven Schwarzen Löchern eng mit der Geschwindigkeitsdispersion (d. h. der Breite der Geschwindigkeitsverteilung) von Sternen in der Nähe des Galaxienzentrums verbunden ist. Zusätzlich sind die Massen der Schwarzen Löcher auch mit der totalen Sternenmasse ihrer Galaxie korreliert, falls diese eine elliptische Galaxie ist; wenn das Schwarze Loch in einer Scheibengalaxie zuhause ist, korreliert

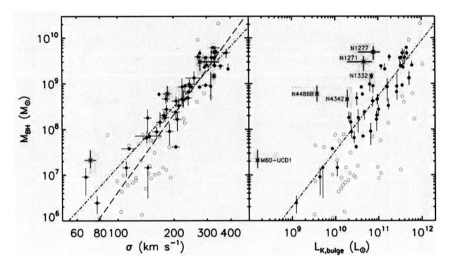

Abb. 7.32 Magorrian-Relation zwischen der Bulge-Leuchtkraft und der Masse des Schwarzen Lochs einer Galaxie, insbesondere für NGC 1277. Links: Korrelation zwischen Masse der Schwarzen Löcher und der Geschwindigkeitsdispersion; rechts: Korrelation mit der Bulge-Leuchtkraft. (Grafik: aus Walsh et al. 2015)

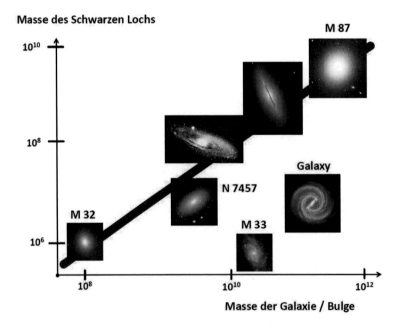

Abb. 7.33 Das Verhältnis von Schwarz-Loch-Masse zu Bulge-Masse ist konstant für Bulge-dominierte Galaxien (E-Typ, rote Linie). In Scheiben-dominierten Galaxien ergibt es jedoch keine gute Korrelation zwischen den Schwarzen Löchern und den Eigenschaften der Galaxien. Dies ist insbesondere der Fall bei geringen Galaxienmassen. Einige Beispiele von solchen Galaxien sind aufgeführt. (Grafik: © Camenzind)

seine Masse mit der Masse des Bulges, d. h. des dichten, kugelförmigen Zentralbereiches, welchen viele Scheibengalaxien aufweisen. Auf Basis dieser Beobachtungen haben Wissenschaftler ein theoretisches Modell entwickelt, in dem die Entstehung des Schwarzen Lochs und einer elliptischen Galaxie, oder des Bulges, eng miteinander verbunden sind. Das schnelle Einströmen baryonischen Materials in ein Halo aus dunkler Materie kann im Prinzip die Entstehung sowohl von stellaren Strukturen wie elliptischen Galaxien oder Bulges, als auch von supermassiven Schwarzen Löchern erklären. In ihrer Frühgeschichte können solche Schwarzen Löcher vermutlich enorme Mengen an Energie freisetzen, welche in einem selbstregulierenden Prozess die Entstehung neuer Sterne in ihren Galaxien bremsen. Neuste Erkenntnisse deuten aber darauf hin, dass elliptische Galaxien und Bulges auf verschiedene Arten entstehen und wachsen. Auch gibt es zwei unterschiedliche Arten von Bulges, klassische Bulges und Pseudo-Bulges, die vermutlich auf sehr unterschiedliche Weise geformt werden. Dies wirft die Frage auf, ob sich diese Unterschiede auch auf die Entwicklung der jeweiligen Schwarzen Löcher auswirken (Abb. 7.33).

▶   ⇒ Vertiefung 7.13: Wie wachsen Schwarze Löcher in Galaxienzentren?

7.7   Das Schwarze Loch im galaktischen Zentrum

Das Zentrum der Milchstraße liegt im Sternbild des Schützen und ist hinter dunklen Gaswolken verborgen, sodass es im sichtbaren Licht nicht direkt beobachtet werden kann. Beginnend in den 1950er-Jahren ist es gelungen, im Radiowellenbereich sowie mit Infrarotstrahlung und Röntgenstrahlung (Abb. 7.39) zunehmend detailreichere Bilder aus der nahen Umgebung des galaktischen Zentrums zu gewinnen (Abb. 7.34). Man hat dort eine starke Radioquelle entdeckt, bezeichnet als Sagittarius A* (Sgr A*), die aus einem sehr kleinen Gebiet strahlt. Innerhalb dieser Region befindet sich, konzentriert auf ein Gebiet von 15,4 Mio. Kilometern Durchmesser, eine Masse von 4,1–4,3 Mio. Sonnenmassen. Es wird allgemein angenommen, dass es sich dabei um ein supermassereiches Schwarzes Loch handelt. Diese Massenkonzentration wird von einer Gruppe von Sternen in einem Radius von weniger als einem halben Lichtjahr mit einer Umlaufzeit von etwa 100 Jahren sowie einem Schwarzen Loch mit 1300 Sonnenmassen in drei Lichtjahren Entfernung umkreist (Abb. 7.35). Der dem zentralen Schwarzen Loch am nächsten liegende Stern S2 umläuft das galaktische Zentrum in einer Entfernung von etwa 17 Lichtstunden in einem Zeitraum von nur 15,2 Jahren bei immenser Geschwindigkeit. Im Januar 2005 wurden durch das Chandra-Röntgenteleskop Helligkeitsausbrüche in der Nähe von Sgr A* beobachtet, die darauf schließen lassen, dass sich im Umkreis von ca. 70 Lichtjahren um Sgr A* 10.000 bis 20.000 Schwarze Löcher befinden, die das supermassereiche zentrale Schwarze Loch in Sgr A* umkreisen.

Der Nobelpreis für Physik geht 2020 zu einer Hälfte an den Briten Roger Penrose und zur anderen Hälfte an den Deutschen Reinhard Genzel und die US-Amerikanerin Andrea Ghez für ihre Forschungen an Schwarzen Löchern. Reinhard Genzel ist

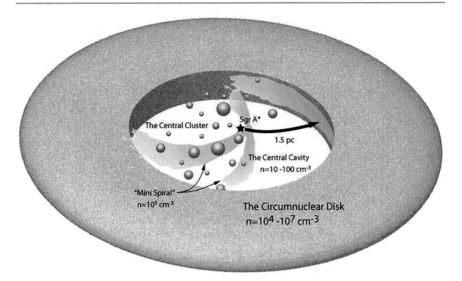

Abb. 7.34 Strukturen des galaktischen Zentrums: Schemabild der Parsec-Skala mit zirkumnuklearer Scheibe CND und nuklearem Sternhaufen der S-Sterne. (Grafik: aus Goto et al. 2013, © M. Goto)

Direktor des Max-Planck-Instituts für extraterrestrische Physik in Garching bei München. Roger Penrose erhält den Preis für die Entdeckung, dass die Bildung von Schwarzen Löchern eine robuste Vorhersage der Allgemeinen Relativitätstheorie ist. Reinhard Genzel und Andrea Ghez wiederum werden ausgezeichnet für die Entdeckung eines supermassereichen kompakten Objekts im Zentrum unserer Milchstraße.

Zwar ließ sich mithilfe von Einsteins Gleichungen zeigen, dass sich Schwarze Löcher bilden. Doch die Eigenschaften dieser theoretischen Objekte, etwa eine perfekte Symmetrie, schienen sich in der Praxis schwer zu erfüllen. Roger Penrose von der University of Oxford suchte nach einer realitätsnäheren Alternative und entwickelte dafür neue mathematische Methoden. Im Januar 1965 konnte Penrose schließlich im Rahmen der Allgemeinen Relativitätstheorie nachweisen, dass sich Singularitäten auch unter realistischen Bedingungen bilden können – etwa durch den Gravitationskollaps eines massereichen Sterns: Stürzt dieser unter seiner eigenen Schwerkraft zusammen und unterschreitet einen bestimmten Radius, wird er aufgrund des starken Gravitationsfeldes unweigerlich zu einem Schwarzen Loch (Penrose 1965). Die von Penrose entwickelten mathematischen Werkzeuge trugen erheblich dazu bei, die Eigenschaften der gekrümmten Raum-Zeit mithilfe der Allgemeinen Relativitätstheorie zu erforschen.

7.7.1 Der nukleare Sternhaufen

Der nukleare Sternhaufen (Abb. 7.35) hat einen Core-Radius von weniger als einem Parsek. Außerhalb des Cores fällt die Dichte wie $\rho_* \propto r^{-1,8}$ ab, praktisch wie

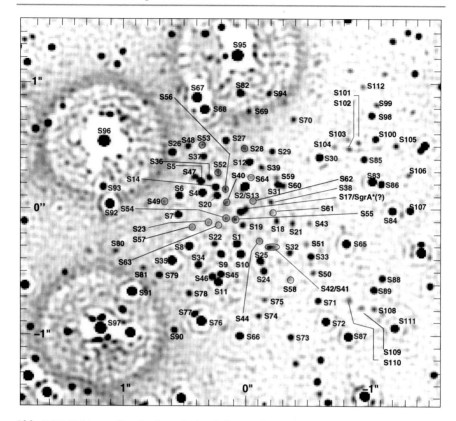

Abb. 7.35 Nuklearer Sternhaufen mit den S-Sternen im galaktischen Zentrum. Die Parameter einiger Sterne sind in Tab. 7.4 zu finden. (Grafik: aus Gillessen 2009, mit freundlicher Genehmigung © Astrophysical Journal)

in einem isothermen Sternhaufen (Schödel 2015). Innerhalb des Cores beträgt die stellare Dichte einige $10^6\,M_\odot\,\mathrm{pc}^{-3}$ und ist damit 10^7-mal größer als in Sonnenumgebung. Bei so hohen Dichten werden Stöße zwischen einzelnen Sternen wichtig. Durch Beobachtungen im Infraroten ist es gelungen, einzelne blaue und rote Überriesen im Core zu entdecken. Solche massereichen Sterne müssen sich im Core in den letzten 10 Mio. Jahren gebildet haben. Diese heißen Sterne dürften die ionisierende Strahlung im zentralen Bereich aufbringen. In diesem Bereich nehmen auch die beobachteten Gasgeschwindigkeiten drastisch zu. Dies deutet darauf hin, dass im Zentrum selbst eine dunkle Masse in Form eines Schwarzen Lochs von etwa 4 Mio. Sonnenmassen liegt. Das dynamische Zentrum wird durch die nichtthermische Radioquelle Sgr A^* gebildet. VLBI-Beobachtungen ergeben eine Dimension von nur wenigen Astronomischen Einheiten. Diese Quelle bewegt sich mit weniger als 38 km/s gegenüber Quasaren, was für das dynamische Zentrum spricht.

Die Sterne im zentralen Bereich bewegen sich mit Geschwindigkeiten von 100 km/s. Setzen wir nun eine zentrale Masse M_H in ein solches Gebilde, so sehen die Sterne die Gravitationskraft dieses Objektes bis zu einem Radius R_D

$$R_D \simeq \frac{GM_H}{\sigma_*^2} = 1,8\,\mathrm{pc}\, \left(\frac{\sigma_*}{100\,\mathrm{km/s}}\right)^{-2} \frac{M_H}{4,3 \times 10^6\,M_\odot}. \qquad (7.108)$$

Dieser Einflussradius beträgt damit typischerweise etwa eine Million Schwarzschild-Radien. Innerhalb dieses Radius bewegen sich Sterne und Gas nur noch unter dem Einfluss des zentralen Körpers (Abb. 7.36).

Die Evidenz für die Existenz einer zentralen Masse im galaktischen Zentrum folgt allein aus kinematischen Gründen. Sie beruhen auf Beobachtungen der Gas- und Sternbewegung im innersten Bereich. Dadurch kann man auf die Masse innerhalb dieses Bereichs schließen (Abb. 7.38). Im äußeren Bereich ist die Massenverteilung durch die Helligkeitsverteilung im Infraroten bestimmt. Im Vergleich zu aktiven galaktischen Zentren ist jedoch die Massenakkretion und damit die zentrale Leuchtkraft sehr gering, $L \simeq 10^8\,L_\odot$.

Das Schwarze Loch wird von einzelnen Sternen umschwirrt, den sogenannten S-Cluster-Sternen (Gillessen 2009). Einer davon, ein Schwergewicht mit der Bezeichnung S2, ragt heraus (Abb. 7.37): Er ist der einzige Stern, den die Astronomen einen vollen Umlauf lang untersuchen konnten, der 15,5 Jahre dauerte. Zugleich nähert er sich als einziger Sagittarius A* auf weniger als einen Lichttag Entfernung, genau 124 AE. Aus seinen Bahndaten errechneten Genzel und seine Kollegen eine Masse von

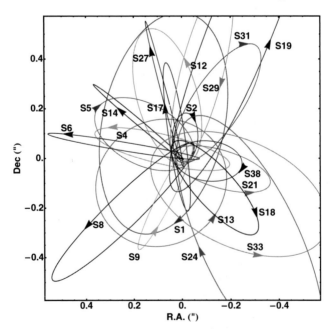

Abb. 7.36 Elliptische Sternbewegung im galaktischen Zentrum um ein unsichtbares Zentrum der Gravitation. (Grafik: aus Gillessen 2009, mit freundlicher Genehmigung © Astrophysical Journal)

Abb. 7.37 Die elliptische Bewegung des Sterns S2 um das galaktische Zentrum: Periode: 16,01 Jahre; Exzentrizität $e = 0,8831$; Inklination: 134,87 Grad. Daraus folgt eine Masse für das zentrale Objekt von 4,1 Mio. Sonnenmassen und ein Abstand zum galaktischen Zentrum von 8,0 kpc. (Credit: ESO/MPE/GRAVITY Collaboration, mit freundlicher Genehmigung © ESO)

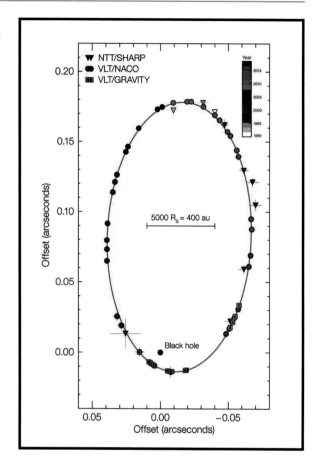

4,31 Sonnenmassen für das Schwarze Loch. Doch dessen Existenz ist damit noch nicht lückenlos bewiesen. Fest steht nur, dass sich im Zentrum der Milchstraße eine riesige dunkle Masse gebildet hat, die sich nur durch ihre Gravitation bemerkbar macht. Theoretisch könnte es sich auch um einen superdichten Sternhaufen handeln. Aufgrund von Stabilitätskriterien kann man dies allerdings heute ausschließen (Abb. 7.38).

7.7.2 Sagittarius A* und Einstein

Für einen endgültigen Beweis müssen die Forscher auf Albert Einsteins Allgemeine Relativitätstheorie (ART) zurückgreifen. Sie beschreibt, wie große Massen den Raum krümmen und wie diese Krümmung umgekehrt die Bahnen von Körpern beeinflusst, die sich in einem Gravitationsfeld bewegen. Bislang hat die ART noch jeden Test bestanden. Im extrem starken Schwerefeld eines massereichen Schwarzen Lochs wurde sie aber noch nicht überprüft.

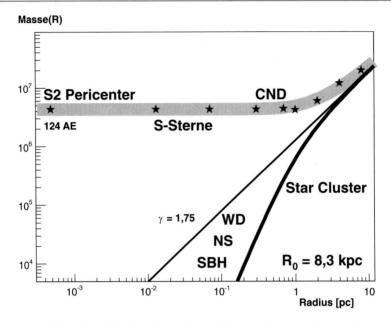

Abb. 7.38 Die Masse innerhalb eines Radius R im galaktischen Zentrum. 1 Bogensekunde = 8300 AE = 0,032 Parsec; 1 mpc = 206 AE = 2400 Schwarzschild-Radien für ein Schwarzes Loch von vier Millionen Sonnenmassen. Ein kompakter Sternhaufen von Weißen Zwergen (WD), Neutronensternen (NS) oder stellaren Schwarzen Löchern (SBH) mit einer Dichteverteilung $\rho \propto 1/r^\gamma$ als Quelle der Gravitation ist vollkommen ausgeschlossen. CND: zirkumnukleare Scheibe. (Grafik: © Camenzind)

Nach heutigem Wissen lassen sich Schwarze Löcher im Universum vollständig durch ihre Masse und ihren Drehimpuls charakterisieren. Das veranlasste den 2008 verstorbenen US-Physiker Archibald Wheeler zu der scherzhaften Aussage *Schwarze Löcher haben keine Haare* (sogenanntes Glazen-Theorem). Das bedeutet, dass über die Werte dieser Parameter hinaus Schwarze Löcher keine individuellen Kennzeichen tragen, wie etwa Baryonenzahl. Dieses Theorem kann man nun durch die genaue Vermessung der Bahnen von Sternen wie S2 testen, die sich dem Schwarzen Loch stark annähern. Die ART sagt vorher, dass sich der Punkt der geringsten Distanz – das Pericenter oder Periastron – mit jedem Umlauf verändert. Diese Apsidendrehung wird auch beim Planeten Merkur gemessen, der im Schwerefeld der Sonne fliegt. Sie ist nur mit der ART zu erklären und war damit der erfolgreiche Test der ART.

Trifft das Glazen-Theorem zu, darf die Periastrondrehung der Sternbahnen im galaktischen Zentrum nur von der Masse und dem Drehimpuls des Schwarzen Lochs abhängen. Um dies herauszufinden, müssten die Forscher die Bewegung eines Sterns mehrere Umläufe lang verfolgen, was aber viel Zeit beansprucht. Besser wäre es, die Bahnen von mindestens zwei Sternen parallel zu verfolgen. Dann ließen sich ihre Bewegungen in Beziehung setzen, und die Masse des Schwarzen Lochs fiele aus den Gleichungen heraus, sodass die Periastrondrehung nur noch vom Drehimpuls abhängt. Erweist sich die Bahnänderung als komplexer, ist das Glazen-Theorem falsch – und damit auch die ART.

Tab. 7.4 Bahnparameter der S-Sterne im galaktischen Zentrum nach Gillessen (2009)

Stern	$a['']$	e	$i\,[°]$	$T\,[\mathrm{yr}]$	Sp	m_K
S1	0,508 ± 0,028	0,496 ± 0,028	120,82 ± 0,46	132 ± 11	e	14,7
S2	0,123 ± 0,001	0,880 ± 0,003	135,25 ± 0,47	15,8 ± 0,11	e	14,0
S4	0,298 ± 0,019	0,406 ± 0,022	77,83±0,32	59,5 ± 2,6	e	14,4
S5	0,250 ± 0,042	0,842 ± 0,017	143,7 ± 4,7	45,7 ± 6,9	e	15,2
S6	0,436 ± 0,153	0,886 ± 0,026	86,44±0,59	105 ± 34	e	15,4
S8	0,411 ± 0,004	0,824 ± 0,014	74,01±0,73	96,1 ± 1,6	e	14,5
S9	0,293 ± 0,052	0,825 ± 0,020	81,00±0,70	58 ± 9,5	e	15,1
S12	0,308 ± 0,008	0,900 ± 0,003	31,61±0,76	62,5 ± 2,3	e	15,5
S13	0,297 ± 0,012	0,490 ± 0,023	25,5 ± 1,6	59,2 ± 3,8	e	15,8
S14	0,256 ± 0,010	0,963 ± 0,006	99,4 ± 1,0	47,3 ± 2,9	e	15,7
S17	0,311 ± 0,004	0,364 ± 0,015	96,44±0,18	63,2 ± 2,0	l	15,3
S18	0,265 ± 0,080	0,759 ± 0,052	116,0 ± 2,7	50 ± 16	e	16,7
S19	0,798 ± 0,064	0,844 ± 0,062	73,58±0,61	260 ± 31	e	16,0
S21	0,213 ± 0,041	0,784 ± 0,028	54,8 ± 2,7	35,8 ± 6,9	l	16,9
S24	1,060 ± 0,178	0,933 ± 0,010	106,30 ± 0,93	398 ± 73	l	15,6
S27	0,454 ± 0,078	0,952 ± 0,006	92,91±0,73	112 ± 18	l	15,6
S29	0,397 ± 0,335	0,916 ± 0,048	122 ± 11	91 ± 79	e	16,7
S31	0,298 ± 0,044	0,934 ± 0,007	153,8 ± 5,8	59,4 ± 9,2	e	15,7
S33	0,410 ± 0,088	0,731 ± 0,039	42,9 ± 4,5	96 ± 21	e	16,0

(Fortsetzung)

Der MPE-Forscher Reinhard Genzel baute mit seiner Gruppe dazu ein Nahinfrarotinstrument namens **Gravity**. Es kombiniert das von den vier 8,2-m-Teleskopen des VLT in diesem Spektralbereich eingefangene Licht. Gravity kann die Auflösung der Abbildungen des galaktischen Zentrums im Vergleich zum heute Möglichen um einen Faktor 10 bis 50 steigern. Dann würde auch die Beobachtung von Sternen mög-

Tab. 7.4 (Fortsetzung)

Stern	$a['']$	e	$i\,[°]$	$T\,[\mathrm{yr}]$	Sp	m_K
S38	$0{,}139 \pm 0{,}041$	$0{,}802 \pm 0{,}041$	166 ± 22	$18{,}9 \pm 5{,}8$	l	17,0
S66	$1{,}210 \pm 0{,}126$	$0{,}178 \pm 0{,}039$	$135{,}4 \pm 2{,}6$	486 ± 41	e	14,8
S67	$1{,}095 \pm 0{,}102$	$0{,}368 \pm 0{,}041$	$139{,}9 \pm 2{,}3$	419 ± 19	e	12,1
S71	$1{,}061 \pm 0{,}765$	$0{,}844 \pm 0{,}075$	$76{,}3 \pm 3{,}6$	399 ± 283	e	16,1
S83	$2{,}785 \pm 0{,}234$	$0{,}657 \pm 0{,}096$	$123{,}8 \pm 1{,}3$	1700 ± 205	e	13,6
S87	$1{,}260 \pm 0{,}161$	$0{,}423 \pm 0{,}036$	$142{,}7 \pm 4{,}4$	516 ± 44	e	13,6

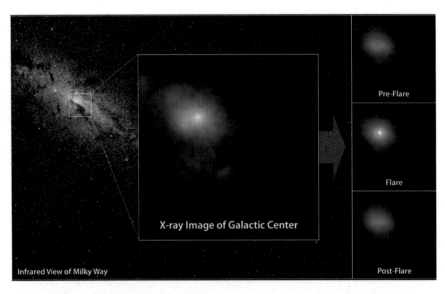

Abb. 7.39 Das galaktische Zentrum mit dem Röntgenteleskop NuSTAR. (Bild: NuSTAR/NASA, mit freundlicher Genehmigung © NASA)

lich werden, die sich dem Ereignishorizont des Schwerkraftmonsters bis auf einige Dutzend Schwarzschild-Radien nähern, falls es denn solche Sterne gibt. Es könnte durchaus sein, dass die nächste Umgebung des Horizonts von Sternen leergeräumt ist. 2016 war das Instrument einsatzbereit.

Auch die amerikanische Konkurrenz schläft nicht. Die Astronomin Andrea Ghez von der University of California in Los Angeles (UCLA) untersucht ebenfalls seit Jahrzehnten das galaktische Zentrum. Dazu nutzt sie das Infrarotinterferometer des Keck-Zwillingsteleskops auf dem Mauna Kea in Hawaii. Das Instrument kann das Licht der beiden Zehn-Meter-Spiegel kombinieren und so deren Auflösung steigern.

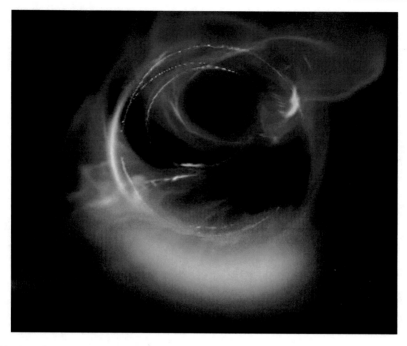

Abb. 7.40 Wenn Hot Spots um ein Schwarzes Loch rotieren, entstehen durch Rotverschiebung und Beaming periodische Strahlungsausbrüche (sog. Flares) wie im galaktischen Zentrum. (Grafik: ESO, mit freundlicher Genehmigung © ESO)

Sie fand 2012 den Stern mit der Katalognummer S0-102, der das Schwarze Loch in nur 11,5 Jahren umkreist. Damit unterbietet er den bisherigen Rekordhalter S2 um vier Jahre.

7.7.3 GRAVITY – ganz nahe am Schwarzen Loch

Das Zentrum der Milchstraße ist ein Glücksfall für die Astronomie. In rund 8200 Parsec (ca. 26.000 Lichtjahren) Entfernung beherbergt es das nächste supermassereiche Schwarze Loch, SgrA* genannt. Andere nahe Galaxienkerne sind rund 100- bis 1000-mal weiter entfernt. Unser galaktisches Zentrum erlaubt es deswegen, die astrophysikalischen Prozesse um ein massereiches Schwarzes Loch in unübertreffbarer Genauigkeit zu beobachten. Mit einem modernen VLT-Teleskop kann man die einzelnen Sterne selbst in der unmittelbaren Umgebung von SgrA* auflösen.

Den Astronomen um Reinhard Genzel gelang es mit GRAVITY, die Bahn von S2 auf dreißig Mikrobogensekunden genau zu vermessen – das entspricht einem Abstand von sechs Zentimetern auf der Oberfläche des Monds. Den hochpräzisen Messungen zufolge dreht sich die Bahnellipse des Sterns pro Umlauf zwischen 0,196 und 0,272 Grad (Abuter 2020, Abb. 7.41). Die Allgemeine Relativitätstheorie sagt einen Wert von 11,8 Bogenminuten pro Umlauf voraus und stimmt somit sehr gut mit

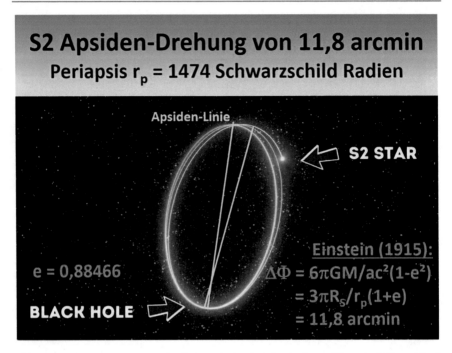

Abb. 7.41 Die relativistische Apsidendrehung der Keplerbahn des Sterns S2 um das Schwarze Loch im galaktischen Zentrum. Die Drehung der Sternbahn S2 beträgt nur rund 11,8 Bogenminuten pro Umlauf. Der Stern kreist in 16,05 Jahren einmal um das Schwarze Loch mit einer Masse von 4,1 Mio. Sonnenmassen auf einer stark elliptischen Bahn mit Exzentrizität $e = 0{,}88$. (Grafik: © Camenzind)

dem experimentellen Wert überein. Bislang ließ sich dieser Effekt – relativistische Apsidendrehung genannt – lediglich in unserem Sonnensystem (Periheldrehung des Merkur) sowie bei einigen Doppelsternen mit Neutronensternen nachweisen.

Das neuartige Instrument **GRAVITY,** das das Licht aller vier Teleskope des ESO VLT zu einem Superteleskop mit einem effektiven Durchmesser von 130 m vereint, ist einen großen Schritt weiter, zu bestätigen, dass sich ein supermassereiches Schwarzes Loch im Zentrum unserer Milchstraße befindet. Die Beobachtungen zeigen Plasma-Blobs, die mit etwa 30 % der Lichtgeschwindigkeit auf einer kreisförmigen Umlaufbahn außerhalb der innersten stabilen Umlaufbahn eines Schwarzen Lochs mit vier Millionen Sonnenmassen herumwirbeln (Abb. 7.40).

Wissenschaftler aus einem internationalen Konsortium veröffentlichen am 31. Oktober 2018 ihre Beobachtungen von Strahlungsausbrüchen im Infrarotbereich aus dem Zentrum der Milchstraße (GRAVITY Collaboration 2018, s. auch Witzel et al. 2020). Die Strahlungsausbrüche stammen aus der Akkretionsscheibe rund um Sagittarius A*, einem Ring aus Gas mit einem Durchmesser von etwa 10 Lichtminuten, der sich mit relativistischen Geschwindigkeiten um das galaktische Zentrum dreht. Die Materie kann dabei gefahrlos kreisen, solange sie dem Schwarzen Loch nicht zu nahe kommt – alles innerhalb des Ereignishorizonts kann der enormen Schwerkraft aber nicht mehr entkommen. Die jetzt beobachteten Strahlungsausbrü-

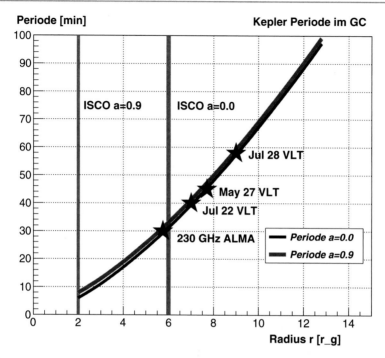

Abb. 7.42 Kepler-Perioden als Funktion der Radien um das Schwarze Loch von 4,14 Mio. Sonnenmassen im galaktischen Zentrum. Die durchgezogene rote Kurve ist für ein schnell rotierendes Schwarzes Loch ($a = 0,9$), die schwarze Kurve für ein nicht-rotierendes ($a = 0$) Schwarzes Loch. Die Datenpunkte entstammen den Beobachtungen aus GRAVITY Collaboration 2018 und Iwata et al. 2020. (Grafik: © Camenzind)

che stammen von Materie, die sich in einem Orbit nahe dieses Ereignishorizonts befindet. Die Bewegung der drei im galaktischen Zentrum beobachteten Flares lässt sich durch ein einfaches Orbitmodell erklären, dessen Radius drei- bis fünfmal größer ist als der Ereignishorizont (Abb. 7.42). Damit bestätigten diese Beobachtungen exakt die theoretischen Vorhersagen für derartige Hot Spots, die nahe der innersten stabilen Umlaufbahn kreisen. Nimmt man all diese Beobachtungen zusammen, dann hat man einen deutlichen Beleg dafür, dass sich hier tatsächlich Materie auf einer Umlaufbahn nahe dem Ereignishorizonts eines Schwarzen Lochs mit vier Millionen Sonnenmassen befindet.

▶   ⇒ Vertiefung 7.14: Kepler-Perioden im galaktischen Zentrum?

7.8   Zusammenfassung

Schwarze Löcher übersteigen die Vorstellungskraft der meisten Menschen - sie sind jedoch eine unabdingbare Konsequenz der Einstein'schen Vorstellung zur Gravitation. Schwarze Löcher sind in diesem Sinne eine Vorhersage der Allgemeinen Relativitätstheorie Albert Einsteins, der jedoch nicht an ihre mögliche Existenz glaubte. Am Rande eines Schwarzen Loches wird die Gravitation so stark, dass selbst Photonen nicht mehr entweichen können. Nach der Theorie der Sternentwicklung sind stellare Schwarze Löcher die Endstadien sehr massereicher blauer Sterne mit Massen über 20 Sonnenmassen. Es ist daher zu vermuten, dass es in unsere Milchstraße Millionen Schwarze Löcher gibt, die allerdings typischerweise nur etwa 5–50 Sonnenmassen aufweisen. 2019 wurde das erste Bild eines Schwarzen Lochs veröffentlicht – eine Aufnahme mit dem Event Horizon Teleskop EHT vom supermassereichen Schwarzen Loch in Messier 87 im Virgo-Haufen.

Hinweise auf die Existenz Schwarzer Löcher sehen Astrophysiker auch in Gravitationswellen, die 2015 zum ersten Mal mit LIGO registriert worden sind und inzwischen in mehr als 50 Fällen nachgewiesen sind. An Schwarzen Löchern zeigt sich die größte Schwachstelle der heutigen Physik: die Unvereinbarkeit von Relativitätstheorie und Quantenphysik. Die Relativitätstheorie ist die Theorie des ganz Großen, vom Sonnensystem bis zum Universum. Die Quantenphysik beschreibt die Vorgänge im Allerkleinsten, in der Größenordnung von Molekülen, Atomen und Elementarteilchen.

7.9 Lösungen zu Aufgaben

Die Lösungen zu den Aufgaben sind auf https://link.springer.com zu finden.

Literatur

Abuter R et al (2020) Detection of the Schwarzschild precession in the orbit of the star S2 near the Galactic centre massive black hole. A&A 636:L5. arXiv:2004.07187

Abramowicz MA, Fragile PC (2013) Foundations of black hole accretion disk theory. Living Rev Relativ 16:1

Bardeen J (1970) Stability of circular orbits in stationary, axisymmetric space-times. ApJ 161:103

Bekenstein JD (1973) Black holes and entropy. Phys Rev D 7:2333–2346

Bekenstein JD (1974) Generalized second law of thermodynamics in black hole physics. Phys Rev D 9:3292–3300

Battacharyya D, Mangalam A (2020) Cosmic spin and mass evolution of black Holes and its impact. arXiv:2004.05000

van den Bosch R et al (2012) An over-massive black hole in the compact lenticular galaxy NGC1277. Nature 491:729–731. arXiv:1211.6429

Camenzind M (2007) Compact objects in astrophysics - white dwarfs. Neutron stars and black holes. Springer, Heidelberg

McClintoc JE et al (2011) Measuring the spins of accreting black holes. arXiv:1101.0811

McConnell NJ, Ma C-P (2013) Revisiting the scaling relations of black hole masses and host galaxy properties. ApJ 764:184. arXiv:1211.2816

Event Horizon Telescope Collaboration (2019a) First M87 event horizon telescope results. I. The shadow of the supermassive black hole. Astrophys J Lett 875:L1. arXiv:1906:11238

Event Horizon Telescope Collaboration (2019b) First M87 event horizon telescope results VI. The shadow and mass of the central black hole. arXiv:1906.11243

Emsellem E, Dejonghe H, Bacon R (1998) Dynamical models of NGC 3115. MNRAS 303:495–514. arXiv:9810306

Gammie CF et al (2003) Black hole spin evolution. arXiv:0310.886

Genzel R et al (2010) The Galactic Center massive black hole and nuclear star cluster. Rev Mod Phys 82:3121. arXiv:1006.0064

Genzel R (2014) Massive black holes: evidence, demographics and cosmic evolution. In Blandford R, Sevrin A (Hrsg) Proc. 26th solvay conference on physics: astrophysics and cosmology. World Scientific. arXiv:1410.8717

Gillessen S et al (2009) Monitoring stellar orbits around the massive black hole in the galactic center. ApJ 692:1075. arXiv:0810.4674

Goddi C et al (2019) First M87 event horizon telescope results and the role of ALMA. arXiv:1910.10193

Goto M, Indriolo N, Geballe TR, Usuda T (2013) H3+ spectroscopy and the ionization rate of molecular hydrogen in the central few parsecs of the galaxy. J Phys Chem A 117:9919–9930. arXiv:1305.3915

Gralla SE, Le Tiec A (2012) Thermodynamics of a black hole with moon. Phys Rev D 88:044021. arXiv:1210.8444

GRAVITY Collaboration (2018) Detection of orbital motions near the last stable circular orbit of themassive black hole SgrA*. arXiv:1810.12641

Hawking S (1976) Black holes and thermodynamics. Phys Rev 13:191

Iwata Y et al (2020) Time variations in the flux density of Sgr A* at 230 GHz Detected with ALMA. arXiv:2003.08601

Kerr R (1965) Gravitational field of a spinning mass as an example of algebraically special metrics. Phys Rev Lett 11:237

Macchetto F et al (1997) The supermassive black hole of M87 and the kinematics of its associated gaseous disk. ApJ 489:579. arXiv:astro-ph/9706252

Mazur PO, Mottola E (2004) Gravitational vacuum condensate stars. Proc Natl Acad Sci 101:9545–9550. arXiv:0407075

Narayan R, McClintock JE (2013) Observational evidence for black holes. In Ashtekar A, Berger B, Isenberg J, MacCallum MAH (Hrsg) General relativity and gravitation: a centennial perspective. Cambridge University Press, Cambridge. arXiv:1312.6698

Orosz J A et al (2007) A 15.65 solar mass black hole in an eclipsing binary in the nearby spiral galaxy Messier 33. Nature 449, 872-875; arXiv:0710.3165

Orosz JA et al (2011) The mass of the black hole in Cygnus X-1. ApJ 742:84. arXiv:1106.3689

Orosz JA et al (2014) The mass of the black hole in LMC X-3. arXiv:1402.0085

Penrose R (1965) Gravitational collapse and space-time singularities. Phys Rev Lett 14(3):57–59

Reynolds CS (2019) Observing black holes spin. Nat Astron 3:41–47. arXiv:1903.11704

Schödel R (2015) The Milky Way's nuclear star cluster and massive black hole. arXiv:1502.03397

Schwarzschild K (1916) Über das Gravitationsfeld eines Massenpunktes nach der Einstein'schen Theorie. Sitzungsberichte der Königlich-Preussischen Akademie der Wissenschaften. Reimer, Berlin, pp 189–196

Senovilla JMM, Garfinkle D (2014) The 1965 Penrose singularity theorem. arXiv:1410.5226

Walsh et al (2015) A 5×10^9 solar mass black hole in NGC 1277 from adaptive optics spectroscopy. arXiv:1511.04455

Witzel G et al (2020) Rapid variability of Sgr A* across the electromagnetic spectrum. arXiv:2011.09582

Zink B (2002) General relativistic volume ray-tracing in application to a Kerr geometry. Diplomarbeit, Universität Heidelberg und Darmstadt

Gravitationswellen von kompakten Objekten

8

Inhaltsverzeichnis

Elektronisches Zusatzmaterial Die elektronische Version dieses Kapitels enthält Zusatzmaterial, das berechtigten Benutzern zur Verfügung steht. https://doi.org/10.1007/978-3-662-62882-9_8.

© Springer-Verlag GmbH Deutschland, ein Teil von Springer Nature 2021
M. Camenzind, *Faszination kompakte Objekte*,
https://doi.org/10.1007/978-3-662-62882-9_8

▶   Vor über hundert Jahren sagte Albert Einstein die Existenz von Gravitationswellen voraus. Im September 2015 gelang dann der erste direkte
Nachweis mit den Advanced LIGO-Detektoren. Das gemessene Signal
stammte von zwei Schwarzen Löchern, die sich umkreisten, sich dabei
immer näher kamen und schließlich miteinander verschmolzen. Am
17. August 2017 empfingen Astronomen erstmals sowohl elektromagnetische Strahlung als auch Gravitationswellen von einem Ereignis: In der
130 Mio. Lichtjahre entfernten Galaxie NGC 4993 waren zwei Neutronensterne miteinander verschmolzen. Damit beginnt ein neues Zeitalter der
Astronomie – die Gravitationswellenastronomie. Im Oktober 2020 veröffentlichten die LIGO- und Virgo-Kollaborationen einen aktualisierten
Gravitationswellenkatalog (Abbott et al. 2020), der nun insgesamt fünf-
zig Quellen umfasst, verglichen mit 11 Signalen in der Vorversion. Die
große Mehrzahl der bisher beobachteten Signale – insgesamt 46 Ereignisse – gehen auf verschmelzende Schwarze Löcher zurück. Darunter ist
auch eine mögliche Verschmelzung eines Schwarzen Lochs mit einem
Neutronenstern.

Das gravitative Universum ist eines von zwei Missionszielen, die die Europäische
Raumfahrtagentur ESA mit ihren nächsten großen (L-Class-) Missionen erforschen
will – das wurde am 28. November 2013 vom Science Programme Committee (SPC)
der ESA entschieden (elisa 2020):
*The hot and energetic Universe and the search for elusive gravitational waves will
be the focus of ESAs next two large science missions. Both topics will bridge fundamental astrophysics and cosmology themes by studying in detail the processes that
are crucial to the large-scale evolution of the Universe and its underlying physics.
eLISA will be a large-scale space mission designed to detect one of the most elusive
phenomena in astronomy – gravitational waves. With eLISA we will be able to survey
the entire universe directly with gravitational waves, to tell us about the formation
of structure and galaxies, stellar evolution, the early universe, and the structure and
nature of spacetime itself. There will be enormous potential for discovering the parts
of the universe that are invisible by other means, such as black holes, the Big Bang,
and other, as yet unknown objects.*
Gravitationswellen sind im Rahmen der Allgemeinen Relativitätstheorie vorhergesagte Verzerrungen der Raum-Zeit, die sich mit Lichtgeschwindigkeit ausbreiten
(Einstein 1916, 1918) (Abb. 8.1). Indirekt ließen sich Gravitationswellen bereits
nachweisen, der erste direkte Nachweis ist am 14. September 2015 gelungen. Wich-

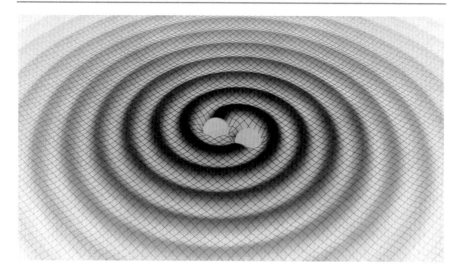

Abb. 8.1 Gravitationswellen sind Gezeitenwellen, die sich mit Lichtgeschwindigkeit im Universum ausbreiten. Der Durchgang einer Gravitationswelle äußert sich durch rhythmische Stauchungen und Dehnungen des Raums, d.h., die Abstände zwischen Objekten im Raum ändern sich periodisch. Als besonders starke Quellen von Gravitationswellen gelten Kollisionen und anschließendes Verschmelzen von zwei kompakten, einander umkreisenden Himmelskörpern, insbesondere von Neutronensternen und Schwarzen Löchern. (Grafik: © Camenzind)

tige Voraussetzung hierfür sind nicht nur extrem empfindliche Detektoren, sondern auch theoretische Vorhersagen der zu erwartenden Signale.

In Einsteins Allgemeiner Relativitätstheorie wird die Gravitation oder Schwerkraft als Krümmung der Raum-Zeit beschrieben. Gravitationswellen entstehen immer dann, wenn sich Massen beschleunigt bewegen. Sie sind eine Kräuselung der Raum-Zeit, die sich – ähnlich wie eine konzentrische Welle auf dem Wasser – im Raum mit Lichtgeschwindigkeit ausbreitet. Gravitationswellen sind in diesem Sinne Gezeitenwellen, die sich mit Lichtgeschwindigkeit im Universum ausbreiten. Enge Doppelsternsysteme, Supernovae und verschmelzende Doppelsternsysteme gehören zu den stärksten Quellen. Der Bau empfindlicher Detektoren wie GEO600 und LIGO hat die Beschäftigung mit der Theorie der Gravitationsstrahlung zur vordringlichen Forschungsaufgabe auf diesem Gebiet werden lassen (Aufmuth 2007, 2009). Mit analytischen und numerischen Methoden löst man unter Einsatz von leistungsstarken Computern die Einstein'schen Feldgleichungen, um die Pulsformen von Gravitationswellen zu berechnen, wie man sie auf der Erde zu erwarten hat.

8.1   Einstein postuliert die Existenz von Gravitationswellen

Im November 1915 vollendete Albert Einstein die Allgemeine Relativitätstheorie und schuf damit ein neues Weltbild (Einstein 1916). Die Schwerkraft (Gravitation) ist bei ihm keine Kraft mehr wie noch bei Newton, sondern eine Eigenschaft von Raum und Zeit – Gravitation ist Geometrie der Raum-Zeit. Massen verzerren die

Raum-Zeit, und diese Verzerrung beeinflusst die Bewegung von Licht und Materie. Auch die Erde beispielsweise krümmt die umgebende Raum-Zeit. Wenn Massen sich beschleunigt bewegen, erzeugen sie in der Raum-Zeit-Geometrie Störungen, die wellenartig mit Lichtgeschwindigkeit den Raum durchqueren. Das sind Gravitationswellen. Man kann sich dies ähnlich vorstellen wie sich ausbreitende Wellen auf einem Teich, in den man einen Stein geworfen hat. Der Durchgang einer Gravitationswelle äußert sich durch rhythmische Stauchungen und Dehnungen des Raums, d. h., die Abstände zwischen Objekten im Raum ändern sich (Abb. 8.2). Einstein selbst glaubte, der Effekt sei so klein, dass man Gravitationswellen wohl nie beobachten wird, wie er 1916 in einer Arbeit schrieb. Heute gibt es weltweit mehrere Anlagen, um sie aufzuspüren, und Theoriegruppen beschäftigen sich zunehmend mit diesem Phänomen. Der experimentelle Durchbruch ist tatsächlich in den letzten Jahren gelungen.

Gravitationswellen gehören zu den wenigen von der Allgemeinen Relativitätstheorie vorhergesagten Phänomenen, die lange nicht direkt nachgewiesen werden konnten (Miller und Yunes 2019). Die erste zweifelsfreie Messung von 2015 war somit eine weitere glänzende Bestätigung von Einsteins Theorie und wurde prompt 2017 mit dem Nobelpreis in Physik belohnt. Gleichzeitig enthalten Gravitationswellen Informationen über Vorgänge im Kosmos, die man auf keine andere Art und Weise erhalten kann. Gravitationswellen eröffnen ein völlig neues Fenster zu Vorgängen im Universum – wir stehen an der Schwelle zur **Gravitationswellen-Astronomie.** Die Existenz dieser Wellen steht überhaupt nicht zur Debatte, da die Grundlagen der Theorie nicht antastbar sind.

▶ ⇒ Vertiefung 8.1: Warum muss es Gravitationswellen geben?

8.2 Was sind Gravitationswellen?

Gravitationswellen werden häufig als Kräuselungen der Raum-Zeit bezeichnet. Obschon sie sich nur schwer nachweisen lassen, kann man theoretisch einige Eigenschaften vorhersagen. Dabei bieten sich Vergleiche mit der Elektrodynamik an, die auch Einstein schon bemühte.

Gravitationswellen können als Störungen auf einer Hintergrund-Raum-Zeit aufgefasst werden, also z. B. auf dem flachen Minkowski Raum mit Metrik η

$$g_{\mu\nu} = \eta_{\mu\nu} + h_{\mu\nu}(t, \vec{x}). \tag{8.1}$$

$h_{\mu\nu}$ ist damit eine Tensorwelle, die spurfrei und transversal ist. In Analogie zu elektromagnetischen Wellen wählen wir damit den Ansatz

$$h_{\mu\nu} = A_{\mu\nu} \exp(ik \cdot x), \tag{8.2}$$

wobei $A_{\mu\nu}$ ein konstanter symmetrischer Tensor 2. Stufe ist, $A_{0\mu} = 0$ und $\eta^{\mu\nu} A_{\mu\nu} = 0$. k ist der Wellenvektor mit $k^2 = 0$. Diese ebene Welle ist eine Lösung der Wellengleichung, die sich mit Lichtgeschwindigkeit in z-Richtung ausbreitet. Sie stellt eine Gezeitenwelle dar, da der zugehörige Riemann-Tensor die Form hat

$$R^0{}_{i0k} = -\frac{1}{2c^2} \frac{\partial^2 h_{ik}}{\partial t^2}. \tag{8.3}$$

Gravitationswellen sind Tensorwellen

Gravitationswellen sind Tensorwellen, die den metrischen Abstand $d\ell$ zwischen zwei Weltpunkten modulieren. Die Gravitationswelle laufe in z-Richtung und besitze zwei Polarisationsamplituden h_+ und $h_\times$. Gravitationswellen können als Störungen auf einer Hintergrund-Raum-Zeit auf dem flachen Minkowski-Raum mit Metrik η aufgefasst werden:

$$g_{\mu\nu} = \eta_{\mu\nu} + h_{\mu\nu}(t, \vec{x}). \tag{8.4}$$

$h_{\mu\nu}$ ist damit eine Tensorwelle, die spurfrei und transversal ist. In Analogie zu elektromagnetischen Wellen wählen wir damit den Ansatz

$$h_{\mu\nu} = A_{\mu\nu} \exp(ik \cdot x), \tag{8.5}$$

wobei $A_{\mu\nu}$ ein konstanter symmetrischer Tensor 2. Stufe ist, $A_{0\mu} = 0$ und $\eta^{\mu\nu} A_{\mu\nu} = 0$. k ist der Wellenvektor mit $k^2 = 0$. Die Metrik der Minkowski-Raum-Zeit wird daher leicht gestört

$$g_{\mu\nu} = \eta_{\mu\nu} + h_{\mu\nu} = \begin{pmatrix} 1 & 0 & 0 & 0 \\ 0 & -1 & 0 & 0 \\ 0 & 0 & -1 & 0 \\ 0 & 0 & 0 & -1 \end{pmatrix} - \begin{pmatrix} 0 & 0 & 0 & 0 \\ 0 & h_+ & h_\times & 0 \\ 0 & h_\times & -h_+ & 0 \\ 0 & 0 & 0 & 0 \end{pmatrix}, \tag{8.6}$$

mit den beiden Wellen

$$h_+ = A_+ \exp(-i(\omega t - z/c)) \tag{8.7}$$

$$h_\times = A_\times \exp(-i(\omega t - z/c)). \tag{8.8}$$

Dies entspricht einer Raum-Zeit-Metrik der Form

$$ds^2 = c^2 dt^2 - (1 + h_+)dx^2 - (1 - h_+)dy^2 - dz^2 - 2h_\times \, dx \, dy. \quad (8.9)$$

Dies ergibt einen Riemann-Tensor der Form

$$R^0_{\;i0k} = -\frac{1}{2c^2}\ddot{h}_{ik}. \quad (8.10)$$

Die zeitlichen Komponenten des Riemann-Tensors beschreiben die Gezeiten-kräfte. In der Allgemeinen Relativitätstheorie (ART) lassen sich Gezeitenkräfte mittels der Gleichung der geodätischen Abweichung beschreiben.

Diese ebene Welle hat nur zwei verschiedene Amplituden, die wie folgt bezeichnet werden:

$$h_+ = A_{11}, \quad h_\times = A_{12}, \quad (8.11)$$

sodass die Amplitude folgende Form aufweist:

$$A_{\mu\nu} = \begin{pmatrix} 0 & 0 & 0 & 0 \\ 0 & h_+ & h_\times & 0 \\ 0 & h_\times & -h_+ & 0 \\ 0 & 0 & 0 & 0 \end{pmatrix}. \quad (8.12)$$

Gravitationswellen sind Transversalwellen, genauer gesagt: Sie sind transversal polarisiert mit zwei unabhängigen Freiheitsgraden. Durchquert eine solche Welle ein

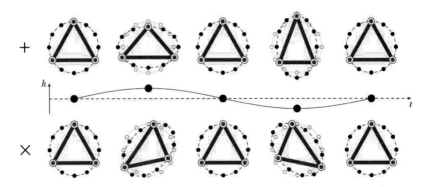

Abb. 8.2 Wirkung von Gravitationswellen auf einen Ring von Testmassen, der in transversaler Richtung zur Ausbreitungsrichtung der Gravitationswelle abwechselnd gestaucht und gestreckt wird. Der eine mögliche Polarisationszustand + führt zu einer Verformung in einer bestimmten Richtung, der andere x in der um 45° gedrehten Richtung. (Grafik: © Camenzind)

Raumgebiet, so wird darin eine kreisförmige Ansammlung freier Teilchen für das Zeitintervall des Durchgangs in der Polarisationsebene flächenerhaltend deformiert (Abb. 8.2). Die beiden hierbei entstehenden Ellipsen sind dabei – zugehörig zu jeweils einem der unabhängigen linearen Polarisationsfreiheitsgrade h_+ und $h_\times$ – um 45° gegeneinander gedreht. In der Elektrodynamik wäre der entsprechende Winkel 90°. Beschleunigte Massen erzeugen Gravitationswellen, die sich im Vakuum mit Lichtgeschwindigkeit ausbreiten. Dieser Vorgang hat in der Elektrodynamik sein Analogon: Dort lösen beschleunigte Ladungen elektromagnetische Wellen aus. Während es jedoch positive und negative elektrische Ladungen gibt, hat die Masse nur ein Vorzeichen, es existieren keine negativen Massen. Aus diesem Grund gibt es im Zusammenhang mit dem Schwerpunktsatz der Mechanik keine zeitlich veränderlichen Gravitationsdipole, sondern die Gravitationsstrahlung ist in niedrigster Ordnung eine **Quadrupolstrahlung.**

Leider ist diese Verzerrung des Raumes winzig. Einstein berechnete 1918, dass die Amplitude von Gravitationswellen von der zeitlichen Änderung des Quadrupolmoments der Quelle abhängt. Darunter versteht man die Abweichung des Systems von der Kugelsymmetrie. Zur Erzeugung nennenswerter Amplituden sind deshalb massereiche Systeme mit großen Quadrupolmomenten nötig, die sich zeitlich sehr schnell ändern. Es erscheint daher völlig aussichtslos, im Labor erzeugte Gravitationswellen nachweisen zu wollen; die beteiligten Massen sind viel zu klein. Als Quellen von Gravitationswellen kommen nur die energiereichsten und heftigsten astrophysikalischen Ereignisse infrage: der einer Supernovaexplosion vorangehende Kollaps eines ausgebrannten Sterns, die Verschmelzung von Neutronensternen oder Schwarzen Löchern, Schwingungen und Rotationen von Neutronensternen und Vorgänge während des Urknalls und unmittelbar danach.

Ein weiterer Unterschied zwischen Gravitationswellen und elektromagnetischen Wellen besteht darin, dass sich in der Elektrodynamik die Wellen linear überlagern (sogenanntes Superpositionsprinzip). Wegen der Nichtlinearität der Einstein'schen Feldgleichungen ist dies bei Gravitationswellen im Allgemeinen nicht der Fall. Nur bei sehr schwachen Gravitationsfeldern gilt näherungsweise das Superpositionsprinzip. Dies erschwert die Berechnung der Wellenlösungen für beliebige physikalische Situationen ganz erheblich. In vielen Fällen lassen sich deshalb lediglich Näherungslösungen ermitteln.

Die Existenz von Gravitationswellen wurde von Beginn an kontrovers diskutiert. 1922 stellte Eddington die Frage, ob die linearisierte Theorie überhaupt auf gravitative Binärsysteme anwendbar sei (Eddington 1922). Das entscheidende Moment der Selbstwechselwirkung wird unterschlagen. Außerdem kritisierte er Einsteins Behauptung, dass sich Gravitationswellen generell mit Lichtgeschwindigkeit bewegen. Er zeigte, dass dies in beliebigen Koordinatensystemen nur für ganz spezielle Wellen vom Typ transversal-transversal gültig ist. In den anderen (beiden) Fällen ist die Geschwindigkeit durch die Theorie nicht fixiert; Eddington spricht hier (etwas provokant) von einer Ausbreitung mit einer willkürlichen *speed of thought.* Er korrigierte außerdem einen fehlerhaften Faktor 2 in Einsteins Quadrupolformel.

Kurioserweise bekam Einstein später Zweifel, ob Gravitationsstrahlung überhaupt existiert. 1936 verfasste er mit Nathan Rosen ein Manuskript mit dem Titel

Do Gravitational Waves Exist?. In diesem Zusammenhang schrieb Einstein an Max Born: *Ich habe zusammen mit einem jungen Mitarbeiter [Rosen] das interessante Ergebnis gefunden, dass es keine Gravitationswellen gibt, trotzdem man dies gemäß der ersten Approximation für sicher hielt. Dies zeigt, dass die nichtlinearen allgemein relativistischen Feldgleichungen mehr aussagen, bezw. einschränken, als man bisher glaubte.* Das Manuskript wurde von der renommierten *Physical Review* nicht angenommen und mit den Kommentaren des (unbekannten) Gutachters an Einstein zurückgesandt. Dieser – derlei Praxis von deutschen Journalen nicht gewohnt – schrieb daraufhin einen wütenden Brief an den Herausgeber (John Tate) und zog die Arbeit kurzerhand zurück. Durch einen Hinweis von Howard Ivor Robertson wurde Einstein klar, dass seine Argumentation tatsächlich, wie dies auch schon der Gutachter bescheinigt hatte, fehlerhaft war. Eine vollständig revidierte Fassung erschien 1937 im (weniger bekannten) *Journal of the Franklin Institute* unter dem (neutralen) Titel „On Gravitational Waves".

Betrachtet man die Zeit zwischen 1925 und 1955, so lassen sich, trotz anfänglicher Euphorie über die neue Theorie, kaum wesentliche Fortschritte feststellen. Es gab nur wenige experimentelle Bestätigungen, und das theoretische Gebäude war für viele Physiker schlicht zu kompliziert. Bezogen auf das Strahlungsproblem führte dies zu verwirrenden, oftmals kontroversen Aussagen. Es mangelte an einer klaren physikalischen Marschrichtung und gleichzeitig an erfolgversprechenden mathematischen Methoden und Ideen. Eine Ausnahme bildete die Kosmologie: Die relativistischen Weltmodelle passten sehr gut zur beobachteten Expansion und zum Szenario des Urknalls.

Ende der 1950er-Jahre kam endlich Bewegung in die Theorie. Neue, globale Methoden wurden entwickelt. Ausgangspunkt war das Londoner Kings College, repräsentiert durch Felix Pirani, Hermann Bondi und Rainer Sachs; etwas später gesellte sich noch Roger Penrose hinzu. Es ging im Wesentlichen um die Frage, was überhaupt eine Strahlungslösung bzw. ein isoliertes, strahlendes System innerhalb der ART sein soll. Pirani formulierte hierzu 1958 wichtige Definitionen. Sie basierten auf Überlegungen von Petrov zur Klassifikation von Lösungen der Einstein'schen Gleichungen. Bondi und Sachs untersuchten 1962 das Fernfeld, also den Bereich weit ab von den Quellen (großer Abstand R) und dessen Symmetrieeigenschaften. Sie verwendeten eine Mutipolentwicklung und gelangten so zum Begriff des asymptotisch flachen Raumes und der *news function* als Täger der Information des Gravitationsfeldes. Die 1963 von Penrose verwendete Spinormethode war ein entscheidendes Hilfsmittel zur mathematischen Behandlung asymptotisch flacher Räume (engl. *conformal treatment of infinity*). Auf der Basis von Symmetrieeigenschaften gelangten Robinson, Trautmann und Kundt 1965 zu einer Familie von Strahlungslösungen, die als ebene Wellen interpretiert werden können.

Die erzielten Fortschritte brachten auch Schwung auf experimenteller Seite. So versuchte Joseph Weber zwischen 1960 und 1969 den direkten Nachweis von Gravitationswellen mit einem 1,5-Tonnen-Aluminium-Zylinder (Abb. 8.11). Der Erfolg blieb aber aus – die Effekte liegen weit jenseits der Nachweisgrenze seiner Detektoren, obschon er das selbst nie glaubte.

Der Durchbruch in Sachen Gravitationswellen erfolgte durch die Entdeckung des Binärpulsars PSR 1913+16 mit dem 300-Meter-Radioteleskop in Arecibo durch Hulse und Taylor im Jahr 1974. Hierbei handelt es sich um ein hoch-relativistisches System aus zwei Neutronensternen im Abstand von nur 700.000 km. Die Periastrondrehung beträgt 4,2° pro Jahr (im Gegensatz zu 43 Bogensekunden pro Jahrhundert bei Merkur). Nachdem enge Doppelsterne, wie z. B. WZ Sge, als Quellen zu schwach waren, konzentrierte sich alle Hoffnung auf dieses System im Sternbild Adler. Trotz der Massen von jeweils etwa 1,4 Sonnenmassen und der kurzen Periode von 7,75 h ist auch hier an einen direkten Nachweis von Gravitationsstrahlung nicht zu denken. Die vorhergesagte Periodenabnahme durch den Energieverlust ist dagegen beachtlich. Ohne die besonderen Eigenschaften des beteiligten Pulsars wäre aber auch der Nachweis kaum möglich: Er stellt eine extrem präzise Uhr dar (Periode 0,0590299952709 s), womit sich die Systemparameter – insbesondere die Periodenänderung – genauestens bestimmen lassen (s. Pulsar-Timing-Methode). Bereits nach wenigen Jahren gelang der indirekte Nachweis von Gravitationsstrahlung. Der Binärpulsar war ein Meilenstein in der Geschichte der Gravitationswellenforschung. Mit einer Kollision der Komponenten, verbunden mit einem dramatischen Anstieg der Gravitationsstrahlung, ist bei diesem System allerdings erst in ca. 320 Mio. Jahren zu rechnen.

Die Quadrupolformel

In der Elektrodynamik wird die Abstrahlung beschleunigter Ladungen durch die Larmor-Formel beschrieben. Wenn ein Teilchen mit Ladung beschleunigt wird (mit Beschleunigung a), so emittiert es elektromagnetische Wellen

$$P_{\text{ED}} = \frac{q^2 a^2}{6\pi \epsilon_0 c^3}. \tag{8.13}$$

Der entsprechende Sachverhalt in der ART folgt aus der Quadrupolformel, die Einstein bereits 1918 hergeleitet hatte (Einstein 1918) und die Eddington nachträglich korrigierte (Eddington 1922):

$$P_{\text{GW}} = \frac{G}{5c^5} \sum_{i,k=1}^{3} \frac{d^3 Q_{ik}}{dt^3}(t - r/c) \frac{d^3 Q_{ik}}{dt^3}(t - r/c). \tag{8.14}$$

Q_{ik} beschreibt dabei das spurlose Quadrupolmoment der zeitabhängigen Massenverteilung

$$Q_{ik} = \int d^3 x \, \rho(t, \vec{x}) \left(x^i x^k - \frac{1}{3} \delta_{ik} \vec{x}^2 \right). \tag{8.15}$$

8.3   Welche Objekte erzeugen Gravitationswellen?

Einsteins Pessimismus war damals durchaus berechtigt, denn die Leistungen von Gravitationswellen sind überaus gering und die daraus resultierende Schwingung der Raum-Zeit extrem klein. So strahlt die Erde bei ihrem Umlauf um die Sonne Gravitationswellen mit einer Leistung von nur 200 W ab, Jupiter bringt es immerhin schon auf 5300 W. Das sind jedoch äußerst bescheidene Werte im Vergleich zu den wahren Größen im Universum. Zwei kompakte Neutronensterne beispielsweise, die sich im Abstand von 100 km mit einer Periode von einer Hundertstel Sekunde umkreisen, erzeugen eine Leistung von 10^{45} W. In dieser Größenordnung liegt auch die in Form von Gravitationswellen abgestrahlte Leistung bei einer Supernova. Ereignisse dieser Art wollen Gravitationsphysiker messen. Doch selbst bei einer im kosmischen Maßstab vergleichsweise nahen Supernova in einer Nachbargalaxie verändert die entstehende Gravitationswelle den Abstand zwischen Erde und Sonne nur um den Durchmesser eines Wasserstoffatoms, und das auch nur für wenige Millisekunden. Für kürzere Messstrecken ist die Stauchung entsprechend kleiner: Der Abstand zwischen Testobjekten, die einen Kilometer voneinander entfernt sind, ändert sich nur um ein Tausendstel des Durchmessers eines Protons. Diese extrem geringe Längenänderung verdeutlicht die technischen Herausforderungen beim Bau eines Gravitationswellendetektors.

Gravitationswellen werden zwar von allen beschleunigt bewegten Körpern ausgesandt, aber die Chance sie nachzuweisen, besteht nur bei den energiereichsten Vorgängen im Kosmos. Voraussichtlich lassen sich folgende Objekte beobachten (Abb. 8.3): rotierende Neutronensterne, Supernovaexplosionen in der Galaxis, kompakte Doppelsternsysteme, Systeme bestehend aus zwei supermassereichen Schwarzen Löchern in den Zentren von Galaxien und Quantenfluktuationen aus dem frühen Universum.

Diese Quellen weisen unterschiedliche Frequenzen auf (Abb. 8.3 und 8.4). Das Spektrum möglicher Quellen überdeckt insgesamt 22 Dekaden in der Frequenz. Auch das elektromagnetische Spektrum kosmischer Quellen umfasst etwa 22 Dekaden. Quellen intensiverer und damit nachweisbarer Gravitationswellen erwartet man bei Supernovaexplosionen sowie bei in geringem Abstand einander umkreisenden oder verschmelzenden Neutronensternen und/oder Schwarzen Löchern. Auch der Urknall könnte Gravitationswellen angeregt haben, deren Frequenz aufgrund der kosmischen Expansion inzwischen jedoch sehr gering ist. Der ursprünglich für das Jahr 2019 geplante Detektor LISA hätte diese möglicherweise nachweisen können. Nach dem Ausstieg der NASA ist die Zukunft des Projektes jedoch ungewiss. Das Folgeprojekt eLISA wurde von der europäischen Weltraumorganisation ESA zuerst zugunsten der Mission JUICE, deren Ziel die Erkundung der Jupitermonde ist, zurückgestellt, ist aber im November 2013 als L-Mission deklariert worden – allerdings mit Start frühestens 2034.

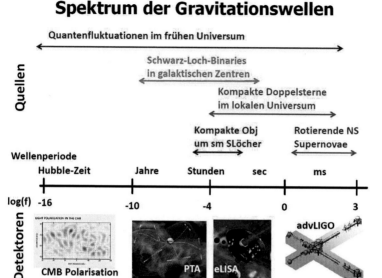

Abb. 8.3 Mögliche Quellen und Detektoren für Gravitationswellen im Kosmos als Funktion der Frequenz f und der Wellenperioden. (Grafik: © Camenzind)

8.3.1   Supernovae vom Typ II

Wenn ein massereicher Stern seinen Brennstoff verbraucht hat, fällt sein Kernbereich zu einem Neutronenstern zusammen, während er seine äußere Hülle mit großer Geschwindigkeit ins All abstößt. Hierbei werden auch Gravitationswellen abgestrahlt. Die Forscher hoffen, Ereignisse empfangen zu können, die bis zu etwa 70 Mio. Lichtjahre entfernt sind. Dann wäre auch der Virgo-Galaxienhaufen noch im Blickfeld, in dem sich mehrere Supernovae pro Jahr ereignen sollten.

Ein erster Versuch, sogenannte Templates für Gravitationswellensignale von als Supernova sterbenden Sternen zu berechnen, wurde vor Jahren schon von Wissenschaftlern am Max-Planck-Institut für Astrophysik in Garching erfolgreich unternommen. Allerdings prognostizierten diese Templates eine große Variabilität der Art und Weise, wie Kollaps und Rückprall ablaufen. Die entsprechende Unsicherheit beim Wellensignal verhinderte eine Anwendung der effektivsten verfügbaren Filter in der Signalanalyse der Detektoren.

In einer stark verbesserten Erweiterung dieser bisherigen Ergebnisse haben jetzt wiederum Astrophysiker vom Max-Planck-Institut für Astrophysik neue multidimensionale Supercomputersimulationen einer Vielzahl von rotierenden stellaren Core-Kollapsmodellen durchgerechnet. Im Gegensatz zu den alten, einfacheren Rechnungen wurden diesmal bessere Anfangsmodelle verwendet, es wurde auch eine realistischere Beschreibung der Materie implementiert, und die Effekte von

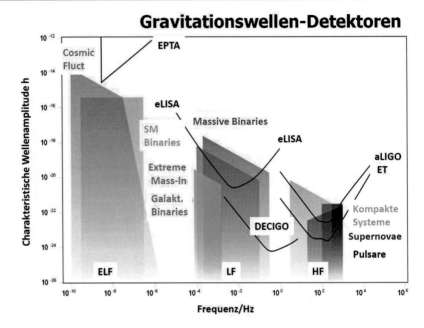

Abb. 8.4 Spektrum kosmischer Gravitationswellen und Detektoren. Man unterscheidet drei verschiedene Frequenzbereiche: HF: Hochfrequenzwellen, LF: Niederfrequenzwellen, ELF: extrem tiefe Niederfrequenzwellen. Die Symbole bedeuten folgendes: Binaries: Doppelsternsysteme, SM: supermassereiches Schwarzes Loch in Galaxienzentren, In: Inspiral-Phase kompakter Doppelsterne, DECIGO: DECI-Hertz Interferometer Gravitational wave Observatory von Japan vorgeschlagen mit Start ab 2027 (1000 km Armlänge), EPTA: Europäisches Pulsar-Timing-Array. (Grafik: nach Daten Moore und Berry 2015, © Camenzind)

Neutrinos wurden in der Kontraktionsphase mit in Betracht gezogen (Abb. 8.5 und 8.6).

Unsicher ist immer noch, wie viele Gravitationswellen bei einer Supernova abgestrahlt werden. Erfolgt der Kollaps auf den Neutronenstern völlig achsensymmetrisch, so entstehen überhaupt keine Gravitationswellen. Nur Abweichungen in der Massenverteilung von der Achsensymmetrie erzeugen eine Quadrupolmassenverteilung, die in der Rotation zur Abstrahlung von Gravitationswellen führt. Insgesamt wird nur ein geringer Bruchteil der Energie in Gravitationswellen abgestrahlt, $10^{-11} \leq E_{\mathrm{GW}} \leq 10^{-8}\, M_\odot c^2$.

8.3.2   Enge Doppelsternsysteme

16.000 Lichtjahre von der Erde entfernt umkreisen zwei Weiße Zwerge einander in nur 5,4 min (Abb. 8.7). Damit hält der Doppelstern HM Cancri einen neuen astronomischen Rekord. Und noch andere außergewöhnliche Eigenschaften haben Astronomen bei den zwei Weißen Zwergen beobachtet. Solche engen Doppelsterne in der Milchstraße sind die idealen Kalibrationsquellen für Gravitationswellendetekto-

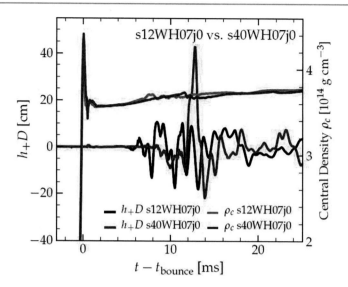

Abb. 8.5 Generische Gravitationalwellensignale vom Kollaps rotierender Stern-Cores. Gravitationswellen werden im Nachschwingen des Proto-Neutronensterns erzeugt. (Grafik: aus Ott et al. 2012, mit freundlicher Genehmigung © Physical Review)

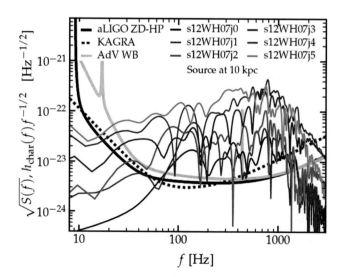

Abb. 8.6 Selbst mit AdvancedLIGO sind Gravitationswellen von Supernovakollaps nur bis zu einer Distanz von 10 kpc in unserer Milchstraße detektierbar. Das Signal ist breitbandig und erstreckt sich bis zu 1 kHz. Die höchsten Amplituden werden von schnell rotierenden Proto-Neutronensternen erzeugt. (Grafik: aus Ott et al. 2012, mit freundlicher Genehmigung © Physical Review)

Abb. 8.7 HM Cancri wurde 1999 mit dem am Max-Planck-Institut für extraterrestrische Physik gebauten Satelliten ROSAT als Quelle von Röntgenstrahlen entdeckt. Es handelt sich bei J0806 um ein Doppelsternsystem aus zwei Weißen Zwergen mit je etwa einer halben Sonnenmasse, die einander in einer Entfernung von nur rund 80.000 km in ca. 5,4 min umkreisen, entsprechend etwa mit 450 km pro Sekunde. Die beobachtete Röntgenstrahlung entsteht vermutlich an den magnetischen Polen der beiden Weißen Zwerge. Pro Jahr wird die Umlaufzeit momentan um 1,2 ms schneller und der Abstand um einen halben Meter geringer, sodass die Sterne in einigen 100.000 Jahren zusammenfallen (mergen) werden. Das System könnte dann zu einer Supernova vom Typ Ia werden. (Grafik: Radboud University using BinSim software by Rob Hynes, mit freundlicher Genehmigung. © Rob Hynes)

ren im niederfrequenten Bereich (Abb. 8.7). Doppelsternsysteme verhalten sich wie rotierende Hanteln und stellen daher ein zeitabhängiges Massenquadrupolmoment Q_{ik} dar. Nach der Theorie von Einstein wird dadurch eine Gravitationswelle erzeugt:

Gravitationswellen von Doppelsternen
Gravitationswellen von Doppelsternen, die sich im Abstand r umkreisen, können in der Post-Newton'schen Näherung berechnet werden. Wir beobachten diese Systeme im Abstand d von typischerweise Mpc, da sich die nächsten Galaxien im Abstand von einigen Mpc befinden. Doppelsternsysteme verhalten sich wie rotierende Hanteln und stellen daher ein zeitabhängiges Massenquadrupolmoment Q_{ik} dar.

$$h_+ = -\frac{1}{d}\frac{G^2}{c^4}\frac{2m_1 m_2}{r}(1 + \cos^2 i)\cos(2\omega(t - d/c)) \qquad (8.16)$$

$$h_\times = -\frac{1}{d}\frac{G^2}{c^4}\frac{4m_1 m_2}{r}\cos i \,\sin(2\omega(t - d/c)). \qquad (8.17)$$

Die Distanz d zum Schwerpunkt des Systems kann in Einheiten des Schwarzschild-Radius R_S der Masse m_1 geschrieben werden

$$\frac{2Gm_1}{c^2 d} = \frac{R_S}{d} \simeq 10^{-18} \qquad (8.18)$$

wenn d in Einheiten von Mpc. Ebenso kann der Bahnradius r des Systems mittels Schwarzschild-Radius der Masse m_2 ausgedrückt werden

$$\frac{2Gm_2}{c^2 r} = \frac{R_S}{r} \simeq 10^{-2}. \qquad (8.19)$$

Die Frequenz $\omega = 2\pi/P$ ergibt eine Frequenz f in kHz, falls die Bahnperiode im Millisekundenbereich liegt. i bedeutet die Inklination der Bahnebene. Daraus resultiert eine Amplitude $h \leq 10^{-20}$, je nach Abstand der Quelle. Gravitationswellendetektoren müssen daher eine Empfindlichkeit von mindestens $h \simeq 10^{-22}$ erreichen.

$$h_{ik} = \frac{2G}{c^4}\frac{1}{d}\ddot{Q}_{ik}(t - d/c) \qquad (8.20)$$

Für ein zirkulares Doppelsternsystem mit Massen m_1 und m_2 im Abstand r voneinander folgen daraus die beiden Polarsiationszustände nach Gl. (8.16) und (8.17). ω bezeichnet dabei die Rotationsfrequenz des Doppelsternsystems, $\omega = \sqrt{G(m_1 + m_2)/r^3}$. Die Frequenz der Welle ist damit das Doppelte der Umlauffrequenz, wie wir dies für eine Quadrupolwelle erwarten. Die Amplitude der Welle hängt damit einerseits von der Kompaktheit des Abstands ab, $Gm_1/c^2 d$, und andererseits von der Kompaktheit $Gm_2/c^2 r$ des Doppelsternsystems selbst. Betrachten wir etwa ein kompaktes Doppelsternsystem, bestehend aus zwei Weißen Zwergen im Abstand von 1 kpc, so erhalten wir eine typische Wellenamplitude $h \simeq 10^{-16} \times 10^{-4} = 10^{-20}$. Betrachtet man das System entlang der Bahnebene, Inklination $i = 90°$, dann verschwindet der zweite Polarisationszustand $h_\times$. Stellt man dieselbe Betrachtung für den Hulse-Taylor-Pulsar an, dann ergibt sich eine Wellenamplitude von nur $h \simeq 10^{-26}$. Solche Systeme erzeugen absolut regelmäßige Schwingungen mit fester Frequenz.

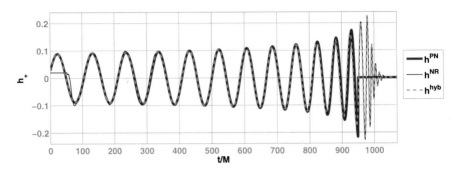

Abb. 8.8 Signal vom Merging von zwei supermassereichen Schwarzen Löchern. Man kann deutlich drei Phasen unterscheiden: Inspiral, Merging und Ringdown (sogenanntes Nachschwingen). Die Post-Newton'sche Näherung kann nur die Inspiraling-Phase beschreiben. Zeit ist in Einheiten von GM/c^3 berechnet. Numerische Simulationen liefern Erkenntnisse über die mögliche Form der Signale, welche die Gravitationswellendetektoren advLIGO oder eLISA beim Durchgang einer Gravitationswelle aufzeichnen würden. Erst dann kann in den Detektordaten gezielt nach Signalen gesucht werden. (Grafik: nach Ajith et al. 2007, mit freundlicher Genehmigung © Gen. Rel. Quantum Gravity)

8.3.3   Inspiral von Neutronensternen und Schwarzen Löchern

Die von stellaren kompakten Systemen abgestrahlten Gravitationswellen sollten Frequenzen zwischen etwa 10 und 100 Hz besitzen und ebenfalls nachweisbar sein. Besonders spektakulär müsste das Signal von zwei verschmelzenden kompakten Objekten sein. Deren Häufigkeit ist aber noch unsicher. Verschmelzende supermassereiche Schwarze Löcher erzeugen Gravitationswellen im Bereich von Millihertz und können nur im Weltraum detektiert werden (Abb. 8.8). Die Amplituden der Gravitationswellen können bis zur zweiten Post-Newton'schen (2PN)-Ordnung analytisch berechnet werden (Blanchet 2014) (Abb. 8.8):

$$h_{+,\times} = \frac{2GM\eta}{c^2 D_L} x \left[H_{+,\times}^{(0)} + x^{1/2} H_{+,\times}^{(1/2)} + x H_{+,\times}^{(1)} + x^{3/2} H_{+,\times}^{(3/2)} + x^2 H_{+,\times}^{(2)} \right].$$
(8.21)

Der Post-Newton'sche Parameter $x = (GM\Omega/c^3)^{2/3}$ ist eine Funktion der Bahnfrequenz Ω und $\eta = m_1 m_2/m^2$ die reduzierte Masse. $H^{(n)}$ sind die Beiträge der entsprechenden Post-Newton'schen Ordnung n (Blanchet 2014). Die Leuchtkraftdistanz D_L der kosmischen Quelle ist dabei eine Funktion der Rotverschiebung z im Rahmen eines ΛCDM Modells:

$$D_L = (1+z)\frac{c}{H_0} \int_0^z \frac{dz'}{\sqrt{\Omega_R(1+z')^4 + \Omega_M(1+z')^3 + \Omega_\Lambda}}.$$
(8.22)

Es gelten folgende Werte der Omega-Parameter: $\Omega_R = 4{,}9 \times 10^{-5}$, $\Omega_M = 0{,}315$, $\Omega_\Lambda = 0{,}685$ und die Hubble-Konstante $H_0 = 67{,}7\,\mathrm{km\ s^{-1}\ Mpc^{-1}}$ (Planck-Daten

2015). Die Wellenform hängt von der Bahnfrequenz und der Phase des Doppelsternsystems ab, die sich in der Zeitvariablen $\Theta(t) = \eta c^3/(5GM)(t_c - t)$ ausdrücken
lässt (Blanchet 2014)

$$\omega(\Theta) = \frac{c^3}{8GM}\left[\Theta^{-3/8} + \left(\frac{743}{2688} + \frac{11}{32}\eta\right)\Theta^{-5/8} - \frac{3\pi}{10}\Theta^{-6/8}\right] \quad (8.23)$$

$$\left[+\left(\frac{1.855.099}{14.450.688} + \frac{56.975}{258.048}\eta + \frac{371}{2048}\eta^2\right)\Theta^{-7/8}\right]$$

$$\Phi(\Theta) = \Phi_C - \frac{1}{\eta}\left[\Theta^{5/8} + \left(\frac{3715}{8064} + \frac{55}{96}\eta\right)\Theta^{3/8} - \frac{3\pi}{4}\Theta^{2/8}\right] \quad (8.24)$$

$$\left[+\left(\frac{9.275.495}{14.450.688} + \frac{284.875}{258.048}\eta + \frac{1855}{2048}\eta^2\right)\Theta^{1/8}\right].$$

Gravitationswellen werden von Quellen mit zeitabhängigem Quadrupolmoment
Q erzeugt. Doppelsternsysteme sind das einfachste Beispiel. Für eine Quelle mit
Masse M im Abstand r zu uns erhält man folgende Amplitude der Gravitationswelle:

$$h_+ \simeq h_\times \simeq \frac{GE_{kin}^Q/c^4}{d} \simeq 10^{-21}\left(\frac{E_{kin}^Q}{M_\odot c^2}\right)\left(\frac{100\,\text{Mpc}}{d}\right) \quad (8.25)$$

E_{kin}^Q bedeutet die kinetische Energie in der Quadrupolschwingung, die für einen Merger von zwei Schwarzen Löchern mit zehn Sonnenmassen gerade etwa der Ruheenergie einer Sonnenmasse entspricht. Damit erhalten wir die höchsten Amplituden
für Quellen, die mit hoher Geschwindigkeit nahe der Lichtgeschwindigkeit schwingen. Das sind kompakte Doppelsternsysteme, bestehend aus Neutronensternen und
Schwarzen Löchern. Als Beispiel betrachten wir ein Doppelsternsystem, bestehend
aus zwei Schwarzen Löchern, kurz bevor sie aufgrund der Gravitationswellenabstrahlung zusammenfallen (mergen). Wir nehmen an, dass die Schwarzen Löcher
stellare Schwarze Löcher sind mit einer Masse $M \simeq 10\,M_\odot$ und sich mit einer
Geschwindigkeit $V \simeq c/3$ auf Kepler-Bahnen umeinander bewegen. Dann folgt
aus (8.25) eine Amplitude der Gravitationswelle $h \simeq 10^{-20}$, wenn das System im
Virgo-Haufen lebt ($d \simeq 15\,\text{Mpc}$). Bei Rotverschiebung $z = 0,1$ (entsprechend einem
Abstand $d = 420\,\text{Mpc}$) beträgt die Amplitude nur noch $h \simeq 3 \times 10^{-22}$. **Schwarz-
Loch-Merger sind die energiereichsten Prozesse im Universum, da sie 10 % der
Masse in Gravitationsstrahlung umwandeln.** Ihre Leuchtkraft in Gravitationswel-
len ist gewaltig (Abb. 8.9)

$$L_{GW} \simeq \frac{0,1\,Mc^2}{100GM/c^3} = 0,001\,\frac{c^5}{G} = 3,62 \times 10^{56}\,\text{W}, \quad (8.26)$$

unabhängig von der Masse der Schwarzen Löcher. Die abgestrahlte Energie ist
allein durch die Lichtgeschwindigkeit und durch die Gravitationskonstante bestimmt:

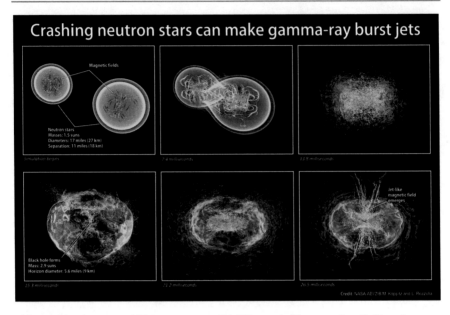

Abb. 8.9 Mergen von zwei Neutronensternen. Die Wissenschaftler versuchen die Entstehung von Gravitationswellen zu berechnen, indem sie z. B. Kollisionen von Schwarzen Löchern und Neutronensternen auf Supercomputern simulieren. Diese Simulationen liefern Erkenntnisse über die mögliche Form der Signale, welche die Gravitationswellendetektoren advLIGO oder eLISA beim Durchgang einer Gravitationswelle aufzeichnen würden. Erst dann kann in den Detektordaten gezielt nach Signalen gesucht werden. (Simulation: M. Koppitz & Luciano Rezzolla; s. Elke Mueller eLISA, mit freundlicher Genehmigung © Luciano Rezzolla)

$c^5/G = 3,62 \times 10^{59}$ W. Zum Vergleich: Eine Supernova vom Typ II schafft gerade eine Leuchtkraft von $L_\nu \simeq 10^{47}$ W in der Neutrinostrahlung.

Fast jede Galaxie beherbergt in ihrem Zentrum ein supermassereiches Schwarzes Loch. Wenn Galaxien kollidieren, entsteht ein Schwarzes-Loch-Duo, das irgendwann einmal zu einem einzelnen Schwarzen Loch verschmilzt. Solche Verschmelzungen sind bei Weitem die energiereichsten Ereignisse im Universum, bei denen mehr Energie frei wird, als alle Sterne zusammengenommen ausstrahlen. Wenn sie kollidieren, produzieren die massiven Objekte Gravitationswellen von unterschiedlichen Wellenlängen und Stärken, in Abhängigkeit von der Größe der beteiligten Massen. Auf dem Computer kann heute der Fall auch rotierender Schwarzer Löcher mit unterschiedlicher Masse sehr leicht simuliert werden, beginnend mit den letzten zwei bis zehn Orbits umeinander, bevor sie endgültig miteinander verschmelzen (Abb. 8.9). Auch im Merging-Prozess stellt sich die Wellenform der Gravitationswelle als sehr regelmäßig heraus, im Unterschied zu den bisherigen Erwartungen (Abb. 8.10).

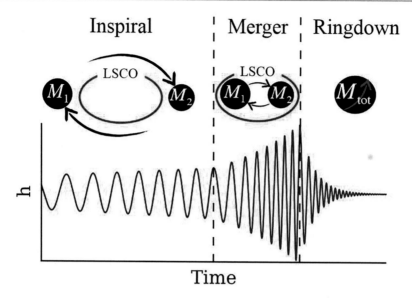

Abb. 8.10 Die zeitliche Entwicklung eines Doppelsternsystems bestehend aus zwei kompakten Objekten erfolgt in drei Phasen: (i) Inspiral-Phase, bei der das System immer enger wird und die Frequenz dauernd zunimmt; (ii) Verschmelzen, was nur auf dem Computer gelöst werden kann, und (iii) die Dämpfungsphase (Ringdown). (Grafik: Camenzind)

8.3.4 Berge auf schnell rotierenden Neutronensternen

Auch schnell rotierende Neutronensterne senden Gravitationswellen aus, sofern sie nicht vollkommen symmetrische Kugelform besitzen. Die typischen Frequenzen liegen hier zwischen zehn und 1000 Hz. Diese Objekte sind als Pulsare schon seit Langem durch radioastronomische Untersuchungen bekannt und recht gut verstanden (s. Abschn. 6.5). Normalerweise sind Neutronensterne ideal rund bzw. am Äquator infolge der hohen Rotationsfrequenz von einigen Hundert Umdrehungen pro Sekunde ausgebeult. Trotzdem zählen sie wahrscheinlich zu den glattesten Körpern des Universums. Neue Untersuchungen haben gezeigt, dass ihre höchsten Berge gerade einmal Höhen von wenigen Millimetern erreichen können, ohne dass sie unter ihrem Eigengewicht zusammenbrechen. Gerade diese Unebenheiten sind es aber, die durch ihre Asymmetrie Gravitationswellen erzeugen könnten.

8.3.5 Der Sound des Urknalls

Die Entstehung des Universums im Urknall war der heftigste Vorgang in der Geschichte des Kosmos. Nach heutigen Theorien sollten damals auch Gravitationswellen entstanden sein, die heute das Universum als allgegenwärtiges Rauschen durchziehen. Die heutige Generation erdgebundener Empfänger kann dieses Signal nicht nachweisen. Vielleicht wird dies mit dem Weltrauminterferometer eLISA oder einer späteren Generation von Gravitationswellenobservatorien möglich sein.

8.4 Wie kann man Gravitationswellen detektieren?

Der Nachweis von Gravitationswellen stößt auf ganz erhebliche technische Schwierigkeiten, weil ihre Wirkung sehr klein ist. Selbst bei einer im kosmischen Maßstab vergleichsweise nahen Sternenexplosion in einer Nachbargalaxie würde die hierbei entstehende Gravitationswelle den Abstand zwischen Erde und Sonne für wenige Millisekunden um den Durchmesser eines Wasserstoffatoms verändern. Auf kürzeren Distanzen ist der Effekt entsprechend kleiner: Der Abstand zwischen Testobjekten, die einen Kilometer voneinander entfernt sind, ändert sich nur um ein Tausendstel des Durchmessers eines Protons.

8.4.1 Signal eines Gravitationswellendetektors

Das Signal eines Gravitationswellendetektors ist eine Zeitsequenz $s(t)$, welche das instrumentelle Rauschen $n(t)$ und das eigentliche Signal der Gravitationswelle $h(t)$ enthält,

$$s(t) = P_+(t)h_+(t) + P_\times(t)h_\times(t) + n(t). \tag{8.27}$$

Die instrumentelle Response ist eine Konvolution der Antennenfunktionen $P_+(t)$ und $P_\times(t)$ mit den beiden Polarisationszuständen $h_+(t)$ und $h_\times(t)$ der Gravitationswelle. Die Analyse dieses Signals wird üblicherweise im Frequenzraum vorgenommen. Damit wird die Information, die eine Zeitsequenz enthält, im Fourierraum dargestellt, $\tilde{s}(\nu)$, und als Spektralamplitude definiert

$$\mathcal{S}_g = \tilde{s}^*(\nu)\tilde{s}(\nu). \tag{8.28}$$

$\tilde{s}(\nu)$ ist dabei die Fourier-Transformierte der Zeitsequenz

$$\tilde{s}(\nu) = \int_{-\infty}^{+\infty} s(t)\,\exp(2\pi i \nu t)\,dt. \tag{8.29}$$

Dieses Leistungsspektrum $\mathcal{S}_g$ hat die Dimension einer Zeit oder Hz^{-1}. Damit wird die spektrale Amplitude einer Gravitationswelle wie folgt definiert:

$$\tilde{h}(\nu) = \sqrt{\mathcal{S}_g(\nu)} \tag{8.30}$$

Diese Amplitude einer Gravitationswelle hat die Dimension $Hz^{-1/2}$ und wird allgemein in Darstellungen für Gravitationswellen verwendet.

Die Stärke einer Gravitationswelle wird häufig in Form der Energiedichte pro Frequenzintervall dargestellt, $d\rho_{gw}/d \log \nu$, skaliert in Einheiten der kritischen Dichte des Universums,

$$\Omega_{gw}(\nu) = \frac{1}{\rho_{crit}} \frac{d\rho_{gw}(\nu)}{d \log \nu} = \frac{4\pi^2}{3H_0^2} \nu^3 S_g(\nu). \tag{8.31}$$

H_0 ist die heutige Hubble-Konstante und ρ_{crit} die kritische Dichte des expandierenden Universums.

8.4.2 Erste Versuche: resonante Zylinderantennen

Die ersten Versuche unternahm Mitte der 1960er-Jahre der US-amerikanische Physiker Joseph Weber (1919–2000) in Maryland. Der eigentliche Empfänger war ein anderthalb Tonnen schwerer Zylinder aus Aluminium (Abb. 8.11). Ein solcher Körper hat eine Eigenfrequenz, die von seiner Masse abhängt; in diesem Fall beträgt sie ein Kilohertz. Im Resonanzfall, d. h. bei passender Frequenz, würde ein durchlaufender Gravitationswellenpuls ein wenig Energie abgeben und den Zylinder kurzzeitig in Schwingung versetzen wie ein Hammer eine angeschlagene Glocke. Mit aufgeklebten Piezoelementen wollte Weber dann den Nachhall der Welle messen.

Heute weiß man, dass die damalige Technologie noch längst nicht so weit war, um eine realistische Empfindlichkeit zu erreichen. Immerhin gaben Webers Versuche den Anstoß für weitere Forschergruppen, sich mit dem Bau von Gravitationswellenempfängern zu befassen und die Nachweistechnik zu verbessern. In den folgenden zehn Jahren konnte die Empfindlichkeit von Zylinderantennen durch Tiefkühlung und supraleitende Verstärker (sogenannte SQUIDs) um das Hunderttausendfache gesteigert werden. Es gibt zurzeit vier solcher Anlagen, die einen Gravitationswellenstoß aus der Milchstraße durchaus nachweisen könnten: Allegro in den USA, Auriga und Nautilus in Italien sowie Explorer am CERN in Genf. Sie sind allerdings aus Geldmangel schon lange in den Ruhestand versetzt worden.

Um die Richtungsabhängigkeit der Zylinderantennen zu umgehen, hat man seit einigen Jahren auch kugelförmige Empfänger aufgebaut: MiniGrail in den Niederlanden und Mario Schenberg in Brasilien. Beide Anlagen setzen eine Kugel von 68 cm Durchmesser aus einer CuAl(6 %)-Legierung und mit einer Masse von 1,4 t ein; die Eigenfrequenz liegt bei 2,9 kHz. Alle Resonanzantennen arbeiten unter dem Dach der *International Gravitational Event Collaboration* (IGEC) zusammen. Der Nachteil dieser Antennen ist ihre geringe Bandbreite. Mit Zylindern erreicht man bestenfalls eine Bandbreite von 100 Hz, mit Kugeln 230 Hz. Da das Spektrum der Gravitationswellen aber einen sehr großen Wellenlängenbereich umfasst, machte man sich schon Anfang der 1970er-Jahre um alternative Messverfahren Gedanken.

Abb. 8.11 Die erste resonante Zylinderantenne von Joseph Weber in Maryland. Die Spannungen im Aluminiumzylinder werden über piezoelektrische Elemente gemessen. Joseph Weber hat allerdings die zu erwartenden Amplituden überschätzt. (Photo Credit: University of Maryland, mit freundlicher Genehmigung © University Maryland)

8.4.3   GWellen-Interferometer der ersten Generation

Eigentlich handelt es sich beim Nachweis von Gravitationswellen nur um eine Längenmessung, nämlich um die Änderung zweier vorgegebener Messstrecken, die senkrecht zueinander stehen. Dafür ist ein Michelson-Interferometer das geeignete Instrument (Abb. 8.12): Ein halbdurchlässiger Spiegel teilt einen Laserstrahl in zwei senkrecht zueinander verlaufende Teilstrahlen gleicher Intensität auf. Die beiden Teilstrahlen durchlaufen die Messstrecken (Arme genannt), werden an den Enden reflektiert und wieder überlagert. Sind beide Strecken gleich lang, so schwingen die Lichtwellen im Gleichtakt und verstärken sich. Man stellt die Anlage aber so ein, dass die überlagerten Wellen im Gegentakt schwingen, also jeweils Wellenberg auf Wellental trifft. Die Wellen löschen sich dann aus, und der Ausgang des Interferometers bleibt dunkel. Verändert jetzt eine Gravitationswelle die Länge der beiden Messstrecken, so kommen die Teilstrahlen außer Takt, sodass sie sich nicht mehr vollständig auslöschen und am Ausgang ein schwaches Lichtsignal erscheint.

Die Empfindlichkeit eines solchen Detektors hängt von der Länge der Messstrecken und von der umlaufenden Lichtleistung ab (Abb. 8.13). Der deutsch-britische Detektor GEO600 beispielsweise hat 600 m lange Messstrecken und arbeitet mit einer umlaufenden Lichtleistung von zehn Kilowatt (Geo600 2020). Nach mehr als 30-jähriger Entwicklungszeit ist er heute imstande, Längenänderungen von 3×10^{-19} m nachzuweisen. Damit ist er milliardenmal besser als Michelsons Originalinterferometer, das übrigens im Jahr 2005 seinen 125. Geburtstag feierte.

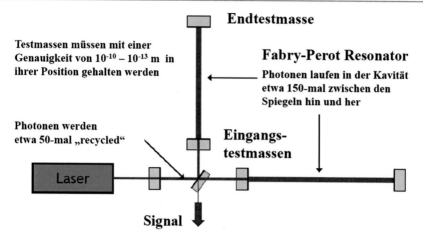

Abb. 8.12 Prinzip eines Fabry-Perot-Interferometers als Gravitationswellendetektor. (Grafik: © Camenzind)

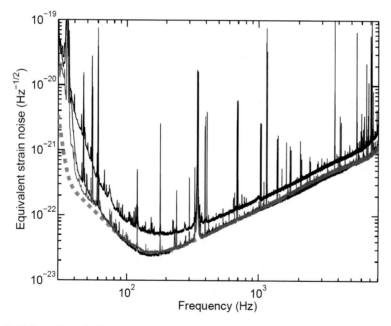

Abb. 8.13 Rauschempfindlichkeit der Detektoren der ersten Generation (LIGO S5 Run und Virgo). Die Zielsetzung der Planung ist genau erreicht worden (graue Kurve). Mit einer Bandbreite von 100 Hz kann damit eine Längenänderung ΔL im Bereich von 4×10^{-18} m gemessen werden. Das entspricht 0,1 % des Protonenradius. (Grafik: LIGO Konsortium, mit freundlicher Genehmigung © LIGO Consortium)

Weltweites Netz

Weltweit gibt es fünf große Laserinterferometer zum Gravitationswellennachweis: zwei Anlagen mit vier Kilometer langen Messstrecken in den USA (LIGO), eine Anlage mit drei Kilometer Armlänge in Italien (Virgo), eine mit 600 m in Deutschland (GEO600) und eine mit ursprünglich 300 m in Japan (Tama300), die auf KAGRA mit 3000 m Armlänge im Untergrundlabor von Kamioka umgebaut worden ist (Akutsu et al. 2020). Die zweite Anlage von Hanford mit zwei Kilometern Armlänge wird in Indien aufgebaut, um die Nord-Süd-Auflösung zu verbessern (Indigo 2020).

8.4.4   GWellen-Interferometer der zweiten Generation

Sind so viele teure Anlagen überhaupt notwendig? Ja, denn die verschiedenen Projekte sind aufeinander angewiesen. Die Daten eines einzelnen Detektors haben für pulsförmige Signale keine besondere Aussagekraft. Erst in Koinzidenz mit einem weit entfernten Detektor kann man sicher sein, keinen lokalen Störungen aufgesessen zu sein. Um auch Informationen über den Ort der Quelle zu erhalten, benötigt man eine dritte Anlage, sodass man aus den Ankunftszeiten der Welle die Richtung ermitteln kann. Schließlich ist ein vierter Detektor nötig, um Zeitstruktur und Schwingungsform der Welle besser bestimmen zu können. Die bestehenden Projekte haben deshalb eine enge Zusammenarbeit vereinbart. Im Rahmen der *Ligo Scientific Collaboration* (LSC) werden die Beobachtungszeiten abgestimmt, alle Messdaten ausgetauscht und ausgewertet sowie die Ergebnisse gemeinsam veröffentlicht.

advLIGO, advVIRGO und KAGRA

Bis 2015 wurden keine Gravitationswellen mit Sicherheit nachgewiesen. Das lag daran, dass beobachtbare Ereignisse in unserer Galaxis selten sind und die Empfindlichkeit für Signale aus Nachbargalaxien gerade so ausreichte. Die Reichweite der Detektoren für die Beobachtung von Neutronensternsystemen lag damals bei etwa 40 Mio. Lichtjahren. Der so zugängliche Teil des Universums umfasst einige Dutzend Galaxien. Die Detektoren wurden daher laufend verbessert; Ende 2015 konnte die nächste Generation in Betrieb genommen werden – **AdvancedLIGO und AdvancedVIRGO**, abgekürzt als advLIGO und advVirgo. Sie konnten die Empfindlichkeit um einen weiteren Faktor 15 verbessern (Abb. 8.14). Das bedeutete, dass sich das Beobachtungsvolumen um einen Faktor 1000 vergrößerte, da man die Amplitude der Welle auswertet und nicht den Energiestrom.

Bei dieser neuen Generation von Detektoren wird die Schwellenfrequenz bis zu etwa 10 Hz erniedrigt (Abb. 8.14). Das gelingt vor allem durch ein ausgeklügeltes System der Aufhängung der Testmassen. Auch werden die Spiegel durch 40 kg schwere Massen ersetzt, was das thermische Rauschen durch den Photonendruck erheblich erniedrigt. Die Interferometer der ersten Generation hatten Laser mit zehn Watt Leistung, diese werden nun durch Laser mit 200 W Leistung ersetzt, was das Quantenrauschen erheblich erniedrigt. Seismisches Rauschen, thermisches Rauschen und Quantenrauschen sind die drei wesentlichen Anteile, welche die Rauschkurve als Funktion der Frequenz bestimmen (Abb. 8.14 und 8.15).

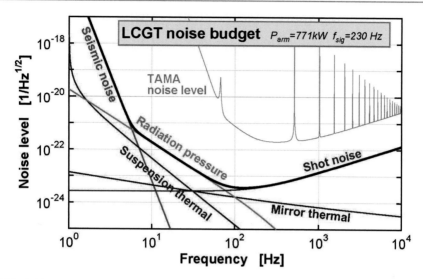

Abb. 8.14 Rauschempfindlichkeit der Detektoren der zweiten Generation (hier KAGRA Japan, Akutsu et al. 2020) vermindern das Rauschen nochmals um einen Faktor 15. Gleichzeitig wird die minimale Frequenz unter zehn Hertz gedrückt, vgl. Abb. 8.13. (Grafik: KAGRA Konsortium, mit freundlicher Genehmigung © KAGRA Consortium)

▶ ⇒ Vertiefung 8.2: Maximale Verzögerungszeit Hanford – Livingston?

▶ ⇒ Vertiefung 8.3: Wie groß ist die Wellenlänge einer GWelle von 30 Hz?

▶ ⇒ Vertiefung 8.4: Welches sind die wesentlichen Störungen bei LIGO?

8.5 Wenn Schwarze Löcher verschmelzen

8.5.1 Kompakte Objekte in Binärsystemen erzeugen Gravitationswellen

Albert Einstein hatte Gravitationswellen im Rahmen der Allgemeinen Relativitätstheorie vor gut einhundert Jahren vorhergesagt. Seit den 1960er-Jahren haben Forscher erfolglos nach ihnen gesucht – bis im Herbst 2015 ein Gravitationswellensignal in den Daten der Advanced-LIGO-Detektoren auftauchte. Gravitation ist nicht wie bei Newton eine Kraft, sondern eine geometrische Eigenschaft der Raum-Zeit. Jede Masse darin krümmt oder verformt sie und ändert so die Bahnen anderer Körper oder Teilchen.

Bei engen Doppelsternsystemen aus Neutronensternen oder Schwarzen Löchern (Abb. 8.16), die einander umkreisen und dabei Energie verlieren, können die Frequenzen der ausgesendeten Gravitationswellen niedrig sein. Die Schwingungsdauer der Welle entspricht der Hälfte der Umlaufzeit, die Frequenz dem Doppelten der

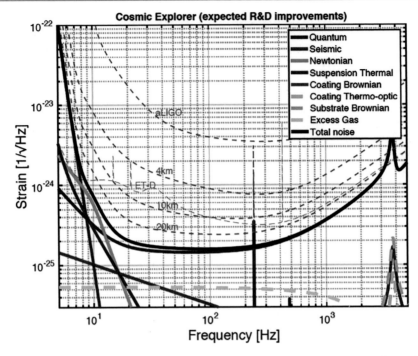

Abb. 8.15 Rauschempfindlichkeit der Detektoren der zweiten (advLIGO) und dritten Generation (Cosmic Explorer) im Vergleich. (Grafik: advLIGO Konsortium, mit freundlicher Genehmigung © LIGO Consortium)

Umlauffrequenz, $f_{GW} = 2 \times f_{Kepler}$. Je näher sich die Himmelskörper kommen, desto geringer wird die Wellenlänge und desto höher die Frequenz: Verschmelzende Doppelneutronensterne können bei sehr tiefen Frequenzen im Milli-Hertz-Bereich anfangen und sich dann in den letzten Sekunden bis zu einigen Hundert Hertz hoch **zirpen.**

8.5.2 Die ersten Schwarz-Loch-Merger mit advLIGO

Am 14. September 2015 gelang der erste direkte Nachweis von Gravitationswellen (Abb. 8.17), wenige Monate später der zweite. Die Detektoren von aLIGO konnten ein System aus zwei Schwarzen Löchern beobachten, das etwa 1,3 Mrd. Lichtjahre von uns entfernt ist. Die Schwarzen Löcher besaßen 29 und 36 Sonnenmassen und sind zu einem Schwarzen Loch mit 62 Sonnenmassen verschmolzen. Die Energie der fehlenden drei Sonnenmassen wurde in Form von Gravitationswellen abgestrahlt – und das innerhalb des Bruchteils einer Sekunde. Im Juni 2017 vermeldeten die Wissenschaftler der

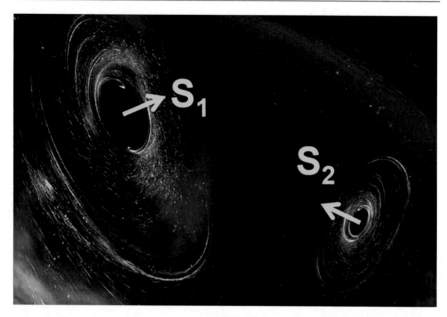

Abb. 8.16 Zwei Schwarze Löcher in einem Binärsystem strahlen Gravitationswellen ab. Dabei werden ihre Bahnen immer enger. Nach Milliarden von Jahren verschmelzen sie zu einem neuen Loch, das wiederum ein Kerr-Loch ist. Schwarze Löcher rotieren und weisen daher einen Spin $S = a\, GM^2/c$ auf, der durch den Kerr-Parameter a gegeben ist. (Grafik: Camenzind)

> LIGO-Kollaboration einen weiteren Fund GW170116: Genau wie bei den ersten beiden Signalen entstanden die beobachteten Gravitationswellen bei der Verschmelzung von zwei Schwarzen Löchern.

Zwei neue Aspekte dieser Messung sind entscheidend: Es gelang, Gravitationswellen zum ersten Mal direkt zu beobachten – nicht nur den Energieverlust, sondern die tatsächliche Verzerrung des Raumes und die Längenänderung hier auf der Erde. Der zweite Aspekt ist, dass aLIGO zum ersten Mal ein solches System aus verschmelzenden Schwarzen Löchern beobachten konnte, von dem keine elektromagnetischen Signale ausgehen und auch keine gefunden worden sind.

Wie sicher kann man sein, dass GW150914 wirklich eine Gravitationswelle war? Zum einen wurde das Signal von beiden aLIGO-Detektoren mit einer Zeitverzögerung von 7 ms beobachtet (Abb. 8.18) – die Laufzeit einer Gravitationswelle zwischen den beiden Detektoren kann maximal 10 ms betragen. Außerdem zeigen beide Signale das gleiche Wellenmuster, was angesichts der etwa gleichen Ausrichtung der Detektoren bei einer astrophysikalischen Quelle zu erwarten ist.

Anders als bei den ersten Funden wurde das nächste Signal – beobachtet am 14. August 2017 als GW170817 – gleichzeitig von drei Detektoren aufgezeichnet: Neben den beiden Advanced-LIGO-Detektoren war dieses Mal auch der Advanced-

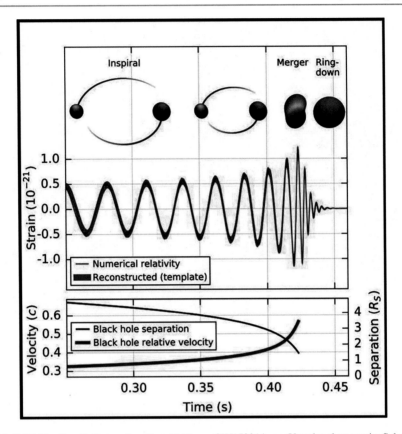

Abb. 8.17 Das Gravitationswellen-Signal $h(t)$ von GW150914 vom Verschmelzen zweier Schwarzer Löcher mit 29 und 36 Sonnenmassen in einer Entfernung von 1,4 Mrd. Lichtjahren. In der zeitlichen Entwicklung eines solchen System kann man drei Phasen unterscheiden: Inspiral, Merger und Ringdown. Oben: Geschätzte Gravitationswellenamplitude von GW150914 am Detektor in Hanford. Die Bilder darüber zeigen die Schwarzschild-Horizonte der beiden verschmelzenden Schwarzen Löcher (Umrunden, Verschmelzung, Ausklingen). Unten: Der effektive Abstand der Schwarzen Löcher in Schwarzschild-Radien R_S und die Relativgeschwindigkeit in Einheiten der Lichtgeschwindigkeit. (Grafik: Abbott et al. 2016, Phys. Rev. Letters 116, 061102)

Virgo-Gravitationswellen-Detektor in Pisa beteiligt. Die dreifache Messung verbessert signifikant die Genauigkeit, mit der sich Himmelsposition und Entfernung der Schwarzen Löcher bestimmen lassen.

8.5.3   Der Nobelpreis in Physik 2017

Der Nobelpreis für Physik wurde 2017 zur Hälfte an Rainer Weiss vom MIT verliehen, zur anderen Hälfte gemeinsam an Barry C. Barish und Kip S. Thorne vom Caltech für **entscheidende Beiträge zum LIGO-Detektor und die Beobachtung von Gravitationswellen** (Abb. 8.19). Die US-Physiker Kip Thorne und Rainer Weiss

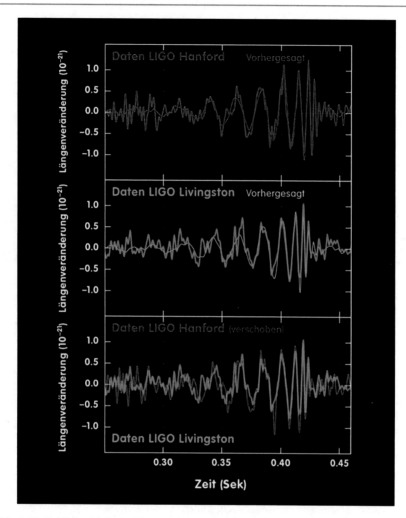

Abb. 8.18 Zeitlicher Verlauf des Gravitationswellensignals von GW150914 wie es in Hanford und Livingston aufgenommen wurde. Oben: Relative Längenänderung in Hanford. Mitte: Relative Längenänderung in Livingston. Unten: Überlagerung der beiden Signale. GW150914 erreichte erst Hanford und 7 ms später Livingston. Aufgrund der relativen Orientierung der beiden Detektoren wurde das Signal von Hanford invertiert. (Grafik: LIGO)

entwickelten seit den 1970er-Jahren die grundlegende Technik, mit der die Wellen gemessen wurden. Bereits in den 1970er-Jahren untersuchte Rainer Weiss mögliche Störeffekte bei der Messung von Gravitationswellen und überlegte, wie der Nachweis eines Signals gelingen könnte. Als geeigneten Detektor schlug er ein sogenanntes Laserinterferometer vor. Barry Barish perfektionierte die Technologie. Forscher wollen die Gravitationswellen nutzen, um mehr im All zu erspähen als je zuvor. *Vor 400 Jahren hat Galileo ein Teleskop auf den Himmel gerichtet. Ich glaube, wir tun heute etwas ähnlich Wichtiges. Wir eröffnen eine neue Ära,* hatte Ligo-Direktor

Abb. 8.19 Der Nobelpreis in Physik 2017 ging an die drei Pioniere in der Gravitationswellenphysik: Rainer Weiss (Professor of Physics, Massachusetts Institute of Technology, MIT, Cambridge, MA, USA), Barry C. Barish (Linde Professor of Physics, California Institute of Technology, Pasadena, CA, USA) und Kip S. Thorne (Feynman Professor of Theoretical Physics, California Institute of Technology, Pasadena, CA, USA) *for decisive contributions to the LIGO detector and the observation of gravitational waves.* (Fotos: Copyright Nobel Media AB)

David Reitze nach dem ersten Nachweis gesagt. 1993 gab es schon einmal einen Physik-Nobelpreis für einen – allerdings nur indirekten – Nachweis von Gravitationswellen: Die US-Astronomen Joseph Taylor und Russell Hulse hatten 1974 zwei einander umkreisende Neutronensterne beobachtet (PSR 1913+16). Ihre Umlaufzeit nimmt langsam ab, was sich exakt mit dem Energieverlust durch Gravitationswellen erklären lässt.

Während sich Rainer Weiss vor allem dem Entwurf und dem Bau der hochsensiblen Instrumente für das Laser Interferometer Gravitational-Wave Observatory oder kurz LIGO widmete, kümmerte sich Kip Thorne vom California Institute of Technology um die theoretische Seite. Denn um Gravitationswellensignale aus dem Hintergrundrauschen zu extrahieren, sind ausgeklügelte Analysen nötig. Die theoretische Vorhersage solcher Signale, wie verschiedene astrophysikalische Quellen sie aussenden sollten, spielte zudem eine wichtige Rolle beim Design der LIGO-Detektoren. 1984 startete das LIGO-Projekt, geleitet von Rainer Weiss, Kip Thorne und Ronald Drever von der University of Glasgow, der ebenfalls als Nobelpreisanwärter galt, aber bereits im März 2017 verstorben ist (Abb. 8.20).

Ab 1994 übernahm Barry Barish die Leitung des Projekts, von 1997 bis 2005 war er dessen Direktor. Er sorgte dafür, dass dieses zunächst eher kleine Projekt zu einer internationalen Kollaboration heranwuchs – über tausend Wissenschaftler sind heute an dem Experiment beteiligt. Unter seiner Leitung wurde zudem der Ausbau des Detektors zu Advanced LIGO geplant, mit dem schließlich der erste direkte Nachweis von Gravitationswellen gelang: Am 14. September 2015 – noch im Probelauf – zeichneten die Gravitationswellendetektoren an den beiden Standorten Living-

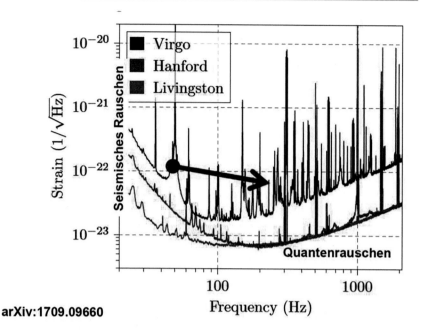

arXiv:1709.09660

Abb. 8.20 Die Rauschkurve der drei Detektoren aLIGO und aVirgo im August 2017. Im niederfrequenten Bereich ist die Empfindlichkeit des Detektors durch das seismische Rauschen begrenzt, im hochfrequenten Bereich durch das Quantenrauschen. Die markanten Ausschläge sind Resonanzen im Detektorsystem. (Daten: LIGO und Virgo; Grafik: Camenzind)

ston und Hanford ein verdächtiges Signal auf. Mithilfe von Computersimulationen hatten die Theoretiker zuvor genau berechnet, wie solche durch Gravitationswellen verursachten Effekte aussehen müssten (Abb. 8.17). Und der Abgleich mit diesen Mustersignalen zeigte, dass GW150914 wahrscheinlich von zwei verschmelzenden Schwarzen Löchern ausging.

LIGO wird von der NSF finanziert und von Caltech und MIT betrieben, die LIGO konzipierten und die Initial und Advanced LIGO-Projekte leiteten. Finanzielle Unterstützung für das Advanced-LIGO-Projekt kam hauptsächlich von NSF, wobei Deutschland (Max-Planck-Gesellschaft), Großbritannien (Science and Technology Facilities Council) und Australien (Australian Research Council) signifikantes Engagement und Beiträge leisteten. Mehr als 1200 Wissenschaftler und etwa 100 Forschungseinrichtungen aus aller Welt sind durch die LIGO Scientific Collaboration LSC – welche die GEO-Kollaboration und die australische OzGrav Collaboration beinhaltet – an der Unternehmung beteiligt.

Die Virgo-Kollaboration besteht aus mehr als 280 Physiker*innen und Ingenieuren aus 20 verschiedenen europäischen Forschungsgruppen: 6 vom Centre National de la Recherche Scientifique (CNRS) in Frankreich, 8 vom Istituto Nazionale di Fisica Nucleare (INFN) in Italien; 2 in den Niederlanden bei Nikhef; das MTA Wigner RCP in Ungarn; die POLGRAW-Gruppe in Polen; Spanien mit der Universität von Valencia; und das European Gravitational Observatory EGO, die Dacheinrichtung des Virgo-Detektors nahe Pisa in Italien, gefördert von CNRS, INFN und Nikhef.

8.5.4   Das Chirp-Signal der Gravitationswellen

Als ein Chirp (Zwitschern) oder ein Zirpen wird in der Signalverarbeitung ein Signal bezeichnet, dessen Frequenz sich zeitlich ändert. Dabei wird zwischen positiven Chirps – bei denen die Frequenz zeitlich zunimmt – und negativen Chirps – die eine Frequenzabnahme aufweisen – unterschieden. In der Natur setzen etwa Fledermäuse zur Ortung Chirp-Impulse ein.

Durch die Abstrahlung von Gravitationswellen verliert ein Doppelsternsystem fortwährend Energie. Durch diesen Energieverlust kommen die Schwarzen Löcher einander immer näher, die Umlaufzeit wird immer kürzer und auch die Schwingungsdauer der Gravitationswellen (die gerade die Hälfte der Umlaufzeit beträgt) wird immer kürzer, entsprechend steigender Frequenz. Da mit schnellerem Umlaufen auch der Energieausstoß steigt, schaukelt sich der Prozess auf, und kurz, bevor die Schwarzen Löcher sich so nahe gekommen sind, dass sie miteinander verschmelzen, wird die Frequenz merklich immer schneller immer größer. Grafisch ist dieser Prozess in dem folgenden Bild dargestellt (Abb. 8.21).

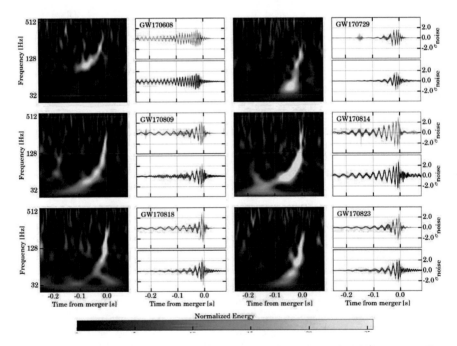

Abb. 8.21 Das Chirp-Signal von verschmelzenden Schwarzen Löchern mit aLIGO gemessen. Das Schwarz-Loch-System weist kurz vor dem Verschmelzen eine Frequenz von etwa 30 Hz auf. Beim Verschmelzen steigt die Frequenz rasch auf 250 Hz an, was in der Frequenzanalyse ein typisches positives Chirp-Signal erzeugt (blaue Grafiken). Dies ist ein eindeutiger Hinweis auf das Verschmelzen des Doppelsternsystems innerhalb von Millisekunden. (Grafik: LIGO und Virgo)

8.5.5 Das Massenspektrum Schwarzer Löcher

Die wachsende Zahl der detektierten Schwarzen Löcher ist ein großer Schritt zum Verständnis der unsichtbaren Population der Schwarzen Löcher in unserem Universum. Die LIGO-Kollaboration fand einige interessante Eigenschaften dieser Population, darunter einen scheinbaren Mangel an Schwarzen Löchern, deren Einzelmassen vor der Verschmelzung größer als 50 Sonnenmassen waren, vorläufige Abschätzungen der Drehimpulse der Schwarzen Löcher und Hinweise darauf, dass die Verschmelzungsrate der Schwarzen Löcher zunimmt, je früher sie im Universum entstanden sind.

Die Zahl der bestätigten Gravitationswellenereignisse hat sich 2018 um vier weitere Kollisionen Schwarzer Löcher erhöht: Die Resultate des zweiten Beobachtungslaufs O2 der Detektoren aLIGO und aVirgo wurden im November 2018 bei einem Workshop vorgestellt (s. Tab. 8.1). Unter den Ereignissen ist auch die massereichste und am weitesten entfernte bislang entdeckte Gravitationswellenquelle. Zusätzlich zu den bereits veröffentlichten sechs Verschmelzungen von Schwarzen Löchern und einer Verschmelzung von zwei Neutronensternen entdeckten die Wissenschaftler vier weitere Verschmelzungen Schwarzer Löcher in den Daten.

Die neuen Ereignisse werden als GW170729, GW170809, GW170818 und GW170823 bezeichnet, entsprechend den Tagen, an denen sie die Detektoren erreichten. Mit dem Nachweis von vier weiteren Verschmelzungen Schwarzer Löcher erfahren die Wissenschaftlerinnen und Wissenschaftler mehr über die Population dieser Systeme im Universum und über die Häufigkeit dieser Ereignisse (Abb. 8.32). Die Massen der an den Verschmelzungen beteiligten Schwarzen Löcher umfassen ein breites Spektrum, das von 7,6 bis 50,6 Sonnenmassen reicht (Abb. 8.22). Das neue Ereignis GW170729 ist die massereichste und am weitesten entfernte Gravitationswellenquelle, die man bisher beobachtet hat. In dieser Verschmelzung, die vor etwa fünf Milliarden Jahren stattfand, wurden fast fünf Sonnenmassen in Gravitationswellen umgewandelt.

Das Chirp-Signal von GWellen

Das Verschmelzen von zwei Schwarzen Löchern erzeugt ein Gravitationswellensignal, das die Form eines positiven Chirps aufweist: Die Frequenz steigt stark an. Da wir die zeitliche Entwicklung der Bahnhalbachse kennen,

$$a(t) = a_0 \left(1 - \frac{t}{t_M}\right)^{1/4}, \tag{8.32}$$

folgt daraus eine Zunahme der Umlaufsfrequenz des Doppelsternsystems nach dem dritten Kepler-Gesetz

$$\Omega(t) = \sqrt{\frac{GM}{a^3(t)}} = \Omega_0 \left(1 - \frac{t}{t_M}\right)^{-3/8}. \tag{8.33}$$

Dies erzeugt ein Chirp-Signal in der Frequenz der GWellen (Abb. 8.21)

$$f_{\mathrm{GW}}(t) = \frac{\Omega(t)}{\pi} = \frac{f_0}{(1 - t/t_M)^{3/8}}. \tag{8.34}$$

Diese Frequenz würde bei $t = t_M$ divergieren. Da das System nicht auf einen Punkt kollabiert, erreicht die Frequenz einen maximalen endlichen Wert im Bereich von einigen hundert Hertz, je nach Masse der beteiligten Schwarzen Löcher. Die Post-Newtonsch korrekte Frequenz folgt aus Blanchet (2014).

Dieser maximale Wert kann ebenfalls aus der Masse M des resultierenden Schwarzen Lochs abgeschätzt werden. Die maximale Rotationsfrequenz des Kerr-Lochs resultiert aus der maximal möglichen Rotationsfrequenz der Kerr-Geometrie, s. Gl. (7.71)

$$\Omega_H = \frac{1}{2} a \frac{c}{r_H} \tag{8.35}$$

für den Kerr-Parameter a und $r_H = (GM/c^2)\,(1 + \sqrt{1 - a^2})$. Daraus folgt

$$f_{\mathrm{GW}} = \frac{\Omega_H}{\pi} = \frac{1}{2\pi} \frac{a}{1 + \sqrt{1 - a^2}} \frac{c^3}{GM} = 1{,}6\,\mathrm{kHz}\, \frac{a}{1 + \sqrt{1 - a^2}} \frac{20\,M_\odot}{M}. \tag{8.36}$$

Typischerweise wird der Spin nicht maximal ausfallen, sondern eher im Bereich von $a \simeq 0{,}7$ liegen. Diese würde dann einer maximalen Frequenz von etwa 700 Hz entsprechen bei einem Merger von zwei Schwarzen Löchern mit je 10 Sonnenmassen und etwa bei 250 Hz bei Massen von je 30 Sonnenmassen.

Der dritte Beobachtungslauf O3 von AdvancedLIGO und AdvancedVirgo hat im April 2019 begonnen. Mit weiteren Empfindlichkeitsverbesserungen für aLIGO und für aVirgo sowie der Aussicht, dass der japanische Gravitationswellendetektor KAGRA möglicherweise gegen Ende von O3 in das Netzwerk aufgenommen wird, werden in den kommenden Jahren viele Dutzende von binären Beobachtungen erwartet (Abb. 8.23). In O3 werden Gravitationswellenbeobachtungen sofort breit bekannt gegeben, sodass alle Astronomen – Amateure und Profis gleichermaßen – Folgebeobachtungen durchführen können.

Tab. 8.1 Die ersten 11 GWellen-Ereignisse der Beobachtungsperioden O1 und O2 bis Dez. 2018. BBH: binäres Schwarz-Loch-System; BNS: binäres Neutronensternsystem; f: final. (Daten: LIGO Collaboration)

Ereignis	$m_1/M_\odot$	$m_2/M_\odot$	$M_f/M_\odot$	Spin a_f	Signallaufzeit
GW150914 (BBH)	35,6	30,6	63,1	0,69	1,2 Mrd. a
GW151012 (BBH)	23,3	13,6	35,7	0,67	2,6 Mrd. a
GW151226 (BBH)	13,7	7,7	20,5	0,74	1,2 Mrd. a
GW170104 (BBH)	31,0	20,1	49,1	0,66	2,4 Mrd. a
GW170608 (BBH)	10,9	7,6	17,8	0,69	0,9 Mrd. a
GW170729 (BBH)	50,6	34,3	80,3	0,81	5,0 Mrd. a
GW170809 (BBH)	35,2	23,8	56,4	0,70	2,5 Mrd. a
GW170814 (BBH)	30,7	25,3	53,4	0,72	1,6 Mrd. a
GW170817 (BNS)	1,46	1,27	≤2,8	≤0,89	130 Mio. a
GW170818 (BBH)	35,5	26,8	59,8	0,67	2,5 Mrd. a
GW170823 (BBH)	39,6	29,4	65,6	0,71	3,9 Mrd. a

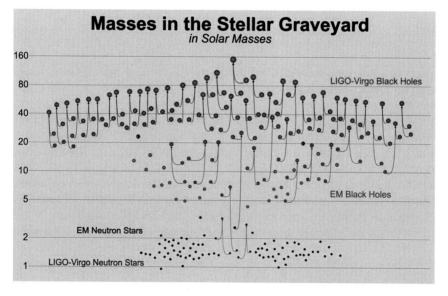

Abb. 8.22 Die Massen von Neutronensternen und Schwarzen Löchern in O1, O2 und O3a entdeckten Verschmelzungen. Jede Verschmelzung eines Doppelsystems entspricht drei dargestellten kompakten Objekten: den beiden verschmelzenden Objekten und dem Ergebnis der Verschmelzung. Beachten Sie die Lücke zwischen zwei und fünf Sonnenmassen. Schwarze Löcher in Röntgensystemen kommen nur mit Massen zwischen 5 und 20 Sonnenmassen vor. (Grafik: LIGO-Virgo-Kollaboration/Frank Elavsky, Aaron Geller/Northwestern)

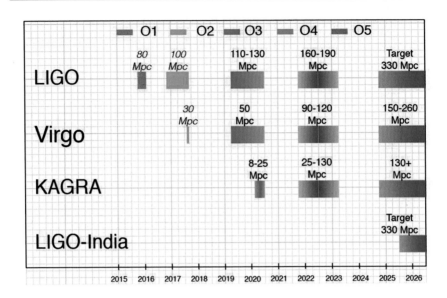

Abb. 8.23 Beobachtungskampagnen mit LIGO, Virgo und KAGRA. (Grafik: LIGO Collaboration 2020)

Die Gravitationswellennachweise von verschmelzenden Schwarzen Löchern haben bereits tiefgreifende Auswirkungen auf die stellare Astrophysik. Die meisten von LIGO und Virgo entdeckten Schwarzen Löcher sind massereicher als die bisher bekannte Population von Schwarzen Löchern, deren Eigenschaften indirekt aus elektromagnetischen Beobachtungen von Röntgendoppelsternen abgeleitet wurden (Abb. 8.22); dies sagt uns etwas darüber, wie und wo sich Paare schwerer Schwarzer Löcher gebildet haben könnten. Mit mehr Ereignissen haben wir die Möglichkeit, einen Schritt weiter zu gehen: Können wir mit dem Wissen, dass massereiche stellare Schwarze Löcher existieren, die relative Häufigkeit ausdrücken, mit der verschiedene Massen in der Population verschmelzender Schwarzer Löcher auftreten?

Nach allen Modellen gibt es fast keine verschmelzenden Schwarzen Löcher mit Komponentenmassen von mehr als 45 Sonnenmassen. Verschmelzungen massereicher Schwarzer Löcher lassen sich über weit größere kosmologische Entfernungen nachweisen; dies ist auch der Grund dafür, dass die meisten unserer Entdeckungen massereicher sind als die Schwarzen Löcher, die mit Röntgenstrahlung entdeckt wurden. Das bedeutet aber auch, dass wir verschmelzende Löcher mit Massen im Bereich von 45 bis 100 Sonnenmassen sicher nachgewiesen hätten, wenn diese existieren. Die Komponentenmassen von allen zehn unserer entdeckten Schwarzen Löcher sind konsistent damit, dass sie weniger als 45 Sonnenmassen betragen. Daher sind wir zuversichtlich, dass es nur sehr wenige verschmelzende Schwarze Löcher mit massereicheren Komponenten geben muss. Dies passt gut zu Vorhersagen der Modelle von Supernovaexplosionen, die aufgrund eines bestimmten Supernova-Typs, der sogenannten Paarinstabilitätssupernova, eine Lücke im Massenspektrum der Schwarzen

Löcher von ca. 50 bis ca. 130 Sonnenmassen vorhersagen. Die betrachteten Modelle stimmen ziemlich gut überein.

Fazit aus O3 (Abb. 8.22):

(i) **Das Massenspektrum der Schwarzen Löcher endet nicht abrupt bei 45 Sonnenmassen, zeigt jedoch ein Feature bei etwa 40 Sonnenmassen, was durch einen Gauß'schen Peak modelliert werden kann.**
(ii) **Es gibt eine Lücke im Massenspektrum der Schwarzen Löcher zwischen 2,0 und 6 Sonnenmassen.**
(iii) **Die Verteilung im Verhältnis der Massen ist breit gestreut.**

8.5.6 Drehimpulsverteilung

Gravitationswellen vom Verschmelzen kompakter Objekte geben auch Aufschluss darüber, wie sich die kompakten Objekte um ihre eigenen Achsen drehen – sowohl wie schnell sie sich drehen (Spin-Größe a) als auch wie die Drehimpulse relativ zur Umlaufbahn des Doppelsystems geneigt sind (Spin-Neigung). Beide Messungen bieten einzigartige Informationen darüber, wie und wo sich die Schwarzen Löcher gebildet haben. Messungen der Spin-Größe können beispielsweise zeigen, wie verschiedene Schichten innerhalb massereicher Sterne sich gegenseitig beeinflussen; Messungen der Spin-Neigung können dazu beitragen, die Stärke von Supernovaexplosionen, die Schwarze Löcher bilden, zu bestimmen und ob sich ein Doppelsystem Schwarzer Löcher als isoliertes Sternenpaar oder in einer Umgebung mit hoher Sterndichte, wie einem Kugelsternhaufen, durch dynamische Wechselwirkungen zwischen den Sternen gebildet hat.

Die im Katalog dargestellten Beobachtungen sprechen gegen hohe Spin-Größen, vor allem dann, wenn die Drehimpulse der einzelnen Schwarzen Löcher in die gleiche Richtung zeigen wie der des Doppelsystems. Wenn man die abgeleitete Verteilung der Spin-Größen unter Verwendung eines Modells betrachtet, das annimmt, dass sie einer Beta-Verteilung folgen, erkennt man Folgendes. Die Verteilung der Spin-Neigungen ist etwas weniger eingeschränkt (das liegt auch daran, dass kleine Spin-Größen es schwieriger machen, die Richtung der Drehung zu bestimmen). Es lässt sich derzeit nicht endgültig sagen, ob die Daten auf ausgerichtete, isotrope oder gemischte Spin-Neigungen hindeuten.

Auch Deutschland ist stark beteiligt an diesen Experimenten. Forscherinnen und Forscher des Max-Planck-Instituts für Gravitationsphysik (Albert-Einstein-Institut AEI) und der Leibniz Universität Hannover haben wichtige Beiträge zur Beobachtung und Interpretation der Signale geleistet und hochgenaue Modelle für Gravitationswellen von Doppelsystemen für Schwarzer Löcher und Neutronensterne entwickelt. Diese Modelle waren sowohl für die Entdeckung der Signale als auch für die Bestimmung der astrophysikalischen Parameter ihrer Quellen unerlässlich (Tab. 8.1).

▶   ⇒ Vertiefung 8.5: Entwicklung der Bahn in engen Doppelsternsystemen?

8.6   Kilonovae – wenn Neutronensterne verschmelzen

Das Gravitationswellensignal GW170817 wurde am 17. August 2017 von den Detektoren Advanced LIGO und Virgo entdeckt (Abb. 8.24). Es wird angenommen, dass dies das erste Signal von der Verschmelzung zweier Neutronensterne ist. Nur 1,7 s nachdem das Gravitationswellensignal aufgezeichnet wurde, detektierten der FermiGamma-ray Burst Monitor (GBM) und das Anticoincidence Shield for the Spectrometer for the INTErnational Gamma-Ray Astrophysics Laboratory (INTEGRAL SPI-ACS) einen kurzen Gammastrahlenausbruch, GRB 170817A. Schon seit Jahrzehnten vermuteten Astrophysiker, dass kurze Gammastrahlenausbrüche durch die Fusion von zwei Neutronensternen oder eines Neutronensterns und eines Schwarzen Loches produziert werden. Die Kombination von GW170817 und GRB170817A stellt den ersten direkten Beweis dar, dass verschmelzende Neutronensterne in der Tat kurze Gammastrahlenausbrüche produzieren können.

Seit Ende August 2017 kursierten bereits Gerüchte, dass aLIGO und aVirgo das erste Gravitationswellensignal vom Verschmelzen zweier Neutronensterne beobachtet hätten. Am 10. Oktober 2017 durften die Forscher endlich ihre Sensation verkünden. Und weil daran so viele beteiligt waren, sprengte die Präsentation alle normalen Maßstäbe. Die Pressekonferenz bei der NSF wurde zweigeteilt, weil auf einmal gar nicht alle Ergebnisse präsentiert werden konnten. In *Nature* und *Science* erschienen je sieben Artikel; ein weiteres Paper in *Physical Review Letters* war von rund 4000 Autoren unterzeichnet. Die genaue Analyse der Ligo-Daten ergab, dass die beiden Neutronensterne 1,1, bzw. 1,6-mal so viel Masse besaßen wie unsere Sonne und sich am Schluss fast 200-mal pro Sekunde umkreisten. Bei diesem explosiven Ereignis wurde auch elektromagnetische Strahlung frei, die von über 70 Teleskopen auf der ganzen Erde beobachtet wurde. Zum ersten Mal ist es damit gelungen, Gravitationswellen aus einer anderen Quelle als Schwarzen Löchern zu detektieren.

Das Signal der Gravitationswellen GW170817 konnte um 12:41:04 Weltzeit am 17. August 2017 mit aLIGO und aVirgo detektiert werden und dauerte ca. 100 s an. Es überspannte 3000 Zyklen, bei dem die Frequenz der Gravitationswellen auf mehrere hundert Hertz anstieg. Es erreichte zuerst den Virgo-Detektor in Italien, 22 ms später das LIGO-Observatorium in Louisiana, USA, und nochmals 3 ms später den LIGO-Hanford-Detektor in Washington, USA. Mit diesen drei Messungen konnte die Quelle auf einen Bereich von 28 Quadratgrad im südlichen Himmel mit einer 90 %igen Wahrscheinlichkeit bestimmt werden (Abb. 8.25). Der Fermi-Satellit zeichnete den Gammablitz um 12:41:06 UTC auf. Die Gammastrahlung erreichte die Erde also 1,6 s nach den Gravitationswellen. Er dauerte auch nur 2 s und war damit ein sogenannter kurzer Gammablitz. Nach der Detektion der beiden Signale wurde der entsprechende Himmelsbereich von zahlreichen bodengebundenen und weltraumgestützten Instrumenten untersucht. Innerhalb weniger Stunden wurde das

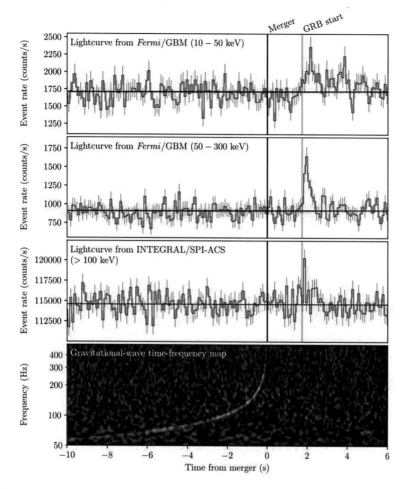

Abb. 8.24 Oben: Fermi-Satellit und Integral detektierten einen Gamma-Burst 1,5 s nach der Bildung eines Schwarzen Lochs. Unten: Das Chirp-Signal der Gravitationswellen von GW170817. (Grafik: LIGO Collaboration, Abbott et al. 2017a, b)

Objekt im optischen Bereich entdeckt und der Helligkeits- und spektroskopische Verlauf konnte in den nächsten Tagen und Wochen dokumentiert werden. Nach zwei Wochen wurden aus dem Bereich auch Röntgenstrahlung und Radiowellen gemessen. Ein Neutrinosignal konnte nicht gemessen werden.

Analysen der LIGO-Daten stellten eine relativ geringe Entfernung zur Neutronensternverschmelzung von rund 130 Mio. Lichtjahren zur Erde fest, in Übereinstimmung mit den 130 Mio. Lichtjahren zur vermuteten Ursprungsgalaxie NGC 4993. Im Gegensatz zu vorherigen Gravitationswellenbeobachtungen berechneten die Wissenschaftler die Massen der verschmelzenden Objekte zu 1,1- bis 1,6-mal der unserer Sonne, vergleichbar mit denen bekannter Neutronensterne und nicht in Übereinstimmung mit denen von Schwarzen Löchern.

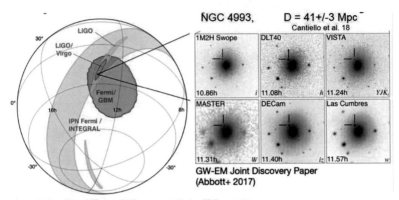

GW170817: the first BNS Merger

Optical counterpart discovered at ~11 hours!

Abb. 8.25 Multimessenger-Messungen des Gravitationswellenereignisses GW170817. Beide LIGO-Detektoren beobachteten GW170817 für rund 100 s am 17. August 2017. Die Messungen des Virgo-Detektors verbesserten die Himmelslokalisierung signifikant und erlaubten es den Forschern, den Ursprung der Welle auf einen Himmelsfleck am Südhimmel von nur 28 Quadratgrad einzuschränken. Nur 1,7 s später registrierte der Gamma-Ray Burst Monitor GBM an Bord des Fermi Gamma-Ray Space Telescope einen Gammastrahlenblitz (GRB 170817A) aus ungefähr der gleichen Richtung wie das Gravitationswellensignal. 11 h später wurde die Kilonova in der Galaxie NGC4993 mit Teleskopen am Südhimmel geortet (rechts). (Grafik: LIGO Collaboration)

Während der größte Teil der Materie des zerrissenen Sterns aus einer Akkretionsscheibe auf den massereicheren Begleiter akkretiert wird (Abb. 8.26), werden 0,001 bis 0,1 Sonnenmassen des zerstörten Neutronensterns isotrop mit einer Geschwindigkeit vom 0,1- bis 0,2-Fachen der Lichtgeschwindigkeit ausgestoßen. Die neutronenreiche Materie wandelt sich innerhalb weniger Sekunden durch Fission und Beta-Zerfall in schwere Elemente um (vor allem in seltene Erden), die durch den r-Prozess entstehen. Die neu synthetisierten radioaktiven Elemente zerfallen und die dabei emittierte Strahlung kann als ein 0,5 bis 10 Tage dauernder Ausbruch mit einer Leuchtkraft von 10^{34} W bis $10^{35,5}$ W nachgewiesen werden. Kilonovae werden als eine bedeutende Quelle für die schweren Elemente des r-Prozesses mit Atommassen von über 130 angesehen, da der Beitrag von Supernovaejekta zu diesen Elementen zu gering zu sein scheint, um die gemessenen Werte in der interstellaren Materie zu erklären.

Eine Kilonova ist der Helligkeitsausbruch eines verschmelzenden Doppelsterns, dessen elektromagnetische Strahlung durch den radioaktiven Zerfall von Elementen angetrieben wird, die im r-Prozess gebildet wurden (Abb. 8.27). Der Begriff Kilonova bezieht sich auf die freigesetzte Energie, die ungefähr den tausendfachen

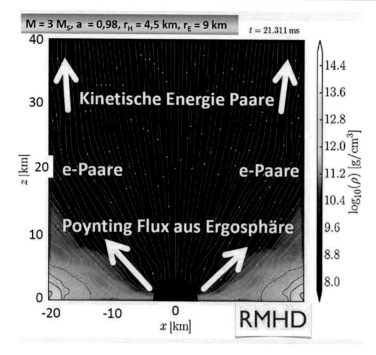

Abb. 8.26 Magnetosphäre (MS) um ein schnell rotierendes Schwarzes Loch, das durch Verschmelzen von 2 Neutronensternen entsteht. Die starke differenzielle Rotation des Raumes um ein Schwarzes Loch mit Akkretionsscheibe baut eine achsensymmetrische MS auf. Die Kühlung der heißen Akkretionsscheibe (gelb) durch Gamma-Photonen und Neutrinos füllt die MS mit Elektron-Positron-Paaren, die durch den Poynting-Fluss auf hohe Gamma-Faktoren beschleunigt werden und den Jet des Gamma-Bursters erzeugen. (Grafik: Camenzind)

Wert einer klassischen Nova erreicht, jedoch lichtschwächer als eine normale Supernova ist. Kilonovae können bei einer Verschmelzung zweier Neutronensterne oder der Verschmelzung eines Schwarzen Loches mit einem Neutronenstern auftreten. Dabei wird der masseärmere Neutronenstern durch die Gezeitenkräfte des schwereren Begleiters zerstört. Während der größte Teil der Materie des zerrissenen Sterns aus einer Akkretionsscheibe auf den massereicheren Begleiter akkretiert wird, werden 0,001 bis 0,1 Sonnenmassen des zerstörten Neutronensterns isotrop mit einer Geschwindigkeit vom 0,1- bis 0,2-fachen der Lichtgeschwindigkeit ausgestoßen. Das zu erwartende Spektrum wurde 2010 von Brian Metzger und Kollegen vorhergesagt (Metzger erhielt dafür für 2019 den New Horizons in Physics Prize).

GRB 170817A im Vergleich mit anderen GRBs
GRB 170817A ist 100-mal näher als typische von Fermi-GBM beobachtete GRBs. Es ist auch viel dunkler (weniger leuchtkräftig) im Vergleich zu anderen kurzen oder auch langen GRBs. Diess bedeutet, dass GRB 170817A weniger energetisch ist: zwischen 100- bis 1.000.000-mal weniger Energie als andere kurze GRBs. Da angenommen wird, dass Gammastrahlenausbrüche eng gebündelt abgestrahlt werden

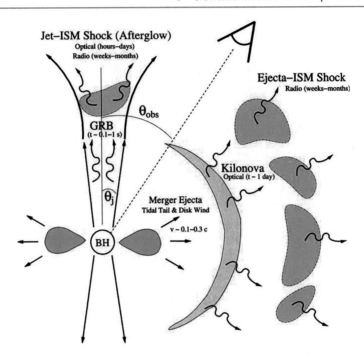

Abb. 8.27 Am 17. August 2017 wurde ein Gravitationswellenereignis durch die LIGO-Detektoren zusammen mit dem Virgo-Detektor registriert. Die Kilonova konnte im optischen, Infraroten, UV, Röntgen- und Radiobereich beobachtet werden. Aus der Lichtkurve und der Entfernung zu der S0-Galaxie konnte eine Leuchtkraft von 3×10^{34} W abgeleitet werden. Die ausgestoßene Masse wurde zu 0,02 Sonnenmassen bei einer Geschwindigkeit von dem 0,3-Fachen der Lichtgeschwindigkeit modelliert. (Grafik: nach Metzger 2020)

(sog. Beaming), ist eine mögliche Erklärung für die Leuchtschwäche dieses GRB, dass sich die Erde am Rande des Strahlenkegels befand. Eine weitere Möglichkeit besteht darin, dass der Strahl nicht gleichmäßig hell war. Angesichts der beobachteten Leuchtschwäche von GRB 170817A und der Annahme, dass er relativ nahe war, stellt sich folgende Frage: Gibt es eine Population von ähnlich dunklen und sich in der Nähe befindlichen GRBs, die bisher verpasst wurden (aufgrund der begrenzten Empfindlichkeit von Gammastrahleninstrumenten), oder fehlinterpretiert als weiter entfernt, als sie es in Wirklichkeit sind?

▶   ⇒ Vertiefung 8.6: GWellen-Amplitude von 2 NSternen im Virgo-Haufen?

8.7   GWellen-Detektoren der dritten Generation

Wissenschaftler*innen entwickeln bereits konkrete Pläne für ein Netzwerk von zukünftigen Gravitationswellenobservatorien. Die **Detektoren der dritten Generation** werden den gesamten Bereich der auf der Erde messbaren Gravitationswellenfrequenzen – zwischen etwa 5 Hz und 10 kHz – abdecken und ein Volumen des Universums beobachten können, das etwa 1000-mal größer ist als das, das aktuellen Observatorien zugänglich ist. Konzepte für die neue Detektorgeneration werden sowohl in den USA (Cosmic Explorer) als auch in Europa (Einstein-Teleskop ET) diskutiert. Die europäischen und US-amerikanischen Observatorien der dritten Generation werden als Netzwerk zusammenarbeiten, um umfassende wissenschaftliche Ergebnisse zu erzielen.

8.7.1 Cosmic Explorer CE

Wie die bisherigen Detektoren wird das neue Interferometer auf der L-Geometrie aufgebaut. Cosmic Explorer wird über ein Vakuumsystem von 40 km Länge verfügen, etwa ein Meter im Durchmesser, aufgebaut in einem flache Gelände mit extrem schwacher seismischer Aktivität in Nordamerika. Dabei sollen die Erfahrungen mit den bisherigen Gravitationswellendetektoren eingearbeitet werden. Cosmic Explorer (CE) wird in zwei Schritten realisiert werden. Stufe 1 (CE 1)wird die Technologie verwenden, die bereits für das A+ Upgrade von AdvancedLIGO entwickelt worden ist. Die Detektorarme werden auf 40 km verlängert, was eine Steigerung der Sensitivität bedeutet. In Stufe 2 (CE 2) wird die Detektoroptik mit Cryogentechnik versehen, und es werden neue Materialien für die Spiegel zum Einsatz kommen, um das Rauschen weiter zu minimieren (Abb. 8.28).

8.7.2 ET Xylophon

Pläne für ein revolutionäres neues Observatorium sind vom Max-Planck-Institut für Gravitationsphysik (Potsdam/Hannover) 2011 in Pisa vorgestellt worden. Das geplante Einstein-Teleskop (kurz ET genannt), das zusammen mit den britischen Universitäten Birmingham, Cardiff und Glasgow geplant ist, soll Gravitationswellen messen. Das sind winzige Verzerrungen der Raum-Zeit, die durch kosmische Katastrophen wie verschmelzende Schwarze Löcher und kollabierende Sterne entstehen. Das werde es sogar ermöglichen, die ersten Momente nach dem Urknall zu erforschen.

Das Einstein-Teleskop ET ist ein Gravitationswellendetektor der dritten Generation und 100-mal empfindlicher als die existierenden Instrumente (Abb. 8.29). Winzige Längenveränderungen werden in zwei miteinander verbundenen, mehreren Kilometer langen Armen gemessen. Stauchen oder strecken vorbeiziehende Gravitationswellen die Arme der Instrumente, kann dies als Interferenzmuster abgelesen werden.

Als neues Teleskop der dritten Generation hat es bislang nur auf dem Reißbrett Fuß gefasst, soll aber noch Anfang der nächsten Dekade zum Einsatz kommen und 100-mal besser als die derzeitigen Instrumente funktionieren. Auch wenn ET auf demselben Prinzip der ersten und zweiten Generation basiert, könnte es eines Tages

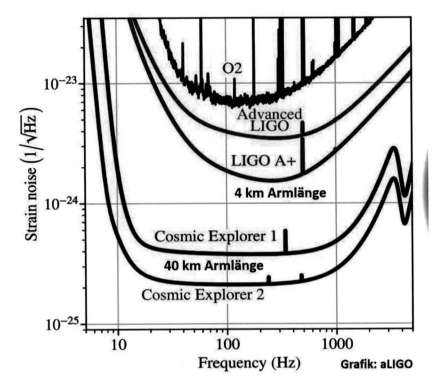

Abb. 8.28 Rauschkurven der GWellen-Detektoren der dritten Generation im Vergleich mit den Rauschkurven der bisherigen Detektoren. (Grafik: LIGO Collaboration, Reitze 2019)

im Idealfall erstmals sogar hinter die Photosphäre des Universums blicken und Informationen aus der Zeit unmittelbar nach dem Urknall ausgraben.

2011 ist die Designstudie für das Einstein-Teleskop nach dreijähriger Studienphase, an der mehr als 200 Wissenschaftler weltweit mitgewirkt haben, an der Europäischen Beobachtungsstelle für Gravitationsphysik in Pisa (Italien) vorgestellt worden. Erstmals haben die verantwortlichen Forscher die wissenschaftlichen Ziele, das Layout, die Technik, den Zeitplan und die Gesamtkosten der neuen Anlage zur Sprache gebracht, an denen sich auch die Europäische Union mit immerhin drei Millionen Euro beteiligt hat. Die Federführung über das gemeinsame, von acht europäischen Forschungsinstituten initiierte Projekt, an dem auch das deutsche Albert-Einstein-Institut (AEI) in Hannover teilnimmt, hat ein italienisch-französisches Konsortium mit Sitz in der Nähe von Pisa. Das mit allen europäischen Gravitationswellenforschern abgestimmte Projekt ist auch mit dem amerikanischen Partner synchronisiert worden. Denn ohne ein gut funktionierendes Sensorennetzwerk lassen sich die Richtungen, aus denen die Gravitationswellen kommen, nicht exakt bestimmen.

Die Studie sieht vor, das Einstein-Teleskop unterirdisch in einer Tiefe von ca. 200 m zu bauen. Es wird eine dreieckförmige Anordnung vorgeschlagen, bei der

Abb. 8.29 Künstlerische Darstellung des Einstein-Teleskops. Im Mai 2011 stellten europäische Wissenschaftler in Pisa (Italien) das Design und Konzept für das Einstein-Teleskop (ET) vor, dem vermeintlich besten Gravitationswellenteleskop aller Zeiten, das 2018 gebaut werden soll. Anfang der nächsten Dekade soll es in einer Tiefe von 100 bis 200 m auf Empfang gehen und dabei Gravitationswellensignale sogar aus einer Zeit auffangen, in die bislang noch kein Teleskop dieser Welt vordringen konnte. Obwohl die wissenschaftlichen Ziele, die Technik, der Zeitplan und die geschätzten Kosten erst noch diskutiert werden müssen, sind die Erwartungen an das High-Tech-Teleskop sehr hoch. (Grafik: NIKHEF National Institute for Subatomic Physics, Marco Kraan, mit freundlicher Genehmigung © NIKHEF)

große Höhlen an den Endpunkten durch jeweils zehn Kilometer lange Tunnel miteinander verbunden werden (Abb. 8.30). In den Tunneln verlaufen Vakuumrohre, durch die Laserstrahlen mit einer Leistung von bis zu drei Megawatt geschickt werden. Die Spiegel an den Enden dieser Rohre haben ein Gewicht von ca. 200 kg und werden in bis zu 20 m hohen Vakuumbehältern an langen Vielfachpendeln aufgehängt, um von Bodenbewegungen isoliert ruhig positioniert werden zu können.

Läuft alles nach Plan, soll ET einmal mit einer bislang unerreichten Empfindlichkeit operieren (Abb. 8.31). Vorgesehen ist die Installation von drei miteinander verschachtelten Detektoren in einer Tiefe von etwa 100 bis 200 m (Abb. 8.30). Sie bestehen jeweils aus zwei zehn Kilometer langen Laserinterferometern, von denen einer niederfrequente (zwei bis 40 Hz), der andere hochfrequente Gravitationswellensignale erkennt (Abb. 8.32).

Dass die GW-Physiker für das Einstein-Teleskop tief unter in die Erde gehen, geschieht aus gutem Grund: Einerseits können sie unter Tage die Nachwirkungen der restlichen seismischen Bewegung reduzieren und störende Alltagsgeräusche gänzlich ausschalten, andererseits eine höhere Empfindlichkeit bei niedrigen Frequenzen erreichen (zwischen 1 und 100 Hz). Mehr noch: ET kann sogar das gesamte Spektrum der Gravitationswellenfrequenzen (zwischen etwa einem Hertz und zehn Kilohertz) erfassen, die auf der Erde messbar sind. Während die ersten beiden Detektorgenera-

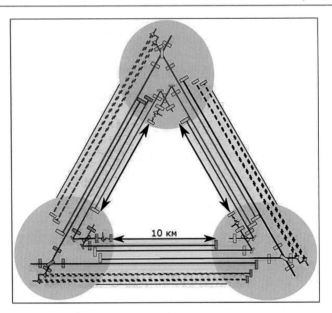

Abb. 8.30 Das Einstein-Teleskop ET ist ein Gravitationswellendetektor der dritten Generation. ET wird aus drei ineinander verschachtelten Detektoren mit 10 km langen Armen bestehen. Eines dieser Interferometer wird GWellen niedriger Frequenz (2 bis 40 Hz) messen. (Grafik: ET Collaboration ET 2020, mit freundlicher Genehmigung © ET Collaboration)

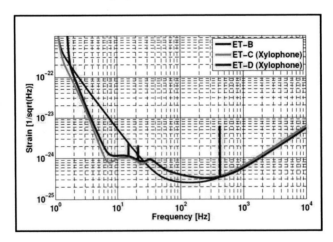

Abb. 8.31 Empfindlichkeitskurven der verschiedenen Interferometer von ET. Dieser Detektor soll 100-mal empfindlicher als die bis heute existierenden Instrumente sein. (Grafik: ET Collaboration ET 2020, mit freundlicher Genehmigung © ET Collaboration)

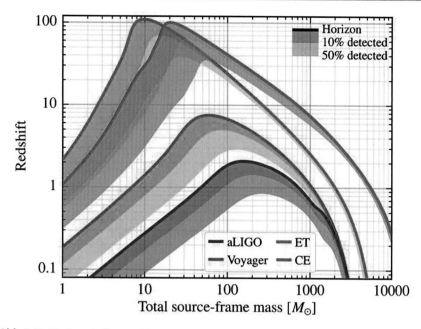

Abb. 8.32 Horizont in Rotverschiebung der GWellen-Detektoren der zweiten und dritten Generation als Funktion der totalen Masse der kompakten Objekte im Vergleich. (Grafik: Camenzind nach Vorlage LIGO Collaboration)

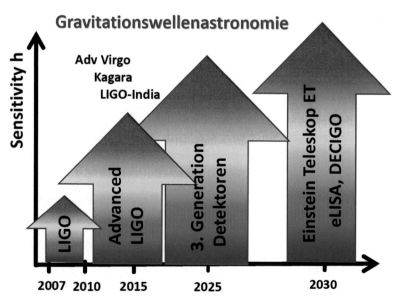

Abb. 8.33 Roadmap der Gravitationswellenforschung. (Grafik: © Camenzind)

tionen (LIGO und advLIGO) das Feld für die Gravitationswellenastronomie bereits
eröffnet haben, erwartet man von der dritten Generation ein Observatorium, das
100-mal empfindlicher als die gegenwärtigen Detektoren ist (Abb. 8.33). Auf diese
Weise vergrößert sich das beobachtbare Volumen des Universums um den Faktor
eine Million.

▶   ⇒ Vertiefung 8.8: Horizontradius als Funktion der Gesamtmasse?

8.8   Weltraumobservatorien für Gravitationswellen

Leider wird der Frequenzbereich unterhalb von einigen Hertz für Detektoren auf
der Erde wegen des störenden Einflusses der Seismik und von Gravitationsfeldern
bewegter Objekte wohl für immer verschlossen bleiben. Dabei senden einige der
spektakulärsten Quellen von Gravitationswellen wie superschwere Schwarze Löcher
mit Millionen Sonnenmassen, Signale im Milli-Hertz-Bereich aus (s. Aufgabe 8.7).
Diesen Frequenzen entsprechen Wellenlängen von einigen Millionen Kilometern.
Detektoren mit geeigneten Armlängen lassen sich auf der Erde nicht realisieren –
wohl aber im Weltraum. Das war das Ziel der **LISA-Mission,** die von der Europäischen Weltraumbehörde ESA im Rahmen ihres wissenschaftlichen Zukunftspro-
gramms ursprünglich für einen Start ab 2018 ausgewählt und parallel dazu in den
USA durch die NASA eingehend entwickelt wurde.

8.8.1   Wissenschaftspolitik und Weltraumprogramme

Inzwischen ist LISA an der Finanzpolitik der NASA endgültig gescheitert, sodass
die Europäer Ende 2011 die abgespeckte Version NGO vorgeschlagen haben. Um
die Kosten auf 1,05 Mrd. EUR zu senken, wurde insbesondere die Länge der Arme
von fünf Millionen Kilometer auf eine Million Kilometer reduziert, die Satelliten
werden mit billigeren Sojus-Raketen ins All gebracht, und NGO wird, um Treibstoff
zu sparen, nicht abgebremst, sondern von der Erde wegdriften und somit nur für rund
sechs Jahre erreichbar sein. Das NGO-Projekt wurde im Januar 2012 als einer von
drei Kandidaten für das Cosmic-Vision-Programm der ESA eingereicht. Am 2. Mai
2012 wählte die ESA die Jupitermission **JUICE** (Jupiter Icy Moons Explorer) als
sogenannte Large L-Mission (Projekt, das zum Start eine Ariane 5 braucht) aus.
Die Sonde soll 2022 mit einer Ariane 5-Rakete von Europas Raumflughafen in
Kourou aus starten. Sie wird den Jupiter im Jahr 2030 erreichen und mindestens
drei Jahre lang Beobachtungen an den Jupitermonden Io, Europa, Ganymed und
Kallisto durchführen. Die Finanzierung des NGO stand damit in den Sternen, und
eine bahnbrechende Idee drohte zu scheitern.
    Ursprünglich wollte die ESA gemeinsam mit der NASA das Jupitersystem erkun-
den. Diese **Europa Jupiter System Mission** sollte aus zwei Sonden bestehen, wobei
die NASA für den Jupiter Europa-Orbiter und die ESA für den Jupiter Ganymed-

Orbiter verantwortlich sein sollten. Als sich aber im Jahr 2011 abzeichnete, dass im NASA-Haushalt kaum ausreichend Geldmittel zur Verfügung stehen würden, um diese gemeinsame Mission im vorgesehenen Zeitrahmen realisieren zu können, setzte man bei der ESA wieder auf einen Alleingang: Das Ergebnis war JUICE, eine modifizierte Variante des Jupiter Ganymed-Orbiters.

Mit der Bekanntgabe der Ergebnisse endet ein Verfahren, das 2004 mit dem Aufruf der ESA an die Wissenschaft begann, Europas Explorationsziele für das kommende Jahrzehnt festzulegen. Das daraus entstandene Programm **Cosmic Vision 2015–2025** umfasst folgende wissenschaftliche Fragen: Welches sind die Voraussetzungen für die Entstehung von Leben und von Planeten? Wie funktioniert das Sonnensystem? Welches sind die grundlegenden Gesetze des Universums? Wie entstand das Universum, und woraus besteht es?

In seinem Beschluss hat der ESA-Ausschuss für das wissenschaftliche Programm auch den hohen wissenschaftlichen Wert der Missionen NGO und ATHENA hervorgehoben. Die Technologiearbeiten für beide Missionen sollten daher fortgesetzt werden, sodass sie als Kandidaten für künftige Startgelegenheiten erneut in Betracht gezogen werden können. 2013 erfolgte ein zweiter Aufruf zur Einreichung von Vorschlägen für große Missionen, und eLISA (extended LISA-Mission) wurde als mögliches Projekt vorgeschlagen (Danzmann 2013) (Abb. 8.34).

8.8.2 Das europäische Weltraumobservatorium LISA

Am 20. Juni 2017 fiel die Entscheidung (ESA Science 2020): *The LISA trio of satellites to detect gravitational waves from space has been selected as the third*

Abb. 8.34 Bei LISA (Laser Interferometer Space Antenna) sind drei identische Satelliten in Form eines gleichseitigen Dreiecks angeordnet, das um 20° hinter der Erde versetzt entlang der Erdbahn um die Sonne kreist und das um 60° gegen die Ekliptik geneigt ist. (Grafik: aus Danzmann 2013, mit freundlicher Genehmigung © ESA)

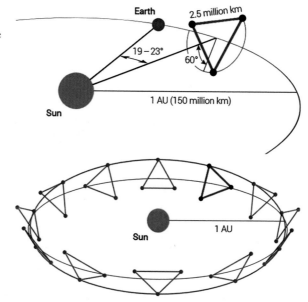

large-class mission in ESA's Science programme, while the PLATO exoplanet hunter moves into development. These important milestones were decided upon during a meeting of ESA's Science Programme Committee today, and ensure the continuation of ESA's Cosmic Vision plan through the next two decades.

Furthermore, ESA's LISA Pathfinder mission has also now demonstrated key technologies needed to detect gravitational waves from space. This includes free-falling test masses linked by laser and isolated from all external and internal forces except gravity, a requirement to measure any possible distortion caused by a passing gravitational wave. Launch is expected in 2034.

Bei LISA (Laser Interferometer Space Antenna) waren ursprünglich drei identische Satelliten in Form eines gleichseitigen Dreiecks angeordnet, das um 20° hinter der Erde versetzt entlang der Erdbahn um die Sonne kreist. Die Satelliten bilden zusammen ein Laserinterferometer mit fünf Millionen Kilometer Armlänge und einem Winkel von 60° zwischen den Armen. Jeder Satellit enthält einen Infrarotlaser mit 1 W Ausgangsleistung. Wegen der langen Wege kommt nur ein geringer Bruchteil (etwa 10^{-10}) der ausgesandten Leistung an; daher reicht die Lichtintensität für einen rein interferometrischen Nachweis nicht aus. Stattdessen vergleicht man die Phasenverschiebung zwischen den einzelnen Lasern, die aufeinander abgestimmt sind. Die Satellitengehäuse schirmen die Interferometerspiegel vor dem Strahlungsdruck der Sonne ab. Die Testmassen bewegen sich auf Geodäten im Raum-Zeit-Kontinuum und stellen somit ideale Inertialsysteme dar. Ein ausgeklügeltes Kontrollsystem zwingt die Satelliten, dieser Bewegung zu folgen. Das Projekt stellt eine faszinierende Mischung aus optischer Technologie, Raumfahrt- und Regelungstechnik dar.

Die Mission **LISA Pathfinder,** bei der wichtige Technologien für den weltraumbasierten Gravitationswellendetektor LISA getestet werden sollen, hat mit dem *Critical Design Review* 2010 eine wichtige Hürde genommen (Abb. 8.35). Der Start der Mission erfolgte im September 2015. Mit ihr konnte dann gezeigt werden, dass die Schlüsseltechnologien des LISA-Projektes wie erwartet und zuverlässig funktionieren.

Drei kleine Satelliten sollen ein großes gleichseitiges Dreieck im Weltraum bilden. Die beiden Arme sind gut zwei Millionen Kilometer lang. Zwischen dem Muttersatelliten an der V-Spitze und den beiden Tochterstationen laufen Laserstrahlen hin und her (Abb. 8.36).

Eines der drei Raumfahrzeuge dient als zentraler Server und definiert den Apex des V, die beiden anderen befinden sich am Ende der V-Konstellation. Der Server beherbergt zwei freifallende Testmassen, welche den Anfangspunkt der beiden Arme darstellen, in den beiden anderen befindet sich jeweils eine Testmasse, die den Endpunkt darstellen. In jedem Raumfahrzeug befindet sich das Equipment für die Interferometrie zur Messung der Armlängen. Alle drei Raumfahrzeuge beschreiben die Eckpunkte eines gleichseitigen Dreiecks.

Anders als bei erdgebundenen GWellen-Interferometern können die Interferometerarme im Weltraum nicht fixiert bleiben (sog. locked Zustand des Interferometers). Die Distanz zwischen den Satelliten verändert sich dauernd im Laufe eines Jahres. Die Detektoren müssen also dauernd angepasst werden, dabei müssen die Änderun-

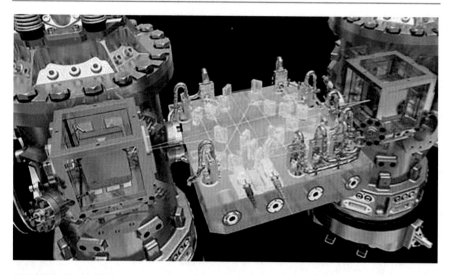

Abb. 8.35 Mit dem LISA Pathfinder-Projekt wurden ab 2015 Technologien der Weltraummission LISA ein Jahr lang getestet (Grohues und Reiche 2014). Das Herzstück der Mission bildeten zwei kleine, jeweils zwei Kilogramm schwere Würfel mit einer Gold-Platin-Legierung, Vorläufer der Testmassen in den künftigen LISA-Satelliten. Von einer Vega-Rakete war das Missionspaket an den Lagrange-Punkt L1 gebracht worden, der sich rund 1,5 Mio. km von der Erde entfernt Richtung Sonne befindet. Die beiden Würfel wurden am Lagrange-Punkt in freien Fall versetzt, wo sie abgeschirmt von allen Einflüssen allein der Wirkung der Gravitation unterlagen. Ebenfalls an Bord: ein Interferometer, das geringste Abweichungen der Positionen messen konnte. Der Abstand zwischen den beiden Würfeln betrug nur 38 cm, später sollen die Seiten des Satellitendreiecks eine Länge von jeweils 2,5 Mio. km haben. (Foto: LISA-Projekt, Grohues und Reiche 2014)

gen in Wellenlängen jede Sekunde gezählt werden. Dabei werden die Signale im Frequenzraum aufgelöst: Veränderungen mit Perioden von weniger als Tagen sind von Interesse, während Veränderungen mit Perioden von Monaten und Jahren irrelevant sind. Aus diesem Grunde kann LISA nicht mit Fabry-Pérot-Resonatoren und Signal-Recycling aufgebaut werden, was die Genauigkeit in der Längenmessung der Arme limitiert. Da die Armlängen jedoch etwa eine Million mal größer sind, sind die Armbewegungen entsprechend auch größer.

8.9   Zu erwartende Detektionsraten

Wie viele Quellen von Gravitationswellen können detektiert werden? Die Antwort hängt von der Art der Quelle ab und vom Detektor. Die Detektoren der ersten Generation (LIGO, GEO600, Virgo) haben bereits nach Quellen im Hochfrequenzbereich gesucht. Nach Abschätzungen müssten diese Detektoren mindestens fünf bis 20 Jahre messen, um eine Quelle zu finden. Die zweite Generation von Detektoren (Advanced-LIGO, AdvancedVirgo) haben dann tatsächlich die ersten Quellen von kompakten Doppelsternen ab 2016 gefunden. GRB 170817A ist nur der Beginn einer neuen Ära der gemeinsamen Gammastrahlen- und Gravitationswellenbeobachtungen, die

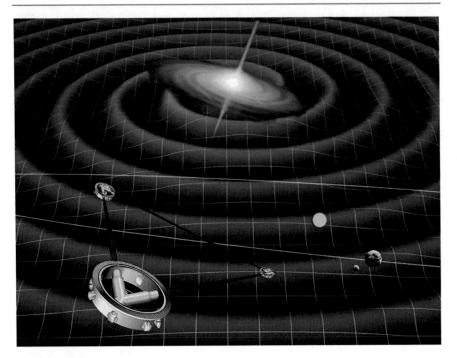

Abb. 8.36 Künstlerische Sicht des LISA-Interferometers. Gravitationswellen aus den Zentren von Galaxien erreichen die Erde nach kosmischer Zeit und verändern periodisch die Abstände zwischen den LISA-Satelliten. (Grafik: aus Wikipedia/Laser Interferometer Space Antenna)

helfen werden, die außergewöhnliche Physik von Neutronensternen und Gammablitzen aufzudecken. In Anbetracht der erwarteten Empfindlichkeit dieser Detektoren im Beobachtungslauf O3 (April 2019 bis März 2020) werden zwischen 1 und 50 Gravitationswellensignale aus Neutronensternverschmelzungen pro Jahr erwartet. Zusammen mit Fermi-GBM werden jährlich zwischen 0,1 und 1,4 gemeinsame Gravitationswellen- und GRB-Beobachtungen erwartet. Wenn die Gravitationswellendetektoren ihre angestrebte volle Empfindlichkeit erreichen (circa 2023), steigt die erwartete Anzahl von detektierbaren Gravitationswellensignalen auf 6 bis 120 und die Anzahl der gemeinsamen Entdeckungen mit Fermi-GBM auf 0,3 bis 1,7 pro Jahr. Solche Systeme können nur mittels Gravitationswellen aufgespürt werden!

Tatsächlich waren im Beobachtungslauf O3 die meisten Ereignisse Verschmelzungen von zwei Schwarzen Löchern (Abbott et al. 2020). Bis Anfang 2020 wurden über 50 solcher Ereignisse detektiert. Aus dem Signalkatalog lässt sich die durchschnittliche Anzahl von Verschmelzungen Schwarzer Löcher pro Zeit und Raumvolumen als Funktion der Rotverschiebung abschätzen. Eine naive Näherung wäre eine konstante Rate im mitbewegten Volumen, was bedeutet, dass jede Galaxie im Verlauf der Entwicklung des Universums eine annähernd konstante Zahl von Verschmelzungen pro Zeit beiträgt. Die Verschmelzungsraten von Schwarzen Löchern hängen jedoch wahrscheinlich von anderen Faktoren ab, wie z. B. der Sternentstehungsrate als Funktion der Rotverschiebung, die über kosmologische Zeiträume nicht konstant ist. Es ist jedoch noch komplizierter, denn ob sich ein Signal bei einer gegebenen Rotverschiebung nachweisen lässt, hängt auch von den spezifischen (intrinsischen) Eigenschaften dieses Systems ab, beispielsweise davon, wie massereich es ist. Aufgrund der Daten der Kampagnen O1–O3a ergibt sich folgende lokale Mergerrate für binäre Neutronensternsysteme (Abbott et al. 2020)

$$\mathcal{R}_{\mathrm{BNS}} = 320^{+490}_{-240}\,\mathrm{Gpc}^{-3}\,\mathrm{year}^{-1}. \tag{8.37}$$

Für Schwarz-Loch-Systeme folgt entsprechend eine Mergerrate

$$\mathcal{R}_{\mathrm{BBH}} = 23,9^{+15}_{-8,6}\,\mathrm{Gpc}^{-3}\,\mathrm{year}^{-1}. \tag{8.38}$$

Wenn der Katalog der beobachteten Verschmelzungen Schwarzer Löcher in den kommenden Beobachtungsläufen O4 und O5 anwächst, werden die Unsicherheiten der Parameter in den Populationsmodellen kleiner werden, und wir werden erfahren, welche Modelle von den Daten bevorzugt werden. Neben vielen anderen astrophysikalischen Problemen kann eine solche Schlussfolgerung zu einem besseren Verständnis davon führen, wie sich Schwarze Löcher aus Supernovae bilden und

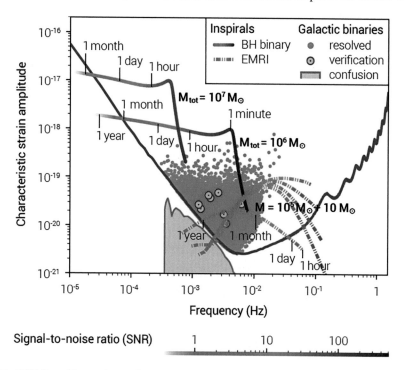

Abb. 8.37 Rauschkurve des geplanten Weltraumdetektors LISA (blau) sowie Signalstärken und Frequenzbereiche einiger typischer Quellen von Gravitationswellen als Funktion der Zeit vor dem Merging. EMRI: Extreme Mass Ratio Inspiral (ein stellares Schwarzes Loch kreist um ein supermassereiches und deformiert dessen Horizont durch Gezeitenkräfte). (Grafik: aus Danzmann 2013, mit freundlicher Genehmigung © ESA)

welche Wechselwirkungen zwischen zwei massereichen Sterne wirken. Außerdem lassen sich so die spezifischen Dynamik dichter Sternhaufen und die Entstehungsgeschichte von Schwarzen Löchern über kosmologische Zeiträume beleuchten. Doppelsysteme, bestehend aus zwei supermassereichen Schwarzen Löchern, sind sehr häufig im frühen Universum. Ein Weltraumobservatorium könnte solche Systeme im Massenbereich von 10.000 bis zehn Millionen Sonnenmassen mit einer Rate von etwa einer Entdeckung pro Jahr bis zu Rotverschiebung $z < 2$ erreichen und etwa 30 pro Jahr bis zu Rotverschiebung $z < 15$ (Abb. 8.37). Aus den beobachteten Wellenformen lassen sich die Massen und Spins der beteiligten Schwarzen Löcher sehr gut bestimmen. Zudem würde ein solches Observatorium Gravitationswellen von etwa 20.000 kompakten Doppelsternsystemen in unserer Galaxis sehen (Doppelsternsysteme bestehend vor allem aus Weißen Zwergen mit Bahnperioden unter einer Stunde).

8.10   Dezi-Hertz-Gravitationswellen

Zwischen LIGO und LISA liegt ein Frequenzband, das bisher unerforscht bleibt – der Dezi-Hertz-Bereich (Abb. 8.38). Dieser Bereich deckt das Verschmelzen von Schwarzen Löchern im mittleren Massenbereich von 100–10.000 Sonnenmassen ab. Diese Schwarzen Löcher sollten bei der hierarchischen Bildung von supermassereichen Löchern entstehen. Beobachtungen in diesem Frequenzbereich (Abb. 8.39) decken auch die Emission der Gravitationswellen von stellaren Schwarzen Löchern und Neutronensternen in Doppelsystemen auf Zeitskalen von Tagen und Jahren ab, bevor sie verschmelzen und mit LIGO, Virgo und KAGRA detektiert werden können (Abb. 8.40; Kawamura et al. 2020). Ein Testinterferometer B-DECIGO mit 100 km Armlänge als Fabry-Pérot soll in den 2030er-Jahren gestartet werden. Die Spiegel als Testmassen wiegen 30 kg und haben einen Durchmesser von 30 cm.

8.11   Zusammenfassung

Jede kausale Theorie der Gravitation muss Gravitationswellen enthalten, da Information nur mit maximal Lichtgeschwindigkeit ausgetauscht werden kann. In der Einstein'schen Theorie der Gravitation sind dies Tensorwellen, die als Gezeitenwellen auftreten. Jedes Doppelsternsystem strahlt solche Quadrupolwellen ab, was zum Verschmelzen der Systeme auf kosmischer Zeitskala führt. Besonders starke Ereignisse entstehen beim Verschmelzen von Neutronensternen oder Schwarzen Löchern. Der Nachweis dieser Wellen erfolgt über Laserinterferometer. Mit LIGO und Virgo sind seit 2015 über 50 solche Verschmelzungsprozesse erfolgreich detektiert worden. Das japanische Gravitationswellenobservatorium KAGRA wird ab 2021 ebenfalls beitragen. Damit eröffnet sich ein neues Beobachtungsfenster in der Astronomie –

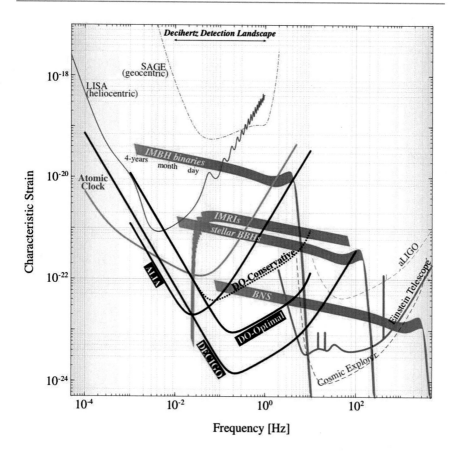

Abb. 8.38 Der Missing Link in der Gravitationswellen-Astronomie: der Dezi-Hertz-Bereich ist bisher unerforscht. BNS: Binäre Neutronensterne; BBHs: Binäre Schwarze Löcher; IMBH: Intermediate Mass Black Holes; IMRIs: Intermediate Mass Ratio Inspirals. (Grafik: aus White Paper submitted to ESA's Voyage 2050 on behalf of the LISA Consortium 2050 Task Force. arXiv:1908.11375)

die Gravitationswellenastronomie. Bis 2030 wird man bis zu einigen Tausend Verschmelzungen pro Jahr detektieren können. Gleichzeitig wird die Empfindlichkeit der Detektoren gesteigert, sodass das Ausschwingen der neu gebildeten Schwarzen Löcher genauer untersucht werden kann. Ab etwa 2035 wird das europäische Weltraumobservatorium LISA die Welt der supermassereichen Schwarzen Löcher erforschen.

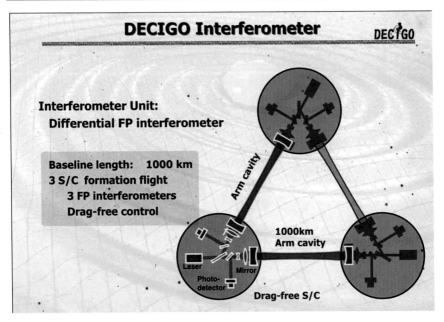

Abb. 8.39 DECIGO-Laser-Interferometer im Weltraum verfügt über Armlängen von 1000 km und kann Gravitationswellen im Dezi-Hertz-Bereich detektieren. (Grafik: © DECIGO Collaboration Japan)

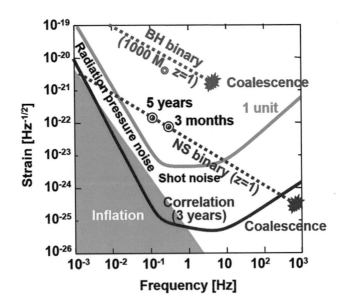

Abb. 8.40 DECIGO-Laser-Interferometer. Rauschkurve und Gravitationswellen von verschmelzenden kompakten Objekten. Kompakte Neutronensterndoppelsysteme (NS) können bis zu z = 1 detektiert werden. (Grafik: © DECIGO Collaboration Japan)

8.12 Lösungen zu Aufgaben

Die Lösungen zu den Aufgaben sind auf https://link.springer.com/ zu finden.

Literatur

Abbott BP et al (2016) Observation of gravitational waves from a binary black hole merger. Phys Rev Lett 116:061102. arXiv:1602.03837

Abbott BP et al (2017a) Gravitational waves and gamma-rays from a binary neutron star merger: GW170817 and GRB 170817A. Astrophys J Lett 848(2):L13. arXiv:1710.05834

Abbott BP et al (2017b) Properties of the binary neutron star merger GW170817. Phys Rev X 9(1):011001. arXiv:1805.11579

Abbott BP et al (2019) A gravitational-wave transient catalog of compact binary mergers observed by LIGO and Virgo during the first and second observing runs. Phys Rev X 9:031040. arXiv:1811.12907

Abbott R et al (2020) GWTC-2: a gravitational-wave transient catalog of compact binary mergers observed by LIGO and Virgo during the first part of the third observing run. arXiv:2010.14527

AdvancedLIGO: https://www.ligo.caltech.edu/advLIGO/

Ajith P et al (2007) Phenomenological template family for black-hole coalescence waveforms. Class Quantum Gravity 24:689–700. arXiv:0704.3764

Akutsu T et al (2020) Overview of KAGRA: detector design and construction history. arXiv:2005.05574

Aufmuth P (2007) An der Schwelle zur Gravitationswellenastronomie. Sterne und Weltraum 2007:36–42

Aufmuth P (2009) Warten auf die Welle. Zustand und Perspektiven der Gravitationswellenastronomie. Sterne und Weltraum 2009:30–39

Blanchet L (2014) Gravitational radiation from post-Newtonian sources and inspiralling compact binaries. Living Rev Rel 17(2). arXiv:1310.1528

Cosmic Vision: https://sci.esa.int/web/cosmic-vision

Danzmann K (2013) The gravitational universe. arXiv:1305.5720

Danzmann K (2017) LISA – Laser Interferometer Space Antenna. https://www.elisascience.org

Eddington A (1922) Propagation of gravitational waves. Proc R Soc A102:268–282

Einstein A (1916) Näherungsweise Integration der Feldgleichungen der Gravitation. In: Königlich-Preußische Akademie der Wissenschaften (Berlin). Sitzungsberichte, S 688–696

Einstein A (1918) Über Gravitationswellen. In: Königlich-Preußische Akademie der Wissenschaften (Berlin). Sitzungsberichte, Mitteilung vom 31. Januar 1918, S 154–167

Einstein-Telescope: https://www.et-gw.eu/

Geo600: https://www.geo600.org

Gravitational Wave Open Science Center provides data from gravitational-wave observatories, along with access to tutorials and software tools. https://www.gw-openscience.org/

Grohues H-G, Reiche J (2014) LISA Pathfinder – Schritt für Schritt zum Nachweis von Gravitationswellen. Sterne und Weltraum 2014:34

Kawamura S et al (2020) Current status of space gravitational wave antenna DECIGO and B-DECIGO. arXiv:2006.13545

LIGO Scientific Collaboration, the Virgo Collaboration, the KAGRA Collaboration (2020) Prospects for observing and localizing gravitational-wave transients with advanced LIGO, advanced Virgo and KAGRA. arXiv:1304.0670, version v10

LIGO-India: https://www.gw-indigo.org

LISA: https://www.elisascience.org

Marx J et al (2011) The gravitational wave international committee roadmap: the future of gravitational wave astronomy. Gen Relativ Quantum Cosmol. arXiv:1111.5825

Metzger BD (2020) Kilonovae. Living Rev Relativ 23:1

Miller MC, Yunes N (2019) Review: the new frontier of gravitational waves. Nature 568:469–476

Moore CJ, Cole RH, Berry CPL (2015) Gravitational-wave sensitivity curves. Class Quantum Gravity 32:015014. arXiv:1408.0740

Ott CD et al (2012) Correlated gravitational wave and neutrino signals from general-relativistic rapidly rotating iron core collapse. Phys Rev D 86:024026

Reitze D (2019) Cosmic explorer: the U.S. contribution to gravitational-wave astronomy beyond LIGO. arXiv:1907.04833

Riles K (2013) Gravitational waves: sources, detectors and searches. Prog Part Nucl Phys 68:1–54. arXiv:1209.0667

Anhang

9

Inhaltsverzeichnis

9.1 Lehrbücher

- Arnold Hanslmeier, 2013: **Faszination Astronomie – Einstieg für alle naturwissenschaftlich Interessierten.** Springer Spektrum, Heidelberg (Studium Generale)
- Arnold Hanslmeier, 2020: **Einführung in Astronomie und Astrophysik.** Spektrum Akademischer Verlag, Heidelberg
- N.F. Commins, 2011: **Astronomie – Eine Entdeckungsreise zu Sternen, Galaxien und was sonst noch im Kosmos ist.** Springer Spektrum, Heidelberg
- Max Camenzind, 2007: **Compact Objects in Astrophysics – White Dwarfs, Neutron Stars and Black Holes.** Springer-Verlag, Heidelberg (das moderne Lehrbuch zu kompakten Objekten)
- P. Haensel, A.Y. Potekhin, D.G. Yakovlev, 2010: **Neutron Stars 1. Equation of State and Structure.** Springer-Verlag, Heidelberg.
- Hans-Heinrich Voigt, 2012: **Abriss der Astronomie,** H.J. Röser, W. Tscharnuter (Herausgeber). 6. Auflage, Wiley-VCH Verlag Weinheim (umfassendes Nachschlagewerk, kein Lehrbuch)

Elektronisches Zusatzmaterial Die elektronische Version dieses Kapitels enthält Zusatzmaterial, das berechtigten Benutzern zur Verfügung steht. https://doi.org/10.1007/978-3-662-62882-9_9.

- Hannu Karttunen et al., 2017: **Fundamental Astronomy.** 5. Auflage, Springer-Verlag, ISBN: 3540001794 (enthält keine Kosmologie)
- Simon F. Greene, Mark H. Jones, 2004: **An Introduction to Sun and Stars.** The Open University, Cambridge Univ. Press (viele Abbildungen, ohne viele Formeln)
- Stuart L. Shapiro, S.A. Teukolsky, 1983: **Black Holes, White Dwarfs and Neutron Stars.** John Wiley Interscience (nach 30 Jahren überholt)
- Publikationen stehen im Internet zur Verfügung unter: https://arXiv.org

9.2   Konstanten der Physik und Astronomie

Siehe Abb. 9.1.

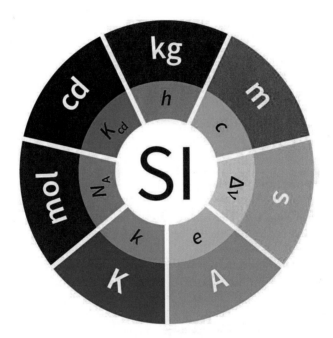

Abb. 9.1 Das System der SI-Einheiten beruht heute nur auf Naturkonstanten. Die sieben Naturkonstanten im Einzelnen sind: die Frequenz des Hyperfeinstrukturübergangs $\Delta\nu$ des Grundzustands im ^{133}Cs-Atom; die Lichtgeschwindigkeit c im Vakuum; die Planck-Konstante h; die Elementarladung e; die Boltzmann-Konstante k_B; die Avogadro-Konstante N_A, und das Fotometrische Strahlungsäquivalent K_{cd} einer monochromatischen Strahlung der Frequenz 540×10^{12} Hz ist genau gleich 683 Lumen durch Watt. Die sieben Basiseinheiten s, m, kg, A, K, mol und cd sind die Bausteine des SI-Systems, von denen alle anderen Einheiten abgeleitet sind

Konstante, Einheit	Symbol	Wert
Lichtgeschwindigkeit	c	299.792.458 m/s
Newton-Gravitationskonst.	G	$6,6738 \times 10^{-11}$ m³/kg/s²
Planck-Wirkungsquantum	$\hbar$	$1,054571628 \times 10^{-34}$ J s
Planck-Wirkungslänge	$\hbar c$	197,326979 MeV fm
Boltzmann-Konstante	k_B	$1,3806504 \times 10^{-23}$ J/K
Masse Wasserstoffatom	m_H	938,272046 MeV/c^2
Elektronenmasse	m_e	0,510998928 MeV/c^2
Kerndichte	n_0	0,16 fm⁻³
Längeneinheit Fermi	1 fm	10^{-15} m
Längeneinheit Attometer	1 am	10^{-18} m
Astronomische Einheit	AE	149.597.870,700 km
1 Parsec	pc	206.265 AE = 3,262 LJahre
1 Kiloparsec	kpc	1000 Parsec
1 Megaparsec	Mpc	1 Mio. Parsec
1 Gigaparsec	Gpc	1 Mrd. Parsec
Sonnenmasse	$M_\odot$	$1,98852 \times 10^{30}$ kg
Sonnenradius	$R_\odot$	695.510 km
Sonnenleuchtkraft	$L_\odot$	$3,846 \times 10^{26}$ W
Schwarzschild-Radius Sonne	$R_S = 2GM_\odot/c^2$	2,9532500770(2) km
Shapiro Zeitkonstante	$T_\odot = GM_\odot/c^3$	4,925490947 μs
Flussdichte Radioastronomie	Jansky Jy	10^{-26} W m⁻² Hz⁻¹
Räumlicher Vollwinkel	4π	41.252,96 Quadratgrad
Planck-Einheiten:		
Planck-Masse	$M_P = \sqrt{\hbar c/G}$	$1,31 \times 10^{19}$ Protonen
Planck-Länge	$L_P = \hbar/M_P c$	$1,616 \times 10^{-35}$ m
Planck-Zeit	$t_P = L_P/c$	$5,39 \times 10^{-44}$ s
Planck-Temperatur	$T_P = M_P c^2/k_B$	$1,4 \times 10^{32}$ K
Universum:		
Hubble-Lemaître-Konstante	$H_0 = (\dot{a}/a)_0$	$(67,4 \pm 0,46)$ km/s/Mpc
Hubble-Radius	$R_H = c/H_0$	4448 Mpc
Hubble-Zeit, $t_0 < t_H$	$t_H = 1/H_0$	14,52 Mrd. Jahre
Kritische Dichte	$\rho_{\text{crit}} = 3H_0^2/8\pi G$	$1,4 \times 10^{11}$ $M_\odot$/Mpc³

9.3   Meilensteine in der Entwicklung der kompakten Objekte

Siehe Abb. 9.2.

Abb. 9.2 Statue von Albert Einstein im Hof der Israelischen Akademie der Wissenschaften. Ohne die Theorien von Albert Einstein wäre die Natur der kompakten Objekte (Weiße Zwerge, Neutronensterne und Schwarze Löcher) nicht zu begreifen. (Foto: Wikipedia/Albert Einstein)

Epoche	Entdeckung	Entdecker	Bedeutung
185	SN 185	China	1. Supernova Beobachtg.
1006	SN 1006 Lupus	China	Hellste Supernova
1054	Krebsnebel	China, Amerika, Arabien	Supernovaexplosion
1572	SN 1572	Tycho Brahe	Supernova Tycho Brahe
1604	SN 1604	Johannes Kepler	Kepler-Supernova
1862	Sirius B	Alvan Clarke	1. Weißer Zwerg
1910	Spekt. Eridani B	William Herschel, Struve	Weißer Zwerg bestätigt
1900	Quantenhypothese	Max Planck	Postulat Wirkungsquant
1905	Spez. Relativität	Albert Einstein	Lichtgeschw. konstant
1915	Allg. Relativität	Albert Einstein	Gravitation ist Geometrie
1916	1. Lösung ART	Karl Schwarzschild	Sphärische Lösung
1918	Gravitationswellen	Albert Einstein	Quadrupolformel
1919	Lichtabl. Sonne	Arthur Eddington	Bestätigung ART
1925	Pauli-Prinzip	Wolfgang Pauli	Atomaufbau
1926	Fermi-Statistik	Ralph Fowler	Erklärt Weiße Zwerge
1927	Hubble-Gesetz	Georges Lemaître	Leitet Hubble-Gesetz her
1931	Grenzmasse WZ	Chandrasekhar	Max. Masse WZ
1933	Natur Supernovae	Zwicky, Baade	Vermutung SN-NS
1939	TOV-Gleichungen	Tolman, Oppenheimer	Struktur Neutronensterne
1962	Scorpius X-1	Giacconi et al.	1. Röntgenstern
1963	Kerr-Lösung	Roy Kerr	Rot. Schwarzes Loch
1963	Quasare	Maarten Schmidt	1. supermassereiches SL
1964	Quark-Hypothese	Murray Gell-Mann	Proton = 3 Quarks
1965	Gamma-Burster	Vela-Satelliten	Schwarze Löcher
1967	Radiopulsare	Jocelyn Bell & Hewish	Neutronensterne
1968	Radiopulsare	Tommi Gold	Pulsare = rot. NSterne
1969	Pulsar Krebsnebel	David Staelin et al.	Pulsare – Supernova
1970	Cygnus X-1	Uhuru	1. Stellares SL
1971	Röntgenpulsar	Giacconi et al.	1. Röntgenpulsar
1972	Entropie SL	Jacob Bekenstein	Thermodynamik SL
1973	Quantenchromod.	Murray Gell-Mann et al.	Eichtheorie Starke WW
1974	Binär-Pulsar	Hulse & Taylor	Pulsar in Doppelstern
1982	PSR 1937+214	Backer, Kulkarni et al.	1. Millisekundenpulsar
1987	SN 87A	Ian Shelton	Supernova in LMC
2000	Jüngster NStern	Chandra-Observatory	NStern in SNR Cas A
2003	Doppelpulsar	Andrew Lyne	2 NSterne als Pulsare
2005	PSRJ1748-2446ad	Jason W.T. Hessels	Schnellster Pulsar 1,39 ms
2007	Messier 33 X-7	Chandra-Observatory	SL in M33 mit 15,4 $M_\odot$
2016	GW150914	LIGO-Observatorium	Existenz Gravitationswellen
2019	Schwarz-Loch-Bild	EHT Kollaboration	Existenz Schwarzer Löcher

9.4 Glossar

Absolute Helligkeit – Maß für die Gesamtenergie, die ein Stern oder eine Galaxie pro Zeiteinheit aussendet. Sie ist definiert als die scheinbare Helligkeit, die ein Stern in einer Entfernung von zehn Parsec haben würde. Es gilt: $M = m + 5 - $

$5\log(d)$, wobei m = scheinbare Helligkeit, d = Entfernung des Sterns in Parsec. Die absolute Helligkeit der Sonne ist $+4,8$ mag.

Äquivalenz von Masse und Energie – Trägheit ist Energie und Energie ist Trägheit. Die Formel $E = mc^2$ ist eine der wohl bekanntesten Gleichungen der modernen Physik. Sie findet sich längst nicht mehr nur in Fachbüchern, sondern ziert Briefmarken oder T-Shirts und diente sogar als Vorlage für eine Skulptur. Einstein hat sie in seinem Wunderjahr 1905 entdeckt und als fünfte seiner bahnbrechenden Arbeiten veröffentlicht – in einem Zusatz auf nur drei Seiten. Genauer lautet die Formel $E^2 = (mc^2)^2 + p^2c^2$, wobei p den Impuls eines Teilchens bezeichnet. In dieser Form gilt sie auch für masselose Teilchen wie Photonen. Nach Einstein gilt dann $E = h\nu$ und $p = h\nu/c$, wenn ν die Frequenz des Photons darstellt.

Äther – Hypothetisches Medium der Lichtausbreitung, dessen Schwingungen das Licht und seine Ausbreitung erklären sollen, so wie Druck und gegebenenfalls Scherungswellen den Schall und seine Ausbreitung erklären. Man stellt ihn sich gewöhnlich als gewichtslose Flüssigkeit vor, die den gesamten Raum durchdringt und Anregungen transportieren kann. Kein einem Äther zurechenbarer Effekt ist je gefunden worden. Einstein hat dieses Konzept 1905 über Bord geworfen.

Akkretionsscheibe – Schnell rotierende Gasscheibe um junge Sterne, Weiße Zwerge, Neutronensterne oder Schwarze Löcher. Drehimpuls wird durch turbulente Prozesse nach außen abtransportiert. Dadurch fließt das Material langsam auf das zentrale Objekt zu und wird dabei aufgeheizt. In der Nähe von Neutronensternen und Schwarzen Löchern entstehen Temperaturen im Röntgenbereich. Dies ermöglicht die Beobachtung von Schwarzen Löchern mittels Röntgenteleskopen (Chandra, XMM-Newton und NuStar).

Allgemeine Relativitätstheorie (ART) – Allgemeine Relativitätstheorie von Albert Einstein aus dem Jahre 1915. Einfachste, mit dem Äquivalenzprinzip von träger und schwerer Masse konsistente metrische Gravitationstheorie. Die Raum-Zeit von Minkowski wird verallgemeinert – die Welt hat nun eine Krümmung, die das Gravitationsfeld beschreibt. Lokal bleibt die SRT immer gültig.

Angström – Längeneinheit zur Messung der Wellenlänge des Lichts und anderer elektromagnetischer Schwingungen. Sie entspricht 0,1 nm. Sichtbares Licht liegt zwischen 3900 (UV) und 7500 Angström (rot).

Antimaterie – 1928 stellte P.A.M. Dirac (1902–1984) seine relativistische Theorie des Elektrons auf und schloss aus dieser Theorie, dass es ein anderes Teilchen geben müsse, welches dieselben Eigenschaften wie das Elektron habe, jedoch die entgegengesetzte elektrische Ladung – also $+1$. Carl David Anderson entdeckte 1932 in einer Nebelkammeraufnahme dieses Teilchen und nannte es **Positron.** Heute wissen wir, dass es zu fast jedem Teilchen ein Antiteilchen gibt, welches dieselbe Masse wie das normale Teilchen, aber die entgegengesetzte elektrische Ladung hat. Eine Ausnahme davon sind einige neutrale Teilchen (z. B. das Photon), die mit ihrem Antiteilchen identisch sind. Da Antiteilchen – die Ladung ausgenommen – dieselben Eigenschaften wie normale Materie besitzen, können sich Antiteilchen ebenfalls zu Antimaterie zusammensetzen. So ist es bereits 1995 gelungen, ein Anti-Wasserstoffatom zu erzeugen, das aus einem Antiproton und einem Positron besteht. Trifft ein Teilchen auf sein entsprechendes Antiteilchen, so vernichten sie sich beide vollständig und werden zu Energie – also zu Photonen. Diesen Prozess nennt man Annihilation. Die Annihilation von Positronen verwendet man bei dem medizinischen Bildgebungsverfahren der Positronen-Emissions-Tomografie. Im frühen Universum waren Materie und Antimaterie gleich häufig vorhanden, mit einem sehr geringen Überschuss an Materie.

Astronomische Einheit (AE) – (engl.: AU) Abkürzung für Astronomische Einheit. Entfernungsangabe für Objekte im Sonnensystem. 1 AE = mittlere Entfernung Erde-Sonne = 149,597870 Mio. km.

Atomuhr – Präzisionsuhrwerk mit etwa einer Sekunde Abweichung in drei bis 30 Mio. Jahren. Mit den Atomuhren gelang es, die von der Speziellen Relativitätstheorie vorhergesagten Effekte auf die Zeit experimentell zu bestätigen. Die erste Atomuhr wurde 1949 durch die Technik des amerikanischen Chemikers und Physikers Isidor Isaac Rabi in den USA gebaut. 1955 wurde die erste Cäsiumbasierte Atomuhr vom National Laboratorium in Teddington, England, in Betrieb genommen.

Auflösungsvermögen oder Auflösung – Maß für die Sehschärfe eines Teleskops. Das Auflösungsvermögen gibt den Winkel an, unter dem zwei nahe am Himmel beieinander stehende Sterne gerade noch mit dem Teleskop getrennt werden können. Angegeben wird das Auflösungsvermögen in der Regel in Bogensekunden. Das Auflösungsvermögen unter Idealbedingungen, das sogenannte theoretische Auflösungsvermögen eines Teleskops kann nach folgender Formel ausgerechnet werden:

$$\theta = 1,22 \frac{\lambda}{D} = \frac{0,14''}{D[\text{m}]} \tag{9.1}$$

Das theoretische Auflösungsvermögen eines Fernrohrs hängt also nicht von der Vergrößerung, sondern von dem Durchmesser D der Optik ab: Je größer das Teleskop, desto höher ist das Auflösungsvermögen. In der Praxis wird das theoretische Auflösungsvermögen jedoch nur selten erreicht (Luftunruhe, Abbildungsfehler der Teleskopoptik etc.). Außerdem spielt noch die Wellenlänge des verwendeten Lichts eine Rolle: Je länger die Wellenlänge, desto geringer ist die Auflösung. Aus diesem Grund haben Radioteleskope ein geringeres Auflösungsvermögen als optische Teleskope.

Im Abstand von der Sonne entspricht eine Bogensekunde 722 km. Das Sonnenteleskop GREGOR hat ein Auflösungsvermögen von 0,1 Bogensekunden, damit können Strukturen auf der Sonne bis zu 72 km Ausdehnung aufgelöst werden.

Baryonen – Gruppe von schweren Elementarteilchen, zu der die Nukleonen (Protonen, Neutronen) und deren Antiteilchen sowie die Hyperonen (Lambda-, Sigma-, Xi-, und Omega-Teilchen) und deren Antiteilchen gehören. Die Baryonenzahl ist die Gesamtzahl der in einem System vorhandenen Baryonen minus Anti-Baryonen.

Bezugssystem – Ein Bezugssystem ist eine Kombination aus Uhren und Maßstäben, die es gestattet, lokal alle Ereignisse und alle Vektoren durch Koordinaten zu charakterisieren. Dies ist im Allgemeinen für die quantitative Analyse der Bewegungsvorgänge unumgänglich. In der Mechanik wird die kräftefreie Bewegung durch lineare Relationen zwischen den Koordinaten dargestellt. Ein inertiales Bezugssystem gestattet darüber hinaus die Formulierung der Newton'schen Axiome mit richtungsunabhängigen Gewichten der Geschwindigkeiten. Es setzt deshalb einen metrischen Raum voraus.

Bose-Einstein-Kondensat – Ein Bose-Einstein-Kondensat ist ein makroskopisches Quantenobjekt, das aus Bosonen mit identischer Wellenfunktion besteht. Es entsteht bei Temperaturen um den absoluten Nullpunkt, da sich hier alle Bosonen im Grundzustand, also in ihrem niedrigsten Energiezustand befinden. So sind sie ununterscheidbar und verhalten sich wie ein einziges Teilchen. Das Bose-Einstein-Kondensat gilt als Aggregatszustand neben den klassischen Zuständen wie fest, flüssig, gasförmig und Plasma. Seit etwa 2004 kann es mit sogenannten Laserfallen hergestellt werden. 2005 ist es Dresdner Wissenschaftlern vom Max-Planck-Institut für Chemische Physik erstmals gelungen, ein Bose-Einstein-Kondensat in einem Festkörper zu erzeugen. Zuvor waren Bose-Einstein-Kondensate nur mit Gasen hergestellt worden. 2010 konnten Physiker der Universität Bonn erstmals ein Bose-Einstein-Kondensat aus Photonen herstellen.

CMB – Die kosmische Hintergrundstrahlung (CMB für Cosmic Microwave Background) ist Strahlung im Mikrowellenbereich mit der Temperatur $2,725 \pm 0,002$ K. Sie kommt aus allen Raumrichtungen des Universums und ist isotrop. Sie wurde bereits 1946 von George Gamow als Folge des Big Bang vorhergesagt und 1965 durch Arno Penzias und Robert Woodrow Wilson entdeckt. Die CMB gilt als Beleg für die Urknalltheorie. Die Temperatur der CMB unterliegt kleinen Fluktuationen im Bereich von $\Delta T = 10^{-5}$ K. Über diese Fluktuationen lassen sich Aussagen über kosmologische Parameter treffen, speziell über die Dichtezusammensetzung des Universums und den Anteil Dunkler Materie an der Gesamtdichte.

Deklination – Die Himmelskoordinate entspricht der geografischen Breite auf der Erde. Die Deklination gibt den Winkelabstand eines Gestirns vom Himmelsäquator an. Deklinationen nördlich des Himmelsäquators werden positiv (+) gezählt, Deklinationen südlich des Himmelsäquators negativ (−). Die Deklination eines Objekts wird in der Regel in Grad, Bogenminuten und Bogensekunden angegeben. Gezählt wird die Deklination von 0 Grad (Himmelsäquator) bis +/− 90 Grad (Himmelsnord- bzw. südpol).

Doppler-Effekt – Nach dem österreichischen Mathematiker Christian Doppler (1803–1853) benannte Erscheinung, dass bei jeder Art von Welle (auch Schall- und Lichtwellen) eine Änderung der Frequenz bzw. Wellenlänge eintritt, sobald Beobachter und Quelle sich relativ zueinander bewegen. Bewegt sich eine Schall- bzw. Lichtquelle auf den Beobachter zu, so registriert er eine Tonerhöhung bzw. das ausgestrahlte Licht wird kurzwelliger (sogenannte Blauverschiebung). Bewegt sich die Schall- bzw. Lichtquelle vom Beobachter weg, so nimmt die Tonhöhe ab bzw. das ausgestrahlte Licht wird langwelliger (sogenannte Rotverschiebung). Der gleiche Effekt tritt auf, wenn die Schall- bzw. Lichtquelle ruht und der Beobachter sich auf die Quelle zubewegt bzw. entfernt.

Dunkle Energie (DE) – Die Dunkle Energie wurde in der Kosmologie als eine Verallgemeinerung der kosmologischen Konstanten eingeführt, um die beobachtete beschleunigte Expansion des Universums zu erklären. Der Begriff wurde 1998 vom amerikanischen Astrophysiker Michael Turner geprägt. Die physikalische Interpretation der Dunklen Energie ist weitgehend ungeklärt, und ihre Existenz ist experimentell nicht nachgewiesen. Die gängigsten Modelle bringen sie mit Vakuumfluktuationen in Verbindung, es werden aber auch eine Reihe weiterer Modelle diskutiert. Die physikalischen Eigenschaften der Dunklen Energie lassen sich durch großräumige Kartierung der Strukturen im Universum, beispielsweise die Verteilung von Galaxien und Galaxienhaufen untersuchen; entsprechende astronomische Großprojekte befinden sich in Vorbereitung oder Ausführung (DES, LSST, EUCLID, WFIRST, eBOSS).

Dunkle Materie (DM) – Nichtsichtbare Materie, auf deren Existenz u. a. durch ihre Gravitations- oder Massenanziehung geschlossen wird, wie z. B. bei den ausgedehnten Halos von Galaxien und in Galaxienhaufen. Fritz Zwicky hat die Existenz Dunkler Materie bereits 1933 für den Coma-Haufen gefordert. In den 1970er-Jahren hat die Vermessung der Rotationskurven von Spiralgalaxien zur Existenz Dunkler Materie in Galaxien geführt. Danach sind Galaxien in einen Halo Dunkler Materie eingebettet. Ohne Dunkle Materie kann die Entstehung von Strukturen im Kosmos nicht verstanden werden. Dunkle Materie wird heute in vielen Experimenten der Teilchenphysik direkt gesucht, bisher jedoch ohne Erfolg.

Eigendistanz – Die Eigendistanz ist die Entfernung, in der sich das Objekt heute befindet – also das, was man landläufig unter Entfernung versteht. Sie hängt von der Geometrie und Ausdehnungsrate des Universums ab. Man kann sich eine theoretische Messung der Eigendistanz so vorstellen, als würde man entlang einer Linie zum Objekt mit einem Maßband die Distanz bestimmen. Die Summe all dieser Teilentfernungen wäre die Eigendistanz. Die Eigendistanz zum Rand des sichtbaren Teils des Universums beträgt heute 46 Mrd. Lichtjahre.

Elektronenvolt – Energieeinheit in der Atomphysik. Ein Elektronenvolt entspricht der Energiemenge, die das Elektron beim Durchlaufen eines Spannungsgefälles von einem Volt gewinnt: $1 \text{ eV} = 1,60219 \times 10^{-19}$ J.
Für größere Energiemengen sind das Kiloelektronenvolt ($1 \text{ keV} = 1000 \text{ eV}$), das Megaelektronenvolt ($1 \text{ MeV} = 1.000.000 \text{ eV}$) sowie das Gigaelektronenvolt ($1 \text{ GeV} = 1 \text{ Mrd. eV}$) in Gebrauch. Heute werden in der Astronomie Photonen mit Energien bis zu einem Teraelektronenvolt ($1 \text{ TeV} = 1000 \text{ GeV}$) gemessen (sogenannte TeV–Astronomie).

Entropie – Entropie ist kein einfacher Begriff der Physik. Entropie wird oft missverständlich als eine Art Unordnung bezeichnet. Doch das trifft nicht ganz zu. Entropie hängt ursprünglich sehr eng mit dem Begriff der Wärme zusammen und ist in der Thermodynamik wesentlich für den zweiten und dritten Hauptsatz. Statistisch und quantenmechanisch beschreibt Entropie die Zahl möglicher Mikrozustände, durch die der beobachtete Makrozustand des Systems realisiert werden kann. Die Entropie eines Schwarzen Lochs wird dadurch gewonnen, dass wir die Oberfläche des Schwarzen Lochs in Planck-Zellen triangulieren und dann die Anzahl Planck-Zellen abzählen. Die gesamte Entropie des Schwarzen Lochs ist gleich der Fläche des Ereignishorizonts. Die einzelnen Flächenelemente des Ereignishorizonts entsprechen dem Quadrat der Planck-Länge.

Ereignis – Durch die Zeitkoordinate und die Ortskoordinaten festgelegter Punkt in einer Welt. Danach ist die Welt vierdimensional, Zeit und Raum bilden eine Einheit. Zeit und Raum sind jedoch nicht absolut, sondern können durch Transformationen vermischt werden. Was invariant bleibt, ist die lokale Lichtkegelstruktur, die darüber entscheidet, ob benachbarte Ereignisse zeitartig, lichtartig oder raumartig liegen.

Galileo Galilei (1564–1642) – Italienischer Astronom und Physiker. Der Erste, der zur Beobachtung der Sterne ein Teleskop benutzte. Er hatte von einer Vorrichtung gehört, die in Holland zur Beobachtung benutzt wurde, und die im Wesentlichen darin bestand, dass zwei Glaslinsen an den Enden einer Röhre eingesetzt werden. Galilei entwickelte ein Teleskop, das aus zwei Linsen und zwei Röhren bestand, das man scharfstellen konnte. Er ist damit Entdecker des ersten Mondes eines anderen Körpers als der Erde geworden. Galilei war bekennender Anhänger der kopernikanischen heliozentrischen Theorie. In Reaktion auf Galilei erklärte es die Kirche für Ketzerei zu behaupten, die Erde würde sich bewegen, und stellte ihn unter Arrest. Die Kirche hielt an dieser Position 350 Jahre lang fest; Galilei wurde formell erst 1992 rehabilitiert.

Gammastrahlung – Extrem kurzwellige elektromagnetische Strahlung. Kosmische Quellen der Gammastrahlen müssen mithilfe von Methoden der Weltraumforschung untersucht werden (CGRO, Fermi Satellit, Cherenkov-Teleskope).

Geodäte, Geodätische – Verbindung extremaler Länge zwischen zwei Punkten. In lokal euklidischen Geometrien sind Geodäten kürzeste Linien. In lokal pseudoeuklidischen Geometrien (Raum-Zeit) sind zeitartige Geodäten längste Linien (Zwillingsparadoxon). Die Geodäte ist eine Verallgemeinerung der Geraden ebener Räume für Räume mit Krümmung.

Geozentrisches Weltbild – Mit der Erde als Bezugspunkt oder gemessen bezüglich des Zentrums der Erde.

Gravitation (Schwerkraft) – Anziehungskraft zwischen allen Materieteilchen im Universum. Die Teilchen ziehen einander mit einer Kraft an, die proportional zum Produkt ihrer Massen und umgekehrt proportional zum Quadrat ihres Abstands voneinander ist. Gravitation wird heute als Ausdruck der gekrümmten Raum-Zeit verstanden.

Gravitationslinsen – Die durch eine große Massenansammlung verursachte Raumkrümmung lenkt das Licht einer weit entfernten Strahlungsquelle ab und verzerrt ihr Bild. Passiert ein Lichtstrahl oder eine Radiowelle in geringem Abstand einen massereichen Körper, so erfährt er eine Ablenkung. Diese Lichtablenkung ist eine Vorhersage der Allgemeinen Relativitätstheorie von Albert Einstein. Wenn eine massereiche Galaxie genau auf der Verbindungslinie zwischen uns und einem Quasar liegt, tritt eine weitere Erscheinung des gleichen Effekts auf. Das Bild des Quasars kann dann durch die als Gravitationslinse wirkende Galaxie doppelt oder mehrfach, gegebenfalls auch ringförmig (Einstein-Ring) gesehen werden.

Gravitationsradius – Die fundamentale Längeneinheit in der Allgemeinen Relativitätstheorie. Sie ist wie folgt definiert: $r_g = GM/c^2 = 1,49$ km $M/M_\odot$. G ist die Newton'sche Gravitationskonstante, M die Masse und c die Lichtgeschwindigkeit. Der Schwarzschild-Radius ist $R_S = 2r_g$.

Gravitationswellen – Störungen in einem Gravitationsfeld, die sich nach Einsteins Allgemeiner Relativitätstheorie mit Lichtgeschwindigkeit durch den Raum ausbreiten. Ähnlich, wie ein beschleunigtes oder schwingendes geladenes Teilchen elektromagnetische Wellen aussendet, sollte auch eine beschleunigte, schwingende oder zeitlich gestörte Masse wellenförmige gravitative Störungen emittieren – die sogenannten Gravitationswellen. Da die Gravitation die schwächste aller Naturkräfte ist, sind die Gravitationswellen sehr schwach und daher auch sehr schwer nachzuweisen (GEO600, advLIGO, advVIRGO, KAGRA, eLISA).

GRMHD – Allgemein relativistische Magnetohydrodynamik. Hier werden die physikalischen Gesetze der Gasdynamik und Elektrodynamik mit Raum-Zeiten verknüpft. Zur Lösung der MHD-Differenzialgleichungen sind die Physiker fast ausnahmslos auf Computer angewiesen. Wichtige Anwendungsbereiche sind die Behandlung von Akkretionsscheiben um Neutronensterne und Schwarze Löcher sowie die Erzeugung von relativistischen Jets in diesen Objekten.

Horizont – Grenzlinie der Beobachtbarkeit (Teilchenhorizont) oder Erreichbarkeit (Ereignishorizont), in der projektiven Geometrie auch Bild der Ferngeraden.

Hubble-Konstante – Verhältnis zwischen der Rotverschiebung z einer Galaxie, ausgedrückt in Form einer Expansionsgeschwindigkeit $V = cz$, und der Entfernung der Galaxie in Einheiten von Mpc. Der heutige Wert liegt bei $(67,4 \pm 1)$ km pro Sekunde pro Megaparsec (nach dem CMB-Experiment Planck 2015). Die Hubble-Konstante ist der wichtigste Parameter des expandierenden Universums. Physikalisch ist sie ein Maß für die relative Expansionsgeschwindigkeit des Universums, $H_0 = (\dot{R}/R)_{t_0}$.

Impuls – Geschwindigkeit, die mit der trägen Masse gewichtet ist, damit beim Stoß eine Bilanz (Erhaltungssatz) aufgemacht werden kann. Relativistisch hängt die träge Masse von der Geschwindigkeit ab, $m = m_0/\sqrt{1 - v^2/c^2}$.

Inertialsystem – In der Newton'schen Mechanik bleibt ein Körper in Ruhe, oder er bewegt sich mit konstanter Geschwindigkeit, wenn keine äußere Kraft auf ihn einwirkt. Dies nennt man Inertialsystem. In der Speziellen Relativitätstheorie unterscheidet man nicht mehr zwischen ruhenden und gleichförmig bewegten Systemen. Hier sind alle gleichförmig, also sich mit konstanter Geschwindigkeit bewegende Systeme sind Inertialsysteme.

Inflation – Als kosmologische Inflation wird eine Phase exponentieller Expansion des Universums bezeichnet, von der man annimmt, dass sie unmittelbar nach dem Urknall stattgefunden hat. Die Hypothese von dieser inflationären Expansion wurde 1981 von Alan H. Guth vorgeschlagen und ist kein Element des ursprünglichen Urknallmodells. Anlass war die Tatsache, dass die relativistische Kosmologie zur Erklärung einiger fundamentaler Beobachtungen eine Feinabstimmung (sogenanntes *fine tuning*) von kosmologischen Parametern erforderte, die ihrerseits wiederum einer Erklärung bedurfte. Die Inflationshypothese bietet einen physikalischen Mechanismus, aus dem sich einige grundlegende Eigenschaften des Universums zwanglos ergeben, es bleiben aber auch neue Ungereimtheiten. Die Ursache dieser Expansion ist die Zustandsänderung eines skalaren Feldes mit einem extrem flachen Potenzial. Dieses **Inflatonfeld** genannte skalare Feld hat eine Zustandsgleichung mit negativem Druck. Im Rahmen der Friedmann-Gleichungen führt dies zu einer abstoßenden Kraft und damit zu einer Beschleunigung in der Ausdehnung des Universums.

Isotropie – Die dem Universum zugeschriebene Eigenschaft, dass das Universum für einen Beobachter nach allen Richtungen hin im Mittel gleich aussieht.

Kelvin (Grad Kelvin) – Kurzzeichen K, eine Temperaturskala wie die Celsius-skala, deren Nullpunkt jedoch nicht mit dem Schmelzpunkt von Eis, sondern mit dem absoluten Nullpunkt der Temperatur zusammenfällt. Bei einem Luftdruck von einer Atmosphäre liegt der Schmelzpunkt von Eis bei 273,15 K. Absoluter Nullpunkt: 0 K $= -273,15$ Grad Celsius.

Kilonova – Eine Kilonova (im Unterschied zu einer Nova) ist der Helligkeitsaus-bruch eines verschmelzenden Doppelsterns, dessen elektromagnetische Strahlung durch den radioaktiven Zerfall von Elementen angetrieben wird, die im r-Prozess gebildet wurden. Der Begriff Kilonova bezieht sich auf die freigesetzte Ener-gie, die ungefähr den tausendfachen Wert einer klassischen Nova erreicht, jedoch lichtschwächer als eine normale Supernova ist. Kilonovae können bei einer Ver-schmelzung zweier Neutronensterne oder der Verschmelzung eines Schwarzen Loches mit einem Neutronenstern auftreten.

Kosmische Strahlung – Die kosmische Strahlung (engl. *Cosmic Rays*) ist eine hochenergetische Teilchenstrahlung aus dem Weltall. Sie besteht vorwiegend aus Protonen, daneben aus Elektronen und vollständig ionisierten Atomen. Auf die äußere Erdatmosphäre treffen etwa 1000 Teilchen pro Quadratmeter und Sekunde. Durch Wechselwirkung mit den Gasmolekülen der Erdatmosphäre entstehen Teil-chenschauer mit einer hohen Anzahl von Sekundärteilchen, von denen aber nur ein geringer Teil die Erdoberfläche erreicht. Victor F. Hess postulierte 1912 diese sogenannte Höhenstrahlung, um die bei einer Ballonfahrt gemessene höhere elek-trische Leitfähigkeit der Atmosphäre und auch die Zunahme der Gammastrahlung mit zunehmender Höhe zu erklären. Abhängig vom Ursprung unterteilt man die kosmische Strahlung in Solarstrahlung (engl. *Solar cosmic ray,* SCR), galaktische (engl. *Galactic cosmic ray,* GCR) und extragalaktische Strahlung. Die galaktische kosmische Strahlung besteht ungefähr zu 87 % aus Protonen, 12 % Alpha-Teilchen und 1 % schweren Atomkernen. Die Verteilung der Teilchen pro Zeit, $N(E)$, in Abhängigkeit von der Energie E, folgt einem Potenzgesetz, $N(E) \propto E^{-\gamma}$. Die Energie erstreckt sich bis zu einigen 10^{20} eV.

Kosmologische Konstante – Die kosmologische Konstante (gewöhnlich durch das große griechische Lambda Λ abgekürzt) ist eine physikalische Konstante in Albert Einsteins Gleichungen der Allgemeinen Relativitätstheorie, welche die Gravitati-onskraft als geometrische Krümmung der Raum-Zeit beschreibt. Die Einheit von Λ ist $1/m^2$, ihr Wert kann a priori positiv, negativ oder null sein; aus physikali-schen Gründen macht jedoch nur ein positiver Wert Sinn.

Ab 1998 hat die kosmologische Konstante eine Renaissance erlebt: Anhand der Helligkeit bzw. Rotverschiebung von entfernten Supernovae des Typs Ia kann man feststellen, dass sich das Universum beschleunigt ausdehnt. Diese beschleunigte Expansion lässt sich sehr gut mit einer kosmologischen Konstanten beschreiben und ist Bestandteil des erfolgreichen ΛCDM-Modells, des heutigen Standardmodells der Kosmologie.

Kritische Dichte – Ein Maß für die Materiedichte des Universums: $\rho_c = 3H_0^2/8\pi G = 1{,}4 \times 10^{11}\, M_\odot\, \text{Mpc}^{-3}$. Aus Normierungsgründen werden alle Materiedichten des Universums in Einheiten dieser kritischen Dichte ausgedrückt: $\Omega_M = \rho_M/\rho_c$, $\Omega_B = \rho_B/\rho_c$, $\Omega_{DM} = \rho_{DM}/\rho_c$.

Krümmung – Begriff aus der Differenzialgeometrie, der in seiner einfachsten Bedeutung die lokale Abweichung einer Kurve von einer Geraden bezeichnet. Aufbauend auf dem Krümmungsbegriff für Kurven lässt sich die Krümmung einer Fläche im dreidimensionalen Raum beschreiben, indem man die Krümmung von Kurven in dieser Fläche untersucht. Ein gewisser Teil der Krümmungsinformation einer Fläche, die Gauß'sche Krümmung, hängt nur von der inneren Geometrie der Fläche ab, d. h. von der ersten Fundamentalform (bzw. dem metrischen Tensor), die festlegt, wie die Bogenlänge von Kurven berechnet wird. Dieser intrinsische Krümmungsbegriff lässt sich auf Mannigfaltigkeiten beliebiger Dimension mit einem metrischen Tensor verallgemeinern. Eine Anwendung ist die Allgemeine Relativitätstheorie, welche Gravitation als eine Krümmung der Raum-Zeit beschreibt.

Lambda-CDM – Das ΛCDM-Modell bzw. Lambda-CDM-Modell ist ein kosmologisches Modell, das mit wenigen – in der Grundform sechs – Parametern die Entwicklung des Universums seit dem Urknall beschreibt. Lambda steht dabei für die kosmologische Konstante, CDM für Cold Dark Matter (kalte Dunkle Materie).

Das Lambda-CDM-Modell ist in guter Übereinstimmung mit den drei wichtigsten Klassen von Beobachtungen, die uns Aufschluss über das frühe Universum geben: der Vermessung der Anisotropie der Hintergrundstrahlung (durch WMAP und Planck), der Bestimmung der Ausdehnungsgeschwindigkeit und ihrer zeitlichen Veränderung durch Beobachtung von Supernovae in fernen Galaxien und der Daten über großräumige Strukturen im Kosmos (sogenannte BAOs).

Leptonen – Klasse von Teilchen, die nicht an der starken Wechselwirkung beteiligt sind. Dazu gehören das Elektron, Myon, Tauon und ihre Neutrinos.

Lichtartig – Zwei Ereignisse liegen lichtartig zueinander, wenn die Verbindungsgerade Mantellinie der von den Ereignissen getragenen Lichtkegel ist. Eins von beiden kann dann durch ein Lichtsignal erreicht werden, das vorher das andere passiert hat oder von ihm ausgelöst worden ist. Ein Vierervektor heißt lichtartig, wenn seine Richtung mit der einer solchen Verbindung zusammenfällt. Lichtartige Vektoren haben das Betragsquadrat null. Beispiel für einen lichtartigen Vektor sind Geschwindigkeit und Impuls eines Teilchens mit Ruhmasse null (Photon).

Lichtjahr – Astronomische Entfernungseinheit für interstellare Entfernungen. Ein Lichtjahr entspricht der Strecke, die das Licht mit einer Geschwindigkeit von 299.792,458 km pro Sekunde in einem Jahr zurücklegt. Obwohl es der Name vermuten lässt, ist das Lichtjahr eine Entfernungs- und keine Zeiteinheit.

Lichtgeschwindigkeit – Ausbreitungsgeschwindigkeit des Lichts und anderer elektromagnetischer Wellen. Schon seit dem 17. Jahrhundert wusste man aus astronomischen Beobachtungen, dass Licht sich mit etwa 300.000 kmn pro Sekunde ausbreitet. Heute wissen wir, dass die Lichtgeschwindigkeit im Vakuum genau 299.792.458 m pro Sekunde beträgt. Einstein war der Erste, der die absolut gleich bleibende Lichtgeschwindigkeit zu einem theoretischen Konzept ausarbeitete. Die Lichtgeschwindigkeit ist darin von jedem Punkt aus betrachtet gleich, auch wenn dieser Punkt sich sehr schnell bewegt. Dies war eine der zwei fundamentalen Aussagen der Speziellen Relativitätstheorie, die Einstein 1905 formulierte. Da Raum und Zeit in der Relativitätstheorie variabel sind, wird die Lichtgeschwindigkeit die einzige absolute Einheit für den Raum.

Lichtkegel – Kegel aus den Weltlinien, die eine Bewegung mit Lichtgeschwindigkeit beschreiben. Lichtkegel trennen absolute Zukunft und absolute Vergangenheit (das Innere des Doppelkegels) von der relativen Gegenwart (dem Äußeren des Doppelkegels). Die Ereignisse im Inneren des Lichtkegels liegen zeitartig zum Aufpunkt, die Ereignisse außerhalb dagegen raumartig.

Loop-Quantengravitation – Eine Theorie der Gravitation, die der Quantennatur der Raum-Zeit Rechnung trägt. Flächen und Volumina sind quantisiert und weisen einen Grundzustand auf, der durch die Planck-Länge $L_P = 10^{-35}$ m gegeben ist. Der klassische Limes dieser Theorie ist Einsteins Theorie der Gravitation.

Metrik – Definition eines Abstands zwischen je zwei Punkten. Dürfen wir differenzieren, so reicht es, wenn die Abstände infinitesimal benachbarter Punkte festgelegt werden. Dies geschieht am einfachsten durch das Linienelement. Die Metrik macht die Länge von Vektoren (im Linienelement die Länge infinitesimaler Verbindungen) messbar, indem sie ein Betragsquadrat konstruiert, das aber in lokal pseudo-euklidischen Welten auch negativ sein kann.

Minkowski, H.H. – 1864–1909, Mathematiker, Erfinder der nach ihm benannten relativistischen Geometrie der Minkowski-Welt, einer ebenen Welt aus Raum und Zeit, deren Bewegungsgruppe die Relativität der Geschwindigkeit mit der Existenz einer absoluten Geschwindigkeit vereinbart. Ihre Geometrie heißt Minkowski-Geometrie.

Neutronenstern – Ein Stern, der vornehmlich oder vollständig aus Neutronen besteht, sodass seine Leuchtkraft gering ist, seine Dichte aber im Bereich der Kerndichte liegt. Ein Neutronenstern stellt das Endstadium in der Entwicklung eines massereichen Sterns von zehn bis 25 Sonnenmassen dar. Neutronensterne haben Massen im Bereich von 1,2 bis 2,0 Sonnenmassen und Radien von etwa zwölf Kilometern. Neutronensterne rotieren im Allgemeinen mit Perioden von Millisekunden bis 1000 s. Sind Neutronensterne stark magnetisiert, können sie als Radiopulsare in Erscheinung treten.

Orbit – Umlaufbahn eines künstlichen oder natürlichen Himmelskörpers.

Paradoxon – Aufgrund unzureichender Analyse scheinbar widersprüchliches, überraschendes oder unerwartetes Phänomen.

Parallaxe, trigonometrische – Scheinbare Verschiebung eines Körpers bei Betrachtung aus zwei unterschiedlichen Richtungen. Die Trennungslinie zwischen den beiden Beobachtungspunkten wird als Basislinie bezeichnet. Die Erdumlaufbahn bildet eine Basislinie von 300 Mio. km Länge (der Radius der Erdbahn ist 150 Mio. km). Ein über einen Zeitraum von sechs Monaten beobachteter, nahegelegener Stern zeigt eine deutliche Parallaxe gegen den Hintergrund entfernter Sterne. Auf diese Weise berechnete Friedrich Bessel 1838 zum ersten Mal die Entfernung des Sternes 61 Cygni. Diese Methode kann heute nur bis in Entfernungen von 300 Lichtjahren angewendet werden, in Zukunft mit GAIA bis zu 100 kpc.

Paralleltransport – Verschiebung eines Vektors ohne lokale Änderung. Die Definition eines Paralleltransports ist notwendig, wenn Vektoren an verschiedenen Punkten verglichen werden müssen. Sie ist in gekrümmten Räumen nicht trivial. Am einfachsten ist das Festhalten der Winkel zur Tangente einer Geodäte (sogenannter geodätischer Paralleltransport). Es gibt aber auch natürliche Verfahren, die davon verschieden sind, z. B. der Transport mithilfe der Magnetnadel.

Parsec – Abkürzung für Parallaxensekunde. Entfernungseinheit zur Angabe von interstellaren bzw. intergalagktischen Entfernungen. Ein Parsec (pc) ist die Entfernung, in der der Erdbahnradius unter einem Winkel von einer Bogensekunde erscheint. Für größere Entfernungen gibt es das Kiloparsec (kpc) = 1000 pc, das Megaparsec (Mpc) = 1000 kpc und das Gigaparsec (Gpc) = 1000 Mpc. 1 pc = 206.264,806 AE = 3,26 Lichtjahre.

Perihel – Sonnennächster Punkt in der Umlaufbahn eines dem Sonnensystem zugehörigen Körpers (Planet, Asteroid oder Komet). Der sonnenentfernteste Punkt ist das Aphel. Anfang Januar erreicht die Erde ihr Perihel.

Planck, Max – 1858–1947, Physiker, Nobelpreis 1918. Mitbegründer der Quantentheorie, fand im Spektrum der Wärmestrahlung das erste Gesetz überhaupt, nach dem das Wirkungsquantum h bestimmt werden kann. Dieses Wirkungsquantum beträgt $h = 6,626 \times 10^{-34}$ Js, $\hbar = hc/2\pi = 197,33$ MeV fm.

Planck-Einheiten – Die Planck-Einheiten markieren eine Grenze für die Gültigkeit der bekannten Gesetze der Physik. Man muss davon ausgehen, dass für Distanzen kleiner als die Planck-Länge (ca. 10^{-35} Meter) und Zeiten kürzer als die Planck-Zeit (ca. 10^{-43} Sekunden) Raum und Zeit ihre uns vertrauten Eigenschaften als Kontinuum verlieren. Jedes Objekt, das kleiner als die Planck-Länge wäre, hätte aufgrund der Unschärferelation so viel Energie bzw. Masse, dass es zu einem Schwarzen Loch kollabieren würde. Die Planck-Einheiten bilden ein natürliches System von Einheiten für Länge, Zeit und Masse, das sich aus den drei grundlegendsten Naturkonstanten herleitet – der Gravitationskonstante G, der Lichtgeschwindigkeit c und dem Planck'schen Wirkungsquantum $\hbar$.

Präzession – Langsame Kreiselbewegung der Himmelspole, hervorgerufen durch die Anziehungskraft von Sonne und Mond auf den Äquatorialwulst. Zur Veranschaulichung kann man sich einen auf dem Kopf stehenden Kegel vorstellen. Wenn die Spitze des Kegels im Erdmittelpunkt liegt, so dreht sich die Erdachse um die kreisförmige Kegelfläche, d. h., sie umläuft den Kegelmantel. Die Kreisbahn, die ein Pol am Himmel beschreibt, hat einen Durchmesser von 47 Grad und wird in einer Periode von 25.800 Jahren durchlaufen. Aufgrund der Präzession bewegt sich auch der Himmelsäquator, genauso wie der Frühlingspunkt westwärts entlang der Ekliptik um 50 Bogensekunden pro Jahr verschoben wird. Seit der

Antike hat er sich aus dem Sternbild Widder zum Sternbild Fische verschoben. Unser gegenwärtiger Polarstern wird seinen Namen nicht für immer tragen. Im Jahr 12.000 wird der Nordpolarstern die hell leuchtende Wega im Sternbild der Leier sein.

Pulsar – Rotierender magnetischer Neutronenstern, der in kurzen, sehr regelmäßigen Abständen Radioimpulse aussendet. Die Pulsperioden betragen zwischen Millisekunden bis zu zehn Sekunden.

Quantenmechanik – Formulierung der Mechanik entsprechend der Quantisierung der Wirkung, die von Planck gefunden wurde. Impuls und Ort werden nicht mehr gleichzeitig beliebig genau messbar (bekannt als Heisenberg'sche Unschärferelation). Es gibt deshalb keine eigentlichen Teilchenbahnen mehr, nur interferierende Wellen einer Aufenthaltswahrscheinlichkeit, deren Amplitude im einfachsten Fall einer Schrödinger-Gleichung genügt. Die Heisenberg'sche Unschärferelation bewirkt, dass selbst im Grundzustand ein System nicht vollständig zu innerer Ruhe kommen kann. Das ist der Grund für die Existenz einer Nullpunktenergie.

Quasar – Sehr weit entferntes, extrem stark leuchtendes Zentrum einer Galaxie (oft auch als aktiver galaktischer Kern bezeichnet). Ein Quasar ist der Kern einer sehr aktiven Galaxie, der durch ein großes Schwarzes Loch im Inneren mit Energie versorgt wird. Quasare sind auch unter dem Namen Quasi-Stellare Objekte (sogenannte QSOs) bekannt. Sie weisen ausgeprägte Emissionslinienspektren auf.

Raumartig – Zwei Ereignisse liegen raumartig zueinander, wenn die Verbindungsgerade außerhalb der von den Ereignissen getragenen Lichtkegel verläuft. Ein Vierervektor heißt raumartig, wenn seine Richtung mit der einer solchen Verbindung zusammenfällt. Raumartige Vektoren haben ein negatives formales Betragsquadrat. Beispiel für einen raumartigen Vektor ist die Beschleunigung eines Teilchens.

Relativität – Bezogenheit einer Aussage auf äußere Gegenstände oder Umstände, deren Veränderung die Aussage notwendig verändern. Das Ausgangsproblem der Relativitätstheorie war die Konsistenz der Relativität der Geschwindigkeit mit der Existenz einer absoluten Geschwindigkeit (der Lichtgeschwindigkeit).

Relativitätsprinzip – Forderung an die Konstruktion einer Theorie, von vornherein zu berücksichtigen, dass bestimmte Gegebenheiten nur in Bezug auf äußere Gegenstände definierbar und messbar sind, in einem abgeschlossenen System also keine Rolle spielen dürfen. In der Speziellen Relativitätstheorie geht es dabei wesentlich um die Geschwindigkeit. Ort, Zeit, Orientierung und Geschwindigkeit eines abgeschlossenen Systems sind relativ und lassen sich nur in Bezug auf zusätzliche äußere Gegebenheiten bewerten. Dieses Relativitätsprinzip gilt sowohl in der Newton'schen als auch in der Einstein'schen Mechanik. Während aber in der Newton'schen Mechanik die Zusammensetzung von Geschwindigkeiten streng additiv ist, gibt es in der Einstein'schen Mechanik eine absolute Geschwindigkeit, die Lichtgeschwindigkeit. Die Bewegungsgruppe der Welt, mit der die Relativität realisiert wird, ist daher in beiden Fällen verschieden.

Rektaszension – Himmelskoordinate, die etwa der geografischen Länge auf der Erde entspricht. Sie gibt den in West-Ost-Richtung gemessenen Winkelabstand eines Gestirns vom Frühlingspunkt an. Angegeben wird die Rektaszension in der Regel in Stunden, Minuten und Sekunden.

Rotverschiebung – Spektrallinienverschiebung nach Rot oder in Richtung des Langwellenendes des Spektrums. Die kosmische Rotverschiebung wird durch die Expansion des Universums verursacht (ursprünglich durch Lemaître 1927 erklärt). Außer den Mitgliedern der Lokalen Gruppe weisen alle Galaxien und Quasare eine Rotverschiebung in ihren Spektren auf.

Scheinbare Helligkeit – Helligkeit, mit der ein kosmisches Objekt dem Beobachter erscheint, d. h. ein Maß für die detektierte Strahlungsintensität. Gemessen wird sie in Größenklassen (mag) – eine logarithmische Skala zur Messung der Lichtintensität eines Sterns. Je heller ein Stern leuchtet, umso kleiner ist der Wert für seine scheinbare Helligkeit. Beispiele: Die Sonne hat eine scheinbare Helligkeit von $-26{,}8$ mag, Sirius, der hellste Stern am Himmel, hat $-1{,}4$ und der Polarstern $+2$ mag. Die schwächsten, mit dem Hubble Space Telescope beobachtbaren Galaxien haben eine scheinbare Helligkeit von $+30$ mag.

Schwarzes Loch – Ein Schwarzes Loch ist eine globale Vakuum-Raum-Zeit, die asymptotisch flach ist und einen Ereignishorizont aufweist. Schwarze Löcher benötigen keine Materie zu ihrer Konstruktion, sie sind reine Geometrie. Der Radius des Horizonts skaliert linear mit der Masse M des Schwarzen Lochs und beträgt 30 km für ein Schwarzes Loch von zehn Sonnenmassen. Stationäre Schwarze Löcher sind eindeutig durch ihre Masse und ihren Drehimpuls bestimmt, der als Kerr-Parameter a bekannt ist. Stellare Schwarze Löcher entstehen in der Hypernova als Endprodukt der Entwicklung sehr massereicher Sterne mit Ausgangsmassen über 25 Sonnenmassen. Im frühen Universum können Schwarze Löcher mit bis zu 1000 Sonnenmassen entstehen, die dann durch Akkretion und Merging zu supermassereichen Schwarzen Löchern von Millionen bis zu zehn Milliarden Sonnenmassen anwachsen und sich heute in den Zentren der Galaxien wiederfinden.

SDSS – Der Sloan Digital Sky Survey (SDSS) ist die bislang anspruchsvollste Durchmusterung des Himmels. SDSS ist ein Gemeinschaftsprojekt von Instituten in den USA, Japan, Korea und Deutschland, die Finanzierung wurde von der Alfred P. Sloan Foundation initiiert. Mit einem eigens konstruierten Teleskop am Apache Point Observatory wurden zwischen 1998 und 2006 Positionen und Helligkeiten von mehr als 100 Mio. Himmelsobjekten vermessen. Mit Spektren von über einer Million Galaxien und Quasaren werden deren Entfernungen und Eigenschaften bestimmt. Der SDSS untersuchte die Struktur des Kosmos auf Skalen von 100 Mio. (30 Mpc) bis zu über einer Milliarde Lichtjahren (400 Mpc). Wichtiges Ziel des SDSS ist die Kartierung der schaumartigen großräumigen Struktur des Universums, bestehend aus Galaxienhaufen, Filamenten mit geringerer Galaxiendichte und dazwischen liegenden Hohlräumen (sogenannte *Voids*) mit sehr wenigen Galaxien.

Singularität – Eine Singularität ist ein Bereich einer Raum-Zeit, wo die Riemann-Krümmung divergiert. Hier bricht das Konzept der Raum-Zeit zusammen. Nach der Cosmic Censorship-Vermutung von Penrose sollten Singularitäten hinter Ereignishorizonten verborgen sein, sonst liegt eine sogenannte nackte Singularität vor. Die Existenz von Singularitäten in Lösungen der Einstein-Gleichungen signalisiert das Zusammenbrechen der klassischen Gravitation.

Spezielle Relativitätstheorie – Von Albert Einstein entwickelte Theorie von Raum und Zeit, die sowohl die Relativität der Geschwindigkeit als auch die universelle Isotropie der Lichtgeschwindigkeit verband. Die wichtigste Konsequenz ist die Geschwindigkeitsabhängigkeit der trägen Masse und die Äquivalenz von Masse und Energie.

Standardmodell der Teilchenphysik – Das Standardmodell der Elementarteilchenphysik (SM) ist eine physikalische Theorie, welche die bekannten Elementarteilchen und Wechselwirkungen zwischen diesen beschreibt. Die drei vom Standardmodell beschriebenen Wechselwirkungen sind die starke Wechselwirkung (QCD), die schwache Wechselwirkung (QFD) und die elektromagnetische Wechselwirkung (QED). Das SM ist eine relativistische Quantenfeldtheorie: Die Theorie gehorcht den Gesetzen der Speziellen Relativitätstheorie. Die fundamentalen Objekte sind Felder in der Raum-Zeit.

String-Theorie – Physikalische Theorie, in der Teilchen als Wellen auf Strings (Saiten) beschrieben werden. Strings haben Längenausdehnung, aber keine andere Dimension. Das steht im Gegensatz zum gewohnten Modell des Elementarteilchens in Quantenfeldtheorien, das als nulldimensional wie ein mathematischer Punkt angenommen wird. Die charakteristische Längenskala der Strings müsste in der Größenordnung der Planck-Länge liegen, ab der Effekte der Quantengravitation wichtig werden.

String-Theorien wurden in den 1960er-Jahren zur Beschreibung der starken Wechselwirkung (Quantenchromodynamik) entwickelt, wobei die Gluonen als räumlich ausgedehnte Saiten zwischen den Quarks aufgefasst wurden. Seit den 1980er-Jahren erlebte die String-Theorie neues Interesse, diesmal als Kandidat einer vereinheitlichten Theorie, die das Standardmodell der Elementarteilchenphysik und die Gravitation miteinander verbinden soll. 1984 entdeckten Michael Green und John Schwarz, dass sich in Superstring-Theorien die Ein-Schleifen-Divergenzen in der Störungstheorie nur bei ganz bestimmten Symmetriegruppen (der Drehgruppe in 32 Dimensionen SO(32) und der speziellen Lie-Gruppe E8) aufheben. Außerdem wurde bei diesen Symmetrien das Auftreten von sogenannter Anomalien vermieden, d. h., ein Symmetriebruch aufgrund quantenmechanischer Effekte. Dies führte zu einer Neubelebung der Theorie und einer ganzen Reihe weiterer Entdeckungen (sogenannte *Erste Superstring-Revolution*).

Supersymmetrie – Die Supersymmetrie (kurz SuSy) ist eine hypothetische Symmetrie der Teilchenphysik, die Bosonen (Teilchen mit ganzzahligem Spin) und Fermionen (Teilchen mit halbzahligem Spin) ineinander umwandelt. Dabei werden Teilchen, die sich unter einer SuSy-Transformation ineinander umwandeln, Superpartner genannt. Um nicht in Widerspruch zu experimentellen Ergebnissen zu geraten, muss man annehmen, dass Zerfallsprozesse von Superpartnern in Standardmodellteilchen (ohne einen weiteren Superpartner als Zerfallsprodukt) stark unterdrückt oder unmöglich sind (R-Paritätserhaltung). Dadurch ist das leichteste supersymmetrische Partnerteilchen (LSP) praktisch stabil. Da nach aktuellen kosmologischen Modellen in den Frühphasen des Universums Teilchen beliebiger Masse erzeugt werden konnten, stellt ein elektrisch neutrales LSP – etwa das leichteste Neutralino – einen Kandidaten für die Erklärung Dunkler Materie dar.

Ultraviolett-Stahlung (UV) – Für das Auge nicht sichtbare elektomagnetische Strahlung mit kürzeren Wellenlängen zwischen 400 - 10 nm. Die Sonne ist eine starke UV-Strahlungsquelle, aber der größte Teil wird von der oberen Erdatmosphäre abgeblockt, für uns Menschen ein glücklicher Umstand, da große Dosen UV-Strahlung tödlich sind und zu Hautkrebs führen. Untersuchungen zur UV-Strahlung von Sternen werden deshalb von Geräten in Raketen oder künstlichen Satelliten aus durchgeführt.

Vektor – Vektoren sind durch ihre Algebra definiert. Das ist eine Struktur von Operationen, die sowohl die Erläuterung einer (kommutativen) Addition untereinander als auch die einer distributiven und assoziativen Multiplikation mit Zahlen einschließt. Anschaulich ist ein Vektor durch eine Richtung und eine Länge bestimmt, er ist also in gewissem Sinne eine gerichtete Strecke. Er wird deshalb durch so viele Komponenten beschrieben, wie der Raum (die Welt) Dimensionen hat. So, wie man die Elemente einer Gruppe durch quadratische Matrizen darstellen kann, kann man Vektoren als Matrizen der Spaltenzahl 1 darstellen. Vektoren werden dann wie allgemeine Matrizen komponentenweise addiert oder mit einem Zahlenfaktor multipliziert. Die Länge eines Vektors wird nach derselben Formel bestimmt, die auch zur Berechnung des Abstands genügend naher Punkte benutzt wird. Impulse und Feldstärken sind Vektoren. Während der Impuls aber zunächst immer zum bewegten Objekt gehört, ist die Feldstärke im ganzen Raum bestimmbar und variiert von Ort zu Ort. Wir sprechen dann von einem Vektorfeld. Die Reaktion der Vektoren auf Bewegungen zerfällt deshalb in Reaktionen auf Drehungen um den Definitionspunkt, die genauso einfach wie die Drehungen des Raums sind, und die Reaktion auf Translationen, die Parallelverschiebung heißt und bei Räumen mit Krümmung genauerer Untersuchung bedarf.

Vierervektor – Vierkomponentiger Vektor in einer Raum-Zeit im Gegensatz zu einem dreikomponentigen Vektor des gewöhnlichen Raumes. Jede Richtung in einem Raum-Zeit-Diagramm entspricht einem Vierervektor. Die Identifizierung der vierten (Zeit-)Komponente eines sonst dreikomponentigen Vektors des gewöhnlichen Raums ist eine Aufgabe der relativistischen Kinematik. Die vierte Komponente der Geschwindigkeit ist die Uhrenrate (Zeit des Inertialsystems gegen die Eigenzeit des Objekts). Die vierte Komponente des Impulses ist einerseits die träge Masse, deren Verhältnis zur Ruhemasse damit gleich der Uhrenrate ist, andererseits die Gesamtenergie des Objekts.

Weißer Zwerg – Stern, der allein durch den Quantendruck der Elektronen im hydrostatischen Gleichgewicht gehalten wird. Weiße Zwerge sind das Endprodukt der Entwicklung massearmer Sterne bis zu neun Sonnenmassen als Ausgangsmasse. Der typische Weiße Zwerg hat eine Masse von 0,6 Sonnenmassen und einen Radius im Bereich des Erdradius. Sirius B ist der berühmteste Weiße Zwerg in nur acht Lichtjahren Entfernung mit einer Masse von einer Sonnenmasse. Weiße Zwerge kühlen von ursprünglich 150.000 Grad Kelvin auf gerade 4000 Grad Kelvin im Laufe der Jahrmilliarden.

Welt – Oberbegriff für Raum und Zeit. Beide Begriffe sind fundamental und entsprechen der unmittelbaren Erfahrung, dass Gegenstände angeordnet sind. Der Raum ist die Gesamtheit dieser möglichen und realen Anordnungen. Bewegung ist Änderung dieser Anordnungen, die dadurch relativ zueinander wiederum geordnet erscheinen. Diese Ordnung ist die Zeit. Es ist eine Aufgabe der Physik, diesen Ordnungen ein Maß zu geben, es ist eine Aufgabe der Mathematik, axiomatische Modelle für solche Anordnungen zu finden, in denen logisch einwandfreie Schlüsse gezogen werden können. In der Relativitätstheorie ist die Welt ein zunächst formales Produkt aus Raum und Zeit, das durch die lokale Minkowski-Geometrie der Ereignisse und Weltlinien so unauflösbar wird, dass quantentheoretische Konstruktionen, die ihrerseits die Auszeichnung einer Zeit erfordern, Probleme bereiten.

WIMPs – WIMP (von engl. *Weakly Interacting Massive Particles,* dt. schwach wechselwirkende massereiche Teilchen) sind hypothetische Teilchen der Teilchenphysik mit einer Masse zwischen einigen zehn und etwa 1000 GeV/c^2 (ein GeV/c^2 entspricht der Masse eines Wasserstoffatoms). WIMPs wurden postuliert, um das kosmologische Problem der Dunklen Materie im Weltraum zu lösen. Die Existenz Dunkler Materie wurde postuliert, weil die Gravitation der im Weltall vorhandenen sichtbaren Materie bei Weitem nicht ausreicht, um die Verklumpung der Materie in der frühen Phase des Kosmos zu erklären, die zur Bildung von Galaxien führte. Der Großteil der im Universum enthaltenen Materie muss aus nicht direkt sichtbarer Dunkler Materie bestehen, wobei nicht klar ist, was man sich darunter vorzustellen hat. Diese Teilchen wurden noch nie beobachtet und kommen im Standardmodell der Teilchenphysik auch nicht vor. WIMPs könnten die supersymmetrischen Partner der Neutrinos sein, falls es die Supersymmetrie gibt.

Winkeldurchmesser – Der Winkeldurchmesser $\Theta = D/d_A$ gibt an, wie groß ein Himmelsobjekt von der Erde aus erscheint. Der Winkeldurchmesser wird in der Regel in Radian oder Bogensekunden angegeben, in der Interferometrie mit Millibogensekunden oder gar Mikrobogensekunden. Der Winkeldurchmesser eines Objektes mit physikalischem Durchmesser D (Galaxie) nimmt mit zunehmender Rotverschiebung ab, erreicht im expandierenden Universum ein Minimum bei einer Rotverschiebung $z \simeq 1,4$ und nimmt dann wieder zu. Deshalb erscheinen Galaxien bei hoher Rotverschiebung in Teleskopen immer noch räumlich aufgelöst.

Stichwortverzeichnis

© Springer-Verlag GmbH Deutschland, ein Teil von Springer Nature 2021
M. Camenzind, *Faszination kompakte Objekte*,
https://doi.org/10.1007/978-3-662-62882-9

Printed in the United States
by Baker & Taylor Publisher Services